飛行機の誕生と空気力学の形成

国家的研究開発の起源をもとめて

橋本毅彦——［著］

Hashimoto Takehiko

東京大学出版会

The Invention of the Airplane, the Emergence of Aerodynamics,
and the Formation of National Systems of Research and Development
Takehiko HASHIMOTO
University of Tokyo Press, 2012
ISBN978-4-13-060309-6

はじめに

一九〇九年にケンブリッジ大学を卒業したB・メルヴィル・ジョーンズは、一九一一年にロンドン近郊に所在する国立物理研究所の空気力学部門で研究するための奨学金を取得した。彼がそのときにいかに嬉しかったか、父宛の書簡の文面からそれが伝わってくる。

きっと奨学金をもらえることになりそうです。実現したら夢のようです。ケンブリッジよりもさらにいい。……ものすごくわくわくしてます。(1)

二四歳の青年をそれほどわくわくさせたもの、それは誕生まもない飛行機を改良していくための実験研究に従事することだった。二〇世紀始まってまもない一九一〇年頃の世界とは、そのような時代だった。少年ばかりでなく、エリート大学の優秀な学生たちも自由に空を飛翔できる飛行機の登場と、それがもたらす未来の世界に胸はずませる時代だった。ジョーンズはケンブリッジ大学在学中にも、友人と模型飛行機を製作し、飛行のメカニズムを調べることに熱中した。

しかしまた、一九一〇年頃のヨーロッパ世界は戦争の足音が聞こえ始める時代でもあった。一九〇八年にライト兄弟が自機による実演飛行を行い、一九〇九年にはフランス人飛行家ルイ・ブレリオがイギリス海峡の横断飛行に成功した。イギリスの政治家や軍人は、飛行機の登場によってイギリスと大陸とが地続きになったような感覚を味わった。飛行機のもつ軍事的意味をイギリス政府の指導者たちははっきりと認識するようになった。飛行機とともに、登場と実用化の面では先輩格の飛行船の改良や運用改善のために、各国政府は専門家たちを招集し、その任に当たらせた。

一九一四年に勃発した第一次世界大戦が終了し、一九二〇年代に入っても飛行機への熱狂は高まるばかりだった。大西洋横断飛行に成功したリンドバーグは一夜にして英雄になった。だが彼ばかりでなく多くの飛行士がこの時代に英雄的な記録を作り、また多くの飛行士が事故により落命した。やがて一九三〇年代になり戦争の足音が再び聞こえるようになると、飛行機は軍事的にきわめて重要な役割を担わされていく。政府の航空研究への支援も優先的に強化され、航空研究に関わる人びとも増員されていった。

飛行機への若者の熱狂、その軍事的効用に対する関心、それらは欧米から遠く離れた日本においても同じように引き起こされた。自伝『わがヒコーキ人生』を書いた木村秀政は、一九一〇年東京代々木練兵場（現代々木公園）で日本初の実演飛行を目撃し、その後の飛行機の設計と改良に文字通り人生を捧げた。彼のように飛行機に魅了され、航空工学の世界に足を踏み込んだ人びとは多い。東京帝国大学に航空学科が新設されると、多くの優秀な学生が同学科に入学し航空機の研究開発に携わっていく。木村もまたその一人であり、本書第7章で焦点を当てる谷一郎もそのような若者の一人だった。

航空研究、すなわち飛行機と飛行船の性能を高め運用方法を向上させる研究には、多くの科学的技術的知識が動

はじめに──iv

員された。航空工学はそれら数々の専門分野から成り立っている。飛行機を構成する材料や飛行機本体の形状、動力機関であるエンジンとその燃料、機体や部品の金属や木製の材料、航空機が中を運動していく空気の物理的性質、そして操縦する飛行士の生理的心理的状態など。本書はそれらさまざまな専門分野の中の一分野、すなわち空気力学に注目し、その歴史を追いかけるものである。

空気力学は、自然科学と人工物工学とが接する領域に存在し、両方の性格を兼ね備えるような学問分野である。飛行機は主翼、胴体、尾翼などから成り立っている。この飛行機が空気中の三次元空間を安定して進行するためには、どのような形状の飛行機を設計すればいいのか。また空気中を運動する際に主翼の揚力を高め、主翼や胴体などの空気抵抗をなるべく少なくするためにはどうすればいいのか。飛行機が空気中を安定に飛行するための力学的条件、主翼に揚力が働く気流の作用、そして機体表面に摩擦抗力を及ぼす流れのメカニズムなどの問題が空気力学上の課題として検討された。これらの課題を追究することで、既存の流体力学では解明されていない現象の探究につながることもあった。技術的課題を越えた科学的問題にも研究の範囲が広がるとともに、空気力学は一つの自律した学問分野として成長していった。その成長を支えた重要な実験装置が、高額の建設と運転の費用を必要とする各種の風洞だった。

本書が取り扱うテーマは、この空気力学の歴史を飛行機の発展史と重ね合わせつつ追おうとするものである。欧米の研究者、とりわけイギリスの研究者の業績を中心に据えて一九一〇年代から三〇年代までのそれらの歴史を追うことで、政府の支援下でいかにして航空機の性能改善のための研究と開発の作業が進められたかをみていく。本書に登場する主人公の一人、冒頭でその言葉を引用したメルヴィル・ジョーンズ青年は、その後ケンブリッジ大学の航空工学科に就任し、飛行機の機体を流線形にして、その速度を向上させるために彼の「ヒコーキ人生」を捧げた。

最終章ではイギリスから日本の航空研究に視点を移し、戦前から戦中にかけての発展を概観するとともに、当時の空気力学研究が達成した研究成果に注目する。それは戦前の日本航空界にあって空気力学研究をリードした人物による技術的成果、「層流翼」の発明である。戦前日本にあってもっとも重視され、またもっとも優遇された研究分野である航空工学において、研究者たちが海外の研究の最前線にどれだけ近づくことができたのか考察することにする。

目次

第5章　理想的な流線形をもとめて――技術予測と長期研究計画……163

第6章　一九三〇年代における境界層の探究――イギリスの科学研究とアメリカの技術開発……209

序章

飛行機と技術

――イギリスの空気力学という視点

1909年7月，フランス人飛行家ルイ・ブレリオはイギリス海峡横断に成功した（*Le Petit Journal*，1909）

二〇世紀、科学技術の発展によって社会は大きく変貌した。一八世紀後半にイギリスで産業革命が起こり、その後イギリスばかりでなくヨーロッパ大陸各国が工業化していった。一九世紀には小型化した蒸気機関を搭載した蒸気船や蒸気機関車、電磁気現象を利用した電気通信、高い強度を備えた鋼鉄、有機化学の発展を背景にした合成染料などが作りだされた。さらに一九世紀末から二〇世紀初頭にかけて、電話、無線機、内燃機関、内燃機関を搭載した飛行機などが次々に登場したが、これらの技術は科学知識を活用し開発されたものであり、それらの技術によって生みだされた大きな産業上の変革は「第二次産業革命」とも呼ばれる。この「第二次産業革命」を実現させた新技術として、さらに自動車、自動車を大量生産する体制、電力と電気通信のネットワークなどを加えることができよう。

現代社会を作り上げてきたこれら技術の存在、そして技術を生みだしてきた科学の存在は、技術者や科学者が社会で活動するあり方も一変させた。それまで技術の担い手の多くが職人層から輩出されてきたのに対し、高度な科学知識を利用する技術の登場に伴い、高等教育機関で科学知識、工学知識を修得した技術者が多く必要とされるようになった。基礎科学と専門技術の知識を教授する技術学校は一九世紀の間その数を増し、一九世紀末には大学の中に工学部が設置されるようになった。またそれ以降、企業においても科学知識を備えた研究者を雇用した基礎研究所を設置し、製品の開発や改良を積極的に進めた。企業ばかりでなく、各国の政府も最新の技術を開発し、さらに発展させていくことが産業力と軍事力の向上に不可欠であると認識し、国立の研究機関を次々に設置するようになった。

本書で取り上げようとする技術は、二〇世紀初頭に発明され、世紀を通じて長足の進歩を遂げた飛行機である。飛行機は軽量のエンジン、軽量ながら強度を保つ構造部材、空気中をバランスよく小抵抗で飛行する形状などによって成り立つ機械である。この最後の課題は空気力学と呼ばれる工学的な科学知識を必要とし、その研究は二〇世紀の間に一大分野として成長した。本書は二〇世紀前半に大きく成長したこの空気力学の歴史を、飛行機の登場と発展に重ね合わせてみていこうとするものである。

周知のように飛行機はライト兄弟によって発明された。飛行機、すなわち人を搭載し約一分あるいはそれ以上の滞空飛行時間をもつ飛行機械は、一九〇三年一二月にアメリカのウィルバーとオリヴァーの兄弟によって生みだされた。彼らはその後も自分たちの飛行機を秘密裏に改良し続け、改良が一段落すると、各国政府と交渉して自作機を売り込もうとした。彼らが飛行機の発明者として世に広く知られるようになるのは、内外政府との交渉が不調に終わり、満を持すようにして一九〇八年にフランスで実演飛行を披露してからのことである。この興行により世界中の人びとは飛行機が実用技術として生みだされたことを実感した。それまでもっぱら好事家や発明家の余技のようにみなされていたものが、国家的な関心事としてにわかに注目を集めるようになる。飛行機とともに、すでに開発されていた飛行船をさらに技術改良していくこと、そのために空気力学を含む関連分野の科学技術の研究を遂行すること、これら研究開発の作業が国家事業として推進されるようになった。発明をしたのは科学を学んだ職人たちだったが、それをさらに改良し成長させていったのは大学・企業・国立研究所の科学者と技術者たちだった。

イギリスでは、ライト兄弟の飛行機が登場した翌年の一九〇九年に「航空諮問委員会」と称せられる政府委員会が創設され、その指導下で航空機の発展のための調査研究が官学の研究施設を使用して進められた（本書では飛行機や飛行船を含む飛行用機械の総称として「航空機（aircraft）」という語を使用する）。本書が第7章を除く以下の各章で分析しようとするのは、このイギリスの政府委員会の下でなされた飛行機の研究開発活動、とくに空気力学と呼ばれる分野の研究活動の歴史的発展である。委員会の下に集まった航空機と科学技術の知識と経験を備えた専門家たちが、なすべき研究課題をいかに設定し、互いに協力し合うことで研究成果を生みだしたか。研究遂行する過程でいかに困難と遭遇し、見解の対立を生じ、そして新しいアイデアを創出していったか。そのような諸問題をめぐる歴史的エピソードを俯瞰し追いかけていく。

今日の視点から航空工学、とりわけ本書で扱う空気力学と呼ばれる分野の歴史を振り返れば、二〇世紀においてこの新興学問分野の発展の中心地となったのは、実はドイツとアメリカになる。ドイツはゲッチンゲン大学のルドヴィヒ・プラントルと彼のグループが、第一次世界大戦以降、理論と実験の両面で新機軸を打ち出し世界の空気力学研究をリードした。一方アメリカでは一九三〇年代以降、豊富な人的物的資源を背景に新型風洞を建設し、困難で手間のかかる系統的な計測プロジェクトに取り組み、そのデータに基づき航空機の設計製造を遂行した。プラントルの境界層や誘導抗力といった概念、米国航空諮問委員会の翼型シリーズは、今日の空気力学・航空工学研究の基礎となっている。

それに対して本書が主として対象とするのは、日本の事情を扱う第7章を除き、もっぱらイギリスの航空工学者と空気力学者の活動である。空気力学で世界をリードした米独両国ではなく、イギリスを取り上げることの意義はどこにあるのか。確かに空気力学・航空工学の発展を俯瞰的に眺めれば米独の功績が顕著であることは否めない。だがその一方でイギリスの研究者たちがアメリカの研究者に与えた影響も無視することはできない。またドイツの学術研究を追うだけではみることのできない、プラントル由来の空気力学の理論としての特性や同時代の航空機開発との関係を多角的に浮かび上がらせてくれる。しかし何よりも本書でイギリスの航空研究に目を向ける最大の理由は、時代を反映する史料が豊富に残され、史実を子細に伝えてくれることにある。

イギリスの航空研究と空気力学研究を先導したのは、政府の下に置かれた航空諮問委員会と後継の航空研究委員会である。同委員会の下には、多くの専門小委員会が設けられ、それら大小の委員会が定期的に会合することによって、公的資金を利用した航空機の研究開発活動が計画され、実行された。それらの委員会会合ではまた、世界各国でなされる航空研究の現状が把握され、当時の航空界の技術的課題が議題に上程された。したがって委員会における情報提供や意見交換を通覧することで、当時の航空工学者と航空に携わる諸分野の科学者・技術者がどのようなことを考え、議論し合っていたかを知ることができる。そこにはまた、世界中の人びとがアクセスできる論文や報告などに記される公知の情報とは異なる、委員会内部の者にしか知らされない機密の情報やアイデアも記録されている。ほぼ毎月開かれた航空研究委員会の会議議事録には、議事進行に伴いどの出席委員がどのような発言をしたのか、その内容が詳細に記録され、その記録を読むことで席上での議論をつぶさに追うことができる。各委員の発言内容をそれほど詳細に記録する議事録は、第二次世界大戦前にあって日本はもちろん、アメリカやドイツにも存在しない。そのような詳細な記録史料を解読することで、ドイツやアメリカの航空史、空気力学の研究史を追うだけでは気づけなかったことがみえてくるのである。

本書全体を通じて論じようとする問題を以下にあげておこう。科学技術の研究活動とその社会制度との関係という二つの大きなテーマをめぐる論点として、次の七つの課題を提示しておく。

第一は、科学者と技術者の協力関係についてである。イギリス政府の委員会には、さまざまな専門分野を背景としてもつ人びとが招集されたが、彼らの間でいかなる議論がなされ、それはいかに有効だったのか。一九〇九年に設立した航空諮問委員会の委員に選ばれたのは、陸海軍を代表する軍人と、実験物理学、応用数学、気象学を専門とする大学や国立研究機関の研究者、各種精密実験器具の製作を専門とする技術者、飛行機の試作経験をもつ技術者たちだった。これらの人びとがいかにしてコミュニケーションをとり、議論を交わしつつ、研究計画を策定し、研究活動に取り組んでいったのか探っていくことにする。

第二は、理論研究の役割と効用についてである。理論研究は実験研究と結びつき新しい技術設計を生みだしていくことが期待される。あるときには、理論的発見が技術的発明を喚起し、そのための研究開発の道筋を明らかにしてくれる。またあるときには、理論研究が実験家や技術者の間で、現実からあまりにも遊離しているとみなされ、拒絶されたり無視されてしまう。無視されていたのが、逆に理論の有効性が改めて再認識されるような場合もある。このような理論、実験、技術実践の関係の諸パターンを本書各章でみることになろう。

第三は、風洞という空気力学特有の実験設備に注目し、それが空気力学研究の道具として登場し、信頼のおける実験装置として承認されていく歴史過程を追うことである。流体力学の実験装置にはさまざまな種類のものが開発された。造船技術では水槽でモデル実験がなされたし、航空機の開発においては旋回腕（回転アーム）と呼ばれる器具も利用された。だが航空工学においては風洞が基本的な研究用具として登場し標準的な実験装置として定着していくことになる。その際に、各研究所における風洞の計測データの比較、そして風洞の実験データとフルスケールの実機による飛行試験データとの比較がなされた。最初はそれらの間での不整合が認識され、問題視されることになるが、その問題に研究者たちがどのように対応し、どのように解消されていくかをみることが本書前半の一つの主要な論点になる。

第四は、研究計画と技術開発の関係である。航空諮問委員会においては、上記のとおり創設時に現在の航空機とその将来、また航空機に関する現在の知識を参照にして委員会が今後取り組むべき検討課題を列挙し、研究と開発にあたった。第一次世界大戦後にも委員会では将来の飛行機を予測し、今後取り組むべき課題を明確化して、研究計画を策定しようとする機会をもった。そのような技術予測、研究計画、そして技術開発とはいかに関係しうるのか。

第五は、技術革新の条件である。空気力学の理論研究、風洞や実機を用いた実験研究、科学者と技術者が共同して取り組んだこれらの研究によって、何らかの技術革新や科学的発見がもたらされたのだろうか。もたらされたとすれば、それはいかなる条件の下で可能だったのか。それは個人によってなされるものなのか、それとも複数の異なる専門的背景をもった人びとが協力してなされるものなのか。そのような新しい革新がなされる際に、科学的知識と技術的発明とは関わり合っているものなのか。

第六は、研究活動と制度との関係である。本書で取り上げるイギリスの空気力学の研究においては、政府の委員会ならびに研究機関が深く関わっている。その一方でインペリアル・カレッジやケンブリッジ大学などの大学機関において空気力学の基礎研究が進められた。これらの大学での研究活動と政府の研究機関、また大所高所から研究の方向性を策定する航空諮問委員会（航空研究委員会）とはいかなる関係をもったのか。

第七は、国際比較である。本書の議論の多くはイギリスの航空工学者、空気力学研究者に焦点を当てて叙述を展開していくが、各時代においてアメリカ、ドイツ、フランス、そして日本の研究者との関わりが出てくることになる。前記六つの観点からの特質は他の国々でいかなる様態であったか。第7章においては日本の研究者による空気力学研究とそれにもとづく技術開発に焦点を当てて論述を進める。日本における航空研究の特質は何であったのか。これらの日英を始めとする各国研究者の研究開発のプロセスをみることによって、適宜必要に応じて国際比較を試みる。

続いて本書の内容を、第1章から順に簡単に紹介しておこう。

第1章では、ロンドン近郊の国立物理研究所のレオナード・ベアストウのグループによる飛行機の安定性に関する実験研究についてみていく。航空諮問委員会設立後の最初期の研究活動において成功を収めたのが、飛行機の安定性に関するモデル実験研究だった。それは安定性に関する数学的力学理論に基づき、モデルを利用した風洞実験を実行し、設計家のために安定性の判定法を簡潔に教示するものだった。第一次世界大戦前夜に達成されたこの研究成果は、内外の研究者によって高い評価を受けることになる。その一つの要因は、実験結果を組み込んだ計算結果を技術者にとっても分かりやすいグラフで表現したことである。航空工学のように科学者と技術者が共同する場が機能するためには、そのような背景を異にする専門家の間で有意味な情報交換がなされるための努力と能力が必要とされたのである。実際そのことに成功したベアストウは、科学と技術の「仲介者」と同時代人に呼ばれたりした。数量関係をグラフによって表現することが、そのようなコミュニケーションの有力なツールとしての役割を果たしたことも指摘する。

第2章では、第一次世界大戦中において風洞実験の結果と実機による飛行試験の結果との間に乖離が見いだされることになったが、それにより風洞実験に対する疑念が生まれるとともに、両データの差異の原因を探っていった事情をみる。時間的に切迫し大きな社会的責任を伴うプレッシャーの下で、そのようなモデル実験とフルスケール実験の結果との間で差が見いだされたときに、科学者や技術者はどのような対応をしただろうか。それ以前に研究成果を高く評価されたベアストウは、風洞試験とフルスケールの試験結果との乖離を前にして、自らの研究成果の信頼性が損なわれる危機感を味わったことだろう。果たしてベアストウは、縮尺モデルを利用する風洞実験を擁護しようとする気持ちをもっただろうか。乖離の原因の探求は、そのような研究者の感情や利害関心に左右されただろうか。もっぱら風洞実験を行う国立物理研究所のベアストウに対して、乖離の存在を強調し風洞試験の信頼性に疑念を投げかける王立航空機工場の代表、両者の間で大学に所属する委員が仲裁役を果たしつつ議論が応酬されていく。

続く第3章と第4章では、そのような空気力学理論の発展と受容をみていく。第3章では第一次世界大戦中に生みだされたドイツのプラントルの空気力学理論、そして第4章ではそのイギリスへの受容をみる。第一次世界大戦後にプラントルの理論の存在に気づき、受け入れていくことによって、第一次世界大戦中に論争されたモデルと実機の測定結果の食い違いはある程度解消されていくことになる。

第3章では、空気の流れに関する基礎理論について、ドイツのプラントルの境界層や後方渦（trailing vortex）などの重要な基礎概念の成立についてみる。現代の航空工学における空気力学の重要な課題は、飛行機の主翼に働く力を説明することである。空気の流れの中を進む主翼に働く揚力と抗力に対して、プラントルはそれ以前のロシアの航空工学者ニコライ・ジューコフスキーとドイツの物理学者マーティン・ヴィルヘルム・クッタの理論を取り入れて、主翼のまわりを回転する空気の循環と主翼が運動することによる直進的な空気の流れとの重ね合わせにより揚力や抗力が発生するという理論を受け入れた。そして以前の二者の理論に対して、主翼から後方に後方渦が発生するという考えを提唱し、主翼を三次元的に扱う方法を考案した。現在の空気力学の教科書にはこの理論が基礎理論として提示されている。だが当時のイギリス航空工学界ではクッタとジューコフスキーの理論は一般に受け入れられていなかった。ただ一人例外的な存在として技術者フレデリック・W・ランチェスターはプラントルの後方渦概念に相当する空気力学理論をすでに一九〇〇年代に提唱していたが、彼の理論もイギリスの科学者・技術者の間では認められていなかった。イギリスの空気力学研究者たちは、なぜランチェスターの理論を受け入れなかったのか。代わりにいかなる理論を発展させようとしていたのか。あるいはいかなる理論も採用していなかったのか。もう一人の若い流体力学研究者ジョフリー・イングラム・テイラーの一本の研究論文について注目しつつ、それらの問題を探っていく。

第4章においては、第3章で紹介したドイツのプラントルの空気力学理論がイギリスの航空研究者たちに知られるようになり、受容されていく経緯を取り扱う。新しい理論が提唱された後に、それが他国の科学者共同体の間で受け入れられていく過程は、相対性理論や進化論の受容に関して検討されている課題であるが、本章で取り扱うのはそのような受容過程の歴史分析である。この分析によって、イギリスの航空工学の研究者の共同体の性格がより明瞭にみえてくることになろう。具体的には、それが最初はとまどいをもって迎え入れられたこと、またそれを技術的にも使いこなすためにグラフ的解法などが早速考案されたりしたこと、そして何よりも風洞のデータの補正に関してプラントル理論が重要な役割を果たしたことをみていく。

第5章では一九二〇年に航空諮問委員会から名称を改めた航空研究委員会が一九二一年にもったユニークな会議とその経緯を取り上げる。その会議とは一〇年後の飛行機を予想し、その後一〇年間の研究計画を検討するというものだった。その際に高速機を予想して、そのための研究の重要性を説く人物がいた。いったいその提案は会議でどのように受けとめられたのか。その人物B・メルヴィル・ジョーンズは、一九二〇年代末に王立航空協会で流線形化の必要性を説く講演をしたことでよく知られる。本章ではその歴史的講演と、あまり知られていない彼の先駆的な研究提案との関係を探ることになる。

第6章では、第3章で紹介したプラントルの境界層概念や乱流概念をめぐる一九三〇年代における研究の発展を追い、そこから帰結した一つの技術的成果である新翼型の発明について論じる。プラントルらは一九二〇年代後半から境界層と乱流の理論的分析を試み、その成果として「混合距離」という概念を提示した。それをさらに発展させたのはテイラーだった。テイラーは乱流を統計的に扱う理論を作りだし、その理論から大気中と風洞内とで乱流のでき方に差があることを推論した。その推測から実際に飛行機で計測実験を行い、その実験結果に触発されることで、アメリカの技術者イーストマン・N・ジェーコブスが層流翼という新翼型を考案することになる。

第7章では、同様の新翼型が日本の技術者谷一郎によって考案されていく経緯をみる。そのためにまず日本の航空研究を牽引した東京帝国大学航空研究所の設立とそこにおけるプラントル理論の導入、風洞の建設と空気力学研究の発展、そして谷の空気力学研究をみる。谷がプラントルの翼理論の応用研究、境界層の科学研究を経て、新翼型の開発に挑戦する過程を、公刊された文献とともに未公刊史料を参照することでたどっていく。谷の層流翼の開発は、アメリカのジェーコブスの層流翼の開発とほぼ同時に独立に進められたもので、日本における航空研究のレベルの高さを物語るものである。そのレベルの高さを可能にさせた要因も探っていくことにする。

ではここで再度飛行機が発明された一九〇〇年代に時代を遡ることにしよう。一九〇〇年、まだ空を自由に駆けめぐることは人びとにとって夢のような話だった。それから一〇年の間に飛行機は発明され、空を飛ぶことはもはや夢ではなくなった。一九〇九年、人びとは飛行機が現実のものとなったことを知り、それが将来の世界を大きく変えていくであろうことを想像した。その時点から本書の叙述は出発することになる。

第1章 最初の研究プログラム

——安定性の風洞実験

安定性の実験研究のための風洞施設（R. & M. 68）
窓の開いている箇所に，飛行機のモデルと計測器が設置されて測定作業が進められた．

1　招請された科学者

イギリス連合王国首相ハーバート・H・アスキスは一九〇九年四月三〇日付けで一〇人ほどの科学技術の専門家に宛てて書簡を送った[1]。書簡は、航空――飛行機と飛行船――に関して生じる諸問題に助言をしてくれるよう、新設される委員会への委員就任を招請するものだった。そこには委員会とともに、国立研究所や飛行試験場を備えた実験施設とが協力して航空の問題に取り組むよう指示されていた。新委員会は科学者と技術者によって構成され、対処すべき問題とその検討方法、見いだされた解答を吟味の上で軍と政府に提出することが求められた。招請された専門家たちは五月一二日に陸軍省会議室に集められ、第一回の会議が開催された。その会合で委員会の名称が「航空諮問委員会」と決定された[2]。

その日午後二時半に指定の会議室に集まったのは、高名な物理学者レイリー卿（図1・1）を含む一一人の専門家たちである。彼らは受け取った書簡の指示に従い、レイリー卿を委員長として議論を開始した。その後約十年間、名称を「航空研究委員会」と改称するまで、同委員会は一二五回の会議を開催し、任務を果たすべく議論と所定の活動を続けた。その間に提出された報告書の数は約一五〇〇、議事録に記された議題の数は一三〇〇に上る。

飛行船と飛行機の登場によりこのように招集された委員会において、いったいいかなることが論じられ、いかなる研究活動が着手されたのか。社会に大きな影響を与えるだろう新技術の登場により、政府の委員会は新技術にどのように対応し、発展させていったのだろうか。ノーベル賞受賞歴をもつ委員長の下で、新委員会は航空関連技術発展のためにいかなる科学技術上の問題に取り組み、解決していったのだろうか。それらの問題をみていくための資料が、数千の数に上る技術報告と議事録に記録された議題の数々である。

六月に開催された第二回会合では早速、検討すべき課題や具体的な問題についてリストが提示された。委員会の書記を務めるリチャード・T・グレーズブルックは、「可能な実験作業の計画」について予備報告を提出し、そこで六分野、三九の課題を列挙した(3)。六つの分野とは空気力学、飛行機、プロペラ、原動機、飛行船、気象学である。このうち「空気力学の一般的諸問題」に含まれる課題には、「水平な空気の流れに対して傾いた平面、とくに流れに対して小さな角度で傾く平面に働く力の垂直と水平の成分の決定」など七項目があげられる。いずれも平面、曲面、単純な幾何学形状の物体、そしてそれらの結合体が空気の流れに置かれたときに働く力の強さと方向を実験的に確認しようとするものである。飛行機と飛行船に関わる空気力学の実験的問題とは、まずはこのような空気の流れの中の特殊形状物体の抵抗力、作用力の正確な測定だった。

図1.1　レイリー卿（Strutt, 1968）

グレーズブルックのリストのうち、飛行機に関する諸問題の分野には七つの課題があげられており、その中の一つ「安定性に関わる諸問題」にはさらに六つの個別問題があげられている。「安定性の数学的研究」「安定板の効果とそのサイズと位置に関する問題の研究」「方向舵の効果」「突風の効果」「異なる重量配置をもつモデルの安定性に関する研究」などである。飛行機の飛行にあたって、主翼や方向舵などの空気の流れを受けとめる板に働く力学的作用と、その飛行機の運動への影響を精密に計測して理論的に考察することが課題となった。

イギリスの政府委員会におけるさまざまな研究課題の中で、委員の関心を集めるようになった主要テーマの一つが、この飛行機の安定性と操縦性に関する問題だった。イギリスの標準局に相当する国立物理研究所（National Physical Laboratory、通称ＮＰＬ）に勤めるベアストウは、この安定性の実験研究を計画実行するにあたって中心的な役割を果たした。応用数学者のジョージ・Ｈ・ブライアンが提示した飛行機の安定性に関する数学的力学理論に依拠しつつ、飛行機のモデルを利用した風洞実験をこなすことで、安定な飛行機設計の要件を探りだすことに努めた。そしてこの実験研究は、実際に陸軍の飛行機を製作する工場の技術者たちにより、安定な飛行機を設計する際の指針として利用されていった。

本章は、この航空諮問委員会の下での航空工学研究の最初期の歴史に目を向け、さまざまな分野背景をもつ科学者と技術者との間の協力がいかにして可能になったか、とりわけ安定性の研究開発において科学理論から技術実践への応用がいかにして進められたかを探っていく。その過程の分析を通じて、科学と技術の両者を介在する人物としてベアストウの存在にスポットライトを当てて、彼の研究活動が同時代の研究者たちによって高く評価されていたことを確認する。

2　ブライアンの安定性理論

航空諮問委員会は一九〇九年五月に第一回会合を開いた後、七月と八月の夏期休暇を除き、毎月定例の会合を開催していった。科学者、技術者、軍人たちがロンドンの会議室に集まり、航空機を開発し改良していくために現在と将来の課題を検討した。各会合においては、送付されてきた書簡、また委員会外部の研究者や発明家から寄せられる論文が紹介され、手短に議論された。(4) 最初数回の会合での重要な議題は、航空と飛行に関連するあらゆる課題に関して現状での知識を収集することであった。それらは、飛行機と飛行船の安定性と操縦性、飛行機のエンジン、プロペラ、航空気象、飛行船の材料と構造、他の研究機関の研究計画と成果などに及んだ。彼らはまた、委員会の管理下にあるＮＰＬの風洞実験施設での実験課題を選定する責任を負った。

安定性と操縦性の問題は、最初の会議から委員によって言及されていた。委員会の事務局長となったＮＰＬ所長グレーズブルックは、ブライアンからの書簡を紹介した。[5]飛行機の安定性の理論に関して成果を得たので、その情報を委員会に提供してよいというものだった。ブライアンは、ケンブリッジ大学を数学卒業試験第五位で卒業した後、ウェールズのバンゴールにあるノースウェールズ・ユニヴァーシティカレッジで数学の教鞭をとる人物で、同僚と飛行機安定性の数学的分析に取り組み、縦方向の安定性に関して論文を出版した。[6]彼の申し出は委員によって好意的に受けとめられ、飛行機の飛行に関してすでに本を出版していたランチェスターと王立砲兵学校の応用数学者ジョージ・グリーンヒルが、ブライアンと連絡をとり問題について協議をするように要請された。[7]ブライアンの当初の計画では、飛行機の安定性に関する論文を一九〇九年秋までに委員会に提出する予定だったが、他の仕事に追われて論文の完成を延期せざるを得なかった。[8]彼は完成を早めるべく助手雇用のための資金援助を要請したが、委員会はその要請を却下、以後彼からの音沙汰がなくなってしまう。[9]

ブライアンは委員会に報告書を提出する代わりに、二年後に安定性の理論に関する著作を出版した。『飛行の安定性――飛行機の運動に応用される動力学的安定性への入門』と題されたその著作は、飛行機の縦方向とともに横方向の安定性を論じるものであった。[10]彼は自らの新しい理論とそれまでの理論とを比較し、それ以前のフランスの科学者マルセル・ブリルアンらの理論が「静力学的」であるのに対し、自分の理論は「動力学的」だとした。ブリルアンの理論では飛行機の各部分に働く力の間の平衡安定な条件を論じられるが、自分の理論は飛行機の固有な動的安定性、すなわち飛行機が横風などの擾乱を受けても安定な姿勢を保つような力学的条件を探るものだと説いた。[11]

動的安定性の問題については、フランス人技術者ロドルフ・ソローも基本的な方程式を提出していた。しかしブライアンによれば、その方程式は二つの横方向の回転運動、すなわちヨーイング（yawing、偏揺れ）とローリング（rolling、横揺れ）と呼ばれる二種類の回転運動の相互関係を考慮していないという欠陥をもっている。この「よくある過ち」のために、ソローの理論では垂直尾翼のない飛行機が設計されてしまっているが、それは本来的に不安定な飛行機だと指摘する。

ここで、飛行機が運動するときの回転運動について説明しておこう。三次元空間の中を運動する飛行機は、前後・左右・上下の三方向に運動することができる。図1・2のように、飛行機は重心Gを中心にしてこれら三軸のまわりで回転運動も行うことができる。前後の軸（図1・2のx軸）のまわりの回転運動を「ローリング」あるいは「横揺れ」、左右の軸（z軸）のまわりの回転運動を「ピッチング（pitching）」あるいは「縦揺れ」、上下の軸（y軸）のまわりの回転運動を「ヨーイング」あるいは「偏揺《かたゆ》れ」という。これらの回転運動は海上を走行する船の場合にも存在し、これらの用語が従来から使われてきた。飛行機の運動では、船にはない上下方向の運動が加わるわけであるが、三種類の直進運動と三種類の回転運動、計六種類の運動を飛行機はすることができる。換言すれば、飛行機の運動は直進運動と回転運動とを合わせた六次元運動ということができる。

ブライアンの理論は二つの横方向の回転運動、ローリングとピッチングの相関関係を考慮することで、方程式の解はソローのものより複雑になっている。しかし彼の理論は、三種の回転運動すべての相互関連性を考慮するものではない。その理論では、飛行機の直進と回転の諸運動は、一つは飛行機の前後軸と上下軸で形成される垂直平面内の運動、もう一つはこの垂直面外の運動、その二種類に分割される。垂直面内の運動とは、前後方向の運動、上下方向の運動、そしてこの平面内で回転振動する左右軸のまわりのピッチングの運動の三種であり、それらが合成された運動である。一方、垂直面外の運動とは、左右方向の運動、前後軸のまわりのローリング、上下軸のまわりのヨーイングの三種の運動とそれらによって合成される運動である。このように六次元の運動を垂直面内とそれ以外の運動とに分け、それらの間に相互関係はないと仮定し、二種類の運動に関する安定性を縦方向（longitudinal）の安定性と横方向（lateral）の安定性としてそれぞれ区別して論じることになった[12]。

ブライアンは彼の理論を構築していく際に、ケンブリッジ大学の数学者エドワード・J・ルースの剛体の動力学理論を参考にしている[13]。一九世紀の間にはジェームス・ワットが発明した蒸気機関の回転運動を一定の速度に調節するための調速装置（governor）が改良され、天文観測器具などにも応用されることで複雑な運動を伴うものも開発されていた。それら調速装置が安定に回転運動する条件については、ジェームス・マクスウェルを始めとする一九世紀後半の数学者・物理学者がその分析に取り組んだ[14]。飛行機の運動の安定性の方程式を導出するにあたっても、調速装置をめぐる力学理論は参考にされたのである。

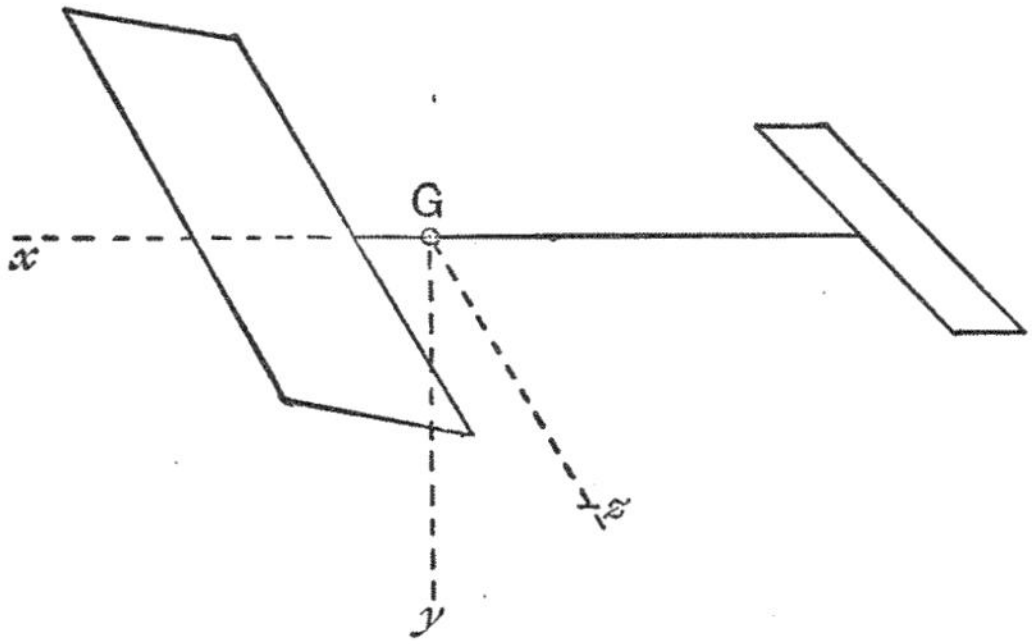

図 1.2　ブライアンの安定性理論における 3 次元の並進運動と 3 次元の回転運動（Bryan, 1911）
主翼と尾翼からなる飛行機の模式図．重心 G から前方に x 軸，下方に y 軸，左方に z 軸をとる．これら 3 軸方向の並進運動とともに，3 軸各軸のまわりに回転する運動を考えた．このような単純な幾何学平面の組み合わせを仮定してその平面システムの安定性を検討しているところに，その後標準的となる飛行機の形状が，少なくともブライアンの目には，この時期まだ標準形として確立していなかったことがみてとれる．

ブライアンは飛行する飛行機の動力学的特性を表現するために、六次元の運動に対応する六つの運動方程式を書き表した。飛行機のこれらの六つの運動はそれぞれが別個になされるのではなく、一つの運動が別の運動に影響を及ぼしながら運動が続いていく。たとえば直進運動の速度が増せば、それは揚力の上昇によって上昇運動の速度を増す。また横方向の運動は垂直尾翼を通じてヨーイングのモーメントを働かせることになり、そのようなモーメントがヨーイングの運動方程式の項として含み込まれる。

ブライアンはこの連立運動方程式を前提にして、速度の小さな変化が飛行機全体の運動にいかなる影響を及ぼすかをチェックする。六次元の各速度の微小変化が$e^{\lambda t}$に比例すると仮定した上で、連立運動方程式を解くことをλに関する一つの代数方程式を解くことに帰着させる。前述のとおり縦方向と横方向の安定性をそれぞれ独立に扱うという条件をここで導入すると、双方の連立運動方程式は、二つのλに関する四次方程式へと分解され、両方向の安定性は各方程式で解かれるλの性質によって判定されることになる。すなわち四次方程式の四つの解の実数部分がすべて負である場合、飛行体の微小変動はいずれも時間とともに減衰し、それは安定して飛行するということが結論される。

このパラメータλを求めるにあたって、代数方程式を解かなければならない。それらの方程式のλの冪乗項の係数は、飛行機の動的特性を反映するもので、速度導関数や回転導関数などと呼ばれる量によって構成される。したがって方程式を解くために最初になすべきことは、各形状をもつ個別飛行機に特有なそれらの係数を決定していくことになる。ブライアンはそれらの係数を求めるにあたって、飛行機を単純な幾何形状からなると仮定して導出したが、それらの係数を導出するためには、モデルを利用した測定実験によって求めることが可能であるとも述べた。たとえば片持ち棒を水平に回転させて風の抵抗を測定する「旋回腕」と呼ばれる装置や、振り子を利用してそのような測定ができるだろうとしている。ＮＰＬの研究者たちは、そのような係数の決定を風洞を利用したモデル実験によって求めようとしたのである。

3　ＮＰＬにおける風洞実験研究

航空諮問委員会の一つの重要な任務は、NPLにおける航空目的の空気力学的研究を指導することだった(15)。諮問委員会が設立された一九〇九年に、NPLはその技術部の中に空気力学課を設け、新しく風洞、風塔（wind tower）、旋回腕を建設した(16)。いずれも空気力学上の測定実験をするために作られたものである(17)。新しい風洞は長さ二〇フィート、一辺四フィートの正方形の断面をもつもので、それ自体が一辺八フィートの長さをもつ部屋の中に置かれた(18)。この新しい風洞を用いて、技術部主任のトマス・スタントンと彼の助手であるベアストウ（図1・3）は正方形の板に働く風圧の力を測定した。スタントンはこの測定を当初橋梁の受ける風圧という建築土木上の課題として着手し、以来数年間研究し続けていたところだった。助手のベアストウは、インペリアル・カレッジ（帝国科学技術大学）の前身である王立科学学校の機械工学科の卒業生で、NPLには一九〇四年に着任し、スタントンの助手として働いた(19)。

図1.3　レオナード・ベアストウ
（© Godfrey Argent Studio）

一九一二年にNPLの空気力学課は、飛行機の安定性に関する新しい研究計画に着手することになる。ブライアンの飛行機の安定性に関する論考が出版されたのが一九一一年、NPLのスタッフは同書に説明される安定性理論に依拠することで、飛行機のモデルを利用した安定性に関する実験研究に乗り出した。飛行機の安定性に関しては、航空諮問委員会の委員を務めていた技術者ランチェスターも独特の表現を用いつつ、著作を出版していたが、NPLの研究者たちによる引用はごくわずかだった。アメリカからの来訪者は、そのことを最初は不思議に思ったというが(20)、NPLの実験研究の意義をその後高く評価していくことになる。NPLの実験研究においては、

図1.4　風洞の計測スペース（R. & M. 68）
窓が開いた風洞内に飛行機のモデルが置かれ，下に精密天秤などの計器が置かれている．

スタッフ自身によって実験装置や実験設定などがいくつも工夫された。それらを通じて、ブライアンの安定性理論における固有方程式を解くためのデータを得ることが目指された[21]。

実験計画遂行にあたって最初に取り組まれたのは、新しい風洞の設計と建設だった。一九〇九年に建設された風洞は、測定にあたって細かな風圧の脈動が検知された。脈動の原因が送風機にあることが確認され、新たな送風の構造と送風機用プロペラが設計された。風洞を設置する屋内の空間や風洞の端末の吸気口と排気口の形状についても改良された[22]。これらの実験結果から新しい風洞が設計された。新型風洞は以前の風洞と同様に一辺四フィートの正方形の断面をもつタイプであるが、送風機には効率のよい翼型のプロペラが使われるなどの工夫が施され、広い部屋に設置された（第1章扉写真）。

実験のための測定器具の製作には特別の技術が必要とされた。その一つに風洞内で飛行機のモデルに働く力とモーメントを直接測定する装置がある（図1・4）。空気力学的天秤と呼ばれるこの装置は、風洞での測定実験において主役を果たすものであり、この安定性の実験研究においても重要なものである。NPLの実験で使われた空気力学天秤（図1・5）は、飛行機のモデルを支える垂直の長い棒と天秤、そして長い棒を誘導する四つのローラーなどからなっている。ローラーは支持棒を垂直な状態から倒れさせず、ねじれさせず上下だけに動かす。風洞の中で強い風を受けながら、一方向だけの力を測定するためにはそのような工夫が不可欠であった。報告書によれば、回転の自由度は〇・一以下であるのに対し、一万分の一ポンドの力で上下に動くように調整されており、そのために高い製作技術が必要とされた[23]。その製作は科学実験機器の製作を専門とするケンブリッジ科学器具会社が担当した[24]。また垂直方向の軸に対する回転（ヨーイング）に働く回転モーメントについても、軸上のワイヤのねじれが顕微鏡を利用しつつ測定された。また、測定精度を高めるために、測定によって生じたモデルと測定器具のねじれやずれも精密に測定され、補正を受けた。この空気力学天秤は、垂直方向の力とヨーイング・モーメントを測定し

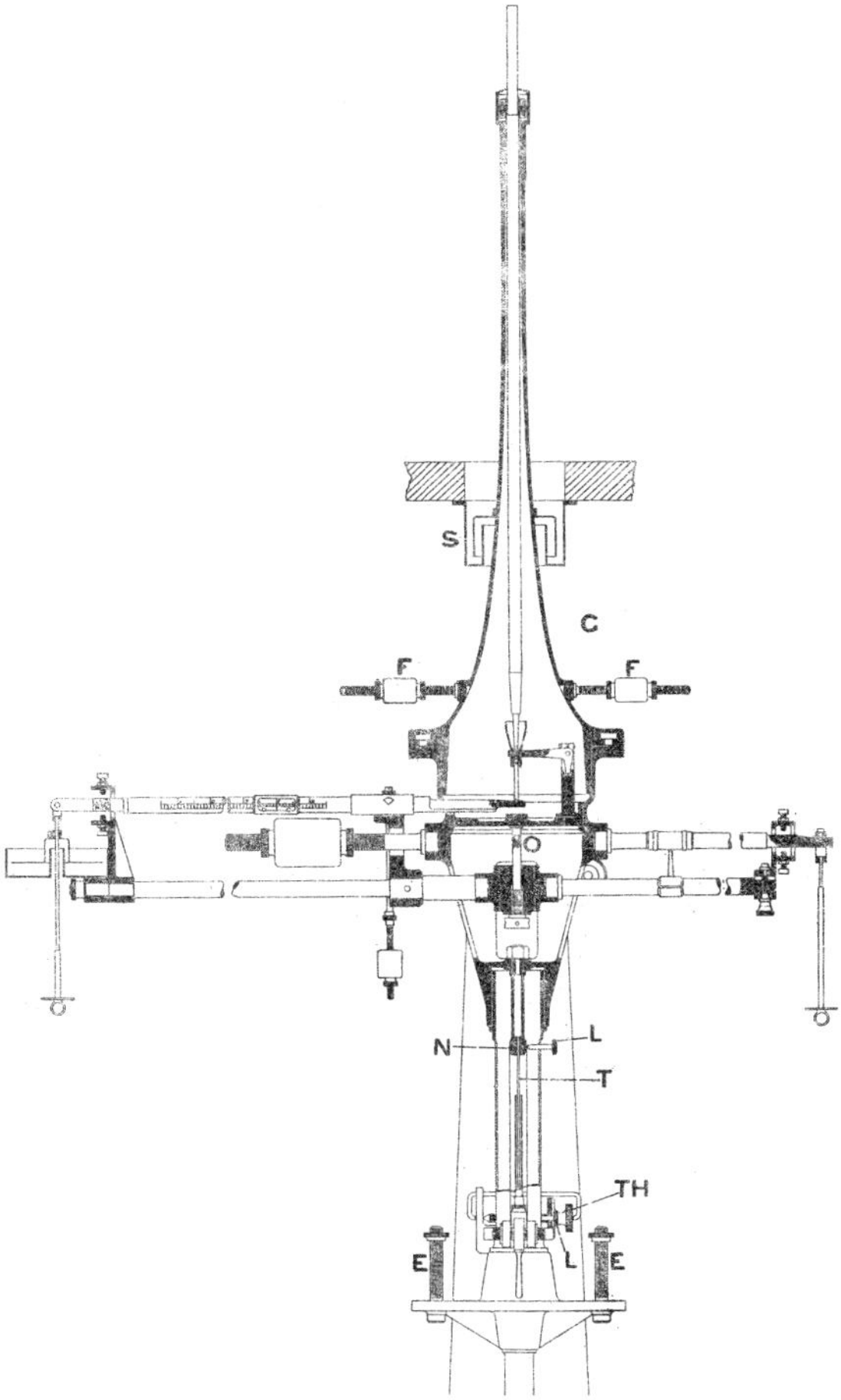

図 1.5　NPL の風洞測定用空気力学天秤（R. & M. 68）

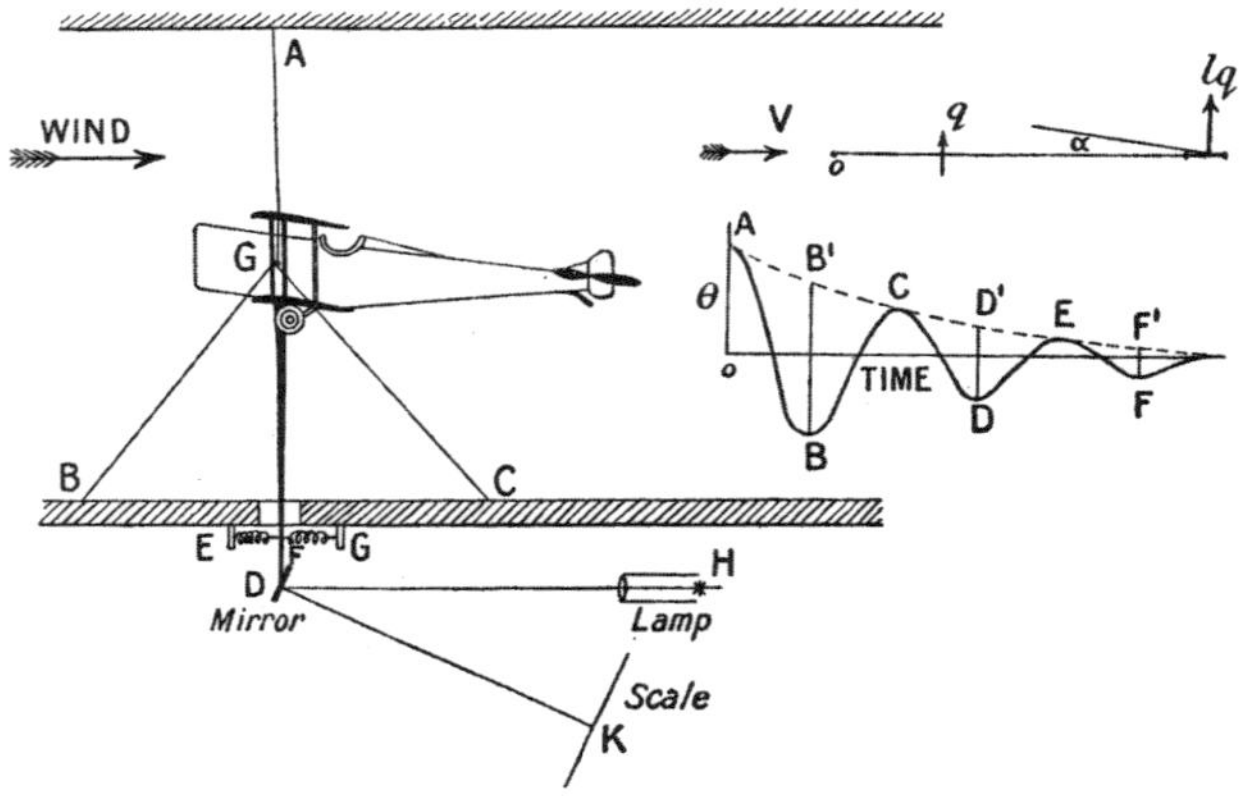

図1.6　モデル機を利用した風洞内振動実験の模式図（Bairstow, 1939）
風洞内に飛行機のモデルを吊し，重心を中心にして回転振動させることで回転モーメントを測定する．通常飛行機は重心Ｇからそれぞれ A，B，C と結ばれるワイヤで固定され，Ｇから下方のＤまで棒が伸び，棒は風洞下面下のＥとＧ（Ｆの誤記か）との間のバネにより振動できるようになっている．Ｄには鏡がついており，Ｈからの光線を反射してＫに照射する．モデルの振動は大きく増幅され，減衰振動する曲線として表示される．ベアストウはこの曲線を撮影し，モデル機の回転モーメントを求めた．

たが、他の力やモーメントは別のタイプの測定装置によって測定された[25]。その後アメリカの航空工学者たちがNPLと同様の安定性の研究に着手する際に、彼らは実験に不可欠なこれらの測定装置をイギリスから輸入しなければならなかった。

　回転に関わるモーメントについては、図1・6のようなモデルを、固定された重心のまわりで小さく振動させる方法によっても計測された。図ではモデルが重心に対して左右の方向を軸とするピッチングの振動運動を測定する様子が模式的に描かれている。微小な振動運動は下の鏡に増幅して伝えられ、さらに反射光を利用することで大きな振幅の運動として表示される。光の振動運動は、同じくNPL物理部のスタッフが開発した振動検流計にもとづく高速度シャッターを利用した[26]。モデルに強制振動を与えた後、力を止めモデルの振動を減衰させる。その減衰の様子をこれらの装置を利用して計測することによって、ピッチング・モーメントを導出しようとするのである。他の回転モーメントについても同じような計測法が考案されて利用された。安定性の方程式には、定常的な飛行運動からのずれ、横方向や上下方向の動きや各軸の回転によって、どのような動きや回転をするかを求める必用がある。ベアストウはそれらの飛行機の動的特性についても、必用な項目に関して実験的に検出する手法を考案して計測した。

このようなさまざまな工夫を施して、飛行機のモデルの空気力学的特性について必要なデータを準備することで、ベアストウは理論的計算の作業に着手することができた。ブライアンの安定性理論によって、飛行機が水平直進運動をしているという条件下で、安定性は進行方向を含む垂直面内の縦方向の安定性と垂直面外の横方向の安定性の二種類に分解できることになり、一般方程式は二つの四次方程式に分割することができた。ベアストウはこれらの四次方程式を近似によって因数分解し、縦方向の安定性に関する方程式をさらに二つの二次方程式に分解した。それぞれは飛行機の二種類の振動を表すことになる。このうちゆっくりした振動の分析に関心が注がれた。解としての固有値の値は、方程式の係数を構成するモーメントの係数などに依存するが、その関係を考察することで、上下方向の速度によって生じるピッチング・モーメントの値が大きいと安定性が高いことが判明した。その条件を満たすためには、水平尾翼がある程度の大きさをもつ必要がある。[27] 安定性を得るためには十分大きい水平尾翼をもたせ、操作性を損なわないためにあまり大きくしないこと、それがベアストウが設計者に与えたアドバイスだった（図1・7）。

横方向の運動に関しては、ＮＰＬのスタッフは翌一九一三年に同様の報告書を提出した。ベアストウとジョン・ネイラーによるこの研究報告においては三次方程式が扱われ、係数が変化するとき振動の固有値がいかに変化するかが論じられた。その上で次のような設計家に宛てたコメントを付記した。

図1.7　BE2型機（R. & M. 86）
ベアストウはこのようなRAFで設計されたモデルをもとに実験研究し，彼らの研究成果はそのモデルの改良に利用されたと考えられる．

飛行機の設計は、安定性を考慮せずにほとんど最終段階まで進めることができる。……そして上反角と尾翼方向舵を変化させることによって安定性が得られる。最適の結果を得るためには、これらの変数の変化はつねにもう一つの変数の変化も伴う(28)。

安定性理論の代数的な解法、精密に製作された実験器具を利用した風洞実験、飛行機の設計技術者たちへの実用的な提言、これらがＮＰＬの実験研究プログラムの構成要素となった。また、これらの研究成果を定量的データとして設計家たちに提示するにあたって、ベアストウらはグラフを活用した(29)。グラフという表現方法によって定量的なデータとその相関関係を提示することは、設計者たちに大きな便宜を与えることになった。

4　グラフの活用と効用

イギリスにおいては、航空技術者に限らず多くの分野の技術者の間でグラフが頻繁に利用された。イギリスの技術教育においてグラフが利用されたのは、明治時代に日本の工部大学校に

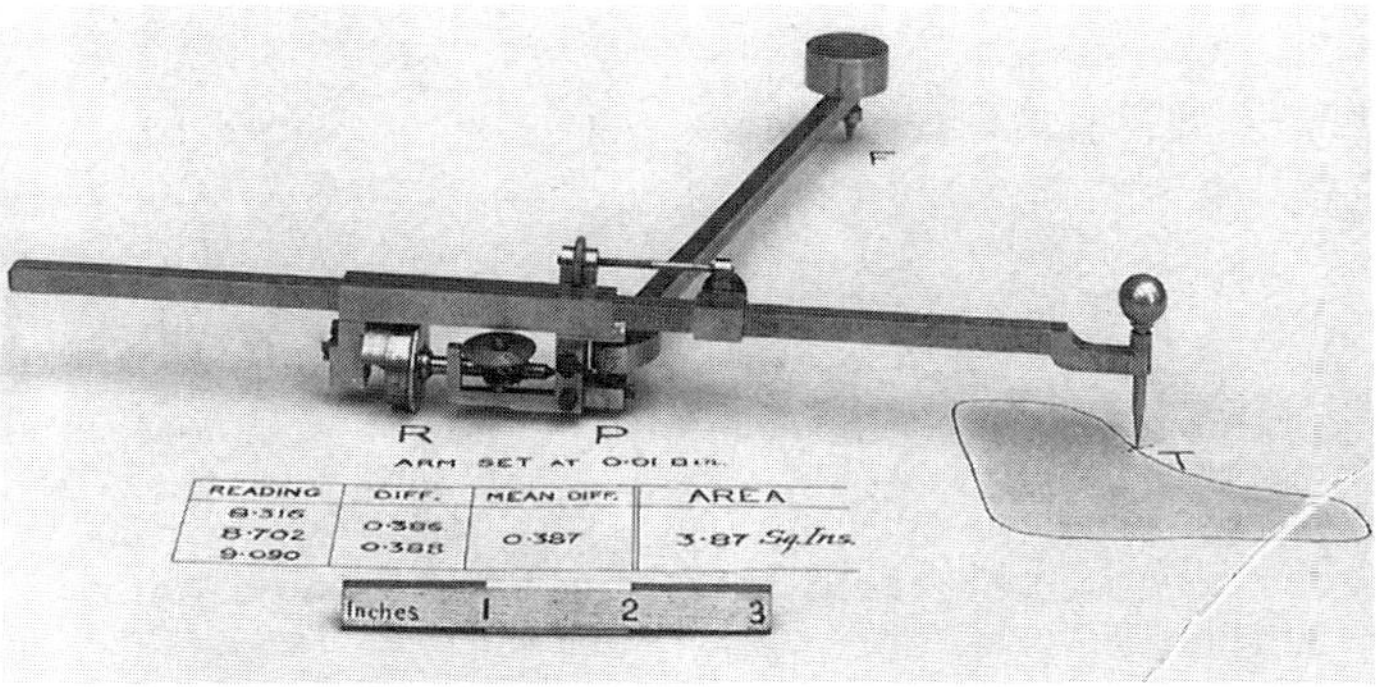

図1.8　プラニメータ（© Science Museum/Science & Society Picture Library）
アムスラー型のプラニメータ．重りを上に載せた中央上の点を紙面上に固定させ，右にあるポインターを紙面のグラフ上を正確になぞらせていく．ポインターの動きに応じて中央左のメータが回転し（あるいは回転せずに紙面上を動き），ポインターが閉じたグラフを1周することでグラフの面積がメータに表示されることになる．

招かれたジョン・ペリーらがグラフ用紙に実験結果を書き込ませたことに由来するとされている[30]。一八九〇年頃には英国科学振興協会において、技術者の間でグラフが多用されていることから、委員会を設けて実態調査をさせたことがあった。その報告書には二〇〇〇余りの論文が巻末にリストアップされており、グラフの利用が一九世紀末には広く普及していたことを窺い知ることができる[31]。グラフが好まれた大きな理由は、それが数量関係を視覚的に一目瞭然に示すことができること、それとともにそのように平面上に量的関係をグラフとして表すことで面積測定用の器具「プラニメータ」（図1・8）を用いて積分値を見積もることができたことがあげられる[32]。機械式計算機、電子式計算機が普及する以前の時代にあって、ますます煩雑になる数量計算の処理は、二〇世紀の技術研究の発展において一つの大きな課題だった[33]。

ベアストウは前節最後に言及した横方向の安定性を論じる論文で、モデルが安定になるような変数の変動範囲をグラフ上の小さな楕円で囲まれた領域で表示している[34]。彼らの論文が航空諮問委員会に提出されると、それは王立航空機工場（Royal Aircraft Factory、略称ＲＡＦ。ＲＡＦは通常英空軍（Royal Air Force）を指して用いられるが、本書では同工場の略称として用いる）の飛行機設計家たちに利用されるところとなった。

第一次世界大戦中の一九一六年に、ＲＡＦの技術者ロバート・ハリスによって独自のグラフ的表現方法が開発されている[35]。それはベアストウのグラフをより詳細にし、洗練させたものであり、現場の技術者がいかに抽象的な関数関係を視覚的に理解し考察していたかを示すものである。ベアストウの方法が横方向の安定性に関して導出される三次方程式だけを扱っていたのに対して、ハリスの方法では縦方向と横方向の安定性を双方取り扱うことができた。それに加えてハリスの方法ではこれらの二種の安定性に関して「性質」だけでなく「程度」についても決定することができた。

ハリスが扱う二種類の安定性のうち、ベアストウでは取り扱われていなかったより複雑な方程式は、縦方向の安定性に関わる四次方程式である。この四次方程式に関して、解を適当に変換することによって四次と三次の項の係数を一とする次のような四次方程式に書き改めることができる。

$$\phi^4+\phi^3+x\phi^2+y\phi+z=0$$

二次、一次、定数の項の係数x、y、zの値が変化するにつれて、解の値も変化することになる。ハリスはまずyを一定にした場合、xとzが変化するときに解がどのような値をとるか、逆に言えば、安定な解を得るためには、xとzがどのような値をとらなければならないかをグラフ上に示す。

図１・９において平面を右上から左下に二分する直線ＭＬＫＧＨは、平面内の座標に相当するxとzの値に対して、実数解が負になる領域と正になる領域の境界となる線である。線の左側の領域では実数解は正になり、右側では負になる。すなわち左側では揺れの大きさは発散しモデルは不安定、右側では揺れの大きさは減衰しモデルは

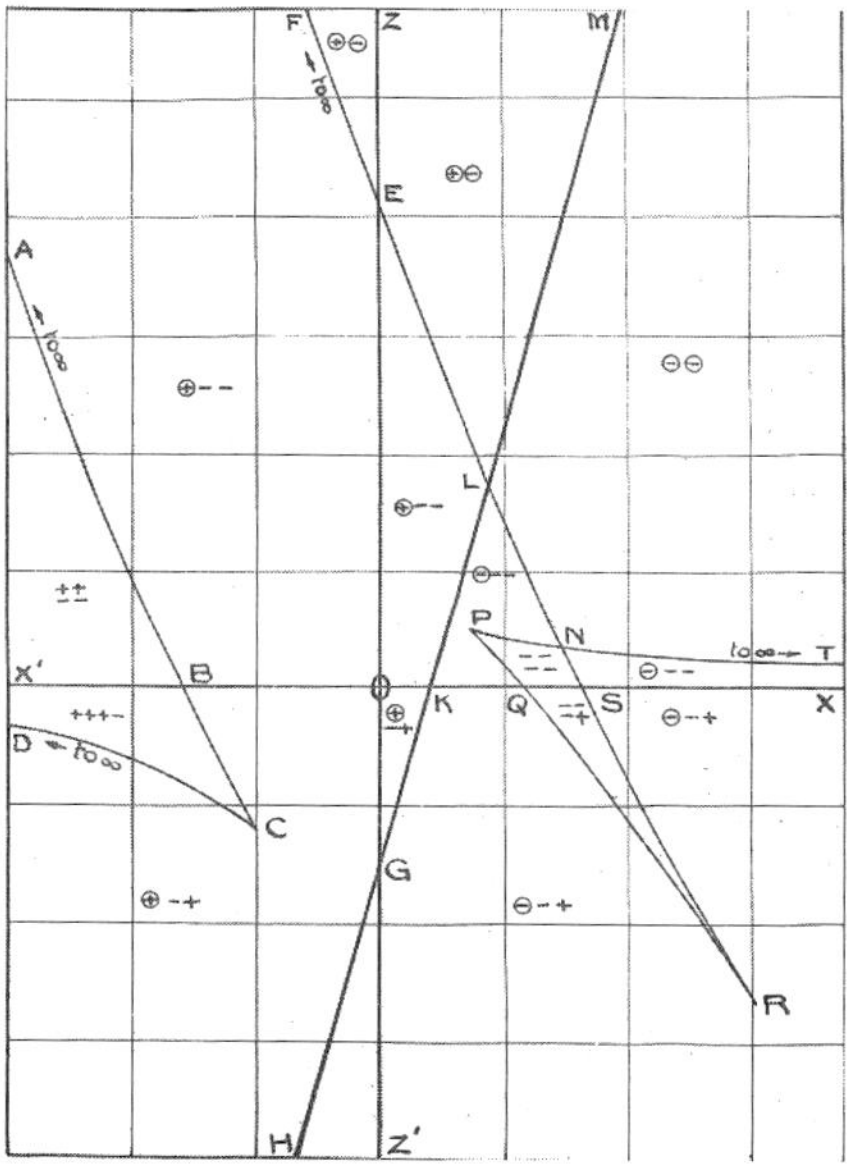

図 1.9　安定性の方程式の解と係数の関係を領域によって説明する図（R. & M. 262）

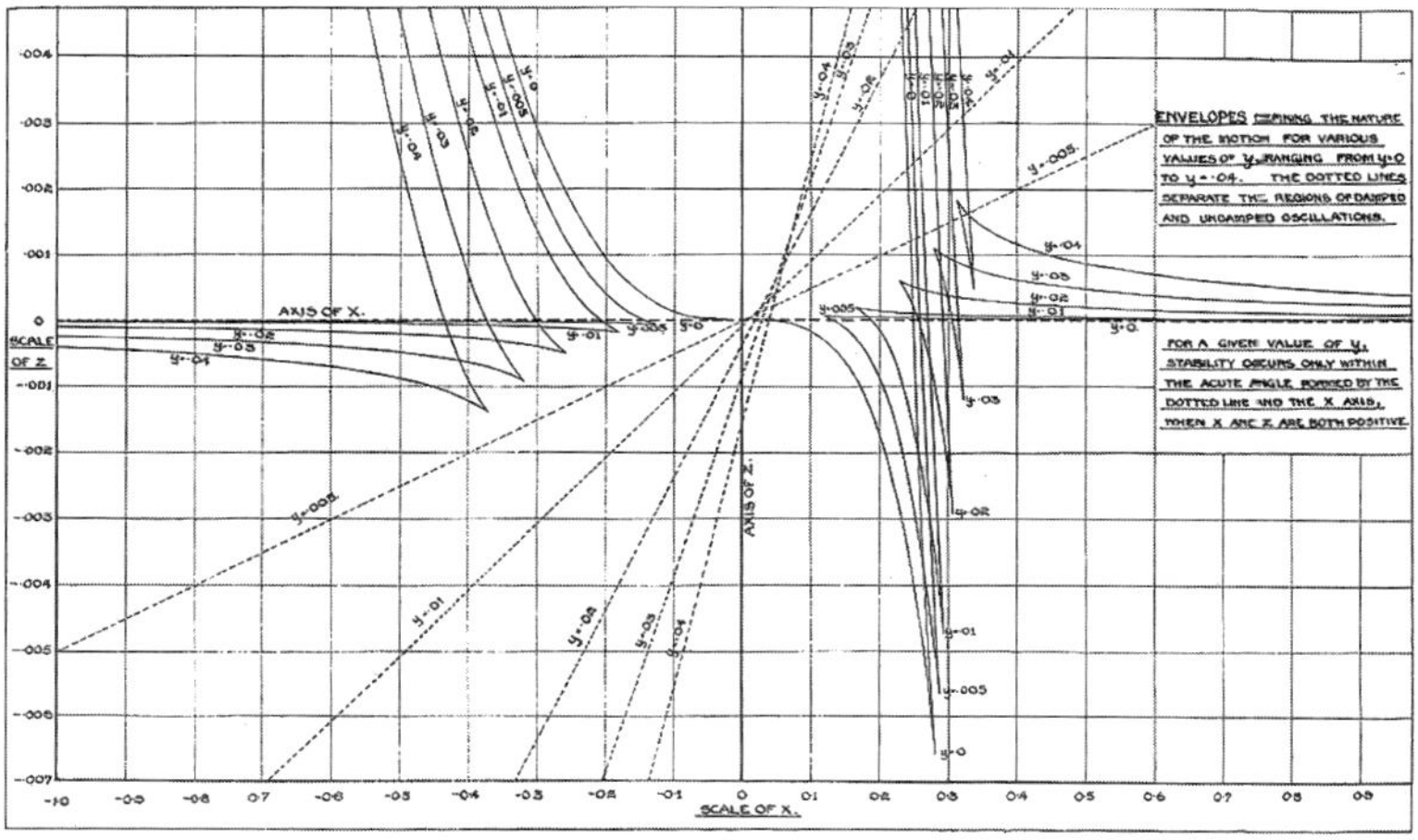

図 1.10　RAF の安定性チャート（R. & M. 262）

図1.11　安定性モデル（T. 817）
安定性方程式の解の性質を理解するための三次元モデル

安定になる。鋭い角度で折れ曲がる二つの線ABCDとFLRPTは、「エンベロープ」曲線と呼ばれ、平面を三つの領域に分割する。三つの領域はそれぞれ、すべて実数解（振動しない）、二つの実数解と二つの複素数解（一つの振動）、すべて複素数解（二つの振動）という三つの場合に対応している（ただし右側の折れ線が囲む狭い領域NSRQPではすべて実数解である）。これらの線とx軸、z軸によって分割される領域が、それぞれモデルの振動と減衰の性質を区分けすることになる。

xz平面上のこれら三つの直線・折れ線は、yが変化するにつれて当然のことながら変化していく。そのような異なるyの値に応じて変化するグラフを同一平面上に重ね合わせて描いたものが図1・10のグラフである。論文には、そのような第三の変数を徐々に変え、二項関係のグラフを何本も重ね合わせたグラフが数枚、縦方向と横方向の安定性の問題を解くための「RAFの安定性チャート」として紹介されている。

ここで興味深いことは、論文ではそのような二次元上に表現されたグラフ群だけでなく、それらの重ね合わせを三次元的に表現する立体模型、すなわちx、y、zの三変数を変化させたときの三項の関係を表現する三次元の安定性モデルを製作し紹介していることである（図1・11）。彼はこの立体モデルの製作の目的を、読者である飛行機の設計に携わる技術者たちに「エンベロープ」曲面の「形状についてのアイデアを伝える」ためだと述べている。このような立体モデル自体は解を精密にもとめるために役立つわけではない。だが変数の変化に伴い解がいかに変化するか、逆に解を変化させるために変数をいかに変化させればよいか、その関係性を三次元的なモデルを通じて視覚的に、あるいは身体的に理解してもらうことができる。

ハリスは報告を要約しつつ、グラフ的な表現方法の利点を次のように述べている（〔 〕は引用者による）。

〔グラフ的〕方法は実際の活動において、まず安定性の方程式を速やかに解くために有用であり、それとともに設計のさまざまな変更に伴う安定性の変化の性質と大きさを示すために有効である。それはまた通常の近似的解法が適用できない事例においても利用することができる。[36]

グラフは方程式を解く計算の方法として、また方程式の解の性質を把握するための表現の方法として役立つというのである。そして二次元的に表現されたグラフは、ハリスのような設計技術者にとっては、数学的関係をよりよく把握するために頭の中で三次元的に思い描かれて利用されていたということもできよう。彼の三次元のグラフモデルは、技術実践に携わる技術者たちがどのように数学的関係を把握していたかを如実に示す興味深い証言ということができよう。

ハリスの報告がＲＡＦから航空諮問委員会に提出されると、ベアストウはこのグラフ的解法が非常に便利であること、安定性の計算を頻繁に遂行する必要がある場合にとくに有用であると推賞した。[37]

5　理論家と設計家との仲介

科学者ブライアンの理論的研究からＲＡＦを始めとする技術者による飛行機の設計と製造までの過程で、ベアストウは科学理論と技術実践とをつなぐ中心的な役割を果たした。その後の安定性の研究を追うことで、彼の科学者と技術者との間の媒介者としての役割が鮮明に浮かび上がるできごとがあった。ブライアンが安定性の理論を拡張させようとしたところ、その論理的帰結が現実離れしているとランチェスターによって咎められた。二人の仲裁に入ったベアストウは、その折実際に「仲介者」と呼ばれることになるのである。

事の発端は、ブライアンがそれまでの安定性研究をさらに一般化させようとしたことに始まる。一九一一年に出版された『飛行の安定性』は、飛行機の微小な振動を起こしたときの振る舞いを論じたものだが、飛行機が水平直進飛行をしているという前提の下で、縦方向と横方向の安定性を独立に取り扱った。すなわち彼の安定性理論もNPLの実験研究も、水平直進運動という特別な場合だけの安定性を扱うものだったのである。彼は『飛行の安定性』の最終章で、同書で十分扱えなかった課題、また今後科学者により取り組まれるべき課題として、二〇の問題を上げている。[38] そこには、NPLのスタッフによる安定性研究の自然な延長となるものも、まったく別なテーマとして発展するものも含まれていた。

これらの課題の中でブライアン自身が取り組んだのが、円形旋回飛行をする場合の安定性と、突風を受けるときの飛行機の運動についてであった。一九一五年、彼はロンドンの航空協会に招かれ、同会の主催するウィルバー・ライト記念講演で円形旋回飛行に関する講演を行った。[39] 幾何学的平面の組み合わせとしての飛行機の形状が、円形旋回飛行における安定性と操縦性にどのような影響を及ぼすか分析した。飛行機を水平方向と垂直方向の平面から構成されると仮定し、翼の翼弦（前後方向の長さ）、迎角（前後方向の傾き）、上反角（左右方向の傾き）の影響を算定した。

ブライアンの講演が航空協会の機関誌『航空雑誌』に掲載されると、それを読んだランチェスターが彼の議論を揶揄するコメントを寄稿した。ランチェスターがとくに批判したのは、彼の理論では飛行機が機体を横に傾ける「バンク」という姿勢をとることなく、旋回しうるという結論が導かれることだった。陸上を走行するオートバイや自転車の場合と同様、飛行機も円形に旋回する際には、遠心力と釣り合いをとるためにバンクを必要とする。機体を傾けずに旋回することは事実上不可能なはずである。ランチェスターはそのことを皮肉まじりに指摘した。

バンクせずに旋回しようとする飛行機は、横に傾きながら直進する飛行機と同様に不安定な状態にある。……おそらく多かれ少なかれ一定程度のヨーイングを伴いながら曖昧な平衡状態を保っているのだろう。カニの歩行のようなものである。(40)

彼はまた、そのような不可能な条件を議論することは理論研究の価値を貶めるものであり、飛行機の設計家たちを理論から離反させてしまうとも苦言を呈した。ブライアンは早速『航空雑誌』に反論を寄稿し、飛行機（あるいは彼が呼ぶ「平面のシステム」）が、縦方向と横方向の安定性と操縦性を保ちながらバンクをせずに旋回することが可能であることを論証しようとした。(41)

技術者ランチェスターと数学者ブライアンの反目に、ベアストウが仲裁に入った。ブライアンの反論に続き、ベアストウは同誌にコメントを寄稿し、その中で理論家と実践家との仲介者の必要性を述べている。(42)

純粋な数学者と厳密な実践家との間で、ある種の作業者たちがぜひ必要となる。……その人たちの任務は、数学的で学術的な素材を実用的な必要性に適応させ、実践家たちがすぐに使えるような形で提示することである。(43)

ベアストウが『航空雑誌』にコメントを寄稿すると、同誌の編集者が賛同し、そのような種類の研究者は「科学の仲介者」であり、ベアストウは「航空界における科学仲介者（an aeronautical form of the scientific middleman）」と呼ばれるにふさわしいと註釈した(44)。その編集者によれば、科学仲介者の代表としてビクトリア期の小説家で科学の紹介者であったグラント・B・アレンという人物の名があげられる(45)。このアレンが科学と大衆の間の仲介者とすれば、ベアストウは数学者・理論家と技術者・設計家との仲介者であると評価された。

ベアストウはこの仲裁の論評記事を機関誌に寄稿するに先立って、あらかじめブライアンに送付した。それを読み、彼はベアストウのいおうとすることを理解した。実際的な技術を知らないことを自覚し、彼もまたベアストウのような人物が仲介者として振る舞うことの意義を認めた。しかしブライアンは一見非実用的と思える事例についての理論的考察も意義をもつことを正当化しようとした。「理論的にバンクしないシステムは、一つの極端な事例を示すという点で、円形旋回運動の問題の形式的研究に一つの重要な役割を果たしてくれる(46)」。そう述べた上でさらに、そのような理論的考察を展開する研究者は、実用的な実際の問題に必ずしも通じていなくともかまわないのだと付け加えた。

ブライアンはかつて、英国科学振興協会の新設委員会の委員長に推薦されたことがあった。だが彼はその役を引き受けなかった。そのような役になれば実際の問題と関わることになり、数学的な考察を複雑にしてしまうだけだというのが理由だった(47)。意図的に航空工学の実践的問題から距離をとり、数学的に明快に定義された問題に集中しようとしたのである。しかしそのような態度は、航空諮問委員会の委員にとっては受け入れ難いものだった。

6 ドイツ空気力学への無関心

ベアストウ自身、ブライアンと同様に理論解法の一般化に取り組んでいた。ＮＰＬの安定性に関する実験研究が、水平直進運動する飛行機の安定性を取り扱うという大前提にもとづいていること、それが研究の価値を限定的なものにしていることをベアストウも承知していた。

このようなブライアンとベアストウの関心を二人の間で橋渡しした人物がいる。ロバート・ジョーンズ（本書冒頭で引用したB・メルヴィル・ジョーンズとは別人）という北ウェールズのバンゴール大学でブライアンの学生だった人物である。第一次世界大戦前夜、ジョーンズはドイツのゲッチンゲン大学に派遣され、同大学で空気力学・流体力学の研究を進めるプラントルの下で研究した。その空気力学研究所で彼が取り組んだ課題は空気の流れに置かれた曲がった板に働く空気抵抗の理論を検討することであった。[48] ジョーンズはブライアンの下で航空工学を勉強し、この問題への関心を膨らませていた。[49] 戦争勃発に伴いジョーンズはイギリスへの帰国を余儀なくされ、NPLに赴任することになった。NPLで彼が従事したのは安定性に関する一般理論の研究であり、そのためにドイツから持ち帰った代数方程式理論の参考書が利用された。今日の視点からは奇異に思われるのだが、プラントルの下で進められる空気力学の理論実験両面にわたる優れた研究の情報はまったくもたらされなかったようなのである。

空気力学の歴史において、ゲッチンゲン大学のプラントルと彼の学生や助手たちは世界的に顕著な業績をあげたことで知られる。プラントルの境界層、後方渦、誘導抗力といった概念と、それらにもとづく理論と実験の研究成果は、現代の空気力学理論の基礎をなすことになる（くわしくは第3章で説明する）。しかし第一次世界大戦が終了するまで、彼らの研究は英米両国の航空工学研究者たちからほとんど注目されることなく、その研究成果もくわしく回覧されることはなかった。ブライアンと論争したランチェスターは、実は一九〇七年と一九〇八年に出版した二冊の著作において、飛行機の安定性を論じるとともに、翼の揚力と抗力の説明にあたってプラントルの後方渦の理論と同様の理論を彼に先んじて展開していた。しかしその著作で論じられる理論はイギリスの科学者技術者によってはまったく利用されていなかった。ランチェスターは航空諮問委員会の委員として招かれ、航空の知識にもとづく彼の発言は尊重された。しかし彼の空気力学理論はイギリスの空気力学研究者からは一様に拒絶されたような状態だった。それに対してゲッチンゲンの研究者たちは、一九〇七年に出版された彼の著書をみて、自分たちが展開しようとする理論との親近性を認識し、彼をゲッチンゲンに招き、プラントルらと会見する機会を設けた。プラントルの同僚であるカール・ルンゲが通訳となり、二人の会談をお膳立てした。プラントルの回想ではランチェスターからは影響を受けなかったといっているが、イギリスの科学者との対応の差は歴然としていた(50)。

ランチェスターよりしばらく後にゲッチンゲンを訪れたのがジョーンズである。ジョーンズを指導したブライアンが安定性理論を円形旋回飛行に関して解こうとしていたことは上述のとおりである。だが水平直進運動という前提条件を設けずに飛行機の安定性を論じるためには、複雑な代数方程式の取り扱いを必要とした。単純な円形の旋回飛行でも、方程式の係数を導くための膨大な計算とともに、八次方程式を解くことが求められた。その作業のために、ベアストウは代数方程式の解法に関する数学理論に関心を向けるようになった。しかしイギリスにはその主題に関して基本的な教科書しか存在しない。そこでドイツでこの課題での新しい教科書が出版されたという情報を得ると、ジョーンズにその著作をイギリスにもって帰るように告げた(51)。その本はホルスト・フォン・ザンデンという人物による『実用解析』と題された著作だったが、そこでも複素数の根について重要な説明を欠いていた。そこでベアストウはルンゲの百科事典の該当項目を参照し、そこでカール・H・グレッフェというドイツの数学者によって一八三七年に考案された計算方法を見いだした。その方法はどのような次元の代数方程式に対しても応用することができ、方程式の近似解を提供することができた(52)。ジョーンズはベアストウを補佐するために、この教科書とともに他のドイツの数学書を読み、計算にも従事した。

せっかくプラントルの下に留学していながら、空気力学や流体力学の基礎研究の成果には目を向けず、円形の旋回飛行の数学研究に取り組み、代数学の教科書をもち帰ったところに、ジョーンズとともにイギリスの航空工学者たちの研究関心のありかたを読みとることができよう。ランチェスターに関心を寄せたプラントルらのドイツ研究者、その一方でランチェスターやプラントルの空気力学には関心を寄せずにルンゲらが従事する応用数学の技法に関心を寄せたベアストウらのイギリス研究者、その対比に同国の研究関心の差が現れている。

7 米国研究者に注目されたベアストウ

イギリスにおける飛行機の安定性に関する空気力学的研究は、海外の研究者、とくにアメリカの航空技術者たちの関心を集めるところとなった。アメリカではちょうどそのころ航空研究の計画が立てられ始めており、そこでNPLでの安定性研究が注目を浴びるようになっていた。米国航空諮問委員会（National Advisory Committee for Aeronautics、略称NACA）は、現在のNASAの前身となる機関であるが、名前の類似性が示唆するように、イギリスの航空諮問委員会を模範に一九一五年に創設された機関である[53]。NACAを創設する前後の航空研究の計画や組織の経緯を追うと、彼らアメリカ人技術者が少なくとも第一次世界大戦が終了するまでは、イギリスの安定性の研究を高く評価し、それを忠実にフォローしようとしていたことをみてとることができる。

一九一〇年代にアメリカの各機関で航空研究の計画と組織を進める上で大きな役割を果たしたのが、ジェローム・ハンセーカーという人物である。海軍大学で造船技術を学んだ彼は、航空の勃興とともに、その研究に強い関心をもつようになっていく。第一次世界大戦前夜に、彼はスミソニアン協会の支援を受け、ヨーロッパで航空研究のための「装置・方法・資源についての最新の発展」を調査するために、一九一三年八月と九月に各国の研究機関を訪問した。もう一人の調査訪問者であるカトリック大学機械工学教授アルフレッド・F・ザームとともに、彼はイギリスではNPLとRAF、フランスでは航空技術研究所とグスタヴ・エッフェルの研究所、ドイツではゲッチンゲンのモデル研究所とドイツ航空研究所を二カ月間かけて順次訪問した[54]。この見学旅行に先駆けて、ハンセーカーはエッフェルの空気力学の著作を英語に翻訳し、またマサチューセッツ工科大学（ＭＩＴ）の学長であるリチャード・Ｃ・マクローリンに対して同工科大学における航空工学の大学院プログラムの開設を強く促していた。このような関心をもつハンセーカーであれば、翻訳の経験からフランスのエッフェルの研究に惹かれただろうことが容易に推測できよう。またドイツのゲッチンゲン大学付設の研究機関でプラントルらが進める研究に関心を惹かれたことも想像されよう。しかし結果的に彼がもっとも感銘を受けたのは、そのどちらでもなく、イギリスの研究活動だった。

マクローリンとＮＰＬ所長のグレーズブルックとに面識があったことから、ハンセーカーはＮＰＬに二週間滞在することが許可された。彼はそこでベアストウと助手たちの作業を見学し、彼らが前年の一九一二年から着手している安定性の研究の理論と実験方法についてじっくりと観察し学習することができた。彼が訪れたときには、ベアストウのチームはすでに飛行機の安定性についての基本実験を終え、実験成果を報告書として提出しており、それをおおいに参考にしたことだろう。彼はそこで理論、実験、実践への応用が緊密に連携されていることに感心した。それはヨーロッパのどの研究所よりも成功している研究プログラムに思えた。当初期待していたエッフェルの研究所だが、エッフェル本人は高齢のために活発な活動を展開できず、朝と晩に研究所にやってきて助手の作業を監督するだけだった[55]。

ＭＩＴに戻ると、ハンセーカーは同僚の数学教授エドウィン・Ｂ・ウィルソンらと航空工学の研究教育プログラム策定にとりかかった。数人の助手の中には、後にダグラス航空機製造会社の創設者となるドナルド・ダグラスもいた[56]。ＮＰＬの研究に心酔したハンセーカーは、イギリスから風洞の設計書、空気力学天秤などの実験装置をもち帰った。そしてＭＩＴのキャンパスにＮＰＬの空気力学課の研究設備をそのまま再現しようとした。ちょうどその頃ボストンと河を隔てたケンブリッジ大学の新しい土地が、イーストマン・コダック社の創設者の一人ジョージ・イーストマンからMITに寄贈され、ハンセーカーの実験施設は新キャンパスに建設されることになった。新しい実験施設で彼は同僚とともに飛行機の動的な安定性を研究していった。

ハンセーカーの同僚のウィルソンは、エール大学の理論物理学者ジョサイア・ウィラード・ギッブスの下で博士号を取得した数理物理学者である。ハンセーカーとの共著による最初のNACA技術報告で、ウィルソンは突風を受けた際の飛行機の安定性を論じている[57]。その問題はベアストウとネイラーがすでに研究しており、その成果はグレーズブルックによって彼の一九一五年のウィルバー・ライト記念講演で解説された。ウィルソンはその研究成果に関して、イギリスの『航空協会誌』に掲載された記念講演記事を通じて初めて知ることができた。戦争が始まるとイギリスの航空諮問委員会は技術報告を機密扱いし、公式に認可された科学者と技術者にだけ配布することになった。そのためベアストウとネイラーの技術報告はそのままではアメリカの研究者たちの手には届かなかったのである。グレーズブルックの講演は、ベアストウとネイラーの方法を単純な例を使って説明していた。飛行機の進行方向に水平に突風が起こり、そのために飛行機に対する風の相対速度が突然変化し、その後すぐに一定になると仮定し、そのような突風によって帰結される飛行機の振動運動の性質について分析する。続いて突風が進行方向ではない方向から起こるとき、また突風が継続的に何回も起こるとき、どのような振動が引き起こされるかを解説する。突風が継続的に起こることを考察する際には、一定の時間間隔で起こることが仮定された。続いてイギリス、キューの気象観測所におけるスタントンの自然風の記録が紹介され、継続的な突風のデータが解析され、そのデータを参考にして飛行機の振動運動が分析された。

ウィルソンは突風を受ける際の飛行機の振る舞いを分析するにあたって、異なる数学的手法を開発した。彼は突風が数学的表現 $J(1-e^{-rt})$ で表現されると仮定した。ここで J は風の強さを表し、r は突風の減衰の速さを表す。

この式は突風が急に起こり、それが一定の速さで消失していくことを表している。rの値によって突風の性格は異なることになる。そこで彼は三種類のrの値を考えた。穏やかな突風として〇・二、中程度の突風として一、鋭い突風として五という値である。この突風の公式により、計算はイギリスの方式よりもずっと簡単に早くなった。

ウィルソンは次に突風の数学的モデルを一般化し、振動する突風を扱った。そのような突風は気象観測や野外でもしばしば体験するものだった[58]。その条件下での飛行の安定性を計算するにあたって、突風の振動を調和振動として表現できると仮定した。仮定は単純だが、研究の第一の目的は振動的な突風が共鳴などの異常な効果を引き起こすかどうかを吟味することにあるとして、そのような仮定を正当化した。この研究のために、ウィルソンは再びイギリスの安定性研究を参考にした。航空諮問委員会の公式な技術報告は入手できなかったが、いくつかの関連する論文を雑誌に見つけることができた[59]。

MITの航空学プログラムの新任教員も安定性の研究を継続した。ハンセーカーは風速を変化させて固有方程式を計算したが、新任のアレクサンダー・クレミン、エドワード・P・ワーナー、ジョージ・D・デンキンジャーは、飛行機の機体の長さや尾翼の面積、迎角などを変化させて安定性を吟味した[60]。一一の異なる事例を検討することで、飛行機の各部品の設計と飛行における安定性との関係についていくつかの実用的な結果を導き出している。

これらのMITにおける安定性研究は、いずれもイギリスのベアストウらの安定性研究の枠組みにのっとるものである。戦時中の両者の交渉は、米英の研究者たちが安定性の研究を最重要視していたことをよく物語っている。NPLの研究成果は一九一三年に出版されたが、戦争の勃発とともに機密扱いになりアメリカ側には届かないようになった。アメリカがドイツ潜水艦の無差別攻撃を受けたのを契機に一九一七年に参戦を宣言すると、NACAはイギリス側にそれまで機密にしていた技術報告をすべてアメリカ側に提供してくれるよう改めて要請した。NACAからの要請は航空諮問委員会の月例会で検討され、ほぼすべての技術報告をアメリカへ送付することが決定された。ただし安定性に関する研究報告だけはその除外例として指定された[61]。この除外決定はイギリス側委員会が安定性の研究を非常に重視し、最高機密として扱ったことを意味する。またこの除外決定はアメリカの研究者たちを落胆させるものでもあった。ウィルソンはベアストウの一九一三年の研究報告以降のイギリスの研究動向に大きな関心をもち、連合国側の一員として開示されることを強く希望していた。だが開示されないことを知り、研究の継続を断念することになる。「イギリスでなされたことの情報をすべて入手できるようになるまで、研究を続ける気になりません[62]」。彼は知人宛てにそう心境を語っている。ウィルソンにとって、イギリスでの研究の進展を知らずに自分で研究を継続することは、時間の浪費になりかねないと思われた。一九二〇年に出版した教科書の中でも、彼はその不満を述べている。

この時期、航空工学の書物を出版するにあたって、残念に思うことを述べざるを得ない。それは戦時中にとくにイギリスにおいて進められた理論的な発展のうち、ほとんどとは言わぬまでも多くがいまだに出版されていないことである。だがそれが公表され理解するまで待つのでは、大きく遅れることになってしまう[63]。

科学者ウィルソンはイギリス側の技術報告、とくに安定性に関わる研究報告の機密化に不満を募らせた。不満はまた、それ以前の研究への高い評価と、まだ見ぬ研究成果への大きな期待を示すものでもある。

イギリスの先端的な研究に関する情報を必要とするアメリカの航空工学者たちにとって、一つの自然な対応策はそのような航空研究に通じているイギリスの技術者をリクルートすることであった。その消息をハンセーカーの個人的書簡に追ってみよう。ハンセーカーは自分が去った後のＭＩＴが活力を失っていることを懸念し、イギリス人技術者の招聘を提言し、学長マクローリンもそれに賛同した。海軍からヨーロッパに派遣されていたハンセーカーに宛てて、学長は二人のイギリスの技術者アーネスト・レルフとメルヴィル・ジョーンズと面談するように書簡で依頼した。[64] 学長の第一希望はベアストウ本人だったが、当時すでにイギリスの航空工学界をリードする存在となっていたベアストウを招聘することは不可能と思われた。学長の書簡はイタリアに送られたが、手紙が届いたときにハンセーカーはすでに同地を去っていたために、連絡が間に合わずハンセーカーは二人の若いイギリス人技術者と面談しそこなってしまった。学長からハンセーカーに宛てられた次の書簡では、MITですぐにでも専任の講師を雇用しなければならないと切迫した調子で連絡した。[65] ハンセーカーは返信で、二人の技術者に面談しなかったことを謝り、代わりに別の候補としてNPLでベアストウと働いた経験をもち、現在ブリストル航空機会社で働いているフランク・S・バーンウェルという人物を紹介した。ハンセーカーはこの技術者の論文を読み、ベアストウの薫陶を受けていることを知った。

〔バーンウェルは〕明らかに、ベアストウの下で働くことで、イギリスが過去四年間に成し遂げた顕著な進歩の基礎を作り上げた一群の人びとの健全な技術思想を体得している。[66]

イギリスからの航空技術者の雇用を実現させるために、ハンセーカーはNACAの事務局長を務めるジョセフ・S・エイムズと、海軍航空隊技術主任であったサーマン・H・ベーンに応援を要請した。後者へ宛てた書簡において、ハンセーカーはマクローリンがイギリス以外から航空技術者を雇用する意志がないことを告げ、アメリカ側はすでに多くのイギリスの研究成果を知っているが、それでもイギリスの指導的な技術者を雇うことに意義があると強調した。このような強い動機と説得活動があったにもかかわらず、彼らは結局第一次世界大戦後イギリス人技術者の採用に踏み切らなかった。[67] 結局不採用に終わったことの理由と真相は定かでない。優れたイギリス人技術者が大西洋を渡る意思をもたなかったからかもしれない。ちょうどその頃にアメリカ人はドイツの航空技術者たちが空気力学で注目すべき研究成果をあげており、その多くが戦後職を失い外国に就職先を求めていることに気づくようになる。しばらくして、NACAはゲッチンゲンでの研究経験をもつマックス・ムンクを採用することになった。そして数年後、プラントルに次ぐ研究者であるテオドール・フォン・カルマンがアメリカに移住することになるのである。(68)

8 仲介者としてのベアストウ

第一次世界大戦前から始まるイギリスの飛行機の安定性に関する航空研究において、ベアストウは理論家、実験家、そして飛行機の設計者たちを仲介する中心的な役割を果たした。応用数学者ブライアンは、一九一一年に飛行機の安定性に関する優れた力学理論を提出し、そこで水平定常飛行をしている飛行機の安定性の要件を一つの代数方程式を解くことに還元した。この数学的理論にもとづき、ベアストウは実験研究プログラムを組織した。ブライアンの方程式を解くために必要な係数を決定するために、風洞内に飛行機のモデルを設置し、特別仕様の精密測定器具を利用してモデルの力学特性を測定した。測定結果を得ると、結果を方程式に代入することで安定性の程度を判断することができ、逆に安定性を達成するためのモデルの形状の条件を模索することができた。ベアストウの実験結果は、RAFの設計家たちによって利用され、安定な飛行機の設計に利用された。この研究の功績によりベアストウは後に王立協会の会員にも推挙されることになる。また同じ時期、『航空雑誌』の誌上で交わされた論争を仲介したことから、「航空界における科学仲介者」とも呼ばれた。さまざまな専門分野を背景として有する学者や科学者と技術者が共同する航空工学界において、科学者と技術者との間でのコミュニケーションを助ける人物が必要とされ、そのような役割をベアストウが果たしたと認識されたのである。

科学と技術の関係に関しては、技術史の研究においてもしばしば検討され、このような理論的科学と実践的技術との間を結ぶような仲介者の存在についても指摘されている[69]。技術史家ヒュー・エイトケンは、科学研究と産業技術との間をとりもつ「翻訳者」という概念を提示し、ラジオ技術の発明と発明に至るまでの電磁気学研究の歴史を論じている。ドイツの実験物理学者であるグスタフ・ヘルツ、イギリスの実験物理学者オリバー・ロッジ、イタリアの技術者であり企業家であったグリエルモ・マルコーニの三人を取り上げ、それぞれの人物が成し遂げた業績の性格を、「翻訳」の概念を利用して論じる。「ヘルツは数学的方程式を実験装置に翻訳し」、「ロッジは実験装置を少なくとも潜在的には無線通信の実用技術というべきものに翻訳し」、「マルコーニは実験室の技術を取り上げ、それを経済的に成り立つビジネスに翻訳した[70]」。このエイトケンの翻訳者の概念は、本章で論じた空気力学の研究における科学と技術の仲介者という概念に重ね合わせることができよう。ベアストウはブライアンの数学的力学理論を実験プログラムに翻訳し、さらに実験成果を技術者が理解しやすい形に翻訳した。

本章ではこのような科学研究の成果を技術者が理解しやすいようにグラフによって表現する方法にも注目した。科学の研究成果を技術活動に携わる技術者たちに伝達し、理解してもらい、設計活動に活用してもらうために、ベアストウは理論内容と実験成果を簡潔に要約し、量的関係をグラフも用いて表現した。ベアストウ論文の読者の一人であるハリスは、さらに三次元的な立体モデルまでも作り同僚の設計家たちの便に供した。それは設計家たちの思考様式をよく表すものでもある。ベアストウの技術報告はその思考様式に合わせて書かれたものだったといえよう。これらの例は、技術史家ユージン・S・ファーガソンが『技術屋の心眼』で強調した技術者の伝達言語としての視覚表現の利用という論点を例証する格好の歴史事例といえよう[71]。

ベアストウらの行った安定性研究については、内外から高い評価を受けた。少なくとも第一次世界大戦が終了するまではアメリカの航空工学の研究者は、ドイツよりもイギリスにおける航空工学の進展に関心を注ぎ、ベアストウらのNPLチームが進める安定性研究の動向に注目していた。そしてイギリス側も、参戦後のアメリカに対して安定性の研究に関してだけは機密解除をしなかったように、同研究をもっとも重要視していた。

しかし、実は、第一次世界大戦が始まった頃から、イギリスの研究者の間ではベアストウらによるモデルを用いた風洞試験のデータに対して根本的な疑義がもたれるようになっていた。第一次世界大戦が勃発し、飛行機が戦線に送られるにつれ、飛行機の性能が風洞試験によって予測された性能を反映していないことが気づかれるようになるのである。縮尺モデルによる風洞実験と飛行機による試験とのデータが乖離していることの発見から、第一次世界大戦中にもかかわらず、その原因が追求されることになった。次章ではその経緯をくわしく追うことにする。

第2章

風洞実験は信頼できるか

——寸法効果をめぐる論争

1916年のRAFの施設（Child and Caunter, 1949）
左下の長いクレーンは空気力学測定のための旋回腕．そこから右が北側になる．旋回腕の西側（上）の施設群は1916年以前に建てられていた施設で，その北側の施設群が同年に建設された施設群である．同年に施設が倍増したことが分かる．旋回腕の西側にある比較的大きな建物は気球や飛行船を収納する施設，それより南（左）が広い離着陸用のスペースである．

1　風洞実験の再検討

一九〇九年に始まった政府委員会の下でのイギリス政府の航空工学研究は、第一次世界大戦前においてＮＰＬのベアストウによる飛行機安定性の実験研究によって海外の研究者からも注目された。いったんは、内外に評価された研究であるが、第一次世界大戦が始まるとその研究の根本前提に疑問を付すような現象に気づかれるようになった。それは縮尺モデルを利用する風洞試験のデータが、実機による飛行試験の結果と合致しないということだった。

前章ではベアストウの研究プログラムの概要とその影響力を論じたが、本章ではその研究で中心的位置を占めた風洞の実験装置としての信頼性をめぐる議論に目を向ける。戦時下イギリスにおける風洞の信頼性に関する議論は、実機の飛行試験の信頼性に関する議論へと導かれ、両者の間の寸法効果の問題へと発展していった。

風洞はプロペラによって人工的に空気の流れを生み出す実験装置であり、その中に翼、飛行機、飛行機の各部品あるいは飛行船のモデルをワイヤで吊り下げて固定し、作用する力やモーメントを測定する。測定結果は航空機の設計と性能向上のために利用される。航空諮問委員会発足当初において、研究開発の主たる目的は、飛行機の安定性や操縦性の向上だった。初期の空気力学の実験研究では、風洞以外にも旋回腕（回転アーム）、また線路上で測定装置を載せた台車を走行させて風の及ぼす作用を測定する方法も利用された。イギリスでは、線路を走行する台車は使われなかったが、旋回腕はプロペラの効率性の計測などで多用された。だが二〇世紀の航空工学の発展において各国で中心的な役割を果たすことになるのは風洞実験設備だった。

風洞では、飛行機や飛行船あるいはそれらの構成部品である主翼などの縮尺モデルを、空気の流れの中に置き力学的性質を計測する。そのような縮尺模型を利用した測定実験のための装置は風洞以前にも存在した。顕著な例は船舶の縮尺模型を利用する水槽である。船舶模型を利用した水槽実験は一八世紀からなされてきたが、一九世紀末にはイギリスの造船技術者ウィリアム・フラウドが水槽を利用して波浪の影響を研究し、水槽データから的確に算定する方法を編みだした。(1) また次章でみるようにオズボーン・レイノルズは、管中に液を流し入れる巧妙な実験を通じて、縮尺模型を利用する際の基本的な法則を発見し、いわゆる「レイノルズ数」なる無次元数の重要性を見いだした。(2) 飛行船と飛行機の誕生と発展に伴い、風洞が盛んに利用されるようになったが、縮尺模型を利用する測定の信頼性についてはいかなる議論がなされたのであろうか。

航空諮問委員会の下で風洞を利用した安定性研究は研究成果を生み出したが、その後実機による測定結果との差異が認識され、差異の原因の探究が進められた。その作業は第一次世界大戦に外部には知らされることなく進められたが、委員会内ではモデル実験と実機の実験の信憑性・正確性をめぐり議論が巻き起こることになる。本章では、この第一次世界大戦中に繰り広げられた寸法効果をめぐる論争の過程に焦点を当て、モデル実験（模型実験）とフルスケール実験（実機実験）との乖離に直面した際の、技術者・実験科学者たちの対応と思考過程を追うことにする。

ここで再度NPLの風洞実験研究に立ち戻り、安定性の研究に先立ってなされた、風洞測定という実験自体の妥当性に対するベアストウの予備的考察に目を向けることにしよう。

2　風洞モデル実験の基礎を吟味する

前章で述べたように、第一次世界大戦前に航空諮問委員会の下でなされた航空研究のハイライトは、NPLでべアストウの下で進められた飛行機の安定性に関する風洞実験研究だった。NPLでは技術部門の責任者であるスタントンの下で、橋梁への風の影響を測定するために早い時期から空気力学的な計測がなされた[3]。航空諮問委員会の設立とともに航空工学の研究部門が設置されると、スタントンは新任のベアストウとともに新しく建設された風洞などの実験施設を利用して測定研究に着手した。

ベアストウとスタントンは、安定性研究の着手に先立ち、風洞によるモデル実験の信頼性や寸法効果について検討を加えた。一九一一年三月に提出された「動力学的相似性の原理」に関する報告では、空気の流れの中に置かれた正方形平面に働く空気抵抗力について、抵抗力をkv^2と表現するニュートンの古典的法則が、レイリー卿の説明に従い$\rho v^2 f(vl/\nu)$と書き直せることをまずは確認する（ここでkは係数、vは流れの速度、ρは空気の密度、lは長さ、νは空気の粘性を表す）。その上でフランスの技術者エッフェルやスタントンの実験研究成果を参照し、正方形平面に働く力をv^2とv^3の項の和として近似することを試みている[4]。ベアストウらの報告に対しては、航空諮問委員会会長を務めるレイリー卿が注釈を加える短報を提出している[5]。モデル実験の適切性、そのフルスケール実験との関係などに関する諮問委員会内で繰り広げられるこれらの議論に対して、レイリー卿や事務局長のグレーズブルックらの物理学者がつねに議論の妥当性に目を光らせており、そのような環境下で航空諮問委員会の風洞実験研究は進められていたのである。

ベアストウは続く一九一二年二月の報告で、「モデルの実験がどれほど実機の実験を反映しているかどうか」、そして「モデル実験から最大限の情報を得るにはどのような条件を満たさなければならないか」という課題に取り組んだ[6]。ここでも鍵となるのは、空気抵抗が速度の二乗に比例するという速度二乗則であり、モデルと実機との対応いかんは同法則からのずれの程度によって推し量られている。速度二乗則からのずれ方自体について何らかの法則を見いだせれば、両者の関係を推測できるとした。その上で船舶・飛行船・飛行機の場合に対するモデル実験の適

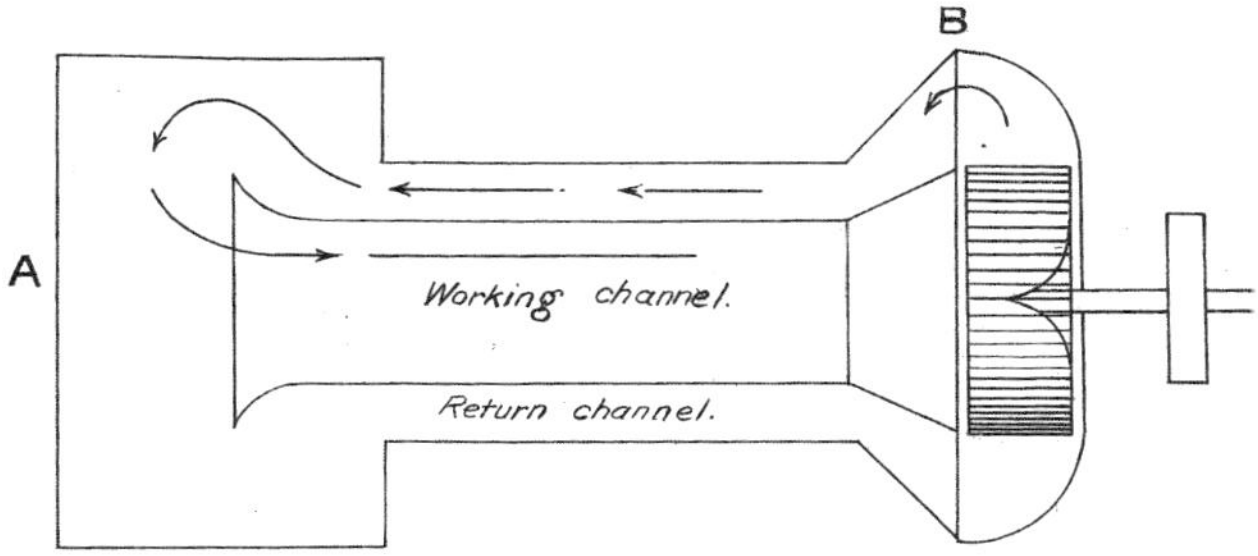

図 2.1　最初に建設された NPL の風洞（R. & M. 67）

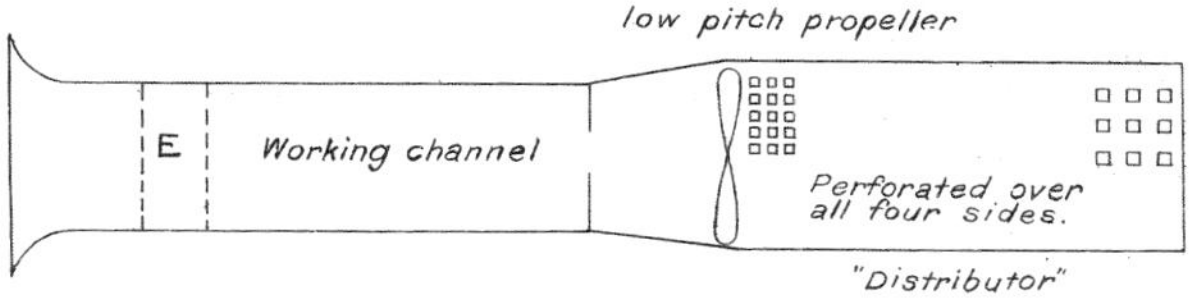

図 2.2　再設計された NPL の新風洞（R. & M. 67）
最初の風洞では脈動が生じたために，新風洞が再設計されて建設された．それまでの循環式から非循環式に設計変更され，送風機も遠心式からプロペラ式に取って代えられた．新型モデルの設計にあたっては 1/8 の大きさの風洞自体のモデルが作られて性能についてチェックされた．

用可能性、すなわち速度二乗則からの逸脱具合を比較検討する。飛行船は二乗則からの逸脱が比較的大きいが、飛行機の翼型に働く抵抗力については二乗則からのずれは少なく「モデルからの予測は実在の値にかなり近いはずである」と結論した。

その年ＮＰＬでは、一九〇九年に建設された風洞に、空気の流れに脈動が生じる不具合が観測された（図２・１）。そこで、送風機を再設計するとともに新風洞を大きな空間を有する屋内に設置することで脈動を解消させた[7]（図２・２）。この新風洞を早速利用して、モデル実験とフルスケール実験との対応関係を吟味する実験が行われた。フランスのパリ大学付属の航空工学研究所（Institut Aérotechnique）でなされた実寸大の翼型実験を参照し、それと同型の翼型モデルを製作し、その風洞実験をＮＰＬで行い、両者の計測データを比較した[8]。その結果、揚力については両者の実験はよく一致するものの、抗力についてはかなりの不一致が見つかった。パリ近郊のサンシールの航空研究所構内では、実寸大の大きさの翼型を搭載した車両を線路上に走行させて作用力を測定した。NPLの報告ではその実験方法による誤差の影響が考察され、その誤差が抗力に対する両種実験の数値上の差異の原因として推測されている。これらの風洞利用に関する予備的な考察の結果、モデル実験の成果はフルスケールの実験に十分適用できると判断されることになった。

前章で説明したとおり、ベアストウらNPLの実験グループは、一九一二年以降、飛行機の安定性の研究で特筆すべき成果をあげていく。応用数学者ブライアンの安定性理論を基に、彼らは安定性の実験研究を組織し、飛行機のモデルを利用した風洞実験を遂行した。安定性の方程式を解くのに必要とされる係数を得るために、飛行機のモデルを利用して風洞で実験し、その力学的特性を測定することで係数の値を定め、方程式の解の吟味から安定性が得られる飛行機の形状の許容範囲を求めた。そしてベアストウらの成果は、RAFなどの飛行機を設計する技術者に参照され、安定的なタイプの飛行機の設計に貢献した。ベアストウはこの業績が評価され、一九一七年に王立協会の会員になり、また航空評議会（Air Board）の委員として活動していくことになる。[9]

3 研究施設としての王立航空機工場

航空諮問委員会の下におけるもう一つの研究施設、RAFでも風洞が建設されたが、同工場ではもっぱら実機による飛行試験が進められるようになった。RAFの前身は陸軍気球工場であり、そこで気球の開発だけでなく飛行機の研究も試みられていた。[10] 一九〇九年の航空諮問委員会の設立とともに、気球工場も改組の必要性が認識され、同年一〇月にそれまで電気工学者として技術コンサルタントを務めていたマーヴィン・オゴーマンを工場長に迎え、組織の刷新をはかった。一九一一年には陸軍航空機工場、そしてその後王立航空機工場と改称し、旋回腕、風洞などの実験施設とともに、航空機の製造工場なども整備し、実機での飛行試験を実施していく。[11] オゴーマンはRAFの代表として就任時から航空諮問委員会に出席するようになる。

創設まもない委員会会合で実験物理学者H・R・アーナルフ・マロックからRAF実機を使用する測定実験が提案された。[12] 書簡によるその提案は、翼の面積と形状の飛行機の速度・安定性・操作性などへの影響に関して、NPLでの縮尺モデルを利用した実験と比較しつつ、フルスケールでの系統的な測定試験を促すものであった。マロックは、前述の技術者フラウドの甥にあたり、オックスフォード大学卒業後、フラウドやレイリー卿の下で実験装置の製作に携わった経験を有する。モデル実験の有効性とともに、縮尺実験とフルスケール実験との比較の重要性を熟知している人物から、実機による実験が提案されたのである。

飛行機を利用したフルスケールの実験は、実験機の準備が遅れ二年後の一九一一年に開始された。同年三月の航空諮問委員会の会合でオゴーマンが飛行機と飛行士の準備が整ったと報告し、委員から実験遂行が「非常に望ましい」と後押しされた。[13] マロックともにランチェスターがRAFを訪問し、オゴーマンと協議し、飛行試験での調査項目として縦方向ならびに横方向の安定性、旋回、着陸、速度・抵抗・揚力などの測定、パイロットの安全性などが提案された。[14] 五月の会合で計画は承認され、三〇〇〇ポンドの予算が充てられて飛行試験が進められることになった。[15]

一九一一年に開始された実機を使った試験においては、必ずしも風洞試験の測定結果との比較や寸法効果の評価に焦点が当てられていたわけではない。RAFにおける第一の目的は、既存飛行機の改良と新型機設計のために必要なデータの提供だった。速度に応じた機体各部分の抵抗と主翼の揚力、エンジンの出力などが、グラフの形で提示され、設計上のデータとして供せられた。オゴーマンの報告にはNPLでの風洞実験報告も参照されているが、とくに寸法効果への言及はされておらず、その妥当性は所与のものとされている。

図2.3　RAF の空気力学部の研究員（Caunter, 1949）
第１次世界大戦中にケンブリッジ大学の若い科学者たちが RAF に派遣され，航空に関する研究に従事した．階段上階に座る２人のうち右がウィリアム・ファレン．左に立つ３人は，前からヘルマン・グロワート（第４章参照），ジョージ・P・トムソン，フレデリック・A・リンデマン（オックスフォード大学出身で後に政府内で科学技術政策に携わることになる）である．ファレンの前に座るのがマッキノン・ウッド．

第一次世界大戦が始まると、ＲＡＦには多くのスタッフが雇用され、ケンブリッジ大学からも科学者たちが招請された（図２・３）。同工場には航空機の設計・製造・開発に関わるいくつかの部課が存在した。開戦時には次の九つの部があった。製図部、検査部、物理部、装置無線部、化学部、冶金部、エンジン試験部、飛行部、織布部。このうち物理部には、一八人の科学研究者が所属したが、その中には後に著名な科学者となる人物が多数含まれている。[16]

4　モデル実験と飛行試験の不整合

第一次世界大戦前、飛行機の安定性に関して理論と実験をみごとに結びつける研究成果を生み出したベアストウは、その研究をさらに一般化し、拡張していこうとした。それまでの安定性の実験研究は、もっぱら単純な水平直進運動を前提にしていたが、それ以外の円形旋回飛行なども対象とする研究を試みていく。そしてまたモデルを利用した風洞実験にもとづく安定性研究を一段落させたベアストウは、このモデル実験の有効性の基礎なるモデル実験とフルスケール実験との対応性にも関心を向けていく。そのような実験研究を提案すべく、一九一五年一月に「飛行中の飛行機に関する実験の提案」と題する報告を提出した。[17]

ベアストウは同報告の冒頭で提案に至る事情を次のように説明している。飛行機の設計はモデルの試験からもたらされるデータにほぼ依存している。そのデータは実機の性能の予測をかなり正確に反映するものだが、詳細に検討すると縮尺モデルを利用した実験結果と実際の飛行により収集されたデータとの間には、差があることが認識されるようになった。その差を補うために、いわゆる「経験係数（experience factor）」が導入され、実験値にその経験係数なるものを乗じることで修正された予測値とされるようになった。モデル実験の進歩に伴い、このような経験係数の数は減少していくだろうが、モデル実験の結果は実機の飛行実験と厳密に比較することで初めてその利用が正当化されるものであり、そのような比較を実施しなければならない。彼はそのように述べ、飛行機の性能を求める際に鍵となる数値、エンジンの出力、飛行機の機体全体の抵抗、そしてプロペラの推進力などを、飛行試験を利用して求めることを提案したのである。

ベアストウの提案に応じるように、ＲＡＦでその年の末までに飛行実験が進められた。揚力係数を実機試験によって測定した結果は予備報告としてまとめられ翌一九一六年一月に提出され[18]、翌月の航空諮問委員会会合でオゴーマンがその詳細を説明した。[19] ＲＡＦの飛行試験では、ＲＡＦ14型とＲＡＦ６型に近似する翼型の主翼を二機のＢＥ2c型飛行機に装着し、各翼型が生み出す揚力を測定した。飛行機は水平・上昇・下降の三種の飛行を行い、飛行姿勢（主翼の迎角）を飛行速度と上昇あるいは下降速度の測定から算定した。誤差要因となる上下方向の不規則な風については、飛行の回数を重ねることで相殺されると考えられた。得られたデータはばらつきが存在するものの一応グラフ上の曲線に乗せることができた。曲線は、前年の対応翼型のモデル実験による揚力係数の測定値と比較すると、負の角度や失速寸前の角度を除いて、実機の測定値がモデルの測定値より有意に小さくなっていることを示していた。ＲＡＦ論文はそのことを「驚くべき事実」と強調して報告した[20]。

四カ月後の一九一六年五月、ＲＡＦの研究者は「モデル実験結果の実機への応用可能性」と「フルスケールの抗力曲線の実験的決定」と題する二編の報告を提出した[21]。そこで取り上げられるのは、飛行機の飛行速度と上昇率に関するモデル実験での予測値と飛行試験での実測値との不一致である。後者報告の冒頭で、著者らは次のように述べている。

モデル試験からの性能予測の方法は飛行機の最高速度に適用されるときにはかなり満足な結果を出すのだが、上昇率を見いだす手段としては、純粋に経験的なファクターで訂正されない限り、一般的に誤解を招きやすいことが認識されるようになった。……昨秋ＲＡＦにおいて六〇〇〇フィートの高さで飛行機の速度についていくつかの実験がなされた。エンジンの出力は高度が高まるにつれてほぼ大気の密度に比例して低下するとすれば、そしてもしモデル実験で示されたように考察する迎角での飛行機の抵抗はほぼ角度とは独立であるとすれば、飛行機の真の速度は高度とはほぼ独立であるはずである。しかしながら、このようなことがまったく成り立たないことが判明した。速度の相当な低下が観測され、軍の飛行士はこのことが戦争に深刻な影響をもたらすとすぐに注意を向けるようになった[22]。

エンジンの出力、プロペラの効率、実験で生じる誤差が検討され、その検討を通じてＲＡＦのスタッフはモデル実験の信頼性に疑念を向けるようになっていく。上昇率のモデル実験からの予測値と実測値に関して、報告では四つの事例が示され、予測値と一致する小型機もあるが、他の例では六〇パーセント程度の上昇率しか出せなかったものがあったことを記している。

「応用可能性」を論じた五ページほどの報告は、単にそのような不一致を示すばかりでなく、独特の論証的な提示方法を用いてモデル実験の信頼性を問題視している。モデル実験予測と実機による実測との不一致について指摘した上で、そこから二つの説明が選択肢として提示されるとする。すなわち「(a) 風洞から得られる〔諸部分〕の観測は足し合わされてもそれら諸部分を結合したものの性能を実際には示さない」。「(b) モデルから実寸大にスケールアップするときにもたらされる不正確さは非常に大きく、モデルの結果をこの目的に実際には使うことができない」[23]。いずれにしてもモデル実験の限界を指摘するものであるが、(b) の選択肢を選択する前に (a) の選択肢をより徹底的に検討することを報告書は提言した。その際に、実機での飛行実験とモデルでの風洞実験を比べた際に、実機の実験こそが主であり、モデル実験は副次的であることが強調された。

いずれにせよ、フルスケールの結果〔を得ること〕が可能な際には、モデルからの結果よりも優先して採用されねばならない。モデル実験結果を得る主たる目的は、実機による実験ができないときに詳細な情報を早くかつ安く入手できることにある。モデル実験から相当正確な結果が得られたとしても、それが安全に利用できるかどうかは、フルスケール実験による検証と修正に全面的に依存しているのである。モデル試験がフルスケール試験の従属物 (adjunct) として非常に有益であることに鑑みれば、それを応用する際の正確性ができるだけ早く徹底的にテストされなければならない。信頼可能なフルスケールの結果 (重量・エンジン・プロペラの詳細などの) が可能な限り詳細な計測値とともに、可能な限り多くの種類の飛行機に対して得られるべきであり、そのような科学的に進められた計測と試験を早い時期に進めることができるよう、すべての施設が供されるべきである。[24]

このようにＲＡＦの報告ではモデル実験の信頼性を疑問視し、モデル実験はあくまで実機によるフルスケールの実験の補助として位置づけられている。飛行機の設計と性能の予測にあたっては飛行実験こそが依拠するものであり、実機試験遂行のために資材人材が優先して確保されるべきであると論じる。実機実験と模型実験との間にこのような主従関係があると主張したのである。

ＲＡＦの報告が航空諮問委員会に提出されると、それは当然ながら委員の注目を集めることになった[25]。事務局長を務める実験物理学者グレーズブルックは、この二つの報告の取り上げる問題が「非常に重要な問題（matters of very considerable importance）」であると認識し、これらのフルスケールの実験結果についてさらに実験がなされるべきであると発言した。

その後諮問委員会の下でＲＡＦとＮＰＬとの側が協力しつつ当該問題を検討していくことになる。その検討のプロセスは、ＲＡＦの別の報告書、おそらくはその研究員の一人で作業に深く関わったウィリアム・Ｓ・ファレンによって作成された報告に、両者の対立の事情も含め詳細かつ率直に記されている[26]。以下この報告によりながら、一九一六年半ば以降の九カ月あまりの経緯を追っていくことにしよう。

5 「審判」ピタヴェルの下での調査活動（検討の第一ラウンド）

ファレンの経緯報告によれば、委員会での重要性が指摘された後、小委員会が設けられたが、それには公的な地位が定められず、名称が与えられたり議事録が残されたりすることはなかった[27]。ここではそれを仮に仮設小委員会と呼んでおくことにしよう。仮設小委員会には、ＲＡＦから数人のメンバー、ＮＰＬからベアストウ、そして諮問委員会の委員でもあり、マンチェスター大学工学部の教授であったジョセフ・Ｅ・ピタヴェルが加わった[28]。ＲＡＦ

側とNPLを代表するベアストウとの間には、モデル実験からのデータの有効性に関して深刻な意見の対立が存在した。対立する両者の間に立ち、委員長のピタヴェルは「独立の審判（independent umpire）」という役割を果たしてくれたとファレンの報告は興味深く記している。私的感想が込められたその言葉は、RAFとベアストウの間に確かに対立が存在していたことを証言するものである。

仮設小委員会は、六月一五日、二九日、八月九日の三回にわたって会合がもたれ、それまでの実験データとデータの解釈に関して検討が進められた。RAFでは前年から飛行実験が進められているが、前年末と同年五月になされた十数回にのぼる飛行試験で収集された測定データが議論を進める上で活用された。RAFでの飛行試験による実験データの詳細は一つの報告にまとめられ、NPLの研究者たちの検討に付された。それとともにRAFで利用されているモデル実験のデータの補正法も、「ノートA」と題された報告にまとめられ、NPLの研究者に提供された[29]。六月二〇日付の前者の報告では、上昇飛行をする場合と滑空により下降飛行する場合とでのデータが論じられ、上昇飛行の場合に対して高度、空気密度、速度、エンジン出力、プロペラのピッチなどの値とともに、飛行機の主翼、各部分、機体全体が生じる空気抵抗の算定法が説かれている[30]。

翌月、RAFは陸軍省の要請に応じて、ベアストウが言及した「経験係数」について、RAFで利用している数値を整理し報告書を提出した[31]。報告では、モデル実験からの予測はとくに飛行機の上昇率に対して誤差が大きく、最近の実験ではさまざまな高度における飛行速度についても誤差が見つかっていることが指摘された。翼の揚力に関する修正係数に関して、揚力係数が〇・一五程度のときには修正係数は必要ないが、〇・三から〇・四という大きな値になると五〇パーセントもの修正係数が必要になってくる。このことは飛行機の上昇率が実験からの予測どおりの大きさにならないことを示すものであった。

このRAFの報告が親委員会に提出されると、この問題が重要であり引き続きRAFとNPLで検討し続けるべきであることが確認された。そしてファレンによって「審判」とされたピタヴェルの下で、この件に関して十分な成果が得られるまで検討が続けられることが決議された。それとともに、そのような十分な成果が得られるまで、この報告に記されているような言明を製造業者に知らせることは控えられることになった[32]。報告内容をそのまま伝えることが差し控えられた理由は、議事録には記されていないが、モデル実験への評価が低下することへの懸念があったのではないかと想像される。

このような報告書が提出され、親委員会で問題が協議される最中にも、ピタヴェルの下でRAFとNPLの技術者が問題の検討を続けていた。六月に提出されたRAFのデータと補正方法の報告を、NPLのベアストウが検討し、補正法についての意見を提出した。しかしNPL側による「ノートB」と題された報告は、RAF側によって批判される。ベアストウの補正法は、RAF側の研究者だけでなく「審判」ピタヴェルにとっても「不必要に複雑であり、議論の本質的なポイントを覆い隠してしまう」ように思われた。NPLの「ノートB」はさらに多くの点で批判され、RAF側は新たな報告「ノートC」を八月二日付けで提出した[33]。

八月九日に開催された仮設小委員会の第三回会合では、NPL側からの「ノートB」とRAF側からの「ノートC」が検討され、RAF側からベアストウの方法の数学的欠陥が指摘されたりしたが、結論を出すには至らなかった。そこでより確実な実験方法が新しく開発されるまで、問題は棚上げされることになった。そのような新しい実験手段として有望視されたのが、推力計（thrustmeter）の改良である。エンジンの推力計は、フルスケール実験において主翼の抗力を算定するにあたって必要とされた。だが最初の推力計には欠陥が見いだされ、計画はさらに遅延することになる。

その後九月には仮設小委員会の中間報告が提出された[34]。親委員会に提出された中間報告は、仮設小委員会全員の合意を得て作成されたものらしく、ファレンの経緯報告とは異なることが強調されて述べられている。そこではベアストウの議論に対するピタヴェルらの批判については言及されない。モデル実験とフルスケール実験との差異の存在は認めつつも、その原因を主翼の性能に対する両実験の異なる測定法によるデータの食い違いに帰すのでなく、飛行機の各部品間の干渉作用の可能性が指摘され、各部品の空気抵抗を単に足し合わせることで機体全体の空気抵抗を推測する方法自体の限界が示唆されるのである。そして飛行機本体の精密な縮尺モデルを製作し、その風洞試験が計画されていることも報告された。

一九一六年秋からＲＡＦで飛行試験が進められ、結果をまとめる報告書が翌年に提出された。その報告は会議で議論を巻き起こし、正式な調査委員会の発足を導くことになるが、ここで実機によるフルスケールの測定実験の進め方について一言述べておこう。

6　精密な縮尺モデルの作成

モデル実験データとフルスケールの実験データを比較するために、フルスケールの主翼に働く揚力や抗力を量的に見積もることが試みられた。その手法は現代の読者にとっては大変煩雑な、そしてやや素朴に思えるような方法が採用された。

飛行機が水平に定速飛行しているときは、水平方向の力の成分として、エンジンとプロペラによって生み出される水平方向の推力が、主翼以外の飛行機の機体が引き起こす空気抵抗と主翼の水平方向の抗力の和に釣り合うことになる。同様に垂直方向の力の成分として、主翼の揚力（厳密には主翼と尾翼昇降舵が発生させる揚力）が、飛行機の全重量と釣り合うことになる。したがって、主翼の抗力を求めるためには、エンジンの出力・プロペラの効率性、そして主翼以外の飛行機の全部品がもたらす空気抵抗を求める必要があった。それら各部品の空気抵抗を求め

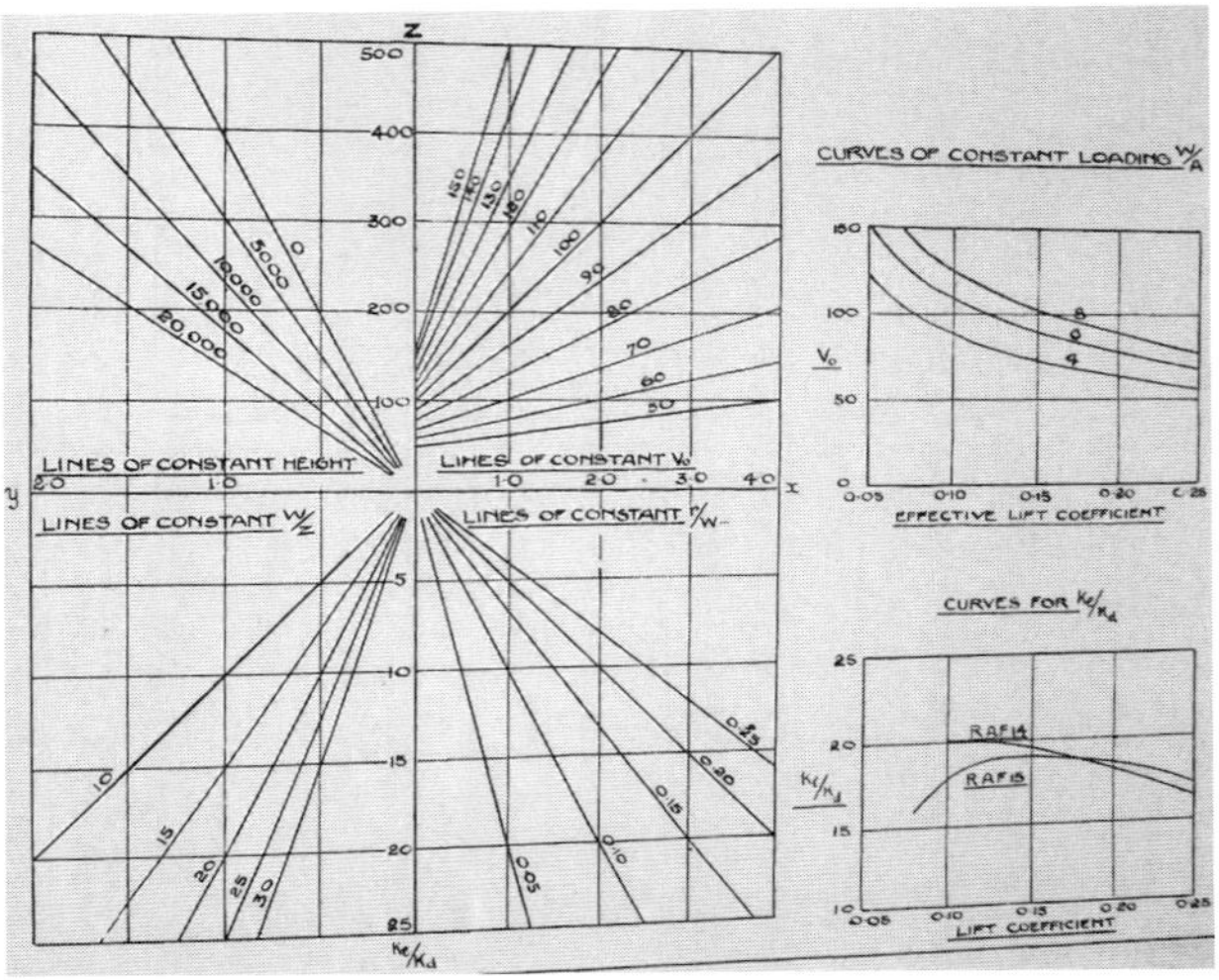

図2.4　RAFで作成された飛行機性能計算用グラフの一例（B. A. 133）

ることは、もっぱら風洞で各部品のモデルを使って計測され、それらが加算された。

空気抵抗を求めるにあたっては、もっぱら速度の二乗に比例するとするニュートン以来の法則が参考にされ、渦や乱流については配慮されていない。プロペラ後流（slipstream）と呼ばれるプロペラが生み出す速い空気の流れの中にある機体部分は、飛行機の巡航速度よりも速い気流のため空気抵抗が大きくなっていることが予想される。そのために後流の範囲と速度の見積もりも重要なポイントであった。

このような方法でフルスケールの測定実験がＲＡＦで実施される際、飛行機にはパイロットとともに観測員が同乗し、気圧（高度）や温度、飛行機の速度や姿勢などを飛行中に測定した。数十秒間にわたる上昇、下降、水平飛行において、それらの計測を正確に行う必要があった。一方エンジンの出力やプロペラの効率性は地上で計測されたが、その後推力計の考案と開発によりプロペラの推進力についても飛行中に直接測定できるようになった。

これらデータの間の関係式を設計者の便のために図式化したグラフもＲＡＦで考案された[35]。図２・４は、主翼の揚力係数と抗力係数、重量、エンジン推進力、飛行の速度と高度、機体の空気抵抗の値の関係を表すグラフであ

図 2.5　飛行機胴体の正確な縮尺モデル（RE8A 型機）（B. A. 24）

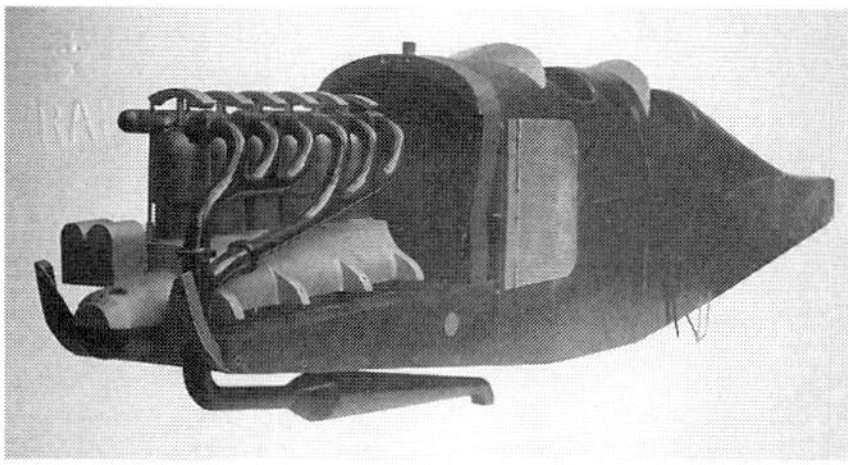

図 2.7　精巧に作られたエンジンの縮尺模型（B. A. 24）
エンジンのモデルも精巧に作られ，気流の乱れを精密に再現することが目指された.

図 2.6　モデルにはパイロットの精巧な人形も搭載された（図 2.5 の拡大図）

る。左の四つのグラフは、時速一〇〇マイルの際の機体空気抵抗、飛行機重量、揚力抗力係数比、そして飛行機の高度が与えられた際に、標準的な燃料濃度におけるエンジン出力、そして飛行機の速度を求めるためのものであり、右の二つの補助的なグラフは、主翼の有効面積と重量、揚力と抗力の係数比、飛行速度、そして二つの主翼の形状について、揚力係数と揚力抗力係数比の関係を示すものである。

　ファレンの経緯報告によれば、この間、NPL側からRAFでなされた飛行機各部品の空気抵抗の算定が不正確であるという批判が出された。批判点の多くはRAF側も同意し、より正確に実物に似せたモデルが製作され、RAFでの風洞試験にかけられた[36]。翌年二月に提出されたRAFの報告書には、胴体やエンジンのモデルの各方向からの姿を撮影した一四枚の写真が添付され、精密に製作されたエンジンや機体などの飛行機の縮小モデルが披露されている（図2・5—図2・7）。機体には頭や顔の輪郭まで彫り込まれた飛行士の人形が搭載された。

報告には、他に、実機を構成する尾翼、支持棒、ワイヤ、着陸用の車輪など各部品がもたらす空気抵抗の見積もりが与えられている。ワイヤあるいはそれを束ねたケーブルについて、気流となす傾斜角度に応じて生じる空気抵抗が与えられている。その結果、それまでの機体胴体の空気抵抗の見積もりは実際の値よりも小さすぎたことが判明し、それによりモデル実験とフルスケール実験のデータの間の差異は縮まることになった。しかし、モデル実験によるデータのグラフ曲線の形が変わることはなく、両者の差異を根本的に解消するまでには至らなかった。プロペラ後流を考慮することで、曲線の形状が訂正されたが、その訂正はわずかであり、データの差異はそれでも払拭されなかった。二月に提出されたRAFのモデル実験の報告書には、これらの検討結果が記された[37]。

RAFでは、一九一六年一一月から四カ月間にわたって、二つの既存翼型と二つの新型翼型について、モデル実験とフルスケール実験とを新たに遂行した。その結果、二つの新型翼型であるRAF15型とRAF17型は、モデル実験では好成績を得ていたが、フルスケールの実験では期待されたほどの性能を発揮しないことが判明した。モデル実験では、新翼型は上昇率や失速速度の点では旧翼型にやや劣るが、高速では性能がよくなるはずだった。しかし実機の試験ではRAF15型は上昇・失速では優れるが高速で劣り、一方のRAF17型はいずれの点でも劣っていることが判明した[38]。またその成果は、二月に報告書にまとめられた[39]。この報告が航空諮問委員会で回覧されると、その帰結が重大視されることになる。

7 「寸法効果」小委員会の活動（検討の第二ラウンド）

航空諮問委員会の一九一七年四月三日の委員会において、RAFからフルスケール試験の結果が報告され、そこでモデル実験結果と実機によるフルスケールの実験結果との齟齬が指摘された。この比較結果の重要性から、この差を検討するための専門の小委員会が正式に発足することになった[40]。小委員会の名称は「寸法効果小委員会」と命名されたが、興味深いことに、発足時には同委員会の名称中の寸法効果は引用符でくくられ、"寸法効果" 小委員会」とされた。だが第二回以降の議事録では引用符がはずされ、「寸法効果小委員会」とされている。寸法効果の有無と意義が争点になり、委員会の立場も揺れていたことが窺える。

新設された「寸法効果」小委員会は、設置が決定された親委員会の会議終了後ただちに第一回の会合を開いた[41]。課された任務は、NPLにおける飛行機や翼のモデルの実験結果と、RAFで遂行される実機の飛行による観測記録とを比較検討することとされた[42]。委員長には先に「審判」役を務めたピタヴェルが就き、ファレン、ベアストウ、ランチェスターら計七名の委員で小委員会は構成された。その多くは前年の仮設小委員会で検討を進めた人びとであった。委員のうちベアストウとピタヴェルは王立協会会員であった。また委員には著名な物理学者ジョセフ・ジョン・トムソンの長男であるジョージ・P・トムソンもおり、中尉の肩書きでRAF代表の一人として三回ほど会議に出席した[43]。先述のとおり、第一次世界大戦が始まるとRAFは多くのケンブリッジ大学の理工系学生を受け入れ、彼ら動員学生はファーンボロに住み込みながら航空機改良のための研究に専念した。

最初の会合で、ファレンが親委員会で回覧された報告（R. & M. 321）の内容と簡単な注釈を陳述した。RAFでなされた試験は、RAF14とRAF15という名称の二つの翼型を、同一の飛行機に装着してそれらの空気力学的性能を計測したものである。二つの翼型に関しては、そのモデルについても風洞の試験結果が出ており、試験結果の比較がなされている。ファレンは、それぞれの翼型の実機での試験について絶対的な数値については正確さを保証できないが、二つの翼型の試験結果を比較すると、同じパターンのモデル試験結果からのずれを認めることができ、それは信頼しうると指摘した。その差として、（1）揚力係数が低い値のときの抗力曲線がもつ傾きのずれ、

（2）揚力係数の最大値におけるずれ、（3）揚力係数の中間的な値の領域におけるずれ、の三点を指摘した。（1）と関連して、高度が高まると速度が低下することを付言した。これに対してベアストウは、実機によるフルスケール実験の結果の精度はこのような結論を導くのに十分ではないと反論した。RAF14型の翼型モデルのNPL風洞における最新の計測結果は、少なくとも揚力の値に関してはRAFでの実機の試験結果とよく合致すると指摘し、モデル実験によるデータの信頼性を擁護した。それまでモデル実験で大きな成果をあげているベアストウは、模型実験と実機実験との差異を強調し、前者を後者に従属させるかのようなRAFの主張は受け入れられなかったのである。そのような両派の対立は、以後の委員会でより鮮明になっていく。

ベアストウは二週間後に開催される第二回の会合に合わせて、「寸法効果に関するデータ、ノート、文献」と題する報告を提出した[44]。それはRAFの提出する報告に対して対決姿勢をみせるものだった。まずモデルからの予測と実際の飛行での性能とに差を生じさせる可能な原因として、次の五つの要因をあげている。（1）モデル試験における誤差、（2）モデルが実際の形状やその組み合わせをカバーしきれない不十分性、（3）モデル試験の結果をフルスケールの飛行機に応用する際の誤差、（4）実機実験における誤差、（5）寸法効果、これら五つの要因である。その上で彼は、RAFの研究者たちがすべての誤差の原因を翼の性能の寸法効果に帰していると論難する。そして一〇ページ以上を費やして種々の実験結果を披露しながら、モデル実験によるデータの信頼性を示そうとする。たとえばフランスの航空工学研究所のフルスケールの実験とエッフェルの風洞実験との結果の間には、抗力の曲線の間に相似性が見いだされることを指摘したりする。その上で次のように強い言葉で、フルスケール実験の不正確性を指弾した。

> フルスケール実験は科学的な正確性の点で欠陥がある。実際のエンジンも実際に使用されるプロペラも試験さ

れたことはないようである。回転アームから計算されたプロペラのトルクは、エンジンのトルクと一致せず、ＲＡＦの諸仮定の実質的な結論はプロペラの性能についての推定である。フルスケールの正確性が相当に向上しない限り、モデルとフルスケールとの詳細な比較をすることは不可能である。[45]

模型実験と実機実験との齟齬が生じる要因を上記の五要因に整理しつつ、検討すべき対象を（４）に絞り込むべきであると、彼は主張しようとしたのである。その後の数回の会合でなされたＮＰＬのベアストウとＲＡＦ側のファレンとの間の議論の応酬を通じて、結局、その後の寸法効果委員会の検討事項は（４）の検討、フルスケール実験の現状の精査とより信頼のおけるフルスケール実験の実行という課題が一つの柱になっていく。そしてモデル実験自体の信頼性については不問にされ、（１）と（２）の検討はなされなかった。寸法効果の検討を開始するきっかけとなったＲＡＦ報告が述べていた測定実験としてのフルスケール実験の優位性とモデル実験の従属性というＲＡＦ側の主張は、ベアストウによって完全に逆転されたのである。

寸法効果委員会における初期の議論は、ベアストウとＲＡＦのファレンとの実験と実験結果の解釈の妥当性について詳細に立ち入った議論と反論に終始した。委員長は両者に各人の主張を文書として提出することを要求し、提出された報告に対して再度批判と釈明が双方の側からなされた。ベアストウの R. & M. 321 報告に対する批判は、あたかも査読者が投稿論文を徹底的に批判するように展開された。ＲＡＦのモデル測定値からの抗力の見積もりは、多くの干渉効果が無視されており、その導出は「非論理的でおそらく間違っている」と断じる。[46] 他にも、ＲＡＦの実機試験では上昇気流の可能性を無視していること、またエンジンとプロペラに関して、地上と上空の実験で同型のものが使われ、同一の装置が使われなかったことも批判した。

一方のファレンもベアストウのこれらの批判に逐一反論し応戦した。異なる時期に計測された抗力の見積もりにおいて差があるのは、エンジンのカバーを考慮しなかったことによるもので、非論理的ではないこと。上昇気流の可能性については、何度も飛行することによってそれらは相殺されるだろうこと。このように批判に応答しつつ、NPL側の報告の中で欠点と思われる計算を見つけ指摘する。(47) ファレンの弁論と批判は、さらにベアストウ側からの返答を招く。(48) またRAF側は、NPL側の揚力係数の扱いで主翼だけが生み出す「真の揚力」と主翼と昇降舵がもたらす「実効揚力」とを混同しているとも指摘し、NPL側はその批判を受け入れた。

ファレンは、逐一の応答を述べていく際に、一つの注目すべき発言をしている。ファレンも含み小委員会の委員の間で、同意されてきたことがあるとする。それは、このモデルと実機との測定値の差の原因は、「寸法効果にあるのでなく、翼と機体の他の部分との干渉の効果によるものである」という解釈である。(49) ファレンのR. & M. 321報告は、もともとモデルと実機との間に寸法効果が顕著にあることを主張するものと受け止められたが、ベアストウの強い批判にあい、ファレンもまた寸法効果よりも未知の干渉効果によってこのような測定値の間の乖離が起こっているのだろうと考えるようになった。あるいは委員会の中でそのようなコンセンサスができているとファレンが認識するようになった。(50)

8　フルスケール実験の構成

翼の揚力や機体の抗力などのフルスケール実験の測定を成り立たせる構成要素——速度、迎角、プロペラの推進力等々——について、ここでやや詳しく説明しておこう。

まず飛行機の速度は速度計でなされ、速度計は一定の距離の飛行を時計で計ることで目盛りがつけられる。上昇率についてはアネロイド計（aneroid）とストップウォッチで測られる。翼の迎角、すなわち機体の傾きは、傾斜計（inclinometer、図2・8）によって測られる。その上で機体の重量から揚力が求められる。その際に、尾翼による揚力、プロペラによる後流などの条件などが考慮される。機体の抗力、すなわちプロペラの推進力については、エンジンの出力にプロペラの効率を掛け合わせることで得られる。エンジンの制動馬力は試験台で測定され、上空での飛行を再現するために低密度の空気中で運転測定される。またプロペラの効率は旋回腕に取り付けて測定される。翼の抗力については、全機体の抗力から各部品の抗力を引くことによって得られるが、各部品の抗力については各部品の縮尺モデルを測定し、後流の効果と寸法効果を考慮して計算される。

委員長のピタヴェルも小委員会に提出した最初の報告で、問題を整理するために、フルスケール実験の成り立ちと、誤差の由来についていくつかの要因を列挙し、それぞれの誤差の程度について説明を与えている。実機とモデルの双方の計測における速度の誤差（四・五パーセント）、面積の誤差（九パーセント）、角度の誤差（一・五パーセント）、実機における重量の誤差（九パーセント）、そして寸法効果の誤差（九パーセント）が可能な誤差として存在し、またこれらの五つの誤差が重なることで相乗的に誤差を増幅している可能性がある。また抗力に関する値は、フルスケール実験において多くの計測結果から推定されることになるが、それら各要因を次のように列挙して計算手続きを説明する。

その値は、

（1）エンジンの制動馬力に依存し、それは

（2）回転数から算定され、

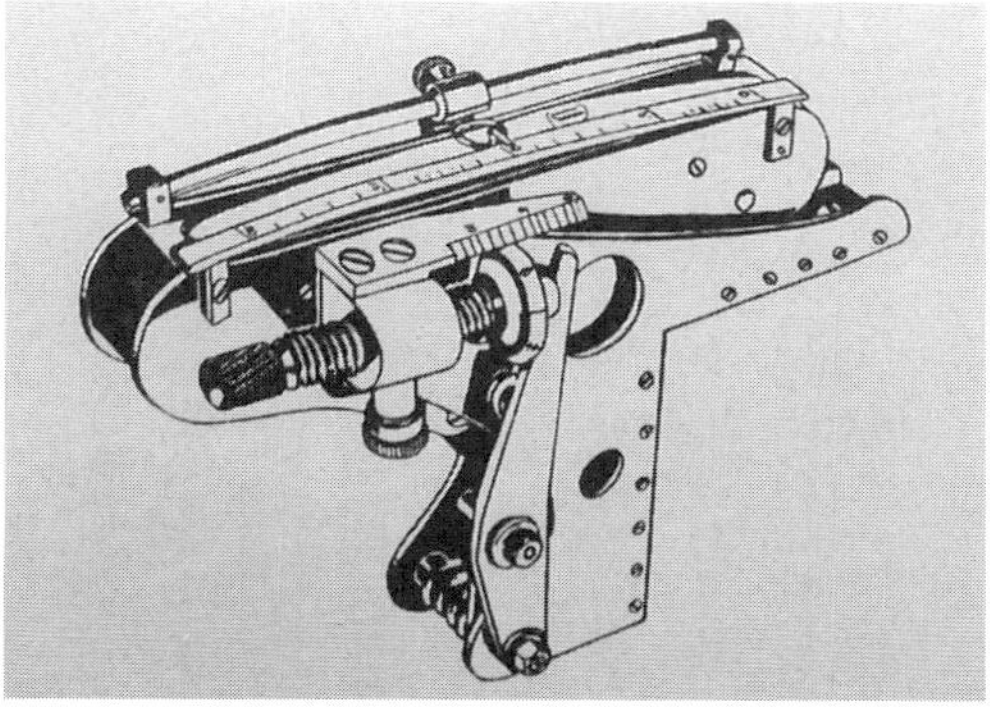

図2.8　飛行機の傾斜角度を飛行中に測定する傾斜計（B. A. 133）

(3) 密度によって補正される。それは回転アームの実験によって決定される。
(4) プロペラの効率によって掛け合わされる。
(5) レベルの変化に必要な馬力は差し引かれ、
(6) 全抵抗は速度から計算される。
(7) 飛行機の各部品の抵抗はモデル実験から計算され、
(8) プロペラ後流(スリップストリーム)と
(9) 寸法効果によって修正される。[51]

ピタヴェルは、ベアストウとともに、精密な計測を専門としてきた実験科学者である。とくに高圧測定、爆発時の圧力の測定などを手がけてきた。実験科学者ピタヴェルはモデル実験とフルスケール実験との間の齟齬の原因をどこに求めるかという問題に直面し、いくつかの要因をすべて洗い出し、それらを点検した上で、それらが介入しない方法を求めることに導かれていった。

フルスケール実験のデータの正確性に関して、誤差の大きな要因と考えられたのが、エンジンとプロペラが生み出す推進力の見積もりである。誤差要因の一つとして、高度に伴うエンジン出力の変動があった。その影響を見積もるために、空気密度を減少させてエンジン出力を測定する実験がRAFの地上の実験室でなされた。その結果は、高度にして九〇〇〇フィート相当の密度までは、平均すると密度の一・一乗に比例して出力が減少するというものであった。[52] 関連して委員会に回覧されたのは、航空評議会から提供された飛行する実機に搭載されたエンジンの実験結果の報告である。ヘンリー・T・ティザードによってなされたこの実験は、特別のキャブレターを利用して燃料の混合比を調節しながらエンジン出力を測定したものである。六〇〇〇、九〇〇〇、一五〇〇〇フィートの各高度でエンジンに最大出力を出させる混合比が求められ、その最適混合比からのずれがどれほどの出力減少を引

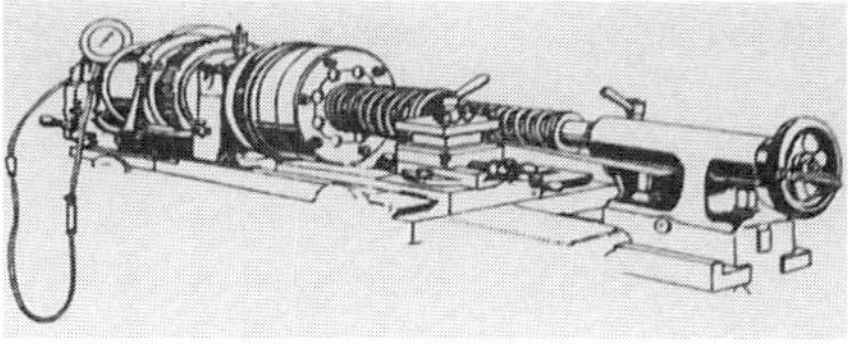

図2.10　推力計の較正装置（B.A. 133）
推力計の目盛り付けにあたっては，旋盤に装着され，静止時と回転時の双方の場合に目盛り付けがなされた．

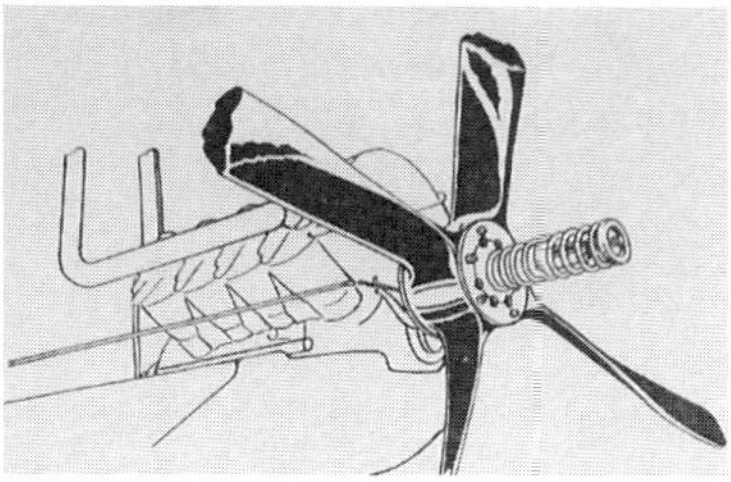

図2.9　プロペラの前に取り付けられた推力計（B.A. 133）

き起こすかがチェックされる。その結果、高度が高まるにつれて、最適混合比からのずれが等しくても出力減少の度合いが大きくなることが分かった。

エンジンとプロペラの推進力については、飛行中にそれを直接測定する計測機が考案された。推力計と呼ばれるこの装置は、一九一六年七月の親委員会でＲＡＦ工場長のオゴーマンから提案され、委員からの期待を受けて進められた。しかしその製作は遅れ、翌年の寸法効果小委員会の発足時にも早期の実行が望まれた。この計測装置は実機のエンジンとプロペラのシャフトに装填され、飛行中に回転するプロペラが前に進もうとする力をバネを利用して測定しようとするものである（図2・9、図2・10）。

推力計は準備に時間がかかり、最初の実験結果が提出されたのは一〇月になってのことだった[53]。その結果によれば、それまでのエンジンの馬力とプロペラの効率との測定から間接的に求められた推進力の値に比べ、推力計によって直接測定する推進力の方が一様に高い値になることが判明した[54]。推進力が当初の計測値よりも大きいということは、それだけ主翼の抗力も当初の算定値より大きく、それだけモデル測定値とフルスケール測定値との懸隔もより大きいことを意味する。この報告書がＲＡＦ代表のファレンによって説明されると、ベアストウは推力計の較正の方法を批判し、推力計の仕組みについて報告するように求めた。次回の会合で報告が出され、推力計を利用して計測されたエンジン推力は従来の計測法に比べ一〇－一五パーセント高い値を与えることになることが指摘され、推力計自体の信頼性に議論が集中し、この従来の計測方法との差について説明がなされるまで、推力計の実験結果については正式な報告書の提出が差し控えられることになった[55]。

9 圧力分布の測定と乖離箇所の特定

小委員会の活動において、比較的初期から有望視されたのが、翼面上の圧力分布を測定することであった[56]。ファレンとの批判の応酬がひとしきりなされた第三回の会合で、前述のようにベアストウはこの圧力分布の測定がモデルと実機との「もっとも直接的な比較」となってくれるだろうと述べた。モデルの翼と実機の翼における圧力分布をそれぞれ測定することによって、より直接に両者の差異を比較し、差異が生じる源泉を突き止めることが期待された。

圧力分布の測定法は、実は前年にケンブリッジ大学の物理学者テイラーによって提案されていた。テイラーはケンブリッジから他の研究者とともにファーンボロのＲＡＦに派遣され、そこで実機の主翼の揚力と抗力を正確に見積もることが困難であることを知り、翼面上の風圧分布を測定するための装置を開発し、実際にＢＥ2c型機に測定器具を装着して飛行実験を遂行した[57]。測定器を装着した主翼には上下両面の計一八カ所のポイントで穴が空けられ、各箇所の圧力はガラス細管からなるマノメータによって計測される。一八点の圧力は箱内に並べられた一八本の細管に伝えられ、各管内アルコール柱の高さによって表示される（図2・11（左））。箱には写真機と感光紙がセットされ、各瞬間の高さの分布が一定時間おきに撮影されていく（図2・11（右））。飛行機の振動や加速の影響を避けるため、装置はゴムによって支えられた。装置はミリメータ以下の精度で管中の高さを測定できた。

テイラーは一九一六年一〇月にフルスケールの実験結果を報告したが、ＮＰＬでの対応するモデル実験完了はそ

図2.11　テイラーの主翼面の圧力分布測定装置（T. 839）
箱内には18の細管が並べられ，その上を撮影のための白い感光紙が覆う仕掛けになっている．18の細管の左半分は下面の圧力分布を表し，右半分は上面の圧力分布を表す．

れより一年ほど遅れ、翌年七月に結果が報告された。テイラーの実験法にほぼ従い、モデル機主翼の上下両面に一四カ所の穴を空け圧力を測定した。圧力は、迎角を〇度から一〇度まで変化させて計測した。NPLの報告はモデル機は実機よりも高い揚力を示し、とくに先端部で大きな測定値の差異を示していることを指摘した（図2・12）。寸法効果小委員会で報告が提出されると、ファレンは実機・モデル機の複葉両翼でこのような圧力分布の測定がなされるべきだと主張した。彼の提案は了承され、そのための実験が準備された[58]。

RAFとNPLで再度複葉機の実機とモデル機を利用して実験が進められた[59]。NPLでは再びBE2c型機の複葉翼面の各面に一六カ所の穴が空けられ、迎角を変えながら各点の圧力が計測された。穴の正確な位置づけが難しく、他の穴を塞ぎながらの測定作業が煩瑣であったため、モデル機の計測は実機よりも時間を要した。両実験が終了し、結果が比較されると、とりわけ上翼の下面に「顕著な差異（a well marked difference）」が認められることになった。その差異は迎角によっては二〇パーセントもの大きさになった。ベアストウを含む小委員会委員全員がこの重要な測定結果に注目し、主翼

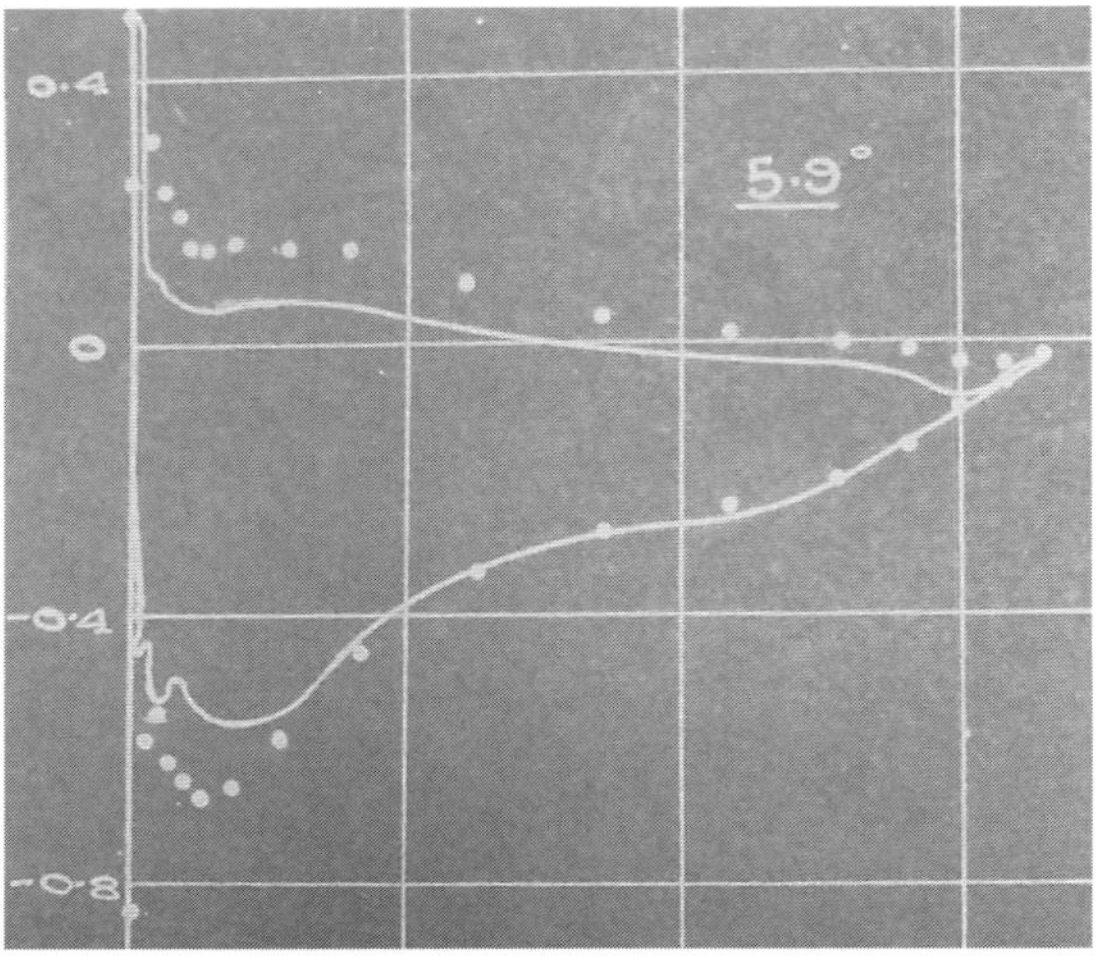

図2.12　実機とモデル機の測定結果の「顕著な乖離」(Sc. E. 16)

実機とモデル機の複葉の上葉下面で顕著な差異が見いだされた．図中の上のグラフ曲線が下面の圧力を示す．実線が実機，点線がモデル機での計測結果を表し，両者の間に顕著な差異が認められる．一方，下の曲線については先端部分で顕著な差異が見いだされるものの，他の領域ではほぼ合致している．

揚力の測定結果に両実験での差異が実際に存在することを認めることになった。

小委員会委員は、先にファレンが推測したように、この実機モデル機の測定差の可能な原因として飛行機の各部分の間の干渉効果に求められると推測した。とくにここに見いだされた上葉下面の乖離に対して、ベアストウはプロペラの後流が翼面に及ぼす影響を示唆した[60]。ベアストウのいうとおりプロペラ後流の影響が差を説明するかどうか確認するため、ＮＰＬでプロペラを動かすモデルと動かさないモデルで圧力分布が違うかを調べ、さらに実機でもプロペラを動かす場合と止める場合とで圧力分布に違いがあるかを調べることが提案された。この提案に対し、ファレンがＲＡＦにプロペラを止めて滑空しながら計測できる機が残っていないと報告。それに対してベアストウは実験のための機を確保しておくべきであると発言したが、実験機確保を正式要請することは差し控えられた。代わりにＲＡＦでは、主翼の圧力分布を調べるにあたって、主翼の付け根から翼端まで異なる場所での圧力分布を調べていくことが企画され、了承された。それはかなりの作業量になることが予想された。

上翼下面におけるモデルと実機での圧力分布の差異の原因がプロペラの影響によるものなのか、NPLではモデル実験が企画された。影響をチェックするために、プロペラをもつモデルともたないモデルが作られた。プロペラをもつモデルでは、プロペラを回すためのシャフトが機体の中心軸上に貫かれ、翼から離れた背後でシャフトは紐によって風洞上部に設置されたモーターに結ばれ回転する仕掛けになっていた(61)。この仕掛けにより毎分三〇〇〇回転でプロペラを回すことができ、それに合わせて風速も調節された。プロペラを回転させる場合とさせない場合とを比較しつつ、もっぱら上翼下面の圧力分布の変化が調べられた。その結果は、プロペラを回転させる場合は、むしろその面で圧力の増加がみられるというものであった。実機での当該翼面での圧力減少の原因をプロペラ後流に帰することはできないと結論された(62)。

小委員会委員長ピタヴェルの提案により、続いてプロペラ後流と機体との相互干渉の影響が検討された。NPLにおいて複葉主翼のモデルに胴体モデルを装着した場合と外した場合で、前縁から後縁まで一八の穴を用いて上翼下面の圧力分布が測定された。その結果は、前縁近くで変化を生じさせるものの、観測されたモデルと実機との差異よりは小さく、原因の説明までには至らなかった。

ここに至り小委員会の活動は手詰まりの様相をみせることになった。各委員も次の方針を明確に打ち出せない状態だった。ベアストウが、今後も続けるとすれば、現在マートルシャム・ヒースで進められている実機による飛行試験の分析結果を出し、これまでのフルスケール実験結果と合わせることでモデル実験と比較するための「より広範な基礎」を提供できるようになると述べると、続いてファレンはモデル実験も同様に続けることが望ましいと述べた。両者に続きランチェスターが、小委員会はいったん終了し、報告書を提出し、もし必要であれば再組織されるのがよいと発言、委員長も現時点で集まった情報を何らかの形で関係者に提供するべきであると述べた。そこで委員会での議論は、委員会として提出する最終報告書の形態、説明と議論の表現方法に集中していった。

情報提供ならびに報告書提出におけるベアストウの関心事は、モデル実験の有効性について懐疑的な意見を広めないことにあった。ベアストウはまず最終報告書の文面において、モデルと実機の計測上の食い違いは寸法効果によるものでないことを明言すべきだと強く主張。続いてRAFから以前に提供された報告が、そのような懐疑を誘うような表現になっていることへの懸念を表明した。委員会の設置にあたってはRAFによる報告書「R. & M. 321」が問題にされたが、それ以外に「BA24」という文書番号のRAFの技術報告が作成され六社の飛行機製作会社に提供されたことをベアストウは指摘し、ファレンを質した。ファレンは、同報告はベアストウが現在委員を務める航空評議会の認可を得て各社に配布されたこと、またそれはその時点で飛行機の性能を予想するための方法を要約したものであり、NPLにおける実験に言及したり、「寸法効果に関する論争」に言及したりするものではないと断った。問題は次回引き続き検討されることになった。

次回会合で懸案の「BA24」報告が回覧されると、ベアストウは再度、モデル実験への懐疑を払拭すべきであると強調した。「同報告におけるいくつかの結果の表現形式からは、モデル結果を実機に適用するのは信頼できないとの結論が導かれうるし、〔現に〕導かれてきた。……そのように作られた印象を払拭するために、委員会で何らかの手段が講じられることが肝要である[63]」。RAFの報告の結論は、その時点で入手されるデータからは正当化されない仕方でモデル実験の結果を利用することから導かれたもので、その後得られたデータからこのような結論は導けないはずだ。ベアストウはそう論じ、文言の修正を要求した。

改稿された報告書は、冒頭でまず空気力学の体系的研究の重要性を強調した。個別の飛行機を設計するための翼など各部品の試験、さまざまなタイプの爆弾の抵抗、アネモメータの目盛りなどといった日常業務的な測定や個別の事物を対象とする実験は確かに必要だが、一般的価値をもつ情報をもたらしてくれない。そのような個別の試験によって、より一般的な情報と知識をめざす体系的研究が邪魔されるべきでないとする。まだ戦争が終わらぬ一九一七年一一月のことである。報告書では、軽合金小委員会やエンジン小委員会の活動で成果が出されてきたことに触れ、個々の実験結果の詳細な検討が一般的な研究の進展を促すことも指摘、その上で空気力学を検討する専門の小委員会設置を提言した。そのような小委員会の発足によって、空気力学に関するフルスケールの実験研究と縮尺モデルを利用した風洞での測定実験を組織し、調和させることに貢献してくれることを期待した。かくして寸法効果小委員会はこの最終報告の提出とともに任務を完了し、その提言を受けて一九一八年一月に「空気力学小委員会」が発足した。(64) モデルとフルスケール実験の乖離の問題は最終的解決がされぬまま、新小委員会に引き継がれることになった。

10 検出された不整合と異なる対応

以上、一九一〇年代においてイギリスの航空諮問委員会の下で繰り広げられた風洞モデル実験と実機によるフルスケール実験との対応関係をめぐる議論と論争を追いかけた。

第一次世界大戦が始まり風洞実験データにもとづき設計された飛行機が予測された所期の性能を発揮しないことが認識されると、風洞実験データの正確性に懐疑の目が向けられるようになる。風洞実験の信頼性を疑われたベアストウは逆にフルスケール試験の不正確性を声高に強調した。こうして両種の実験の間で生じる乖離の原因を調査究明するための寸法効果小委員会が結成され、「審判」ピタヴェルの下で検討が進められた。その過程でフルスケールの性能試験がいわば「脱構築」されるように、同試験の構成要素となる各試験について誤差の程度が吟味されていく。模型試験と実機試験の対応については、より直接的な比較を可能にする翼面の圧力分布の測定が注目され、その結果とくに上翼下面の圧力分布に両実験間で顕著な差が存在することが突き止められた。しかしその差の原因を究明するには至らなかった。委員の間で差異の原因は、プロペラ・主翼・胴体などの機体構成部品の間の何らかの干渉関係にあるのではないかと推測されたまま、同小委員会は活動を終え、代わって空気力学小委員会が設置された。

寸法効果をめぐる論争の経緯を追うことで、以下のことを知ることができる。モデル実験の妥当性をめぐる議論によって、風洞実験は、風洞ばかりでなく実機を利用したフルスケールの測定実験との対応関係を含み込んだ実験手続き全体の抜本的な再検討につながっていった。風洞試験の信頼性が確保されるためには、風洞試験とフルスケール試験との双方からのデータが整合的に、かつ安定して得られる必要があった。そのような整合性・安定性が得られないときには、整合性・安定性を確保するための対策が求められることになる。その対策は、対応に当たる科学者・技術者が有する諸条件に依存し、時間とともに推移していくことになる。

初期航空工学者たちの対応をみてみると、そこには二種類の異なる対処法をみてとることができる。一つは技術者の対応法であり、それはモデル実験からのデータがフルスケールの実機の性能を表していないことを認識し、その差を補うべく「経験係数」なるものを既存の実験結果（経験）から見いだし、その係数を掛け合わせることで今後のモデル実験からの実機性能を予測しようとするものである。そこでは乖離の原因探求は棚上げされ、手っ取り早い解決法によりその後の技術実践活動に役立つ指針が与えられることになる。もう一つは実験科学者の対応法であり、模型実験と実機実験からの結果の乖離に直面し、その乖離の原因を究明すべく種々の実験を考案し取り組んでいくという方法である。この二つの方法は、互いに背反するものではない。またこの実験科学者の対応法も、唯一の最善の方法が定められるものではなく、実験科学者を取り巻く諸々の条件により原因探求の手続きと方法が定まっていく。

一九一〇年代イギリスの航空工学者たちが模型・実機の実験上の齟齬に直面させられたのは、第一次世界大戦開戦後のことであり、従軍飛行士を含むパイロットからの報告によるものだった。そのために両実験の不整合に対しては、可能な限り早急な原因究明と対策が求められ、大きな責任問題が研究者の肩にのしかかった。すでに安定性に関してモデル実験による研究成果を有するＮＰＬのベアストウと、風洞試験だけでなく実機による飛行試験を頻繁に遂行できるＲＡＦの研究者たちとが、互いに競い合うようにして、不整合の原因究明に取り組んだ。ＲＡＦ側が両実験の間の不整合は確認されたとして縮尺実験の限界を主張すれば、ＮＰＬ側は実機実験の不正確性を指摘し、不整合の原因を実機実験に潜む欠陥に見いだそうとする。やがて両者は主翼の圧力分布の調査に注目し、複葉機の上翼下面における両実験間の顕著な差異に関心を集中させるようになる。その原因として当該上翼とプロペラ後流の間の干渉作用、あるいは機体との干渉作用が推測されたが、それらの影響が実験的に否定されると、委員会は時間的制約の下で次の手を見いだせなくなってしまう。その状況は新しい空気力学理論の到来により、新たな展開をみせることになる。

第一次世界大戦下のイギリスでは、模型実験と実機実験の整合性が検討課題としてクローズアップされたが、戦後イギリスの研究者は異なる風洞間の整合性を抜本的に検討するために国内ばかりでなく各国の主要な風洞でのデータを比較するという国際プロジェクトを開始することになる。そのような風洞間の整合性という問題については、実はそれより早く、ドイツの研究者プラントルが熱心に取り組んでいた。ゲッチンゲン大学のプラントルは、自研究所の風洞とパリのエッフェルの風洞との測定結果の食い違いに直面し、この風洞間整合性の問題に取り組み、流体現象の科学的分析を深めていった。彼はまたイギリスの研究者とはまったく異なる空気力学理論を作りだし、その理論はイギリスが進めていた国際風洞比較試験にも大きな影響をもたらすことになる。次章ではこのプラントルの空気力学研究の発展に目を転じ、空気力学の基礎理論の歴史的発展を追うことにしよう。

第3章 新しい空気力学理論の誕生

——境界層、不連続流、そして誘導抗力

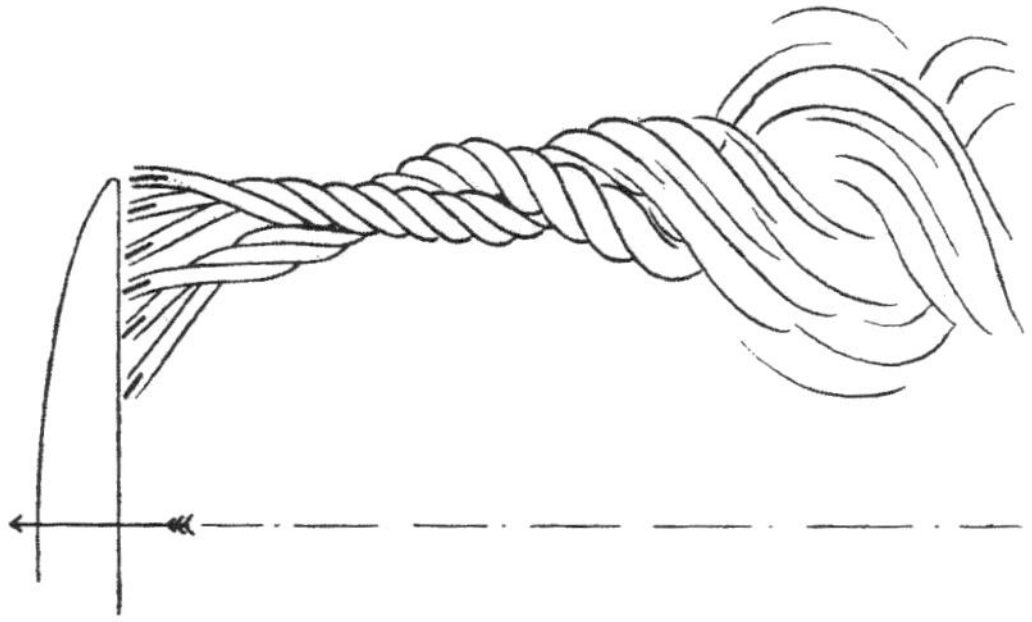

ランチェスターによる後方渦の視覚的イメージ
(Lanchester, 1907)

1　空気力学の基礎理論の模索

風洞を利用した空気力学の研究は世界各国で進められた。中でも二〇世紀前半の空気力学研究をリードしたのが、ドイツのゲッチンゲン大学のプラントルだった。(1) プラントルらの研究は、境界層の概念、乱流や層流の概念、飛行機の翼に作用する揚力や抗力の理論を打ちだしていくことで、その後の航空研究に大きな影響を及ぼしていく。彼らの境界層と乱流の研究は実は初期の風洞測定の信頼性の追究と深く関わっていた。前章でみたようにイギリスにおいては風洞の実験結果と実機による測定結果との間に不整合が見いだされ、それから風洞実験の結果の再検討がなされるようになっていったが、ゲッチンゲンでは異なる風洞実験結果の間の不整合に早くから気づき、その原因探求にプラントルらは関心を集中するようになった。

空気の流れの中に置かれた物体がどのような空気抵抗を及ぼすか。この流体力学上の基本問題は一七世紀のニュートン以来、数学者や実験物理学者によって検討されてきた。(2) その課題に対して基本法則が考案され、モデルを用いた実験も行われてきた。それにもかかわらず二〇世紀の初頭、飛行船と飛行機の登場により高速の空気の流れに対する物体の空気抵抗をより精密に測定すると、測定値の間のずれやばらつきが検知されるようになった。イギリスにおける風洞測定では風洞測定値と実機での計測値との間の齟齬がクローズアップされたが、ドイツのプラントルは風洞相互の計測値の差、とくに彼の風洞測定結果とフランスのエッフェルの風洞測定結果との大きな差が認識され、深刻な問題と受けとめられた。そのためにプラントルらは、流体力学の基本概念を検討し、渦や乱流の生起という現象への関心を深めていくことになる。

このようにドイツの研究者は、イギリスの研究者とは異なる観点と問題意識から、空気力学や流体力学の研究に取り組み、独自の研究成果をあげていた。第一次世界大戦で情報交換が途絶する中、両国の研究者はずいぶんと異なる探究プロセスを辿っていたということができる。プラントルの翼理論の大きな特徴は、翼のまわりに循環する空気の流れを想定するとともに、翼端から後方に伸びる後方渦の概念を提案したことにある。それによって彼の理論は、飛行中の翼に作用する力をそれまでの理論よりもはるかに正確に算定することができるようになった。

プラントル理論の出現と航空工学者たちによるその受容に関しては、いくつかの問われるべき疑問が存在する。プラントルが自らの空気力学理論を構築しようとしていたときに、実は、イギリスにおいてもプラントルの理論と同様の理論を提唱する技術者が存在した。その技術者ランチェスターの理論は、しかしながら、イギリス国内ではほとんど顧みられることがなかった。プラントルらゲッチンゲン大学のグループが第一次世界大戦中に理論と実験の両面で注目すべき成果をあげると、戦後その成果がイギリスを含む各国に伝えられるようになる。イギリスの研究者たちもこのドイツ由来の新理論を知ることになり、以前から提唱されていたランチェスターの理論と同様の理論であることが分かり、その理論の価値を再評価していくことになる。プラントルとランチェスターの理論をそれまで受け入れていなかったイギリスの空気力学者たち、少なくともその一部の研究者がそのときまで採用し、応用や発展を試みようとしていたのは、「循環の理論」とは異なる「不連続流の理論」と呼ぶべきものであった。だがそれは実験家からは顧みられないような、現実の流体現象からは乖離した理論であった。

イギリスの航空工学者によるプラントル理論受容の経緯は次章でみることにして、本章ではこの不連続流の理論にも目を向けつつ、プラントルと彼の学生や助手たちによる新しい空気力学理論の形成、彼らの研究が進められた制度的背景を追うことにする。プラントルは飛行機に適用される空気力学理論を本格的に研究するに先だって、管内を流れる流体などに適用される流体力学の理論と実験の研究に専念し、「境界層」という重要な概念を打ちだしていた。この境界層の概念については一九三〇年以降に航空工学者の関心を広く集めていくことになるが、プラントルはそれを提唱した一九〇〇年代半ばから一貫して同概念をめぐる研究を進めてきた。

以下本章においては、まずプラントルのこれらの初期の研究とともに彼の流体力学研究を支援したゲッチンゲン大学の制度的環境について説明する。続いて彼らの風洞実験研究がエッフェルの研究とデータ上の食い違いをみせたこととそれに伴う研究の深まりをみていく。次にイギリスに目を転じ、プラントルの理論とは異なる「不連続面の理論」と呼ばれる理論がその地で検討されてきた事情をみていく。その上でランチェスターによって導入された空気の循環と後方渦の考え方、テイラーによるその評価、そしてプラントルの翼理論の展開について説明していく。

2 プラントルの流体力学研究

ルドヴィヒ・プラントルは一八七五年にミュンヘン近郊のフライシヒという町に生まれた。[3] 父は工科大学の教授を務める人物だった。ミュンヘン工科大学で機械工学を学び、工学教育で著名なアウグスト・フェップルの下で弾性体の力学に関する研究で博士号を取得した。その後ディーゼル・エンジンの開発でルドルフ・ディーゼルと協力したアウグスブルク・ニュルンベルク機械製造会社に三年間勤務し、そこで切削屑を吸い込む装置の改良に関わるうちに流体力学への関心をもつようになる。一九〇一年にハノーファ工科大学に赴任した。同大での講義は土木・建築技術のための力学についてなされたが、流体力学への関心から自ら簡単な水流を生みだす実験装置を製作し、流体の振る舞いの研究に着手した（図3・1）。その成果を一九〇四年に開催された第三回国際数学者会議において、「非常に小さい摩擦をもつ流体の運動について」と題し報告した。[4]

プラントルの一九〇四年の報告は、その後「境界層」と呼ばれる概念を初めて提唱した歴史的講演として知られるようになるのだが、当時は数学者だけでなく、科学者や技術者の間でもまったく反響を呼ばなかった。学会の時間的制約から報告自体も短く、そのため内容も写真や図を多用するものだった。プラントルはハノーファ工科大学で小さな水槽に水車を設置して水流を起こす実験装置を製作し、物体をその中に置き流れの様子を観測した。水槽は二層になっており、上層で水車によって起こされた流れは、下層で水車に環流する。また水には金属粉が散りばめられ、それが光を反射することで水流や渦の発生の様子が観察できるようになっていた。

図 3.1　小型水槽の脇に立つプラントル（Central Archive of The DLR, GG-10）

プラントルがこの簡易な実験装置でみいだしたことは、流水中に置かれた壁や物体表面の付近での流れに関する知見であった。物体表面の上では流れはゼロになるはずであるが、わずかに離れたところで水の流れは水全体の流れとほぼ等しくなってしまう。表面上からそのようなわずかに離れたところまでの間で、水の速度はだんだんと上昇し全体の水流の速さになっていく。このような表面近傍のごく薄い層を、彼は「境界層（Grenzschicht）」と呼んだ[5]。そのような境界層の外側では水の流れは渦や乱れのない完全流体のようにして流れていく。一方で境界層の内部では、最下部の物体表面の上では静止し、最上部では外部の一定の速度で流れる流体と運動を共にし、その中間の層内部では粘性をもつ流体として振る舞う。そのような両者に挟まれた粘性をもつ流体の流れをナヴィエ‐ストークスの方程式を用いて理論的に計算することで、境界層内部の速度の分布を算定することも単純な場合に対しては可能である[6]。

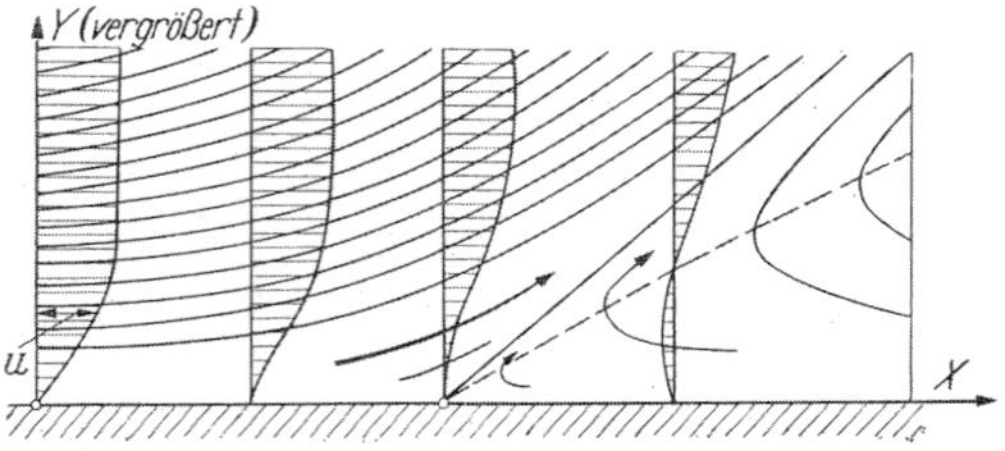

図3.2　境界層近傍の流速（Prandtl, 1904）
左端の位置では，平面から離れるに従って速度が徐々に増加し，ある高さから上は一定速度になっている．平面の表面からこの高さまでを境界層が覆っている．その位置から右にいくに従って，境界層は不安定になっていき，中央付近から右では逆流による渦が生じており，境界層は剥離することになる．

壁や物体表面上の流れはこのような境界層を形成して流れるが、ある場所で渦を生じさせることがある。そのような場所では、境界層が表面から剥がれているのだとプラントルは論じる。その事情を彼は表面付近の速度分布と流れの向きを表すグラフ（図3・2）を用いて説明する。グラフの左側では境界層が形成され、流れの速度uは表面上はゼロであり、表面から離れるに従って徐々に増大し、ある距離からは一定の速度をもつようになる。グラフの右側では表面上では静止しているが、そのごく近傍では流体の速度uはグラフ全体の右方向の流れと逆に、左方向の流れを局所的に生みだし、表面からさらに離れていくに従って徐々に右向きの流れになっていく。グラフ中央下にある一点は、そのような左向きに逆流する流れの速度がちょうどゼロになる地点、すなわち逆流がちょうど始まる地点がそこにあることを示している。プラントルは、このような渦の生起の現象を境界層が表面から「剥離」することによって生じると説明しようとした。プラントルはそのような剥離は、流れが進む方向に圧力が増大していくような場合に生じると考えた。それは圧力が増大すると境界層内で前方に進もうとする流れが妨げられ、その進行方向の運動エネルギーが他の形態のエネルギーに転換するからだと彼は推論した。

境界層の剥離に伴う渦の生起について、プラントルは模式的な図をみせながら平板と球の背後にできる渦の様子を示している（図3・3）。図には平板を表す半直線と球を表す円が描かれているが、その周辺をほぼ等間隔で矢印方向に運動する流体の流れを表す線が書き込まれている。興味深いことに半直線と円の表面近傍には点線が書か

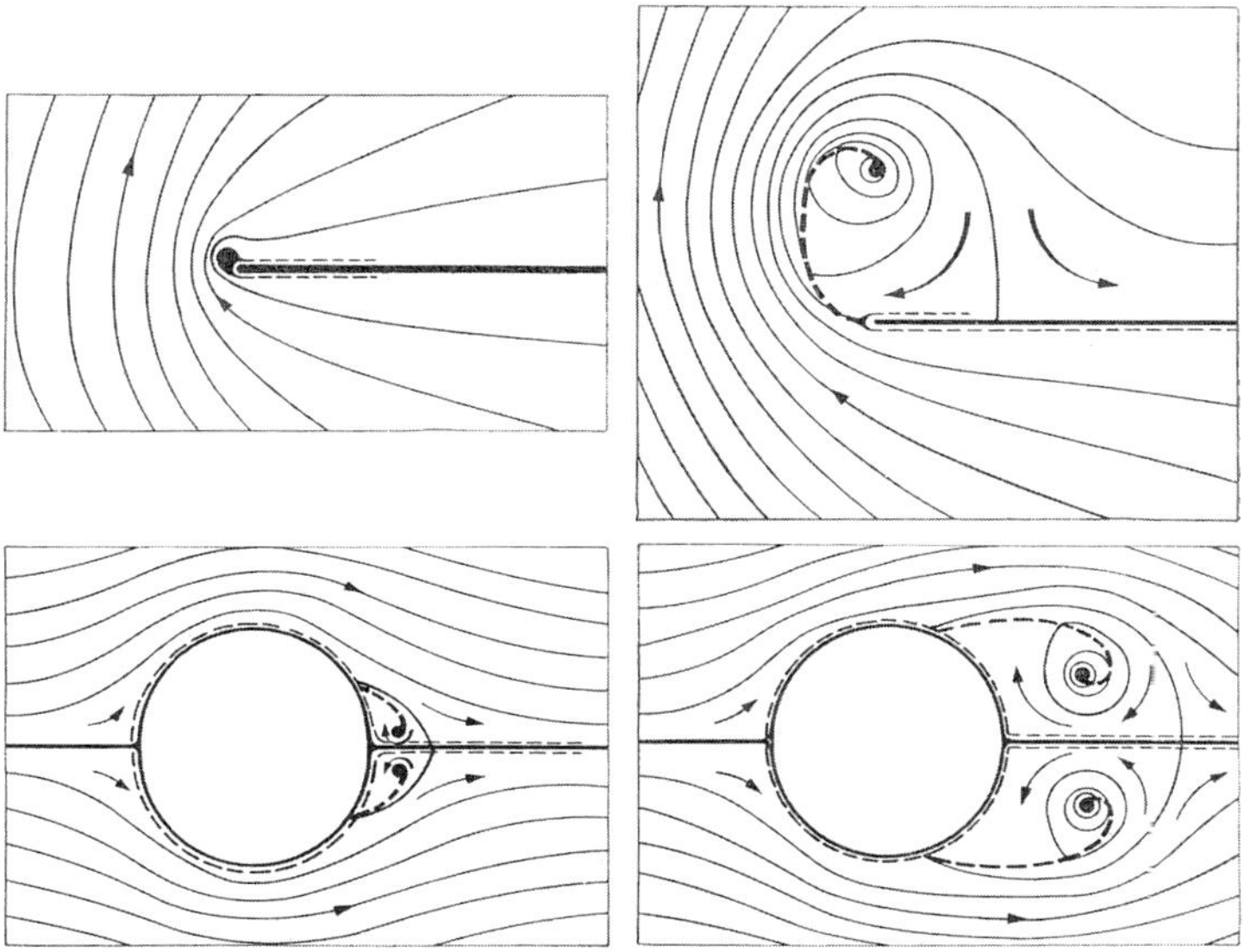

図 3.3　境界層近傍における渦の発生機序（Prandtl, 1904）
平面を回り込む流れではその端点で滞留が生じ（左上），渦が発生する（右上）．流れの中に置かれた球では，背後で境界層が剝離して滞留領域が生じ（左下），渦として成長する（右下）．

れ、表面上に境界層が存在することを表現している。

この歴史的講演をした直後に、プラントルはゲッチンゲン大学から招聘を受け、ハノーファ工科大学から職を移した。教授職から准教授への降格であったが、当時ドイツの高等教育においては工科大学と大学との間には格差が存在し、教授の社会や学界内における地位にも大きな差があり、抜擢といってよい異動だった[7]。

ゲッチンゲン大学に赴任したプラントルは流体力学の研究をさらに進めることになる。応用力学を研究するために彼の下に来た学生は、プラントルの指導の下、弾性力学や空気力学の研究テーマで博士研究に従事したが、何人かは境界層をめぐるテーマを選び博士研究に取り組んだ[8]。その最初の人物ハインリッヒ・ブラジウスは、流体の流れの中に平面を置き、平面上に形成される境界層の中の速度分布を理論的に計算した。それとともに流れの中に置かれた円筒の表面から境界層が剝離する条件を分析した[9]。エルンスト・ボルツェは回転体の表面に生じる境界層を分析した[10]。飛行船の形状を念頭においての研究と思われる。一九一一年にはカール・ヒーメンツによって円筒表面の圧力分布の実験計測に関する博士論文が提出されている[11]。圧力分布を測定することにより表面上の速度についても求めることができ、境界層が剝離する位置についても決定することができた。この実験のために水槽が作られ、円筒表面にはいくつもの小孔が空けられ、各箇所での圧力が測定された。測定された実験データは、プラントルとブラジウスらが導出していた境界層内の速度分布や剝離点の位置に関する理論計算値とよく一致するものだった。これらの研究はさらにカルマンによって、カルマン渦の発見へとつながっていくことになる[12]。

3 応用科学を奨励したゲッチンゲン大学

ここで流体力学研究に取り組んだプラントルと彼の学生たちの研究活動を可能にした制度的背景を一瞥しておこう[13]。プラントルのゲッチンゲン大学での所属部局は応用数学力学研究所であり、彼はそこで応用力学を担当した。彼の同僚となり応用数学を担当したのはルンゲだった。この研究所はプラントルの赴任とともに誕生した応用科学の研究所だったが、ゲッチンゲンには同時期に他にもこのような応用科学的な目的をもつ学科や研究所が設立された。そのような応用志向の研究学科を作りだすにあたって指導力を発揮したのが、数学者フェリックス・C・クラインだった。

クラインは一九歳でボン大学の博士号を取得したという早熟の数学者であるが、ゲッチンゲン大学に一八八六年から一九一九年まで奉職し、その間数学の教授としてばかりでなく、大学運営にも深く関わった。一八九〇年代に工業化が急速に進むアメリカを訪問し、そこで工学や応用科学が大学や社会の中で重視されている様子を目撃し

図 3.4　ゲッチンゲン大学モデル研究所の風洞を備えた建物（Central Archive of The DLR, GK-6）

た。帰国後ゲッチンゲンにそのような応用科学的性格をもつ研究教育を導入しようとした。クラインはそのために重要な資金援助機関を設立することにした。政府と産業界の協力を得て、ゲッチンゲン応用物理学数学支援連盟を設立、この機関を介して産業界から多額の資金を得て、応用科学的性格をもつ物理学研究所、応用電気研究所、物理化学研究所、地質物理学研究所、そしてプラントルの所属することになる応用数学力学研究所を次々に設立した。[14]一九〇四年にこの応用数学力学研究所が設立されると、プラントルとルンゲがハノーファ工科大学から着任した。

一方、一九〇〇年代中葉のドイツ政府の航空への関心は、すでに実用化されていた飛行船に集まっていた。海軍が大型艦船を建造するのと同様に、陸軍は大型飛行船の開発に関心を寄せた。ツェッペリン飛行船を開発したフェルディナント・フォン・ツェッペリンとともに同じく飛行船を開発したアウグスト・フォン・パルセファルらが参加して、皇帝の認可を得た「動力式飛行船研究協会」が一九〇五年に結成され、その科学技術諮問評議会にはゲッチンゲンの教員であるクライン、プラントル、ルンゲ、エミール・ヴィーヒェルトらが招かれた。飛行船設計のために風洞を備えた飛行船モデルの実験研究施設の建設が計画され、プラントルは同評議会の委員とし

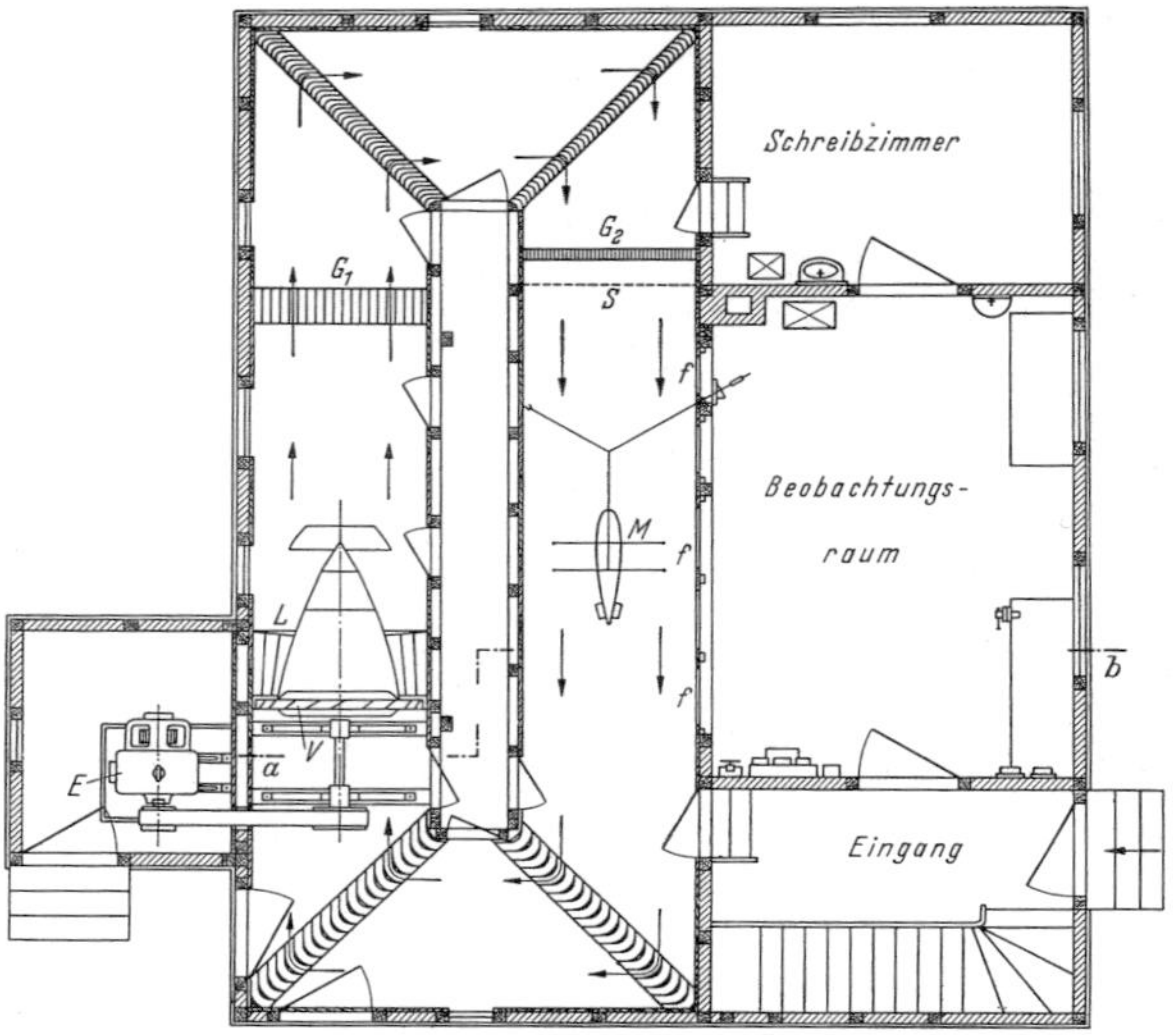

図 3.5　モデル研究所の平面図（Central Archive of The DLR, GK-23）
モデル研究所建物内の半分は閉鎖循環式の風洞が設置された．風洞左に送風機が設置され，右に測定モデルが据え付けられ，作用力が右中央の観測室で計測された．

て建設計画を提出した。こうして一九〇八年にゲッチンゲン大学モデル研究所（Modellversuchsanstalt：MVA）が設立され（図3・4、図3・5）、プラントルはその所長に就任した[15]。

モデル研究所の研究対象と目的は、当初は飛行船やその飛行に関連する基礎研究に絞られていた。クラインはニーダーザクセン州航空連合の会合の講演で同研究所の設立経緯に触れ、設立目的は飛行船の改良であり、飛行機に関する研究は対象外としている。一九〇八年にライト兄弟が実演飛行を成功させると、ドイツにおいても飛行機への関心が高まり、学術研究の必要性も認識されていく。一九一一年にプラントルはカイザー・ヴィルヘルム協会の支援を受けるべく申請し、彼の研究所はカイザー・ヴィルヘルム研究所の一つとして認められることになる。

空気力学の研究には風洞が不可欠である。モデル研究所の風洞に関して、プラントルはその形状として閉鎖式（回流式）のタイプを選択した。風洞のタイプとしては外部の大気から空気を取り込み、外部に空気を吐き出す開放型と、風洞内で空気を循環させる閉鎖型が存在する。それまで利用されていた風洞はいずれも開放型だったが、プラントルは外部から空気を取り込むと「ほんのわずかな速度の風でも空気の流れにかなりの動揺をもたらす」と考え、閉鎖型の風洞を建設することを選択した(16)。風洞内には飛行船や飛行機の翼のモデルが逆さに吊され、そこに働く力や圧力を計測することが目指された。プラントルはそのための計測装置も考案した。また風洞での測定のために、モデルにかかる三次元方向の力とともに三次元の回転力をも計測できる装置を考案した(17)。

4　エッフェルの実験結果との不一致

モデル研究所で風洞が建設されると、それを利用して平面や球などの空気力学的性質が測定された。プラントルの義弟オットー・フェップルは一九〇九年から二年間この研究所で風洞実験にあたり、さまざまな角度で平面が風から受ける力（上向きの揚力と後ろ向きの抗力）を測定し、それとともに円盤や球の測定も行った。

風洞による球の空気抵抗の測定については、エッフェル塔の建設で有名なフランスの技術者エッフェルが自らの費用で風洞を備えた空気力学の研究所を設立し、そこで各種の計測実験の一つとして球の空気抵抗についても測定していた(18)。フェップルはエッフェルが公表していた風洞実験の測定結果を自分の測定結果と比較し、多くの結果は一致したが、球が風から受ける抗力（球の空気抵抗）については大きな食い違いが存在することに気づいた。エッフェルの値は彼らの値よりもかなり小さく、自分の実験の精度に自信をもつフェップルは両者の差異の原因をエッフェルの側の誤りに帰した(19)。

フェップルの実験結果がドイツの航空関係の学術誌に掲載されると、それをみたエッフェルは感情をひどく害した。[20] エッフェルはそれまでも空気力学の測定実験を遂行しており、彼の側も実験精度には自信をもっていた。ゲッチンゲンの風洞実験では風速が一〇メートル毎秒程度であったのに対し、エッフェルの風洞実験ではノズルを利用することで空気の流れを速め、風速二〇メートル毎秒の空気を測定対象に当てることができた。また一九一一年にオートゥユに建設した新しい風洞では、さらに風速を速め三〇メートル毎秒の速度を生み出すことができるようになっていた（図3・6）。モデルの大きさとともに風速の違いが測定結果に及ぼす影響を分析するために、風速を二メートル毎秒から三〇メートル毎秒までの間で段階的に高めるとともに、一六センチメートル、二五センチメートル、三三センチメートルの三種類の直径の球を用意してそれぞれの空気抵抗を測定した。その結果、ある一定の速度（「限界速度」あるいは「臨界速度」と呼ばれる速度）を境にして、球の空気抵抗が急激に変化することを彼は見いだした。ゲッチンゲンとエッフェルの測定結果の差異は、ゲッチンゲンの風洞が低速であることに由来する。逆に言えば、エッフェルの風洞では比較的高速の空気の流れを生みだすことで、ゲッチンゲンでは見いだし得ない新しい空気力学的現象を見いだせるのだ。エッフェルはそのように考えた。

図3.6　エッフェルの空気力学研究所の風洞（Eiffel, 1911）

エッフェルの風洞の中央計測部．空気の流れに向けられた翼型モデルに働く抗力は上階の計測器に伝えられそこで測られる．風洞口の脇に立つのがエッフェル．

プラントルはエッフェルによるこの風洞実験結果を知り、自分たちの風洞実験の進め方に欠陥があることを認識した。プラントルは自らエッフェルを訪ねて事情を話し合った。エッフェルはプラントルに新風洞の設計図を提供した。プラントルはゲッチンゲンに戻ると、エッフェルの設計図に従って同形のノズルを自分たちの風洞にも設置し、速い風速を実現することに成功した。新しい助手カール・ヴィーゼルスベルガー（図3・7）がその風速で球の実験を再度試行すると、エッフェルの実験結果の正しいことが確認された。

速度が大きくなると、逆に球の抗力が小さくなる現象。この奇妙な現象をどのように物理的に説明したらいいのだろうか。プラントルはパラメータとして速度だけではなく、サイズなども変数として含まれるレイノルズ数が関与していると考えた。そしてイギリスの流体力学者レイノルズが管を使った実験で示したように、この現象は層流と呼ばれる滑らかな流れから乱流と呼ばれる乱れを含む流れに移ることによって生じる、しかもそのような層流から乱流への転換が境界層の内部で起こっていると推測した。

図3.7　カール・ヴィーゼルスベルガー（Rotta, 1990）
プラントルを補佐した実験技術者．本章後半で触れるように重要な空気力学上の実験を行うとともに，風洞の計測装置の設置を担当した．第1次世界大戦後に日本海軍に招かれて来日し，10年ほど日本に滞在し，各研究施設にドイツの空気力学研究の知識と技術をもたらすことになる．

5　レイノルズの実験

ここでレイノルズが一九世紀末に行った有名な実験と、それにもとづき提唱された「レイノルズ数」なる概念について説明しておこう。[21] レイノルズは一八八三年に発表した論文で、水槽の中にラッパ型の口をもつ管とそのラッパ口に色のついた液体を注入する管を配置させた実験を行った[22]。実験の様子は論文中の図（図3・8）に示されている。実験者の前にガラス張りの直方体の水槽が置かれており、そこにラッパ型の口のついた管が右側に、そこにインク液を注入する管が左側から差し込まれている。水槽の左端にはインク液の入ったフラスコが置かれており、そのインク液が管を通って水槽内の左の管へと進み、ラッパ口から右の管に流し込まれることになる。

図3.8　レイノルズの実験装置（Reynolds, 1883）

　そのように配置された実験装置に左からインク液を注入する。その際にどのようなことが起こるか、レイノルズは三枚の図を示すことで現象を説明する。最初はインク液の速度がゆっくりとなるように注入する。すると色のついたインク液はラッパ口のより口径の大きい管の中で一筋の線を引くようにして右に流れていく（図3・9(a)）。だがインク液の勢いを徐々に増し速度を速めていくと、インク液の筋はある距離まで進んだところで乱れて細い線ではなくなり、渦が乱雑に発生した膨らみをもつ流れに変容する（図3・9(b)）。その状態はフラッシュを利用して写真撮影すると、実際には渦が交互に生じていることがみてとれる（図3・9(c)）。レイノルズはこのような現象が起こることを実験的につきとめつつ、もう一方で厳密に理論的なナヴィエ－ストークス方程式をこのような管内を運動する液体の場合に解きながら、乱れや渦が生じる条件を探していった。そして規則的な滑らかな流れ（層流、laminar flow）が、不規則な乱れをもつ流れ（乱流、turbulent flow）に変わり、さらに渦を生起させていくにあたって、それを決定する指標がVL/νという無次元の変数であることを見いだした。ここでVは液体の流れる速度、Lは管などのサイズ、νは液体の粘性係数を表す。この変数はその後「レイノルズ数」と呼ばれることになるが、それが層流から乱流、乱流から渦の発生にあたって鍵を握っていることを彼はつきとめたわけである。

6　ヴィーゼルスベルガーの球の実験

プラントルらの球の風洞実験に話を戻そう。速度（とサイズ）が大きくなることで球の空気抵抗が小さくなることが生じる。プラントルはこの不可解な事実を層流から乱流への変化が起こると考えることで説明しようとした。層流から乱流が生まれるとしても、彼らが風洞で測定したレイノルズ数は、レイノルズ自身が管の実験で求めた値よりはずいぶん大きくなる。レイノルズの値と同じような大きさになるのは、局所的にではあるが流れの速度が小さい表面の近く、境界層の内部であろう。そこでそのような層流から乱流への変容が境界層内部で起こっているのだろう、プラントルはそのように解読した。

このプラントルの推測を検証するために、ヴィーゼルスベルガーは球にワイヤを填める巧妙な実験を考案した。それは図3・10に示されるように、球（直径二八センチメートル）の中央より流れに向かってやや前方にワイヤを填めるのである。ワイヤを填めていない球には、

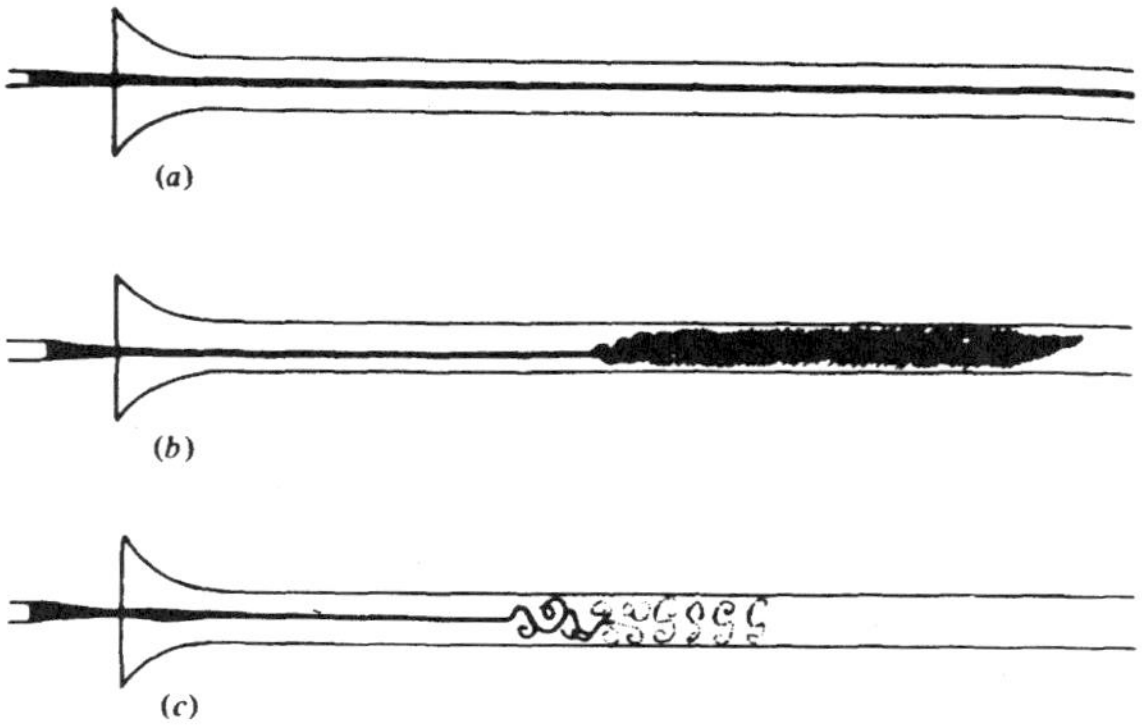

図3.9　レイノルズの実験において水槽内のラッパ口の管に生じる乱流と渦（Reynolds, 1883）

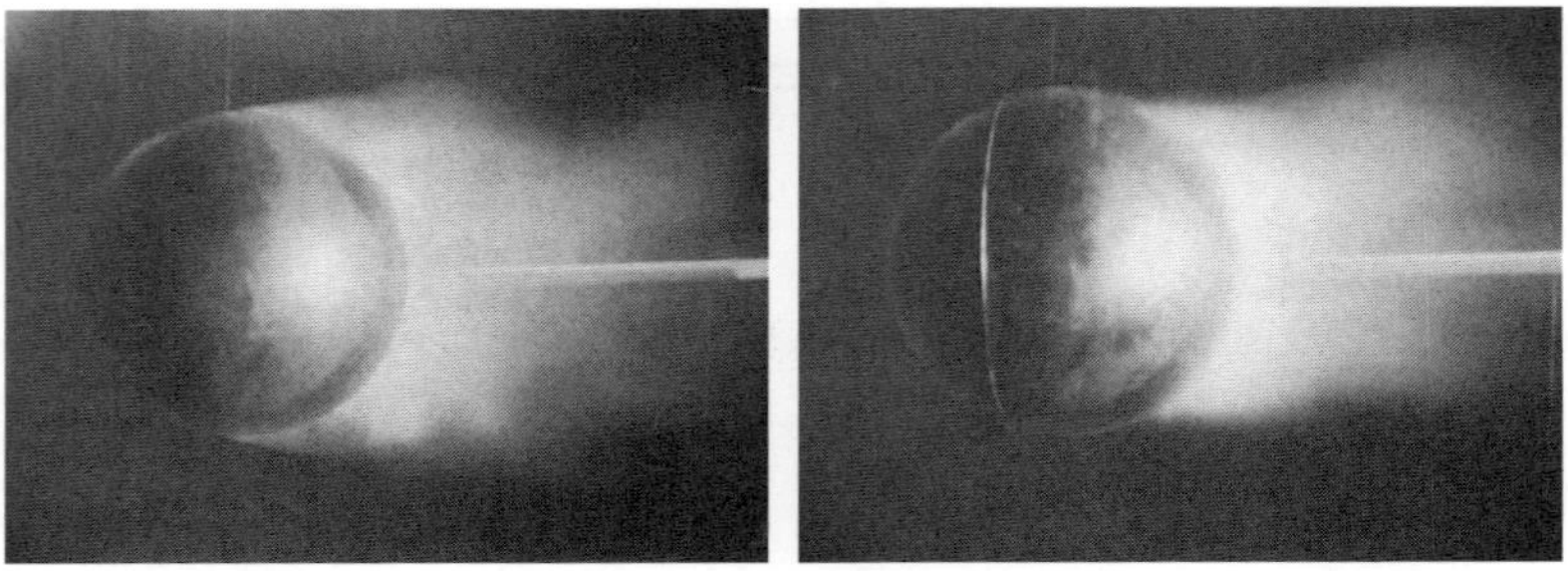

図3.10　ワイヤを填めない球（左）と填めた球（右）の背後にできる白煙（Wieselsberger, 1914）
ワイヤを填めた球では球表面の境界層に乱流境界層が生じると考えられた.

球のほぼ中央から白煙が生じている（図3・10（左））。一方ワイヤを填めた球では、（不思議なことに）球の中央よりやや後方から白煙が生じている[23]（図3・10（右））。このことをプラントルとヴィーゼルスベルガーは次のように理解した。ワイヤを填めていない球では層流の境界層が中央付近で剝離し、渦を形成して白煙を生じさせる。一方、ワイヤを填めた球では、ワイヤがあることによりそこで境界層の内部で層流から乱流に変化（「遷移」と呼ばれる）する。遷移はするものの剝離はせぬままに球の中央付近を過ぎ、やや後方で剝離をして渦を引き起こし白煙を生じさせる。

このような球の実験から、ゲッチンゲンとエッフェルとの風洞実験の差は次のように解釈されることになった。ゲッチンゲンでは速度が低く（レイノルズ数が小さく）、層流境界層から境界層の剝離が比較的前方で起こる。一方のエッフェルの風洞では速度が比較的高く（レイノルズ数が大きく）、層流境界層から乱流境界層への遷移が誘起され、境界層の剝離が比較的後方で起こる。そのため球に働く抗力が予想よりも小さくなる。風洞実験の測定結果の差異の原因を探る検討作業は、このような境界層に関する理論的推測とその実験的検証へとつながっていった。境界層の実験的、理論的研究は第一次世界大戦の中断を経た後に引き続き行われ、一九二〇年代後半以降に大きな発展を遂げていくことになる。

7　イギリスの不連続流理論

ゲッチンゲン大学でプラントルらが空気力学の研究で新機軸を打ちだしている頃、イギリスの航空工学者たちは飛行機の揚力に関して、まったく異なる概念的基礎にもとづく理論から説明しようとしていた[24]。

第1章で紹介した安定性研究を進めたベアストウは、第一次世界大戦後に『応用空気力学』という航空工学者のための教科書を執筆したが、その中で空気力学の基礎概念について簡単な説明を加えている[25]。流体力学の理論において「完全流体」の概念は「ダランベールのパラドクス」と呼ばれる背理をもたらすことが知られている。粘性をもたない完全流体に物体を置くと、流体の流れによっても物体は抵抗を受けないことになってしまう。この背理を回避するために、二つの「標準的方法」が開発された。一つは円環運動、もう一つは「不連続」運動にもとづくものである[26]。これらの二つの方法は、同時代ならびに後世の研究者によって「循環の理論」、「不連続流の理論」と呼ばれることになる。

循環理論は、前述のとおり、揚力を形成する翼のような物体のまわりに、運動方向の直進的な流れとともに周囲に大きな回転運動の流れを仮定する理論である。一方の不連続流の理論は、物体の周囲を流れる流体が物体の背後にまでは回り込まず、流れと背後の淀んだ領域との間に不連続な面が形成されると仮定する。完全流体という数学的に取り扱いやすい特徴を前提としながら、そのような不連続面を想定することで物体に作用する力を理論的に説明し、その値を計算して求めることができるのである。

不連続面の理論の発展に寄与した一人が、航空諮問委員会の委員長を務めたレイリー卿であった。彼は一八七六年に発表した「流体の抵抗について」と題される論文において、上記完全流体中の物体抵抗に関する背理に言及し、それを回避するために導入された概念として流れに生じるそのような不連続面の概念を紹介する。

流体力学の中で流体の抵抗の問題ほど研究者を悩ませるものはない。ある一派の学者によれば、完全流体にさらされる物体はまったく力を受けないことになる。流れによって物体の表面が受ける圧力の増分は、裏側の表面が受ける逆方向の等しい増分で相殺される。……その一方で実際には、流れの中に障害物を置けば、それは下流に押し流される力を受け、その大きさは直接の摩擦による効果よりも大きいことが知られている。(27)

レイリー卿はこのジャン・ル・ロン・ダランベール以来の流体力学上のパラドクスを引用し、それが流体力学者にとっての一つの問題となってきたことを述べるのである。それに対して、一つの回答がドイツの科学者ヘルマン・フォン・ヘルムホルツによって提唱された不連続面の理論によって与えられるという。

完全流体において接触しあう二つの層が有限の滑りをすること、〔完全流体の〕性質からそれが可能であることを最初に指摘したのはヘルムホルツであった。彼はまた、そのようなことが起こることの可能性が通常の数学的理論、一様な導体中の電気の運動を決定するのと同じ法則に流体の流れを従わせるような数学的理論において考慮されていないことを指摘した。(28)

ヘルムホルツは「流体の不連続な運動について」(一八六八)と題された論文において、ノズルから噴出するジェット流に関して検討した。(29) そこでこのような二種類の流れの間に不連続面が存在する可能性を検討し、さらに不連続面が存在する場合の流体の流れについて数学的理論を定式化した。レイリー卿はヘルムホルツの立論に従いつつ、流れの中に置かれた板に働く抵抗力について分析した。流体中の物体の背後にこのような不連続面ができるとする。不連続面の外側では流体が流れ、内側では流体が止まっている。背後の流体の静止している領域を「死水域(dead water region)」と呼んでおこう。死水域の圧力は、外側を流れる流体の圧力と同じになる。流体は物体の前面に当たってその端から離れていくが、物体の前面の圧力は不連続面の圧力よりも高くなっているとレイリー卿はいう。

(垂直板の背後と同様に)薄板の背後には不連続面で囲まれた死水域が存在し、その中の圧力は障害物がないときと同じままである。薄板の前面は圧力の増加がある。圧力は端点よりも中に向かって上昇し、流れが分岐する点で最大になる。その点で圧力増加は流れのすべての速度の喪失に相当して、$1/2\,\rho v^2$ になる。[30]

この ρv^2 という値は、ニュートンが『プリンキピア』の中で与えて以来、流れに対して垂直に置かれた板の表面が受ける圧力の公式として実験科学者や技術者の間で使われてきたものである。斜めの板であれば、板と流れがなす角度を θ として $\sin^2\theta$ という係数が掛けられることになる。これに対して、レイリー卿が不連続流の理論にもとづき、ヘルムホルツとグスタフ・キルヒホッフの計算式を参照して導出した式では、$\sin^2\theta$ の代わりに $(\pi\sin\alpha)/(4+\pi\sin\alpha)$ という係数が掛けられることになる。流れに対して斜めに置かれた板が受ける力のうち、流れと垂直方向の成分が最大になるような角度は、以前の係数では五五度であったが、新しい係数では三九度と計算された。すなわちこの理論では平面上の翼が飛行するときに風となす角度が三九度のときに揚力が最大になることを示すわけである。[31]

論文では不連続面の不安定性を指摘するウィリアム・トムソン(後のケルヴィン卿)の批判に対しても応答して

いる。レイリー卿は不安定であることを認め、自身でも同様の現象で論文を書いたことを記す。しかし不連続面が不安定だったとしても、導出した公式は成り立つはずだという。「不安定性が最初に起こり始めるのは物体後方の一定距離を隔てた場所であり、〔物体が〕受ける圧力はそこで生じていることからはほぼ独立なはずである。それゆえ、抵抗の計算がこのような事情から実質的な影響を被るとは考えにくい」とするのである。[32] それは今日の観点からは誤った応答である。だが一九世紀末には、不連続流をめぐる数学的問題はイギリスの大学における流体力学の講義の標準的な課題にもなっていた。[33]

8　作り上げられた数学理論

航空諮問委員会が一九〇九年に設立されたとき、委員の中でこの不連続流の理論とその数学的取り扱いに精通していたのはグリーンヒルであった。彼は一八七〇年にケンブリッジ大学数学卒業試験を二位の成績で卒業し、ウーリッチの王立砲兵学校などで力学と数学を教えた。一九〇八年に同校を退任し、翌年の航空諮問委員会創設にあたって委員の一人として加わった。彼が委員会に提出した数編の報告の中に、不連続流の理論を包括的にサーベイする大部の報告がある。[34] 不連続流理論を個々の事例に応用するのに必要となる数学的技法を詳細に解説したものである。彼はその後インペリアル・カレッジで航空工学の集中講義を開講しているが、そこでも不連続流理論の数学的基礎を講義内容の中心に据えた。[35]

そこではヘルムホルツやレイリー卿らによって展開された不連続流の理論が流体力学の一理論としてではなく、等角写像という数学的手法の一つの応用例として紹介される。「ここでわれわれはシュヴァルツ・クリストッフェルの等角写像の方法を記述することから始めよう。そのことによってわれわれはもともとのヘルムホルツとキルヒホッフの解法を再発明（reinvent）し、それらを容易かつ確実に多くのより一般的な同様の問題に拡張することができる」[36]。この数学的説明様式で流れの不連続面の形状を求める鍵となるのは楕円関数だった。彼はまた楕円関数の専門家であり、教科書も執筆していた[37]。その教科書の序論で、楕円関数の問題はケンブリッジ大学の卒業試験の問題からいったん外されたが、一八九三年に科学技術への応用の重要性から再度試験科目に入れられるようになったと述べている[38]。空気力学への応用も、他の科学技術分野への応用の一例としてみなされていたわけである。

講義録には、不連続流理論の内容、使われる数学的技法、理論の航空工学の問題への適用などが語られていく。議論の数学的部分は次のように進められる。最初に流れのポテンシャル関数が単純な幾何図形によって表現される。等角写像によりこの多角形の図形からポテンシャル関数の微分が決定される。次にこうして得られた微分方程式が積分計算の諸技法を用いて解かれる。この微分方程式を解くプロセスが彼の講義の主眼となる。彼は受講者にこの解法で用いられる基本的技法に習熟するようアドバイスした[39]。

講義では翼型まわりに生じる不連続流のイメージ（図3・11）とともに、いくつかの応用例が引用された。翼が管から吹き出す流れの中に置かれる場合、管の流れの内部に置かれる場合（図3・12）、壁のそばに置かれる場合などである。第二の場合は風洞内に置かれた翼モデル、第三の場合は地上付近での飛行を扱うことに対応する。これらの二つの事例は重要な技術的意味をもつものの、多くの技術者にとっては複雑すぎるため、「準代数的」な解法が報告では紹介されている。

このような不連続流理論への信奉とその展開は、現代の航空工学・空気力学を知る者にとっては大きな驚きである[40]。グリーンヒルの不連続流の数学理論は、脆弱な物理的根拠の上に精巧な数学理論を組み立てた砂上の楼閣のように、後世に生きる我々には思われる。しかしこのような理論の研究に携わる者は、ひとりグリーンヒルにとどまらなかった。フランスでもまた、ブリルアン、アンリ・R・P・ヴィラなどの著名な数理物理学者が同理論の発

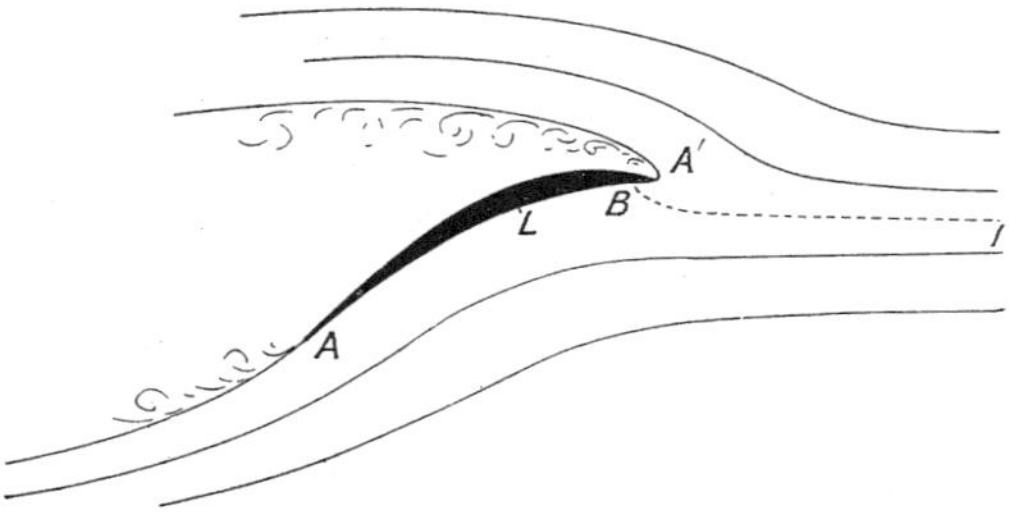

図 3.11　翼型の周囲の流れと両端から後方に生じる不連続流（Greenhill, 1912）

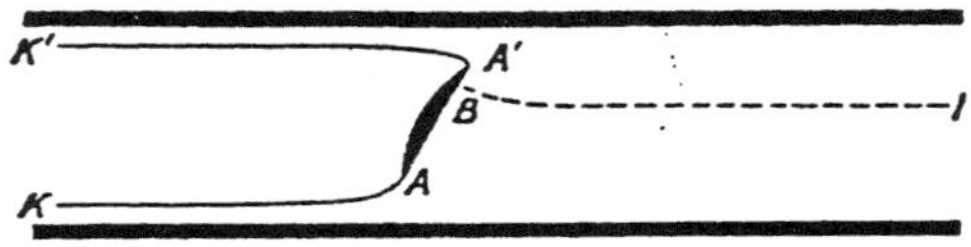

図 3.12　風洞内の翼型後方に生じる不連続流（Greenhill, 1912）

展に取り組んだ。グリーンヒルがパリを訪問した折に、ソルボンヌ大学での航空学の講義に出席すると、講演者は不連続流の理論と関連する数学的技法を一通り説明したという[41]。イタリアにおいても数理物理学者トゥリオ・レヴィ＝チヴィタが数学的技法の開発に取り組み、それは英仏伊各国の数学者たちを触発した。航空工学者のステファン・ジェヴィエツキはこの事情を次のように述べている。「レヴィ＝チヴィタ氏は異なる輪郭に沿う流れを決定するような任意の関数を導入した。ヴィラ氏はより完全な研究を行い、流れに沿う輪郭と流れが分離する点が与えられたときに、この任意の関数を決定する方法を示した[42]」。こうして開発された数学手法は想定される事例をすべてカバーすることができるために、ジェヴィエツキが付言するように、「これらの成果はキルヒホッフの理論〔不連続流の理論〕を決定的に完全なものにし、いわば主題を究め尽くした[43]」という。

新しい数学手法は航空工学者にも利用された。一九一〇年代半ばまでにイギリスの航空工学者たちは、空気が当たる面が平らである翼よりも曲面をもつ（キャンバー、cambered）翼の方が、空気力学的性能がよいことを認識するようになった。安定性の理論を提出したブライアンは一九一四年に共同研究者とともに不連続流の理論をこの問題に適用した[44]。だが彼らの手法はジェヴィエツキが賞賛する新しい数学的技法ではなく、翼を折れ線のつながりととらえ、任意の数と角度で折れ曲がる線分のつながりとしての翼の周囲にできる不連続流を近似的に計算するものだった。一方、ハイマン・レヴィは新しい計算方法を適用し、キャンバーをもつ翼の抵抗の公式をより単純な形で導出した[45]。グリーンヒルはこれらの問題について近年の諸研究を総括する論文を執筆し、先の報告の付録として提出した[46]。

9　不連続流理論への批判

この不連続流の理論に対して、その概念的基礎を批判したり、現象との不適合を指摘したりする科学者たちも存在した。イギリス国内で理論家として不連続流の理論を強く批判したのは、上述のウィリアム・トムソンであった。一八九四年オックスフォードで開催された英国科学振興協会において技術者ハイラム・マキシムが空気抵抗に関する自身の実験結果を発表したが、トムソンはその結果に触発され、『ネイチャー』誌にそれまでの理論計算値の誤謬を指摘し、新しい計算式を提唱する記事を寄稿した[47]。編集者宛の手紙として書かれたその文章には彼の感想と概嘆が次のように綴られている。

私はいつも、今まで公表された「理論的」研究はいずれも、粗い蓋然的な見積もりであったとしても、妥当性をもたないと感じてきた。しかしそれらがどれだけ大きく真実から外れているのか、私はここ数日になって初めて知った[48]。

彼はマクシムによって与えられた実験値を参照し、造船技術者フラウドの知見も考慮しつつ、流れに対する抵抗の新しい公式を導出した。それはレイリー卿の一八七六年の公式よりも大きな値を与えるものだった。翌月『ネイチャー』誌に寄稿した論文で、不連続流の理論によって導かれる力や圧力の公式についてレイリー卿の公式を再度取り上げ、当時の実験科学者によって計測された測定結果とまったく合わないことを指摘した(49)。

実験物理学者のマロックは、不連続流の理論は実際に流体で起こることを「近似的にも」表現していないと批判した(50)。このような理論と実験との乖離は流れの中に置かれた物体の背後に生成される渦に起因するものであるとマロックは考え、そのような渦の生成の様子を研究した。その研究手法はあくまで実験的であり、表現手法も図解に頼るものであった。図を提示して渦の生起と成長を論じたが、その現象を数学的に表現することはしなかった。「航跡の流体の運動はあまりにも複雑で、それを統計以外の手法で数学的に取り扱うことは望めない」と彼には思われた(51)。この定性的な渦の分析を数学的に扱おうと試みる理論物理学者は現れなかった。だが実験家はマロックの考えに同調し、不連続流の理論からの諸帰結については取り合わない傾向があった。NPLのスタントンもその一人で、彼は「渦(eddy)運動」と「流線的運動」とを区別し、速い空気の流れの運動では前者だけが生じると論じた(52)。

ドイツのプラントルもまた、一九〇四年の境界層概念の提唱にあたって、もともとヘルムホルツの提唱し始めた不連続流概念の存在を意識していた。そこでは「不連続」という言葉ではなく、「分離」や「剝離」という言葉が使われる。一九〇四年の論文で境界層の物理的振る舞いを説明した上で、研究の応用における「もっとも重要な帰結」として流れの壁面からの剝離を取り上げる。

流体には一つの層があり、その層では壁面との摩擦によって回転が生まれ、自由な流体に入り込んでいくことで、その運動を完全に変化させていくはずである。そうしてヘルムホルツの分離の面(Trennungsflächen)と同じ役割を演じることになる(53)。

前掲図3・3では境界層は点線によって表現されている。同図は渦の生起と板の先端や円筒上の一点においてこの境界層から「分離の表面」が生まれる様子をよく示している。ヘルムホルツと彼の後継者たちはつねに「不連続」という言葉を二つの分かれている領域の境界面や境界線に対して使ってきたが、プラントルは一貫して「不連続」という言葉を使わず、「分離」という言葉を使い、境界層の剝離という現象によって不連続面を再解釈しようとした。

プラントルの学生ブラジウスは、球表面の境界層を論じた博士論文の冒頭で不連続流の理論を取り上げ、それがベルヌーイの定理と矛盾することを指摘している(54)。不連続流理論によれば、流れの中に置かれた物体の背後において流れる領域と止まった領域との間に不連続面が生じることになる。この不連続面が安定して存在するためにはその両側で圧力差が存在しないことを仮定せねばならない。だがそれは二領域で流れの速度が異なることから圧力差が生じるというベルヌーイの定理に反する。同理論はまた流体の粘性を考慮せず、渦の起源も説明しない。それに対してプラントルの境界層理論は流れが物体表面から剝離されることを粘性にも配慮しつつ説明してくれると述べる。ドイツ、少なくともゲッチンゲン大学では、不連続流の理論は検討の対象から明確な批判の対象としてみなされるようになっていた。

このようにイギリスでもフランスでも、空気力学の研究、翼のまわりの空気の流れ方、揚力の生じ方といった航空工学の主要問題となる課題に対して、理論家と実験家とが互いに協力して研究を進めることはなかった。多くの理論家たちは不連続流の理論をさらに数学的に精緻化し、それを特殊な形状としての翼型などに応用しようとした。一方で実験家は、このような科学者たちの理論的作業には関心を払わず、風洞や実機の実験からもたらされるデータの分析に集中することになった。そのようなイギリスの航空工学と空気力学の研究者の間で特異な人物として登場するのが、実験面にも注意を払い、独創的な空気力学理論を提唱したランチェスターだった。

10　ランチェスターの『空気力学』

航空史上において、ライト兄弟が飛行機を発明する以前、ドイツのオットー・リリエンタールがグライダーによる飛行機の研究を進めていたことはよく知られている[55]。リリエンタールは自らの飛行実験中に不慮の墜落死を遂げることになるが、彼の飛行実験の成果はライト兄弟にも参照された。そのリリエンタールはグライダーの設計と飛行によって、翼の形状として平らな翼よりもややアーチした形をもつ翼の方が空気力学的性能がよいことを見いだした。ドイツの数学者クッタはそのリリエンタールの発見を理論的に説明しようとし、翼まわりの空気の循環理論を打ちだすことで、アーチ型の翼の揚力を計算する方法を開発した[56]。ロシアにおいても物理学者のジューコフスキーの下で空気力学の研究が活発に進められつつあった。彼は一九〇六年に循環理論にもとづき揚力と循環との関係を説く基本的な定理を与えた[57]。またセルゲイ・A・チャプリギンはアーチ状の翼の揚力についての一般公式を提出した[58]。

ジェヴィエツキはパリで活躍するロシア人科学者であったが、上で引用した著書の中で不連続流理論を批判し、本国の技術者ジューコフスキーの循環理論をフランスの航空技術者たちに紹介した[59]。ジューコフスキーの帝国工科大学での講義の筆記録をフランス語に翻訳しているが、空気抵抗の理論の箇所に関してはフランスで十分議論されているとして紹介を省略している。代わりに序文で不連続流理論の最近の発展を簡単に紹介し、同理論の帰結は実験結果と齟齬を来していると指摘する。ヴィラの方法は翼の揚力の値に対して実際に得られる値よりも低い値を与える。また同理論は一般的に飛行船のような三次元の回転体には応用できない。このように不連続流理論を批判した上で、循環の理論を翼の揚力を計算する「もう一つの方法」として紹介するのである。

批判されたヴィラはジェヴィエツキに反論した。彼の訳したジューコフスキーのフランス語版教科書の書評で、循環理論への批判を展開した[60]。翼の揚力という「問題の大部分」は不連続流理論と同様に循環理論でも説明できることを認めつつ、彼は循環理論の中に含まれる一つの仮定に異議を唱えた。揚力の循環理論においては、流体の循環の大きさは回転の速度と中心からの距離の積によって定められるが、同理論ではそれが翼の近傍においても遠方においても同じ値になると仮定してしまっている。この仮定は現実とは合わないと、彼は指摘するのである[61]。

イギリスにおいては、ランチェスターがこの循環理論の提唱者としてよく知られていた。ランチェスターは、王立科学学校とフィンズベリー工科大学で学んだ後、ガス・エンジンを製造する会社に勤め、その後自分でも自動車製造会社を設立して生計を立てた[62]。そのような技術者・実業家としての経歴の傍ら、実際に飛行機の模型を設計製作して飛行に関する実験的、理論的研究を深めていった（図3・13）。卒業まもない一八九四年に飛行機の空気力学の研究成果をバーミンガムの自然科学の学会で発表し、ロンドン物理学会の機関誌に論文として投稿した。しかしその論文は受理されず、棄却されてしまう。ランチェスターは不連続流の理論に代わり、循環理論にもとづいて翼の揚力理論を提示したのだが、一八九〇年代のイギリスの科学者たちには、その理論は奇抜な概念を含むだけでなく、論述の緻密さが欠けているように思われた。彼はその後、論文を再投稿する代わりに『空中飛行』と題される二冊の本を出版し、その中の第一巻『空気力学』において自分の空気力学理論を展開した[63]。ランチェスターの空気力学理論の議論はそれまでの流体力学の理論を学ぶ科学者にとって難渋な表現で叙述されていたが、彼が提唱する概念については掲載図によって瞭然と理解されるところがあった。

ランチェスターの『空気力学』は一〇章二四七節からなり、各章の標題は次のとおりである。

1．流体の抵抗とそれに関係する現象
2．粘性と表面摩擦

図 3.13　自作のグライダーで実験するフレデリック・ランチェスター（Fletcher, 1996）

3．流体力学の解析的理論
4．翼型と翼のまわりの空気の運動（主翼のまわりの空気の流れの分析）
5．空気の流れに垂直な平板の力学的性質
6．空気の流れに斜めな平板の力学的性質（ニュートンの流体抵抗の正弦法則などが述べられる）
7．飛行の経済
8．翼
9．プロペラや飛行に必要な推進力について
10．空気力学の実験（ダインズ、ラングレー、著者自身による実験の紹介）

同書の中でランチェスターは上述の不連続面の流体力学理論について数節をさき、その内容を簡単に紹介し、理論としての欠点を指摘した。同理論を批判する際に、彼はトムソンが与えた批判を引用する（同書第3章）。トムソンは粘性をもたない理想的な流体においても不連続面が安定して存在し続けることはありえず、現実の粘性をもつ流体であれば不連続面の存在自体が不可能であると論じた。ランチェスターはトムソンの反論には必ずしも同意しないが、現実の流体は粘性

をもつがゆえに不連続面の流体理論は成り立たないという立場を明確に表明した。

ランチェスターのもっとも独創的な空気力学理論の成果は、同書第4章の翼に関する議論で述べられる。そこで多くの図を示しながら、理論の基礎となる主翼周囲の空気の循環と流れを説き、その上で翼の後方に伸びる渦の概念を提示した。この後方への渦の概念は、時間的には後になる前述プラントル提唱の「後方渦」の概念の先駆となるものであり、彼の理論の独創性が窺われる箇所である。

よりくわしくランチェスターの議論を追っておこう。図3・14は、同書第4章の中に現れる図で、主翼を表す線分の両端のR、Lは進行方向の右と左の翼端を表している（したがって翼は手前に向かって動いている）。その主翼のまわりに循環的な空気の流れが生じているが、現実の主翼は無限ではないため左右の翼端よりも先のoと記される領域では循環と直進する流れにより上昇する流れが生じており、一方の主翼のまわりのfと記される領域では下降する流れが生じていると考えられる。ただこのような主翼のまわりと翼端の外の流れのでき方に関する試論的検討については、次のような断り書きがある。「以上の論証でとられた幾分不正確な方法は、現実の流体の振る舞いを探究するにあたって、定量的な結果を与えることはほとんどできないが、定性的にはよく適合していることは注意に値しよう」(64)。

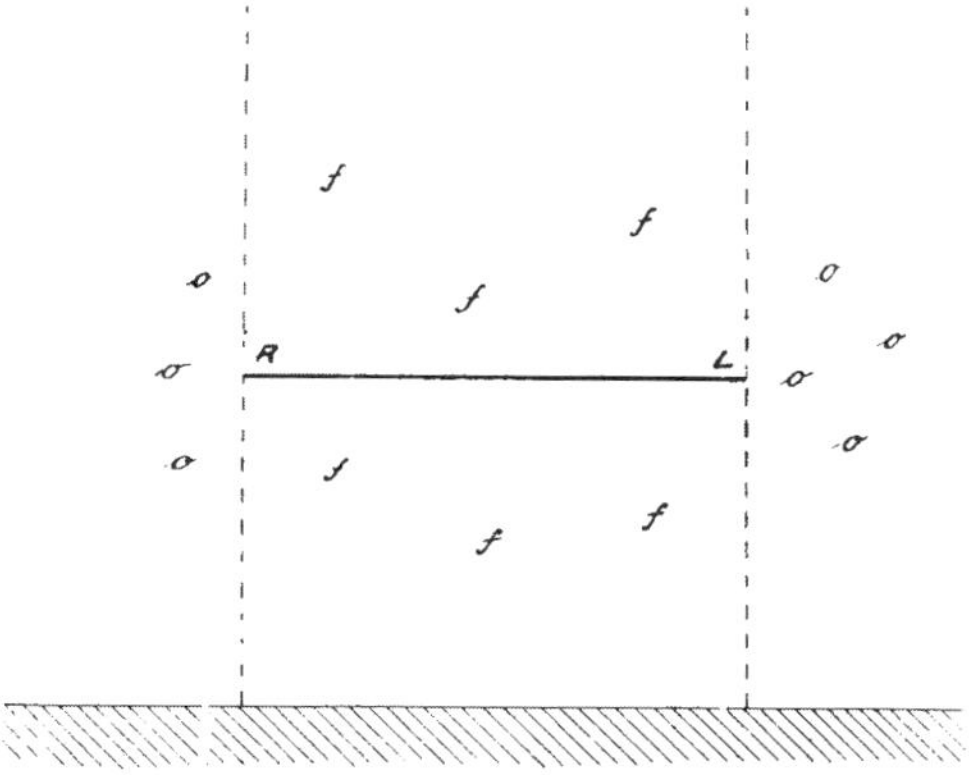

図3.14　翼の上下，翼端の外の空気の流れ（Lanchester, 1907）

このような考察をした上で、ランチェスターは翼のまわりの空気の循環、そして翼端から後方に伸びる渦について図を示しながら説明を与えていく。図3・15の左上に、アーチ状の翼を横からみた断

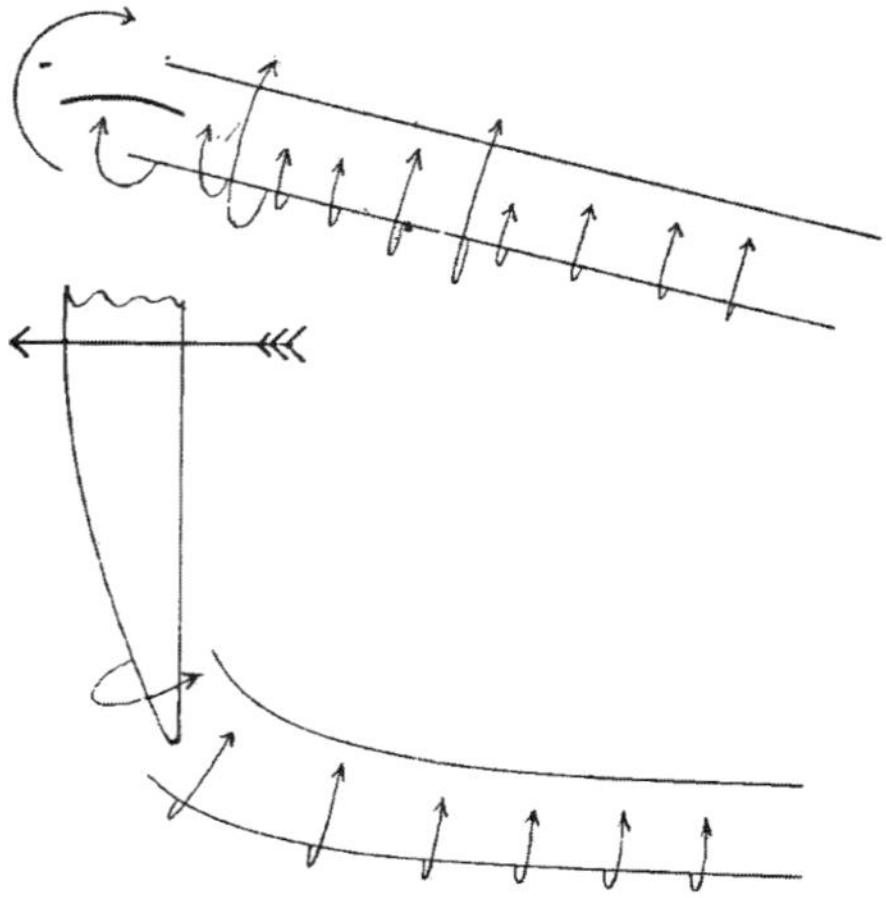

図3.15　翼のまわりの空気の循環と後方に伸びる渦の回転方向（Lanchester, 1907）

面が示されている。アーチの左側には、下から上に向かって空気の循環を表す半円の矢印が描かれている。アーチの右側には、右下四時の方向に二本の平行線が描かれ、その平行線のまわりを取り囲むように空気の回転を示す矢印の連なりが描かれる。この平行線は翼端から後方に伸びる円筒状の渦を表している。その下に描かれる図は、主翼を真上からみた図である。主翼は大きな矢印の向く左方向に進んでいる。左翼端から後方に向かって渦が伸びているが、それは上図の右下に伸びる円筒状の渦を上からみた様子を示している。その回転は外側で上向き、内側では下向きとなっている。

ランチェスターの議論はさらに続いて、主翼の後ろから翼端付近にかけて小さな渦の紐が発生し、その紐が織り合わされて太い綱のようになり、組まれた綱自体回転しながら後方に伸びていく様子を描いた図（本章扉図）を掲げている。図のように、上方向から眺めたときに、後方に伸びる渦は外側が下から上に、内側が上から下に向かうように紐が紡がれ、細い綱として撚られ、さらに太い綱として巻かれていく。この図がランチェスターの理論を雄弁に物語る図として、頻繁に引用されることになる図である。ランチェスター自身による言葉と数式を用いた説明は、他の科学者や技術者たちには理解することが難しかったが、これらの図の存在は彼の理論を視覚的に理解させる媒体となった。

『空気力学』を出版した翌年の一九〇九年に航空諮問委員会が設立されたが、ランチェスターは創設時からその委員に選ばれた。飛行機の技術をよく知る委員として、彼は親委員会や小委員会に出席し、中心メンバーとして活躍した。だが彼の著作『空気力学』の理論内容は、他の委員たちには受け入れられないままだった。委員に選ばれ会議でその発言が尊重されたが、著作の内容は科学論文として受容されなかった。

しかしランチェスターの著作は、ゲッチンゲン大学のプラントルの同僚、応用数学者のルンゲから注目されることになる。そして彼のはからいでゲッチンゲン大学に招かれ、プラントルや当地の研究者たちと面談する機会をもつことになる。(65) プラントルはその後、この図で示されるような翼後方への渦の流れを、数学的な後方渦の理論として定式化していくのである。(66) ゲッチンゲン大学の空気力学者たちには好意的に受け入れられたものの、本国イギリスでのランチェスター理論への対応は懐疑的なままだった。不連続流理論を展開したグリーンヒルとランチェスターとの間の書簡がコベントリー工科大学のランチェスター・コレクションに残されているが、そこでは「種々様々な重要問題」において見解が異なっていることが確認されるのみで、両者の理論的見解を深めたり修正したりすることはなかった。(67) ランチェスターの理論がイギリスの航空工学者の間で注目を集め認知を受けるようになるのは、第一次世界大戦後にプラントルの理論がイギリスに紹介されてから後のことである。そのとき、ランチェスター理論はその重要性と先見性が再評価されることになる。

11　テイラーの第三の道

ケンブリッジ大学の学生であったテイラーは、ケンブリッジ大学のセントジョンズ・カレッジに所属する学生の優秀な数学論文に与える「アダムス賞」に応募した。「流体内の乱流運動」と題されたその論文は、第一次世界大戦勃発後に慌てて執筆した論文のようで、目次もなく多くの箇所で不完全な体裁であったが、それまでの実際の経験や実験とは乖離する流体力学理論を批判し、理論研究の新機軸を打ちだそうとして執筆した論文だった。(68) 前書きで、当初の計画では一九一四年九月から年末まで論文執筆に専念する予定であったが、戦争が始まり八月にＲＡＦに配属されることになったため、時間がとれなくなったと釈明している。ＲＡＦへの配属決定後に、副学長に応募論文の送付期限の延期を尋ねたが、延期できないことを告げられ、一一、一二月の日曜とクリスマスの休暇を利用して急いで論文としてまとめた。その間参照した文献はホレース・ラムの流体力学の教科書と航空諮問委員会の技術報告だけだった。テイラーの論文は翌年、アダムス賞を受賞することになる。

テイラー論文は二部九編の論文からなっている。第一部には大気における渦運動（eddy motion）を始めとする論文、第二部には渦運動の一般理論（第六論文）を始めとする渦の生成と散逸、運動する流体と固体の表面との間の摩擦などに関する理論的論文が収められている。

序論でテイラーは論文の内容紹介に先立ち、現在の流体力学の研究における問題点を指摘する。それは流体力学の一般的教科書において説明される「渦なし運動（irrotational motion）」の理論と、流体内の物体の運動によって引き起こされる実際の現象とがまったく対応しないことである。渦なし運動の理論では、流体の中で一様運動する物体に力が作用するためには、不連続面が発生することが条件とされる。運動物体の背後に不連続面によって囲まれる「死水域」が存在することになる。この不連続面を想定する理論は、キルヒホッフ、レイリー卿、そしてグリーンヒルなどによって発展されてきた。だがこの不連続面の理論は、まったく誤っているとテイラーは断言する。

不連続理論では物体の背後の死水域が物体に作用する圧力は静止流体のもたらす圧力に等しいことになるが、実際には静止流体のもたらす圧力よりも小さいことが計測される。静止流体よりも圧力が小さいことによって、背後の死水域が物体を引いているはずである。そのことを不連続理論は説明できない。またケルヴィン卿は不連続面が不安定であり必ず渦を生みだすと指摘したが、このことも不連続面が誤っていることを示す重要な論点である。このように反証される不連続理論は、いまや数学上の好奇心の対象にすぎないとまでテイラーはいう。

このようなグリーンヒルらの不連続理論に続いて、ランチェスターの循環理論による揚力の説明をテイラーは次に取り上げる。しかしこのランチェスターの理論についても、それは翼の周囲を循環する空気の大きな流れの存在を仮定しているが、運動する流体の内部に小さな渦が存在することを考慮したいために「推奨するところは何もない」と断じる。テイラーは論文でランチェスターは引用しているが、プラントルの名前にはいっさい言及していない。第一次世界大戦が始まる時期において、ゲッチンゲンの研究者たちによる空気力学理論はイギリスの科学者たちには伝わっていなかったのである。

不連続理論と循環理論をいずれも退け、テイラーは渦を含む流体を扱う理論、物体表面との摩擦によって流体中に微小な渦が発生しているような流体を扱う理論が必要であると主張する。そのような固体表面と流体との間の摩擦作用を分析していくには、次の二つの課題が存在する。一つは、固体表面においていかに流体の回転渦が生まれ、その回転渦がいかに回転しない箇所の流体に広がっていくかということ。そしてもう一つは、回転渦が生じたときにそれが固体物体にどのような作用をもたらすかということである。この二つの問題は必ずしも切り離して論じることはできないが、それぞれに焦点を当てて分析しようとした。

以下、序論で内容紹介されている九編の論文のテーマを紹介しておこう。

（1）－（4）大気における渦と力の作用

固体表面における流体の摩擦により粘性や渦の生起によって両者の間に働く作用力の一般法則を求めるにあたって、いくつかの仮定を立てながら結果を算出していく。いずれも大気の地表近くにおける大気の運動の例について論じる。

（5）摩擦力と渦の流体中への散逸

管内の流体運動を例にとり、このことについて論じる。ＮＰＬの技術者スタントンの実験結果を参照する。

（6）渦についての一般理論の構築

一般理論をいくつかの事例に関して応用する。

（7a）風洞における翼の実験データ

ＮＰＬの風洞において翼モデルに作用する力とモーメントが測定された。その結果と翼に作用する圧力分布とを比較する。

（7b）寸法効果の検討

風洞実験において大型のモデルでも寸法効果が現れることを示す。

（8）渦をもつ流体中を運動する物体について

均一に渦が存在すると仮定して、その中を運動する物体について分析する。

（9）回転する流体中を運動する物体についての実験的検証

上の理論に関して、円筒内の流体中の物体の運動について実験する。

これら九編の論考は、気象学と航空工学への応用関係を念頭に置き、流体力学の基礎理論や基礎概念の検討を進めるものである。前章で述べたように、当時のイギリス航空工学界においては寸法効果が大きな問題となっていたが、ＲＡＦに派遣されるテイラーも、当然ながら当時の航空工学の動向に強い関心をもっていたと思われる。

最初の四編の論文からなる気象学の論文は、後日一つの論文「大気中の渦運動」としてまとめられ、王立協会の『哲学紀要』誌に掲載された(69)。そこにはテイラー自身が参加した北大西洋を航海しての気象観測の成果のほか、ドイツやイギリスの気象観測結果を引用し、地表付近の異なる海抜高度における気温、気圧、風速について収集したデータが参照されている。高度が上昇するにつれて温度がどのように変化するか、その変化を説明するために大気内にどのような渦が生じているかを検討する。風速については上下方向の速度とともに、水平方向の速度分布についてもデータとして収集し、そのあり方を分析した。

この処女論文の冒頭には、若いテイラーが渦や乱流という流体力学上の困難な問題に対して、どのような新しいアプローチをとろうとしていたのかを示してくれる言葉がある。

我々の大気中の風の渦（eddy）の知識はいままで気象学者と飛行家に限られてきた。非圧縮ないしは圧縮流体における渦運動の数学的な扱いは、つねに非常に困難な問題とみなされてきた。しかしこれは主たる関心が、渦の集合の平均的な効果よりも、個別の渦の振る舞いに向けられてきたせいであると思われる。問題のこの二つの側面の間の差は、気体の力学的理論で〔個々の〕分子同士の作用を考察することと、気体の分子運動の平均的な効果を考察することの差に似ている。(70)

ここにはその後数十年にわたって渦と乱流について理論的実験的研究を進めていく彼のスタンスとアプローチが要約されている。渦を個々の力学的性質から分析するのではなく、あくまで統計的に取り扱う。この処女論文は彼の流体力学研究の原点ともなり、二〇年後に発表される一連の論文「乱流の統計理論」にもその研究の出発点として引用されている。本書第6章で述べるとおり、テイラーの一九三〇年代の乱流研究は、流体力学研究において一時代を画するものであり、また航空工学の発展に対しても重要な貢献を果たすことになる。彼の学生時代の卒業研究論文は時代を先取りする研究だったのである。

12　プラントルの翼理論

当初は飛行船の研究が主であったゲッチンゲン大学のモデル研究所であるが、実用的な飛行機の登場とともに、飛行機の主要構成部品とりわけ翼の空気力学的性質についても重要な研究課題として取り組むようになる。翼理論を研究することで、プラントルは概念上の新機軸を打ちだした。それは上述のランチェスターが提唱した翼端付近から後方に伸びる渦（後方渦）と、それに伴う誘導抗力の概念であった。

クッタとジューコフスキーが二次元的な翼理論を提唱したのに対し、プラントルは三次元的な有限の翼を考え、両翼端から後方に伸びる後方渦と、その主翼への力学的影響を考察していった。その成果として後方渦が及ぼす「誘導抗力」の概念の提唱とその数学的定式化に成功した。だがそのような翼理論が完結した姿をとるようになるまでは、一〇年近い歳月を必要とした。

プラントルが翼理論の検討を始めるちょうど直前に、ランチェスターが『空気力学』において後方渦の概念を提唱した。ここで、プラントルの後方渦概念の理論構築にランチェスターが影響を与えたかどうかという疑問が生じてくる。この疑問に関して、明白に肯定したり否定したりする答えを与えることができない。しかしプラントルの三次元的な翼理論を検討し、後方渦と誘導抗力の概念を考察していくにあたって、ランチェスターの著作は何らかのきっかけを与えたことは確かなようである。前述したランチェスターのゲッチンゲン訪問について、キングスフォードのランチェスター伝には招聘に至る経緯を次のように伝えている。

プラントルの同僚ルンゲは妻がイギリス人であることもあり、英語に堪能なばかりでなくイギリスの事情にも明るかった。

一九〇七年から翌年にかけての学期に、カール・ルンゲはプラントルとともに水力学と空気力学に関するセミナーをもった。その際に彼は新しいイギリスの本、ランチェスターの『空気力学』に遭遇した。彼は著者の名前を聞いたことがなかったが、本は興味深く独創的であるように思われたため、ただちにランチェスターに書簡を送り、イギリスで出版されてまだ三カ月しか経っていなかったが、翻訳されるべきことを伝えた。(71)

ランチェスターは知人からルンゲが優秀な数学者であることを知らされると、喜んで翻訳を承諾することをルンゲに伝えた。しばらくの交信後、ランチェスターはゲッチンゲンに招聘されることになった。一九〇八年九月のことである。ランチェスター自身の日記によれば、その月の二七日の日曜日に、彼は午前中ルンゲと翻訳について相談し、午後ゲッチンゲン市内を観光した後、夜はルンゲ宅でプラントルや飛行船の設計者パルセファルとビールを飲みながら会食した。ルンゲの通訳を介し、プラントルと空気力学の概念や理論についても意見を交わしたことだろう。だがそれがどれだけ実質的なものであったか、両者の意思疎通が滞りなく進められたかは定かでない。言語上の壁ばかりでなく、予備知識の落差と思考する概念的道具立ての大きな違いが、そのような意思疎通を妨げたものと思われる。プラントルはランチェスターからいかなるアイデアやヒントを得たのか、その後も明らかにしていない。しかし、言語での会話が不調であったとしても、おそらくランチェスターの著作に描かれた数枚の図が意味することはプラントルにも明らかであったはずである。ランチェスターはゲッチンゲン訪問後、フランスを訪れ、そこで実演飛行を披露したばかりのライト兄弟とも出会い、飛行について会話を交わした。(72)

ランチェスターがゲッチンゲンを訪問した翌年の一九〇九年、プラントルは夏学期に「飛行船航行の科学的基礎」と題する講義を開講し、その中で翼の理論に関して説明した。聴講していた学生の一人フェップルの受講ノートには、翼のまわりの空気の循環と翼端から後方に伸びる渦の図(図3・16)、ならびに翼後方の垂直面で両翼端から伸びる渦のまわりの空気の流れを示す図が模写されている。[73] 翌一九一〇年から一一年にかけての冬学期に開講された講義「空気力学と航空工学」においても、「後方渦」に相当する概念を紹介した。[74] モデル研究所の一九一一年の研究成果報告書には、翼のまわりの循環的な流れと翼端から伸びる渦を表現する模式的な図が示され、これらの渦の翼の揚力や抗力に及ぼす影響について概算的な見積もりが試みられた。[75] プラントル自身が二年後に描いた図(図3・17)によると、主翼部分と主翼の翼端から後方に向かって気流のねじれが生じるが、それは矢印を記した円環の渦の生起によって表すことができると彼は考えた。

このような主翼のまわりの空気の循環と、それに接続する両翼端付近からの後方渦について概念的な理解ができたとしても、後方渦がどのような強さで生じ、それが主翼の揚力や抗力にどのような影響を及ぼすかを数量的に導くことは困難な課題だった。そのためには、翼がどのような形状のときに翼のまわりにどのような循環が生じるか、翼のまわりの循環がスパン方向にどのように分布し、それによってどのような後方渦が発生するかを突き止めねばならない。

ヴィーゼルスベルガーは一九一四年に渡り鳥などが群れをなして飛行するときにV字型の編隊を組むことを取り上げて、このような後方渦の影響を論じている。[76] 鳥たちは、前に飛ぶ鳥の斜め後方に位置することで、前の鳥の翼からの後方渦が生みだす上方向の空気の流れを利用していると考えられた。彼は電磁気学のビオ‐サヴァールの法則と同様の数学的計算を施して前の鳥が作る後方渦が後ろの鳥に与える影響を計算し、結果的にV字編隊になることを説明した。

プラントルらの理論では、翼のまわりの循環が両翼端の間のスパン方向で大きさを変化させ、その変化により後方への渦の線が発生すると考えられた。主翼の中心付近では循環も大きく揚力が大きく発生し、中心から翼端に近づくにつれて主翼のまわりの循環は大きさを減じていく。その減少分に応じて後方に渦糸が伸びていくと推論され

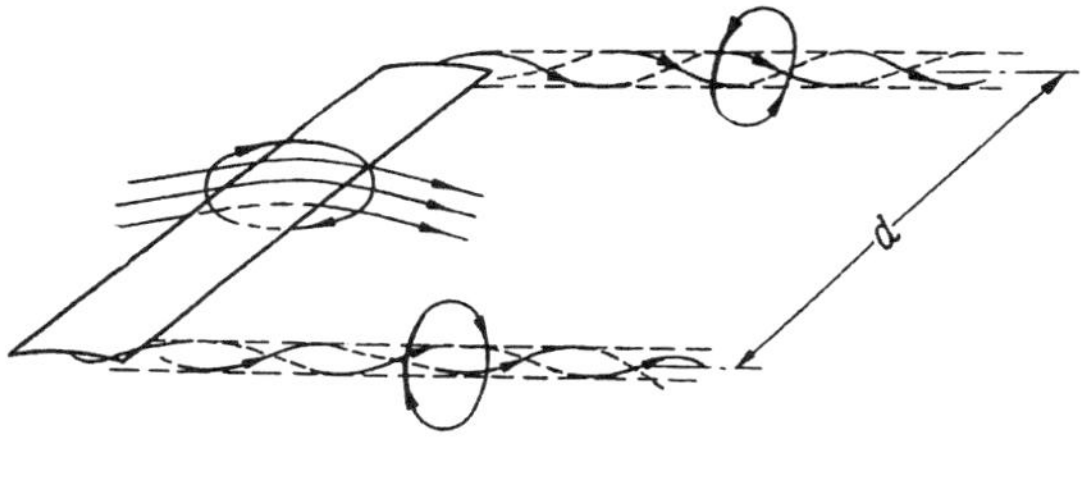

図3.17 プラントルの後方渦の模式図（Prandtl, 1912）

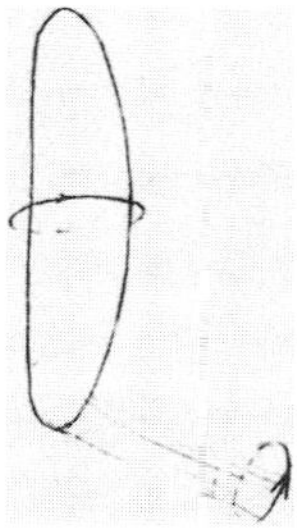

図3.16 プラントルが講演のために書き留めた後方渦（Rotta, 1990）

た。プラントルの学生のエルンスト・ポールハウゼンは、この循環の大きさの主翼上の分布が楕円状になることが後方渦の影響を最小限にする条件であることを見いだした。プラントルと彼の学生たちは、第一次世界大戦の前夜から戦時中にかけてこれらの応用理論の問題に取り組み、成果を出すことになる。検討課題には、複葉機の場合の扱い、地面の影響や風洞内での後方渦のあり方なども含まれた[77]。

第一次世界大戦が始まると、航空の基礎研究を担う研究所としてドイツ航空研究所（Deutsche Versuchsanstalt für Luftfahrt、略称ＤＶＬ）が設立されることになり、プラントルはその創設に協力した。プラントルはこのＤＶＬとゲッチンゲン大学のモデル研究所とを対比し、ＤＶＬでは航空に直接関係することがらの研究を行うのに対し、ゲッチンゲンの研究所では空気力学の体系的な研究を行うと述べている。ＤＶＬ創設とともにプラントルはモデル研究所の拡充を計画した。その計画は第一次世界大戦の勃発とともに軍の支持を受けることになり、一九一七年にカイザー・ヴィルヘルム協会傘下の空気力学モデル研究所として刷新されることになった。

戦時中、ゲッチンゲンの研究所では翼型に関する性能測定を系統的に進めていった。その作業で中心的な役割を果たしたのがムンクである。彼はプラントル前任校のハノーファ工科大学からゲッチンゲンの研究所を訪れ、そこで進められていた翼型の系統的な風洞測定のプロジェクトに参画した。

プラントルの翼理論の数学的課題はプラントル自身のほか、アルベルト・ベッツ、ポールハウゼン、ムンクらの若い研究者たちによって取り組まれた。プラントルは大戦前夜の一九一三年にポールハウゼンとともに、翼の形状と誘導抗力の関係について計算し、翼の面積が一定であれば、楕円形の翼が最小の誘導抗力をもたらすことを見いだした。この計算結果はベッツとムンクによってさらに一般化された。ムンクは誘導抗力の変分法を用いて計算する数学理論を作りだし、その研究によりゲッチンゲン大学で物理学の博士号を取得した(78)。博士論文は後に英訳され、「最小誘導抗力」と題するＮＡＣＡの技術報告として公刊された(79)。

第一次世界大戦終結に伴い、ドイツでは航空機の製造と開発、航空機を利用した航空工学の研究のいっさいが禁止されるようになる。それとともに多くの航空工学者が失職し、国外で研究活動の継続を希望する者も現われた。プラントルの片腕の一人として風洞の建設と計測装置の設置を担当したヴィーゼルスベルガーは、戦後日本海軍から招聘を受け、極東に赴いた。そしてムンクは戦時中に進めたこれらの研究成果が評価され、アメリカのＮＡＣＡに迎え入れられた。

一方、イギリスでは、ドイツの研究者を招き入れることこそしなかったが、ゲッチンゲンで発展した空気力学理論を知り、その成果を徐々に吸収していくことになる。本章でみたように、第一次世界大戦の前後には二つの空気力学理論が存在していた。イギリスでは不連続流の理論が普及し、ドイツでは循環の理論が発展していた。循環の理論は、プラントルの後方渦概念を装備することで現実の三次元の翼にも通用する理論となっていった。プラントル理論と同様の理論をイギリスのランチェスターは早い時点で打ち出していたが、イギリスの科学者は数学的形式を備えていないその理論を受け入れようとしなかった。一方、ドイツのプラントルは翼理論に先んじて、境界層の概念を提唱していたが、風洞実験結果の検討からさらにその概念を理論的に深化させ、乱流境界層の概念を得るに至っていた。

このようにイギリスとドイツでは、空気力学の研究に対してまったく異なる研究伝統が発展を遂げていたのである。第一次世界大戦後にプラントル学派の翼理論と境界層理論はイギリスの航空工学共同体に紹介され、イギリスの研究者はこのドイツの伝統をしだいに受け入れていくことになる。

第4章

プラントル理論の受容

――揚力理論の解明と咀嚼

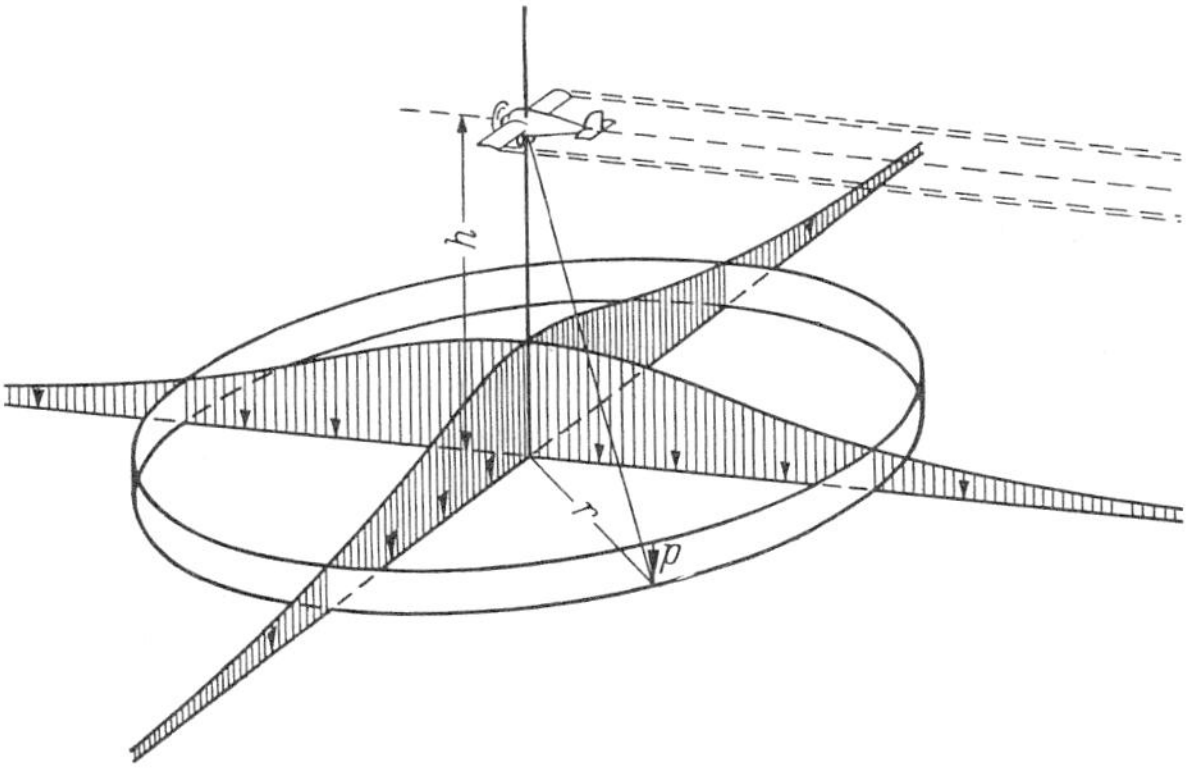

飛行機の両翼端から伸びる後方渦（Prandtl, 1920）
プラントルの翼理論は後方渦の存在を予測し，その揚力・抗力への影響を量的に見積ることができた．図は飛行機が地面に及ぼす圧力の分布を求めるために描かれた．

1　ドイツにおける空気力学研究

第一次世界大戦中の四年間、英米仏の科学者・技術者はドイツにおける科学技術の進展の内情を知らなかった。戦争終了後、彼らはドイツの研究者が空気力学の研究において重要な成果をあげたことを徐々に知るようになる。前章で説明したように、ゲッチンゲン大学のプラントルと門下の研究者たちは、境界層概念と後方渦という概念にもとづき新しい空気力学理論を打ちだし、それにもとづく実験研究を精力的に進めた。これらの研究成果は空気力学の基礎をなすものと現在では広く認められており、今日の航空工学の研究者たちが教科書で学ぶ重要な基本事項となっている。

一九世紀から二〇世紀にかけては多くの新しい科学理論が生みだされ、世界中の科学者によって新理論として認められていったが、そのプロセスはけっしてスムーズに当然のこととして進行したわけではない。新しい理論の新奇性が強く感じられれば、受容する側の態度も慎重になり十分吟味した上で承認していくことになるのである。

プラントルの理論もまたそのような受容のプロセスを踏むことになる。英米仏各国の航空工学者、空気力学の研究者はドイツの新理論を知り、それを理解し優れた理論として第一次世界大戦後に受け入れていく。しかしその受け入れ方法には米仏両国とイギリスの研究者の間で大きな態度の差があった。米仏の研究者が比較的速やかにプラントルの研究成果を優れた成果として承認し、早速自らの研究にも取り入れたのに対し、イギリスの研究者たちはこの新理論に直面すると初めにその理解に窮することになる。それはちょうど、トーマス・S・クーンがその著作『科学革命の構造』の中で論じた、パラダイムの異なる科学者の間での相互理解の困難を思い起こさせる事情に相当するものだった。

その後徐々に、イギリスの航空工学者・流体力学者たちはプラントル理論の妥当性を理解し、それを空気力学の諸問題に適用していく。またそのような実際上の問題に適用できるようにするために、計算しやすい形に書き改めたりする。さらにドイツ由来の理論を理解する過程で、いままでまったく軽視し忘却していたイギリスの一航空工学者の難解な理論、すなわち前章で紹介したランチェスターの空気力学理論の全面的な見直しがなされることになる。

このようなイギリスにおけるドイツ理論受容のあり方は、アメリカにおける受容のあり方とは大きく相貌を違えている。アメリカにおいては、ゲッチンゲンの理論的実験的成果を高く評価し、さらにそれらを継承し発展させていくために、プラントルの下で研究活動に従事した研究者をアメリカに招聘した。当時ドイツではヴェルサイユ条約の下で航空研究が著しく制限され、戦時中に雇用されていた研究者の多くは職を失わざるを得なかった。少なからぬ技術者や研究者が、資金とチャンスに恵まれたアメリカの地に渡ることを希望したのである。一方のイギリスの航空工学界はドイツ人技術者を招聘することもなく、自国の流体力学を専門とする科学者と航空工学を専門とする技術者とが、プラントル理論の理論的一貫性と実験的検証を自ら確認しつつ受容していった。

第一次世界大戦後のイギリスにおけるドイツの空気力学理論の導入にあたって中心的な役割を果たしたのは、ヘルマン・グロワートというケンブリッジ大学出身の航空工学者であった。彼はプラントルらの論文を読むだけでなく、実際にゲッチンゲンを短期間訪問しプラントルから学ぶ機会ももった。そして一九二〇年代初頭からイギリスの航空研究委員会の各委員に宛ててプラントル理論を解説する報告を提出していく。その一連の報告からイギリスの航空工学者たちはプラントル理論のイロハを学び、さまざまな応用例を知っていくのである。

本章では、まず初めに第一次世界大戦直後のアメリカの航空工学者によるドイツの戦時中の空気力学・航空工学上の研究成果の調査をみる。その上で、イギリスにおけるプラントル理論受容のプロセスを、もっぱら航空研究委員会の技術報告と議事録を参照しつつ追う。グロワートの紹介、それへの委員会席上での質疑と応答、イギリスの技術者向けにプラントル理論の計算法を簡便化する試み、そして、プロペラの理論や風洞の実験結果へのプラントル理論の適用例をめぐる委員会内での議論などをみていくことにする。

2　ドイツの戦時研究の調査

アメリカのNACAは第一次世界大戦後の一九一九年五月、技術情報収集のためのオフィスをパリに開設し、陸軍に所属し航空技術の研究に携わった経験をもつウィリアム・ナイトをその任務につかせた。就任後はもっぱら技術報告などの文書の収集に関わったが、一九二〇年春にドイツ、ベルギー、スイス、オランダを訪問し、それらの国々で情報収集に努めた(1)。ドイツにおいては四月末からの三週間をかけて各研究所を訪問した。

大戦に敗れたドイツは、ヴェルサイユ条約により航空研究の継続は著しく困難になった。エンジンのついた飛行機の使用が禁じられ、航空研究や民間航空などでも飛行機を飛ばすことができなくなった(2)。条約により敗戦時のドイツが保有する陸海空軍備の状況を調査し、必要であればそれらの管理と廃棄がなされることになった。航空関係においてもそのような戦勝国側による委員会が設けられ、終戦時におけるドイツの飛行機、飛行艇、飛行船などに航空機生産体制がきわめて詳細に調査された(3)。その多くは航空機の生産に関わった多くの企業の工場や生産技術についてのものだったが、その一環として航空研究に関わる研究所も調査された。

これに対してアメリカはヴェルサイユ条約に賛成しなかったために同条約に批准せず、このような調査委員会に加わることはなかった。ナイトによるドイツなどの航空研究の調査は、そのような条約執行による調査とは独立に進められた。

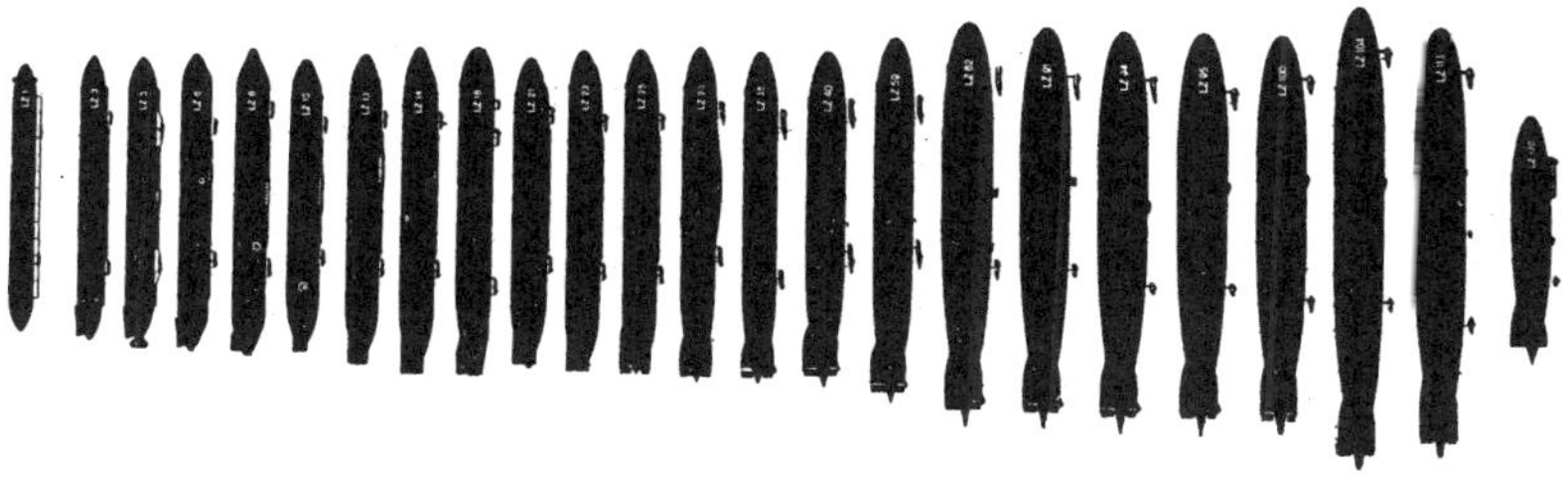

図4.1　ツェッペリン飛行船のさまざまなモデルを表す図（Commission Interalliée, *Rapport Technique*）
連合国によるドイツの航空機生産施設調査では，ツェッペリン飛行船の生産工場も精査された．

ナイトはゲッチンゲン空気力学研究所を訪れ、プラントルや所員研究者と面談し、プラントルから他の研究所の責任者への紹介状を得た。これらの研究所を訪問し、ドイツの戦時報告を収集し、代わりに連合国側の技術報告の一揃いを彼らに手渡した。提供された技術資料はドイツの研究者たちの間で回覧され、その回覧のネットワークは彼らの間で「ナイトサークル」あるいは「読書サークル」などと呼ばれた。(4)

ナイトはまた飛行船を製造するツェッペリン社の施設も見学したが（図4・1）、研究開発に携わる同社のフリードリヒスハーフェンの施設では、所長代理として、ゲッチンゲン空気力学研究所での研究経験ももつムンクの案内により風洞や関連施設の説明を受けた。当時ＮＡＣＡではドイツの航空研究者の採用を考慮していたが、ナイトのドイツ訪問の報告には、ムンクを高く評価する旨が記されている。(5)

ナイトに続いてドイツの航空研究施設を訪問したアメリカ人研究者はハンセーカーだった。ナイトと異なり、ハンセーカーは空気力学の知識をもち、プラントルの理論についても知っていた。一九一四年にアメリカのサンフランシスコで行った講演で、ハンセーカーはプラントルの境界層概念とともに後方渦の概念にも触れている。(6)またその抜き刷りをプラントルに送り、プラントルから礼状を受け取っている。(7)このように彼は研究所訪問以前からプラントル理論の基本を知り、一応の面識も有していた。しかし彼はベアストウの実験研究を高く評価する実験家であり、数学的な流体力学理論を熟知する理論家ではなかった。イギリスとドイツで異なる空気力学理論が展開されていることを知りつつも、どちらかにコミットしようとすることはなかった(8)。

しかしそれまでどちらの理論をとるか決断をしていなかったハンセーカーも、ゲッチンゲンを訪問しプラントルから戦時中の研究成果の説明を受けることで、イギリスの理論よりもドイツの理論が優れていることをただちに認識するようになった。とりわけプラントルの翼の循環の理論と後方渦の理論により、翼の空気力学的性能の重要な側面が計算できるようになったことに彼は注目した。またムンクがその理論的計算の一つの技法の開発に関わったことも知るようになる。彼はNACAの空気力学小委員会宛の書簡で、「大戦中にドイツで発展した大量の情報を得るもっとも安くもっとも効率的な方法は、ムンク博士をNACAのオフィスに雇用することだろう」と述べ、ムンクの採用を強く促した(9)。

ナイトとともに、ハンセーカーの強力な推薦を受けて、ムンクはNACAの研究員として招聘され、ヴァージニア州ハンプトンに所在するラングレー研究所で空気力学の理論研究、実験研究に携わることになる。理論研究の成果はNACAの報告として出版される一方、実験研究では新型の風洞を設計し、同研究所の技術者とともに新型風洞の建設に取り組んだ。しかしムンクの風洞は建設中も建設後もさまざまな技術的問題を引き起こし、彼はNACAを去ることになってしまう。

3　グロワートによるプラントル理論の紹介

アメリカの航空技術者たちがドイツの航空研究施設を戦後に訪問し、戦時中のドイツの空気力学の研究成果についての情報を取得していたころ、イギリスの研究者たちもドイツの航空工学の研究成果、とりわけゲッチンゲンでの空気力学の研究成果について、米仏独各国の技術報告を通じて知るようになった。

航空諮問委員会が初めてドイツの戦時期の研究を議論したのは、一九二〇年三月のことである。その空気力学小委員会において、ドイツの研究について三つの報告が提出された[10]。第一の報告は、フランスの軍人であるルネ・ドラン大佐によるもので、そこではドイツの大型機GⅢのフランスでの実機による試験とゲッチンゲンの空気力学研究所でのモデル試験との測定結果を比較検討するもので、二種類の異なる試験結果はよく一致するというものであった。第二の報告は、ドイツの航空工学の雑誌『飛行技術と動力飛行船飛行雑誌』に掲載されたゲッチンゲン研究所の相似性法則に関する報告を英文に翻訳したものである。第三の報告は、フランスのサンシール航空技術研究所の所長を務めるアルベール・トゥサンによるもので、プラントルがドイツの機密の技術報告として回覧したいくつかの空気力学的な公式について解説するものだった。

これらの三本の報告は、いずれもフランスの航空工学の研究者によるドイツの戦時航空研究、とくにゲッチンゲンの空気力学研究所における戦時研究の成果に関するものであった。フランスでの空気力学研究の中心的存在であるトゥサンの報告は、前年一九一九年一一月にフランス飛行協会で講演されたもので、イギリスの航空諮問委員会に提出されたその報告は、トゥサンの講演をアメリカのＮＡＣＡが英訳し回覧した報告記事の抜粋になっている。そこでは戦時中のドイツの空気力学研究の第一の成果としてプラントルの理論が紹介される。

戦時中ゲッチンゲン研究所で達成された多くの実験研究とともに、同じくらい重要な理論的成果がもたらされた。これらの〔理論的〕研究の共通の起源はゲッチンゲン研究所所長プラントルによって一九一五年と戦時中に提唱された理論である。多くのドイツの研究者たちは彼らの著述でそれを「プラントルの渦の理論」という名で呼んでいる[11]。

この叙述とそれがイギリスの研究者に伝わった経緯から、以下のことを読み取ることができよう。すなわち第一次世界大戦中のドイツの空気力学研究で重要な理論的成果が生まれた。そのことをフランスの研究者は知り、フランスの研究者を通じてアメリカの研究者に伝わり、さらにアメリカの研究者に遅れてイギリスの研究者も知るようになった。それはプラントルの渦の理論であり、トゥサンの講演報告が記すように、特定の翼に対し、後方渦に起因する誘導抗力の大きさを計算する方法であった。

一九二〇年三月にこれら三編のフランスの報告がイギリスの空気力学小委員会で議論されたとき、グロワートはプラントルの新理論について、それが空気の循環という概念にもとづいているとだけしか説明できなかった(12)。次の会合で彼は、単葉機の揚力と抗力を求める公式を要約する報告書を提出した(13)。このときまでに、彼はまだプラントル自身により理論を解説する論文を入手していなかったが、翼のまわりの空気の循環、翼から後方に向かう後方渦、これらの仮定の帰結として翼面上で揚力が楕円形に分布することなど、プラントルの渦の理論の基本概念とその帰結を理解するようになった。そして彼は、この循環の理論はイギリスの技術者ランチェスターが提唱していた理論と同様のものであることにも気づいた(14)。

一九二〇年の一〇月にイギリスの研究者はゲッチンゲンの空気力学研究所について新しい情報を得ることになった。連合国側ではドイツ航空管理連合委員会が結成され、フランス代表のドラン大佐がゲッチンゲンの同研究所を訪問し、その設備と装置についての報告を提出した。ドランの報告は英訳され、イギリスの航空研究委員会（航空諮問委員会は一九二〇年に航空研究委員会と改称された）で回覧された(15)。NPLの研究者がとくに関心を寄せたのは、ゲッチンゲンの閉鎖式の風洞であった。閉鎖構造にして風洞内で空気を循環させると、エネルギー効率がよくなることをイギリスの研究者たちも知っていた。だがそのような構造では湾曲部で空気の流れが乱され、正確な測定を妨げると考えていた。ドラン大佐の報告には、ゲッチンゲンの風洞では湾曲部に翼の断面と同様の形状をもつ柱を挿入し、風の流れを整えていることが記されていた。ゲッチンゲンの風洞のユニークな構造を知り、NPLのスタッフはより詳細なデータの取得を希望した。[16]

この要請に応えて、王立航空機研究所（Royal Aircraft Establishment、略称RAE。一九一九年に王立航空機工場は王立航空機研究所に改称した）の二人の研究員ロバート・マッキノン・ウッドとグロワートが一九二〇年から二一年にかけての冬に、ゲッチンゲンの空気力学研究所へ派遣された。ウッドは研究所の設備を見学し、グロワートはプラントルの理論を学ぶことが任された。ゲッチンゲンで二人はプラントルらに面会し、彼らから設備装置と理論内容について直接聞くことができた。[17] 帰国後ただちに報告書が委員会に提出された。[18] ウッドの報告にはゲッチンゲン空気力学研究所の風洞と測定機器について細かく述べられ、その独自性と利点が記されていた。イギリスとドイツでの測定方法の差についても指摘し、そのような差があるがゆえに、前年から開始されている国際風洞比較試験にゲッチンゲン研究所も参加させるべきであると提言した。

グロワート（図4・2）はケンブリッジ大学で天文学を専攻し、第一次世界大戦前夜の一九一三年に卒業試験で優秀な成績を収めて卒業した。[19] 一九一四年には天文学と光学を研究するための奨学金を受け、一九一五年には数学に対するレイリー賞も受賞する優秀で有望な学生だった。しかし大戦の勃発とともに、イギリスとドイツとが交戦状態になると、ドイツ由来の素性をもつことがグロワートの心を動揺させた。彼の父親はドイツ人、母親はドイツ生まれのイギリス人で、ヘルマン自身はイギリスで生まれたが、彼には Hermann というドイツ綴りの名前を与えられていた（そのため日本語でハーマンではなくヘルマンと記しておく）。そのような中ですでに航空工学の研究を始めていた友人のファレンから、RAFの存在を紹介され、その研究員として働くことになった。第2章で述べたとおり、第一次世界大戦中RAFにはファレンやグロワートの他にも多くのケンブリッジの若い科学研究者が一時的に赴任し、空気力学や航空工学の研究に携わった。

図4.2　ヘルマン・グロワート（© Godfrey Argento Studio）

一九二〇年の初頭にゲッチンゲンの研究成果の情報がイギリスに伝えられると、ドイツ語に通じていたグロワートはこのドイツの空気力学の研究成果を理解した上で、イギリスの航空工学者たち、とりわけ飛行機の設計に携わるような実践的な技術者にも分かりやすく教示することを心がけて、その紹介に専念するようになる。難解な数学的理論を解さぬ技術者たちにも分かりやすく伝えることへの配慮は、彼のＲＡＦでの生活と活動が影響したものと思われる。ＲＡＦで、同僚の飛行機の設計家たちがいかなることを考慮し、思考しながら作業を進めていくか、そしてその過程でどのような知識や情報を必要としているのか、それらのことを学びながら彼は自身の調査研究を進めていった。航空諮問委員会の委員の多くは空気力学の理論の特質と価値を科学的な正当性ということだけでなく、むしろ飛行機の設計という技術実践における有用性も重視して考慮する傾向があった。彼はこのファーンボロの技術実践を尊重する精神を吸収し、イギリスの航空工学者の共同体に貢献することに努めた。

グロワートの報告はプラントルの翼理論とその応用に関する簡潔な説明であった。この報告によってイギリスの航空工学者たちはプラントル理論の概要を初めて知ることになった。彼の報告はまず、空気力学小委員会の下でのデザイン・パネル（同パネルについては本章第7節参照）に提出された。委員たちはプラントルの理論が要領よく説明されている彼の報告を高く評価した[20]。報告はまず、プラントルが最近執筆した六本の論文とともに彼の二人の学生ベッツとムンクが執筆した報告を参考にしたことを述べ、続いて理論のいくつかの適用例を解説した。無限のスパンをもつ翼、有限のスパンをもつ翼、単葉機の翼、複葉機の翼、そして翼の揚力を測定する際の風洞壁の影響についてである。最初の二節でプラントル理論の概要を説明し、後方渦の概念とそれによって引き起こされる誘導抗力の理論的計算方法を紹介する。その上で単純な単葉機の翼の場合の揚力と誘導抗力を計算し、続いて複葉機の翼の干渉関係を論じ、最後に当時非常に重要視された風洞壁の効果とその理論的な補正方法が説明される。

　空気力学小委員会においてもグロワートによるプラントル理論の説明は分かりやすく好評だった。しかし流体力学を専門とする科学者、それまでゲッチンゲンの研究者たちとは根本的に異なる視点から空気力学の問題を検討してきたイギリスの科学者にとっては、グロワートの概括的な説明では得心のいかない部分が残された。マンチェスター大学の応用数学教授で、委員会では流体力学の専門家として参加していたラムは、プラントル理論の概念が物理的に理解困難であると席上で発言した。彼はグロワートに対し、プラントル理論の要となる後方渦がどのような線を描くのか視覚的に説明してほしいと希望した。その要望に対し、一人の出席者が即座にランチェスターの著作『空気力学』に掲載されている図、前章で紹介した翼の背後に生じた渦が組紐のように纏わって伸びていく図（第3章扉図参照）を思い起こし、その図が要望に応えてくれるだろうと指摘した。[21] グロワート自身の返答は、そのような空気の流れのスケッチを提供することは難しいというのみであった。

　ラムの質問、それに対する委員からのコメント、またグロワートの応答は、この空気力学の問題と理論に関するイギリスの研究者の間での理解のあり方をよく反映しているように思われる。イギリスを代表する流体力学の専門家ラムは、翼のまわりに空気の流れを仮定する循環の理論、そしてその循環理論を前提とするプラントル独自の後方渦と誘導抗力の理論に直面し、その理論の前提、空気の物理的振る舞いに対する前提に対して疑問をもたざるを得なかった。そのような流体力学の伝統と、循環の理論や不連続流の理論などの系譜とは無縁に研究活動に携わってきたグロワートは、理論前提を所与のものとして受け入れ、その前提にあえて疑問を付そうとはしなかった。彼の役割は前提を受け入れ、理論の数学的構造を理解し、そのいくつかの場面への応用を技術者に分かりやすく、そして利用しやすいような表現形式で提示することだった。理論の数学的形式と飛行機本体への動力学的効果に関心を集中するグロワートにとって、渦の実際の物理的状態に対しては、関心を払う余裕がなかったといっていいだろう。彼は大学人ではなく、与えられた任務と日々の業務をこなさねばならぬ軍の研究所の一所員だった。そしてまた彼は、学生時代に物理学ではなく天文学を専門とし、航空への関心も必ずしも高かったわけではない。その一方で、イギリスで早くから航空に関心をもつ技術者の間では、ランチェスターの著作はよく知られており、言語で説明された内容は理解できなくとも、挿入された絵によって描かれた渦の姿は記憶に焼き付いていたことだろう。同国の流体力学者たちが展開する、数学的に精緻であるが、実用に耐えない理論に対しては関心がまったく湧かなくとも、ランチェスターの著作に展開される主翼まわりの空気の流れと渦の振る舞いに関する独特の議論に関心を寄せ、一つの有力な仮説として受けとめていたことと思われる(22)。

4 解析的解法とグラフ的解法

ゲッチンゲン大学の研究者たちによって開発された空気力学理論は、しばしば複雑な微積分の計算を要求するものであり、飛行機製作工場で時間に追われるイギリスの設計家にとっては、より簡便な計算方法の必要性が感じられた。空気力学の研究者たちはこのことを知り、理論的成果を単純化させたり、グラフを用いた計算法を考案したりした。精密な計算結果を必要とする場合には解析的な計算法が使用されたが、グラフを用いた簡便な計算法で足りる場合はその方法が活用された。第1章でみたように安定性の理論解がＲＡＦの技術者によって二次元・三次元のグラフで表現されたことをここで思い起こすこともできよう。同工場（RAE）で多くの技術者と接する経験をもつグロワートは、プラントルの理論を紹介する際においても、そのような技術者たちによる実用的計算法が必要とされていることを意識していた。

グロワートのドイツの空気力学に関する最初の報告では、プラントル理論のいくつかの応用例が解説された。単葉機の主翼に働く誘導抗力を導出する際に、プラントルの弟子であるベッツにより考案された計算法を紹介している。翼のまわりの循環がスパン、すなわち翼端から翼端まで均一であるならば、計算は簡単である。しかし実際の翼では循環は主翼のスパンを通して一様ではなく、そのような非一様性により主翼から後方へ伸びる後方渦を生みだしている。したがって誘導抗力を求めるには積分の計算が必要となる。主翼スパン上の位置 y' における誘導速度 w は次式で表される。

$$w(y') = \frac{1}{4\pi}\int_{-s}^{s}\frac{dK}{dy}\frac{dy}{y'-y}$$

ここで s は主翼スパン、K は循環、dK/dy はその微分係数、すなわち後方渦を構成する糸状の渦（フィラメント）の強さを表している。この積分方程式を解くために、グロワートはベッツの方法を利用した。それによれば、循環 K は

$$K = \sqrt{1-\mu^2}(K_0 + K_1\mu^2 + K_2\mu^4 + \cdots)$$

のように書き直され、それを積分方程式に代入することで K を求めようとした[23]。

グロワートは次の報告においてこの計算法を方形の翼面をもつ主翼の事例に応用した[24]。彼の新しい方法は、循環 K を μ の関数とおくことによって K の積分方程式を解くことができた。他の変数もまた μ の関数であるとみなさ

なければならないときに、「これらの方程式は相当複雑になり、満足な結果を得るためには少なくとも一〇個の係数を評価しなければならなくなる」とグロワートは見積もり、主翼がもし方形の翼面をもち断面と迎角が一定ならば、計算は非常に単純化されると付言した[25]。

ベッツの解析的解法による複雑な計算を回避するために、NPLの技術者アーサー・フェージはグラフを利用したより簡単なグラフ的解法を提案した。それはグラフを描き、その面積を測定することによって積分値を求め、解を見いだすものである。グロワート自身が後の報告で述べているように、「R. & M. 767に概説された角形主翼の性質の計算法は実際に使用するにはあまりに複雑であり、その結果としてグラフ的解法が開発された[26]」。

フェージのR. & M. 806の報告は次の文句で始まる。「本報告はプラントル理論によって翼の性能が決定される方程式に関するグラフ的解法を記すものである[27]」。基本的に彼の方法は、積分方程式を解く代わりに積分計算に対応するグラフを正確に描き、その面積をプラニメータを利用して計測するというものだった。

計算にあたっては、発散を避けるために被積分項を二つに分け、それぞれを二つのグラフで表した。図4・3がこれら二つの部分の積分を表現するグラフである。このようにして表示されたグラフは、第1章で言及したプラニメータと呼ばれる道具によってその面積の計測がなされることになる。基本的にコンパスのように二本脚をもつ形状をしており、グラフによって描かれる閉曲線の線上を単に針先によってなぞることによってその閉曲線の面積を決定することができる。一方の脚の針を固定させ、もう一方の脚の針をグラフの閉曲線、ここでは図4・3の斜線部の縁に沿ってなぞっていく。すると両脚の付け根の目盛りに面積が表示される。

フェージの報告が一九二一年一〇月にデザイン・パネルにおいて議論されると、グロワートはそのグラフ的計算法に代わる新たな解析的計算法を紹介した。それはドイツの応用数学者エリッヒ・トレフツによって最近考案されたものだった。トレフツはアーヘン大学とストラスブルク大学に学び、その後ゲッチンゲン大学にもときどき訪れ

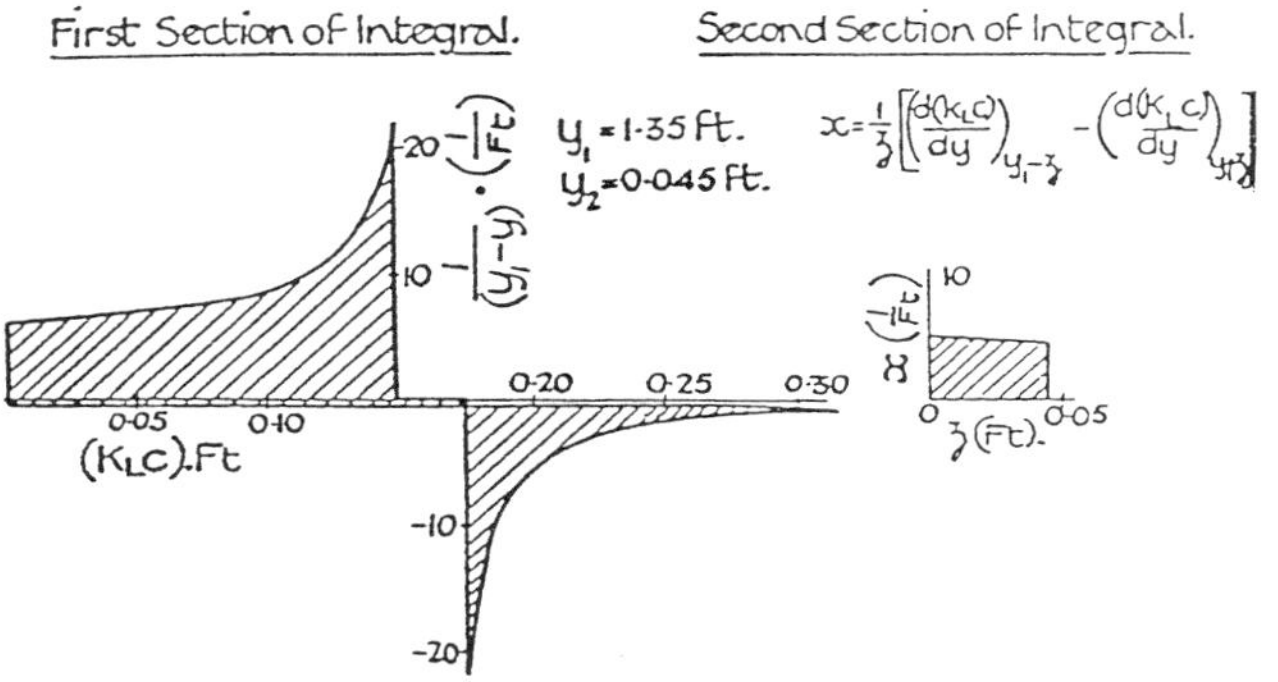

図 4.3　フェージのグラフ的解法（R. & M. 806）

グロワートの報告では誘導速度は，$\dfrac{W}{V}=\dfrac{1}{4\pi}\displaystyle\int_{-s}^{s}\dfrac{d(K_LC)}{dy}\dfrac{dy}{y_1-y}$ のように表現される．ここで K_L は揚力係数，C は主翼の幅（コード），V は速度を表す．被積分関数が $y=y_1$ においては無限大になってしまうために，フェージはこの積分計算を二つの領域の積分計算に分割した．一つは $-s$ から y_1-y_2 までと y_1+y_2 から s まで，もう一つは y_1-y_2 から y_1+y_2 までである．ここで y_2 は非常に小さな値であり，その値は $0.03\,s$ という一定値におくことができる．変数を y から K_LC に代えることで，積分計算の最初の計算部分は，$\displaystyle\int_0^{e_1}\dfrac{d(K_LC)}{y_1-y}+\int_{e_2}^{0}\dfrac{d(K_LC)}{y_2-y}$ と表される．ここで e_1 は K_LC の $y=y_1-y_2$ での値，ϵ_2 は $y=y_1+y_2$ での値を表す．そして第 2 の計算部分は，$\displaystyle\int_0^{y_2}\left[\left(\dfrac{d(K_LC)}{dy}\right)_{y_1-z}-\left(\dfrac{d(K_LC)}{dy}\right)_{y_1+z}\right]\dfrac{dz}{z}$ と置き換えられる．ここで $d(K_LC)/dy$ の値はグラフによって決定される．

ていた人物である。(28) 彼の方法は速度ポテンシャル ϕ と呼ばれる関数を利用するもので、ϕ の空間微分が循環 K になる。彼は ϕ を次のように展開する。

$$\phi=\frac{A_1\sin\theta}{r}+\frac{A_3\sin 3\theta}{r^3}+\frac{A_5\sin 5\theta}{r^5}+\cdots$$

そしてこのフーリエ級数を積分方程式に代入し、$\pi/8$、$\pi/4$、$3\pi/8$、$\pi/2$ の四つの角度で方程式が満たされるように係数の A_1、A_3、A_5 などを決定する。これはベッツの方法よりもずっと単純で、工場の設計家によっても計算遂行が可能であった。

　プラントル理論を提示するにあたって、グロワートは技術の実践家たちにも理解可能であるような形で説明することを心がけた。グロワートの報告を通じてプラントル理論に親しむようになったフェージは、理論の応用と計算をグラフによって行う方法を編み出した。第1章でみたように、グラフ的解法はペリーの教育への応用以来、イギリスの技術者の間で多用されてきた。グラフとはある意味で技術者にとっての言語になっていたともいえよう。フェージによるグラフ的解法の開発は、イギリスの航空工学者たちがドイツの数学的な空気力学理論を彼らの様式で使いこなせるようになったことを示すものである。フェージがグラフ的解法を考案すると、グロワートがトレフツの解析的方法を紹介した。その際に彼は、新しい方法がグラフ的方法に比しても簡単でかつ正確であることに注意を払った。グロワートはプラントル理論とその応用を解説する報告書を提出する際に、技術者や設計家のことを配慮していたことをこれらの報告から読み取ることができる。イギリスの航空工学者共同体の中で、グロワートは理論家と実践家の間の仲介者たることを心がけていた。

5　プロペラの理論と「回転流入ファクター」

第二次世界大戦前のプロペラ機の時代において、プロペラの研究は航空工学の重要課題とされ、新しい空気力学理論もプロペラの性能の分析に応用された。ゲッチンゲンのベッツがプラントルの理論にもとづくプロペラの理論を作りだしていたが、グロワートはその理論をイギリスに紹介した。その過程で、それまでのプロペラ理論に概念上の不備が見いだされ訂正されることになる。

航空工学の誕生以来、研究者たちはプロペラの形状を設計する際に二つの理論を利用してきた。その一つは「翼素（blade element）理論」と呼ばれるもので、プロペラの一枚ずつの羽根（ブレード）を翼型の集合と考え、それら各翼型の空気力学的性能（揚力と抗力）を足し合わせることで全体としてのプロペラの性能を決定しようとするものである。(29) この翼素理論はもともと船舶用スクリューの推進力を求めるために、フラウドらが考案したものであるが、飛行機のプロペラに対してはジェヴィエツキらの技術者がその扱いを説明する著作を発表した。(30) 航空機にとっては翼型の風洞測定データを使うことができるため、プロペラの設計には至便の理論であった。この理論によれば、各翼素が最大効率を発揮するためには最大の揚力と抗力の比を達成させればよく、そのような迎角をすべての翼素がもてばいいことが示される。それゆえこの理論は「入射一定法(constant incidence method)」などとも呼ばれた。理論はプロペラの空気力学的性能を決定し、各飛行機の特徴に最適となるプロペラの形、サイズ、厚さなどを設計する指針を提供することができた。

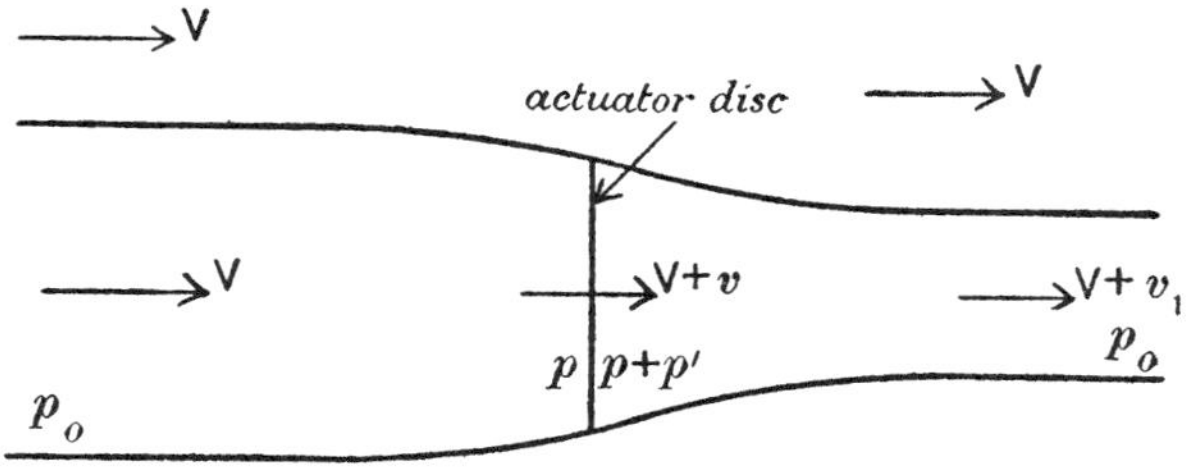

図4.4　プロペラの前後の空気の流れ（Glauert, 1926）

プロペラの流体力学的性能を計算するためのもう一つの理論が「運動量理論（momentum theory）」と呼ばれるものである。[31] 図4・4が示すように、この理論はプロペラによって空気の流れにおける速度・圧力・直径などの変化を説明するものである。翼素理論だけではプロペラが実測値よりも大きい推進力を出すように計算されてしまうが、この運動量理論と結びつくことによって実測値とも合う推進力を計算することができた。NPLのフェージはプロペラの研究にも取り組み、翼素理論をさらに改良する目的で、気流の速度の変化を考慮するような理論を提案した。そのときまでに翼素理論は以下の要因を無視していることが理解されていた。

(1)プロペラの羽根同士の相互干渉
(2)同一の羽根の近傍部分の干渉
(3)羽根の端の効果
(4)プロペラボス（プロペラ中心部）の効果
(5)プロペラに流入する気流が有するようになる通常の空気とは異なる速度[32]

運動量理論はこの最後の要因を決定する鍵を与えてくれるため、翼素理論と運動量理論との双方を配慮したプロペラ流の理論として流入理論などと呼称されることもあった。

RAEのウッドは単純な翼素理論からの理論値と実測値とのずれの原因は、上記（1）の羽根と羽根の相互干渉がもっとも重要であると考えた[33]。流入理論が仮定する「流入ファクター（inflow factor）」なるものは、実際には相互干渉や羽根の端末など他の諸要因の影響を表すにすぎないのではないか、と推測した。

フェージとベアストウはウッドの物理的議論の妥当性を認めたが、流入ファクターは実験データを提示する最良の方法であると考えた。というのは、それは物理的意味も明解に思え、必要となる計算も簡単で、「より技術者にアピールする」考え方だったからである[34]。第一次世界大戦後には、この流入理論による流入気流速度の外部気流速度からのずれについて、別の考えが付け加わるようになった。第一次世界大戦後ロシアからアメリカに渡った航空技術者ジョルジュ・ド・ボセザが、流入気流は回転速度ももつようになるという考えを提案した。軸方向と回転方向の双方の流入速度を考慮することで、ボセザは「完全なプロペラ理論を発展させた」と、ウッドは彼の理論を推賞した[35]。ボセザのNACAの報告には、そのような軸方向と回転方向の二つの流れの速度を「スリップ速度」、「レース速度」と呼び分け、それぞれを説明している[36]。戦後の研究報告の中で、フェージもまたこのような二つの流入速度を考慮するようになった。以前の論文では「これらの速度を無視する効果はおそらく小さい」と見積もっていたが、一九二一年の論文では「かなり大きな回転流入速度を仮定しなければならない」と述べるようになった[37]。

だがこの「回転流入ファクター」は、問題をはらんだ物理概念であることが判明した。航空研究委員会の一九二一―二二年度の年次報告には、プロペラに関する報告が三本掲載され、それぞれが回転流入ファクターを三者三様の仕方で扱っている。その一つ、流体力学者テイラーによって書かれた論文は『プロペラ理論における『回転流入ファクター』』と題されており、同ファクターが引用符で括られている[38]。同ファクターは実在しない速度を仮想的に仮定しているという著者の主張を暗示してのことである。一九二一年五月の空気力学小委員会の席上で、彼はその意味することを説明した。流体力学理論の観点からは、このような回転流入ファクターなるものを基本的には説明できない。説明するためには空気の流れに脈動的な動きのようなものを想定しなければならない。さらに翌月の委員会で同概念に関する二本の短報を提出したが、それによりこの概念が現象を説明するために必要だが、仮想的なファクターであることを説いた。[39]

テイラーによる要約はこのファクターの謎めいた性格を次のように説明する。

フェージとハワードの両氏は最近のプロペラ理論の研究において、プロペラの翼理論の結果を実際のプロペラの圧力分布の測定結果と調和させるためには、羽根に近づいていく空気の流れの中にかなりの回転運動を想定せねばならないことを示した。これを彼らは「回転流入ファクター」と呼んだ。他方流体力学的考察からは、プロペラへの流入にはそのような回転運動があってはならないことが結論される。パネル氏とジョーンズ氏はそのような回転が存在するとしてもそれは非常に小さく彼らの装置では検知できないこと、存在しても「回転流入ファクター」を導出するのに想定される回転の六〇分の一以下にすぎないことを示している。[40]

この言葉のすぐ後に、次のような言明が続く。

このずれの理由が〔本報告で〕議論される。「回転流入ファクター」の存在はプロペラの翼理論の本質的な特徴であること、しかしそれはまさに流入する流れの回転は不可能であるという事実のためにそう考えねばならないこと、この一見背反する結果が得られる。[41]

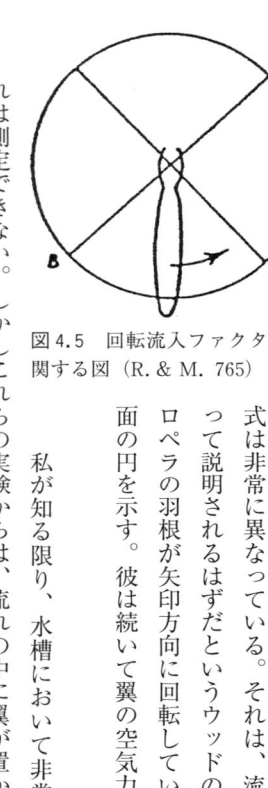

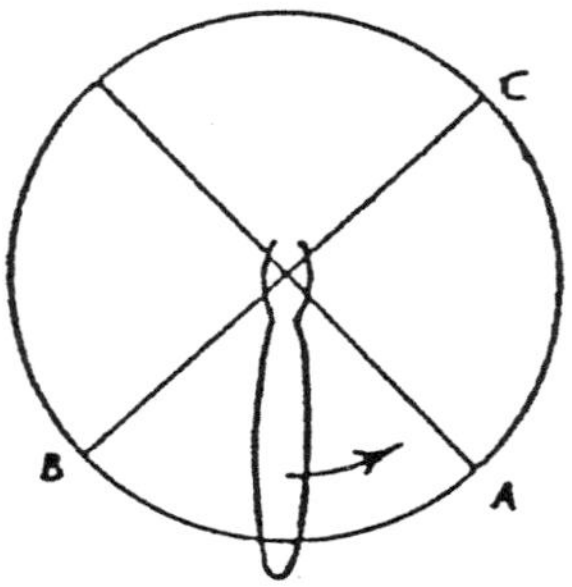

図4.5　回転流入ファクターに関する図（R. & M. 765）

テイラーの議論は本質的には揚力の循環理論と同じものであるが、彼の説明様式は非常に異なっている。それは、流入ファクターは羽根の間の相互干渉によって説明されるはずだというウッドの主張に沿うものである。図4・5は、プロペラの羽根が矢印方向に回転していることを示し、円ＢＡＣはプロペラの前面の円を示す。彼は続いて翼の空気力学的性能に関する実験に注意を促した。

私が知る限り、水槽において非常に小さな lv/v の値以外は翼の周囲の流れは測定できない。しかしこれらの実験からは、流れの中に翼が置かれると翼の上部では流れの速度が流れの平均速度よりも大きくなり、下では小さくなることが示される。少し考えるとこれはほとんど必要条件であることが分かる。したがって、静止している空気の中を翼が動くときに翼より上の空気は前に進み、下の空気は後ろに進むと思われる[42]。

この考察から、羽根がＢからＡに動く際に、羽根の前の空気は（翼の上の空気に対応して）反対方向、すなわちＡからＢに動かねばならないと推測する。ケルヴィンの流体力学の定理によれば、この円のまわりに循環する流れはないはずである。すなわちＡＢに沿う円環的流れは円の他の場所の流れによって相殺されなければならない。ここまで一枚だけの羽根が考慮されたが、プロペラがたとえば四枚羽根であるならば幾何的対称性から、この羽根によって生まれるＡからＢへの流れは、他の三枚の羽根によるＢからＡへの流れによって相殺されなければならない。この他の羽根によって生みだされる対抗的気流の効果こそが、いわゆる回転流入ファクターの正体である。テイラーは報告でそのように謎解きした。

フェージとグロワートは各報告でテイラー論文を引用するが、それぞれが異なる仕方で引用している。フェージは「G・I・テイラー氏はこの回転流入速度の本性について光を投げた」とするが、その仮想的な性質については立ち入って語ろうとしない[43]。彼の関心は、風洞からの実験データをプロペラの設計に役立つように提示することにあり、理論を流体力学的に深めることへの関心は薄かった。回転流入速度が存在しないということを強調する代わりに、回転流入速度が「仮定されなければならない」というテイラーの議論の一つの側面をフェージは強調したのである[44]。

一方グロワートは「テイラーによって指摘されたとおり回転流入速度は存在しない」と明言した[45]。ドイツの空気力学の紹介に専念していた彼にとって、回転流入速度が存在しないことはプラントル理論の論理的な帰結だった。フェージと逆に、彼はこの回転流入速度の非存在性の側面を強調し、そのことによりドイツの新理論の優秀性を強調した。そして旧理論と新理論の概念的な差異を際立たせようとした。

プラントルや他の著者たちによって作られた循環と渦にもとづく翼理論の観点からすれば、これらの概念からプロペラの理論の基礎全体を考察し直すことが望ましいと考えられる。〔ドイツのプロペラ理論〕は現行の「流入」理論と形の上では似ているが、根本的な概念において異なるのである[46]。

グロワートの報告は一九二二年三月の空気力学小委員会会合で検討された。彼の提示したプラントル理論からの回転流入ファクターの再解釈は、理論家・実験家双方から批判的吟味を受けた。ウッドはグロワートの提示する理論は流入ファクターを二分の一と固定して考えることができるので、設計家に使いやすく有用であると支持し、プロペラ・パネル委員長のヘンリー・C・ワッツは、プラントルの理論では迎角の変化に応じた予測の精度に疑問があり、経験的な流入ファクターの利用が必要であると指摘した。理論家ラムはグロワートの論文における流体力学的な議論は問題ないと保証した(47)。グロワートの報告は、ケンブリッジで開催されたプロペラ・パネルの委員会でも議論され、ケンブリッジの科学者・技術者が彼の議論の科学的妥当性と技術的有効性を検討した(48)。

テイラーはグロワートの提示する議論に関心を示した。しかしラムが告白したように、テイラーもまたそれを理解することに努力を要した。グロワートがプラントル理論をプロペラに応用する際に仮定したいくつかの物理的前提、とりわけ干渉と渦の扱いに関して考察した。そのような考察を報告する意図は、プラントル理論を反駁するためでなく、イギリスの研究者たちがこの馴染みのない理論を理解しやすくすることであると断った。委員会に提出されたノートの序論で、彼は次のようにいう。

プラントルの空気力学の扱い方に不慣れな読者にとっては、いくつかの困難が生じていることだろう。これらの困難は、精査することで払拭されると私は信じている。本稿を提出したのは、このようにグロワート氏の論文を読むことを助けるためである(49)。

グロワートがドイツとイギリスの研究者の仲立ちを務めたとすれば、テイラーはグロワートとイギリス国内の科学者や技術者との間の仲立ちをしたということができよう。これらの各研究者の演じるそれぞれの仲介作業により、プラントル理論はしだいにイギリスの航空工学者たちの間に受け入れられていった。それは、プラントルの理論的前提を無批判に受け入れ理論体系をそのまま学習していくのではなく、それまでの理論や経験的仮説との折り合いを吟味しつつ進められる受容過程だった。一見矛盾にも思えるような概念的対立が実は矛盾してないことを示したテイラーは、その過程でまさに要の役割を果たした。

6 国際風洞比較試験

プラントル理論のイギリスにおける受容において一つの画期を与えたのが、各国の異なる風洞の測定結果を比較しようとするプロジェクトだった。その比較評価をする過程でプラントル理論が再び脚光を浴びることになるのである。

この国際風洞試験というアイデアは、航空省の研究主任であるヘンリー・R・M・ブルック=ポファムの書簡の形で空気力学小委員会に届けられた。一九二〇年二月付のその書簡は、それ以前になされたNPL、エッフェル空気力学研究所、MITの風洞のデータを比較する試みがなされたことに言及し、英米仏の代表的な研究所の風洞について同様の比較試験を遂行することを要請した。そのために、彼は同一の飛行機、プロペラ、飛行船などの模型を利用して測定試験することを提案した[50]。

小委員会で提案は承認され、親委員会の航空研究委員会に上申された。親委員会は提案を承認し、小委員会にこの国際比較試験遂行にイニシアチブをとるよう命じた[51]。同時に航空研究委員会は提案で言及されていた海外の四研究機関——フランス・サンシールにある空気力学研究所のトゥサン、エッフェル研究所のエッフェル、イタリアの中央航空研究所のガエターノ・A・クロッコ、NACAのナイト——に比較試験参加を呼びかける書簡を送った。書簡には、標準的な翼型、飛行機、流線形の飛行船の三種類の標準モデルについて試験を行うことが示唆されていた。四機関から試験遂行にあたってのコメントや意見も添えられ、試験参加を承諾する返事が届いた[52]。承諾の返事を受け、NPLでこれら三種の標準模型が製作されることになった。

参加国はその後次々に増えていった。一九二一年八月、オランダ・アムステルダムの帝国飛行研究局（Rijks-

Studiedienst voor de Luchtvaart）から国際試験への参加希望の書簡が届き、ホストを務める英航空研究委員会は、同機関が国立機関であることを確認し参加を承認した[53]。翌年九月にはカナダ・トロントの連合航空研究委員会（Associate Air Research Committee）から標準模型の送付について打診を受け、一一月には日本帝国海軍から同計画についての情報と計画参加の意向について連絡があった。双方の申請とも承認され、標準模型はカナダでの試験の後、日本へ送付されることが決定された[54]。

参加申請はゲッチンゲンからも届いた。プラントルはこの計画を計画が開始する前から知っていた。一九二〇年四月、ＮＡＣＡ技術顧問のナイトがゲッチンゲン研究所を訪問した際に、プラントルにこの計画について説明したのである。プラントルは強い関心を示し、試験方法などについてのコメントをナイトに伝えた。ナイトは航空研究委員会が試験計画を開始すれば、プラントルの提案もＮＡＣＡからイギリス側にただちに伝えられるだろうと述べた[55]。このときまでに航空研究委員会もゲッチンゲン研究所の成果の重要性に気づいており、同研究所の協力は科学的観点からも好ましいことであった。航空研究委員会は航空省に米仏など連合国側各国の研究機関に対して、とくに手続き上の問題がなければ、プラントルと協力する方向で連絡する意向であると伝えた[56]。

しかし翌月の航空研究委員会の会合で、航空省の研究主任から、航空評議会としてはドイツのプラントルとツェッペリン社に国際風洞試験への参加を打診することは好ましくないことが伝えられた。この連絡に航空研究委員会の委員たちは不満をくすぶらせたようである。ちょうどその折、グロワートとウッドがゲッチンゲンに派遣され、帰国後当地の実験施設と理論的成果について報告し始めていた。とくにウッドの報告では、同一翼型の測定でイギリスとドイツで測定結果が異なっていることを見いだし、国際風洞試験にゲッチンゲン研究所も参加することが望ましいことを提言していた[57]。航空研究委員会委員長に就任していたグレーズブルックは、ゲッチンゲンの風洞がＮＰＬのタイプの風洞と同程度の均一な風の流れをしていることに注意を向け、プラントルの研究所が国際風洞試験に参加することが科学的にも望ましいことを強調した。だが委員長の主張にもかかわらず、航空省研究主任はこの件について、将来取り上げられることはあり得るが、現時点では航空評議会に再考を求めるよう上申すべきでないと結論した。[58]

航空評議会がなぜそのように国際風洞試験へのドイツ諸機関の参加を敬遠し、参加打診の連絡を禁じたのか、その理由は航空研究委員会議事録に残されていない。しかし後の航空研究委員会議事録で言及されているように、その理由には外交上の事情が一因としてあったと思われる。[59] 航空研究委員会がドイツの二機関の参加を打診していた頃、航空評議会の関心は連合国航空管理委員会（Inter-allied Commission of Aeronautical Control）の処遇に集まっていた。[60] 先にも述べたように、第一次世界大戦後、アメリカを除く連合国諸国はヴェルサイユ条約に調印したが、そのためドイツでは動力付き航空機を利用した飛行が禁じられるようになり、同条約を確実に執行するために管理委員会が設置された。イギリスの航空評議会はこの政治的決定に不満をもった。評議会の委員は、ヴェルサイユ条約によるドイツの飛行禁止の条項は、フランス政府の固執によるもので、イギリス側としてはドイツの航空の発展はイギリスにとっても国益に適うと思われた。フランス政府はこの航空管理委員会を常置委員会とすることを望んでいたようだが、航空評議会は同委員会が早急に任務を終了し解散することを望んでいた。そのために、外交的な方策が検討されていたのである。

ちょうどその時期に、プラントルの研究所の国際風洞試験への参加が航空研究委員会から打診されたのである。第一次世界大戦終了後の欧米の科学界では、戦前にドイツの参戦に賛意を表明したドイツ人科学者・技術者たちを国際会議から排斥しようとする動きもあり、このようなドイツ人研究者の国際協力プロジェクトへの参加は難しい政治問題となっていたようである。プラントルらの国際風洞試験への参加は科学的見地からは疑いなく好ましいことであったが、政治的見地から好ましくないと考えられたのである。だがその後同年末になり、フランスの研究所がプラントルの研究所と協力していることを知り、ゲッチンゲン研究所の参加もイギリス政府によって承諾されることになる。(61)

国際風洞試験は、次の二つの試験を行うように計画された。

(1) 同一の標準翼型の異なる角度における揚力、抗力、圧力中心の決定

(2) 同一の飛行船模型の垂直安定板つき、垂直安定板なしの際の測定

最初の計画では飛行機の標準模型を利用し、そこに働く力、モーメント、安定性の係数などを測定することが考えられたが、二種類の飛行船モデルの測定が空気力学小委員会で提案されると、飛行機モデルの試験は暫定的に延期されることが決定された。この試験はこの風洞比較のプロジェクトにとっては本質的ではないと判断されたからである。(62)

NPLとRAEはこの風洞試験のために、RAF15型翼型とR33型飛行船の模型を製作した。これらは最初にNPLの二つの風洞で測定され、ついでRAEの三つの風洞で測定された。(63)そしてこれらの模型はていねいに荷造りされたうえで、フランスに搬送され、サンシールの航空技術研究所とエッフェルの研究所で測定された(一九二二年春)。フランスでの試験が終了すると、模型はいったんイギリスに返送され、外国への搬送中や外国での測定中に変形を被っていないかチェックされた。その後翼型と飛行船の標準模型はアメリカに送られ、NACAのラングレー研究所とMITの風洞で測定がなされ、イギリスに返送された(一九二四年九月)。NPLで再び形状などがチェックされ、模型は次にイタリアに搬送された。そして同様の搬送・試験・返送・検査の一連の手続きがオランダ、カナダ、日本など各国に対して進められた。この煩瑣な手続きのために、すべての比較測定試験が終了するまでに約一〇年の歳月を費やすことになった。

すべての試験で使用されたのは同一のモデルであった。モデルは注意深く製作され、製作時の寸法と形状を保つ

ために、繰り返し検査された。しかし実際にどのように力やモーメントを計測するかという測定の手続きについては各研究所に委ねられ、従来の実験方法にもとづき測定が進められた。NPLでは二つのグループが作られ、それぞれが七フィートの大きさの一号風洞と二号風洞を利用して各模型の空気力学的性能を測定し、別々に二本の報告を提出した。二号風洞を利用したグループは彼らの工夫により、空気力学天秤の感度を検査するために特別仕様の光学レバーを利用したが、一号風洞のグループはそのような装置は使わなかった。これらの小さな差はあったものの、両グループは基本的には同じ方法によって測定し、ワイヤ・スピンドル・紐などにおいて同じ補正方法を適用した。

一九二二年末にはフランスでの試験が終了し、彼らの報告書が第二の中間報告として回覧された(64)。イギリスの測定結果に比べ、フランスの測定結果は翼型の揚力などの係数について低い値を与え、抗力と圧力中心については同程度の結果を与えた。それとともにイギリスの研究者は、フランスの研究者たちが測定結果の取り扱いについて、イギリスの研究者とは異なる方法を採用していることに気づいた。それはプラントルの理論にもとづく風洞壁の効果を考慮した補正法を測定結果に適用するということだった。

プラントルの補正法はプラントル理論の基本概念である後方渦と誘導抗力の概念から導かれる。前述のとおり同理論によれば、主翼のまわりの空気の循環により翼端から後方渦が発生し翼の後方に伸びていく。風洞のような密閉された空間に置かれた際には、この後方渦が風洞壁の影響を被り、開放された空間にあるときよりも圧縮されたようになる。この風洞壁の影響は、円形や方形の断面を有する風洞であれば、鏡像法を利用した方法により比較的簡単に求めることが可能である(図4・6)。それにより逆に風洞壁がないときの誘導抗力を計算して求めることができるのである。

フランスの研究者たちは国際試験遂行時には、このプラントルの補正法をふだん測定データに適用するようにな

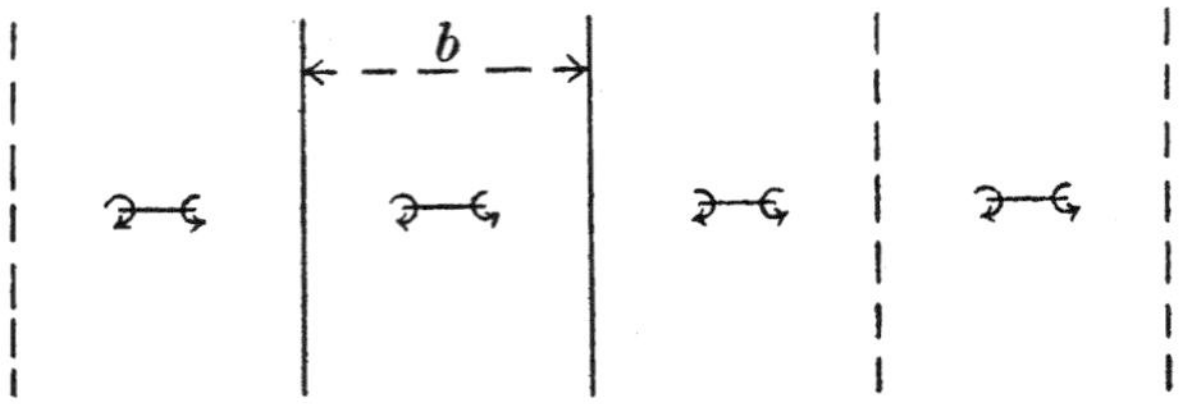

図4.6　壁面効果計算のための模式図（Glauert, 1926）
bという間隔の実線で挟まれたスペースが現実の風洞に相当し，そこに前方あるいは後方からみた飛行機主翼が描かれている．左右の翼端からそれぞれ時計回り，反時計回りの後方渦が生じている．これと同様の後方渦のセットを実線の外側左右に想定すると，それらにより風洞内の後方渦はやや押しつぶされることになる．左右一対だけでなく，さらにその外側，横方向だけでなく縦方向にも上下左右に，無限の後方渦のセットを想定する．壁面の効果はそのような無限の後方渦のセットを想定し，それらの効果を足し合わせることで比較的簡単に求めることができる．方形断面ではなく円形断面である場合は，壁面外側左右に同様の鏡像を一つずつだけ想定することで，より単純に計算することが可能である．

っていた。この国際試験では、イギリス側から他の研究所の結果と比較するために理論的補正を施さないよう要請されており、そのためフランス側はプラントル補正を施さずに測定結果をそのまま報告した。しかしフランス側代表は、プラントル補正をかけることを強く推薦する旨を報告書に付記した。

　実際、我々が行うすべての試験、とくに飛行機製作会社のためになされる試験においては、空気の流れに対してモデルのサイズを考慮するプラントル教授の補正法を加えております。[65]

　イギリスの空気力学小委員会は、その中間報告においてフランス側の意見を参考にして、プラントル補正をかけたデータとして測定結果を提供した。プラントル補正の適用は、フランスとイギリスの測定結果に対して必ずしもよりよい一致を与えるものではなく、また二つのフランスの研究機関の測定値の間でもよりよい一致を与えるものではなかった。ただフランスの二機関の揚力係数の測定の間では、よい一致を与えることになった。

　一九二三年三月にこの報告が準備されると、フランス滞在の経験をもつRAEのR・J・グッドマン・クラウチらはトゥサンとエッフェルの二つの空気力学研究所を訪問し、プラントルの補正法や試験方法全般に関して協議した。両研究所の代表ともプラントル補正は非常に正確であり、プラントル補正を適用した上で英仏の試験結果を比較することを望むと来訪者に告げた[36]。クラウチは帰国後、フランスにおいてドイツの研究成果が尊重されている事情を報告し、再度ゲッチンゲン研究所の国際風洞試験への参加を提言すべきであると述べた[67]。

しかしプラントル補正を高く評価するフランス人研究者たちの考えは、イギリスの科学者たちには共有されていなかった。彼らの多くはこのような理論的補正には懐疑的であり、実験データに補正法を適用することに消極的であった。例外はドイツを訪問しプラントルの理論的成果に親しんだＲＡＥのグロワートとウッドであった。デザイン・パネル、空気力学小委員会、航空研究委員会の各会合で、ウッドとグロワートはプラントル補正の適用とプラントル理論自体の受容を進ませようとした。

7　プラントル補正の受容

一九二〇年五月、空気力学小委員会の下にデザイン・パネルが設置された[68]。同パネルの任務は構造計算と翼型性能の研究にあったが、活動後すぐに議論が寸法効果に向けられるようになった。第2章にみたように、第一次世界大戦中、航空諮問委員会の下で主としてＮＰＬのベアストウとＲＡＦのファレンとの間で寸法効果をめぐる論争があった。そして複葉機の上翼下面の圧力分布でモデルとフルスケールの間に食い違いがあることが確認されつつも、その乖離の原因解明には至らなかった。プラントル補正の問題は、寸法効果の問題と関係してこのパネルで議論された。

デザイン・パネルは委員長をフルスケール擁護派のファレンが務め、モデル擁護派のベアストウは委員として加わっていなかった。[69]第二回会合で寸法効果に関する長い議論がもたれ、この件について早急にパネルとしての意見を出すべきであると結論された。[70]その目的のためにウッドが、前回の戦時中の寸法効果小委員会の最終報告が提出されて以降、ＲＡＥでなされた関連する実験研究をまとめる報告を提出した。[71]その報告は、揚力、抗力、風圧中心においてモデルとフルスケールの測定上の差異を指摘するものだった。彼らはさらに包括的な実験結果についての報告を提出することになったが、結論はその報告を待つことになった。

一年の準備期間を経て、ＲＡＥグループは一九二三年二月に寸法効果についての研究成果を報告書として提出した。[72]その間、グロワートが精力的にドイツの空気力学理論を航空研究委員会で紹介し、国際風洞比較試験も進行中であった。また報告書提出までの時期に、ＲＡＥの研究者たちはプラントルの補正法がフランスの研究者たちによって採用されており、測定結果に補正法を適用していることも知るようになった。プラントル補正法の適用は、まずデザイン・パネルにおいて、続いて空気力学小委員会で活発な議論を導くことになった。

デザイン・パネルの一九二三年二月の会合で、委員長ファレンはＲＡＥの報告を寸法効果に関する一般的な研究の一部であると紹介しつつ、同報告の風洞実験結果にはプラントル補正法を適用していること、そしてそのような適用はイギリスの研究者の間では初めてのことであると注意を喚起した。ファレン自身はこのような理論的な補正法の適用に必ずしも賛成ではなかった。フルスケールの測定結果は、「純粋に実験的な補正法」だけをかけられた風洞実験の測定結果と比較することが科学的に好ましいと彼は考えた。会合に先立ち、ファレンは委員長として親委員会の委員にプラントル補正の適用の是非について相談した。相談された彼らも、そのようなプラントル補正をあらかじめ適用してしまうのは好ましくないと述べ、その意見をファレンはパネルで伝えた。[73]理論補正の是非は、実験手続きの根本に関わる問題だと認識されたのである。

委員長のコメントに対し、ウッドはプラントル補正がすでに国際風洞試験で利用されており、ＲＡＥにおいても通常の風洞試験で採用されるようになっていると報告した。グロワートもウッドに同意し、ワイヤの干渉による補正法は類似の事例に当たるが、それはすでに長く妥当な補正法として使われていると指摘した。しかし二人の発言は他の委員を納得させるまでに至らなかった。ＮＰＬの空気力学部の部長を務めるリチャード・Ｖ・サウスウェルは、プラントル補正は報告書の中で別に独立の節を立てて論じるべきだと主張した。ＲＡＥ報告は四節からなり、最初の二節はフルスケール実験とモデル実験の結果を扱い、第三節は両者の比較、第四節はプラントル理論の応用について語っていた。またこの補正法が正しいかどうか実験的に確証することができるようになるだろうとも述べた。

デザイン・パネルはプラントル補正の適用の妥当性について判断を保留し、その判断をパネルの上位委員会にあたる空気力学小委員会に委ねることにした[74]。翌月の空気力学小委員会会合でプラントル補正の妥当性について議論が交わされた[75]。同小委員会の委員長は、第一次世界大戦中の寸法効果論争で「審判」役を務めたピタヴェルだった。彼は議論に先立ちプラントル補正法がすでに多くの外国の研究所では標準的な補正法として使われていると述べたが、多くの委員はＲＡＥの報告のようにプラントル補正をした上で測定結果を示すという提示方法に反対だった。ベアストウ、ファレン、ジョーンズ、グレーズブルック、ラムといった委員たちはいずれも「純粋に理論的な補正」を試験結果そのものに適用してしまうことは好ましくないと考えた。生のデータに対する補正はしばしばなされるが、「そのような補正は実際の観測にもとづいたものであり、プラントル補正とは性格を異にする」と彼らは主張した。サウスウェルはプラントル補正がＮＰＬにおける標準的な手続きにはまだなっていないと指摘し、四フィート風洞での複葉機の実験によってこの補正法の妥当性をチェックすることになっていると述べた。

空気力学小委員会会合にはグロワートが参加しておらず、補正法適用を支持するウッドだけでは他の批判者たちを満足させるほど十分な論拠を提示できなかった。プロペラの実験では壁の効果による補正法が適用されるという指摘にとどまった。委員長の提起により通常のデータの提示方法として次のような提案が多数決によって採用された。測定結果は実際の結果が図と表の形で与えられ、加えて著者の判断によりプラントル補正が適用された結果も付記されてよい。プラントル補正の妥当性の議論はＮＰＬの実験の成果が得られるまで延期されることになった。

二カ月後、ＮＰＬ所長のサウスウェルは航空研究委員会に対して、実験からはまだ決定的な結果が得られていないことを伝え、翼の背後の気流の可視化がもう一つの決定実験になりうることを示唆した。ＮＰＬのスタッフが秋になりこの計画にすぐ着手できるよう、夏期休暇の間にこのことを航空研究委員会側で議論しておくよう依頼した。サウスウェルの要望に応じて、空気力学小委員会はこの案件を議論する会合を設け、二種類の実験研究を進めることを決定した(76)。それらはいずれもプラントル補正の応用の正しさを実験的に検証することを目的にしていた。第一の実験は、同一モデルを四フィートの小型風洞と七フィートの大型風洞で計測し、風洞壁の干渉による結果の差を検討するものであり、第二の実験は、異なる翼長の翼から後の空気の流れを可視化することで、プラントル理論がどの程度現実と合うものなのか決定しようとするものであった(77)。

ＮＰＬの実験が遂行されると、その結果にもとづき、グロワートは一一月に「翼の渦理論の実験的試験」と題する報告を提出した(78)。ＮＰＬの実験結果はいくつかの翼型の風洞試験でプラントル補正が正確なことを示すものだった。サイズの異なる風洞間でプラントル補正の適用による実験結果の一致具合は、国際風洞比較試験におけるフランスの試験結果よりもさらによくなった。小委員会の会議で各委員はこの一致のよさに注目した。

しかしまだプラントル理論の適用に対する疑念は完全に払拭されはしなかった。テイラーは同理論の確証の科学的根拠を問うた。プラントル理論が措定するその効果は、翼のまわりの空気の循環により引き起こされるものなのか、あるいは空気の渦（eddy）によって生じているのか。議長はテイラーにＮＰＬのスタッフとその疑問について話し合うように促した(79)。テイラーは翌月、プラントルの循環理論の基本的前提を正当化するグロワートの論述に不備があることを指摘した。[80] グロワートは上記「実験的試験」の論文冒頭で実験的検証について説明していた。NPLにおける翼のまわりの空気の流れの計測は、翼を囲む空気の循環が翼を囲む閉曲線の描き方から独立であり、その値は理論値に非常に近いことを示しているとグロワートは述べていた。それに対してテイラーは、閉曲線があるる特別の仕方で描かれると、グロワートによって引用されている実験結果は循環理論からも、あるいは不連続流の理論からも得られることを指摘した。したがって、NPLでの実験結果は、それだけからはプラントル理論の物理的前提の確証とみなすことができない。自分の議論は「この種の証拠がどの程度プラントル理論の確証としてみなせるかどうかみるために」提示したものであるとテイラーは陳述し、このような自分のコメントは「プラントル学派の業績の継承者の人たちにはおそらくよく知られていることだろう」とも付言した。[81]

空気力学小委員会の会議では、テイラーが簡単なコメントを述べた後、ベアストウとラムが疑念を表明した。プラントル理論によって計算された補正が本当に正しいかどうか定かでないがゆえに、七月の会合で決定された風洞結果の提示方法を変更するのは好ましくないと主張した。ウッドは異なる規模の風洞でのプロペラや飛行船の実験に対して同様の補正が施されていることを指摘し、プラントル補正を擁護した。議論の末にベアストウが実験データの提示法について提案し、ラムがそれを支持した。この提案では以下のような方法がとられた。

（1）風洞試験の数値結果はプラントル補正をかけずに現在の仕方で提示する。
（2）プラントル補正の量について注釈をつけておく。
（3）プラントル補正をかけた後の結果のグラフも提示する。[82]

一方、ファレンとジョーンズは、ベアストウの提案の修正を求めた。（1）にあるように理論的な補正をかけない実験から得られた生の数値データを直接提示するのでなく、プラントル補正をかけた上で提示するような方法を修正案として提案した。この間、ファレンとジョーンズはプラントル補正に関して意見を変え、ウッドやグロワートとともに、プラントル補正の正確性に信頼を寄せるようになっていた。ベアストウは自分の提案をやや変更し、プラントル補正をかけない数値結果の列とともに、プラントル補正をかけた数値結果の列をその横に付け加えることを提案した。

この修正案が提出された後、ベアストウ案とファレン-ジョーンズ案が委員会会合で採決にかけられ、その結果七対六の僅差でファレンとジョーンズの提示法が採択された。空気力学小委員会は親委員会に次のような提示方法を推薦することで結論づけた。

風洞試験の報告の著者は、試験結果についてプラントル補正をかけた後のデータを表と図式的なグラフの形にして提示すること。またプラントル補正の量についても付言しておくこと。[83]

そしてまたグロワートの報告は出版が承認された。

その直後、デザイン・パネルが招集され、寸法効果に関する最終報告をどのように提示するか、議論がなされた。その席上でサウスウェルが「本委員会が寸法効果はゼロだと考えているというような印象を払拭する必要がある」と釘をさした。[84]彼の言明は、以前の寸法効果小委員会での方針や結論に対する批判を含意するものだった。第2章で述べたように、第一次世界大戦の最中に寸法効果を検討した会議では、ベアストウはフルスケール実験における誤差の大きさを強調し、寸法効果の存在については過小評価する傾向があった。サウスウェルの提案にもとづき、デザイン・パネルでは最終報告において寸法効果をめぐる問題について簡単な経緯説明を述べ、プラントル補正の適用によりフルスケール実験と風洞内のモデル実験での計測値の間の「一致が際立って改善された」と指摘することになった。[85]

数年後に「寸法効果パネル」が改めて設置されることになった。委員長にはベアストウが選ばれた。パネルの任務は、寸法効果を研究することと、高圧風洞（可変圧風洞）の有効性を検討することにあった。高圧風洞の計画はNACAで設置されたことを受けてのものだった。NACAではドイツからやって来たムンクの発案で、ラングレー研究所の技術者の協力下でそのような高圧風洞の建設が進められた（図4・7）。NACAの委員長であったエイムズが訪英した際、王立航空協会でのウィルバー・ライト記念講演で、この新風洞の特徴を説明し、それに関心を深めたイギリス側の委員会が新風洞建設の可能性を検討することになったのである。

図4.7　ムンクと彼の設計した高圧風洞（Roland, 1985）

寸法効果パネルは四回の会議を通じてNACAの新型風洞の性能を検討した。アメリカの高圧風洞は風速の変動を起こし、寸法効果の理論的取り扱いも十分なされていないことを見いだした。しかしパネルは高圧風洞の建設を全会一致で推奨し、いくつかの基礎的な空気力学研究にとってこの新型風洞が不可欠の実験装置であると結論した[86]。航空研究委員会は小委員会の結論を受け入れ、一九二八―二九年度に高圧風洞の建設が着手された。

8　境界層概念の導入

プラントル理論の初期の導入に力を注いだグロワートは、前述のとおり流体力学や物理学を専門とする研究者ではなく、学生時代には天文学を研究した応用数学者だった。そのためプラントルの揚力と翼の理論の基本的概念と数学的計算法には精力的に取り組んだが、その理論的根底にある「境界層」の概念についての考察に踏み出すことはなかった。また他の研究者もプラントルの翼理論の妥当性を吟味する際に、その前提たる境界層概念を論評することはしなかった。だが前章でみたように、プラントルは一九〇四年に境界層の概念を提唱し、その概念的基礎の上に、翼に関する循環と後方渦の理論を打ち立て、第一次世界大戦後も境界層と密接に関係する渦や乱流の生起の問題に理論的実験的に取り組んでいた。一九二三年に風洞実験の計測データの補正にプラントル理論の適用を承認した頃を境に、イギリスの研究者たちもまたプラントルの翼理論とともに境界層の理論を受け入れるようになっていく。

その様子を見極めるために一九二〇年にインペリアル・カレッジに赴任したベアストウの流体力学研究の推移を追うことにしよう。[87] 彼は同大学の航空学科の教授に就任した後、粘性をもつ流体の方程式の数値解を求めようとした。そのために科学産業研究局（Department of Scientific and Industrial Research、略称ＤＳＩＲ）から支援を受け、二人の計算助手を雇い微分方程式を解くための煩雑な計算を実行させた。[88] 彼らの研究は航空研究ばかりでなく、流体力学や弾性固体の力学に対しても適用可能であると考えられた。ベアストウらの一九二二年の論文においては、二階のラプラス方程式を解くために解析的な方法とともにグラフ的な方法が試みられている。それに続く論文で彼らは解析的方法により四階の微分方程式を解こうと試みた。[89]

一九二三年にロンドンで国際航空会議が開催され、そこでグロワートとベアストウも報告した。[90] ベアストウの発表は、粘性を考慮した基礎方程式を考察することで、クッタとジューコフスキーの循環理論の適用条件などを検討するものだった。出席者の一人オランダの航空技術者Ａ・Ｇ・フォン・バウムハウアーはベアストウの講演を聴き、ドイツの研究動向について情報提供した。オランダの研究者として、彼はドイツの研究者が出席できる会議、できない会議双方に参加することができる立場にあった。その立場を利用し前年出席したオーストリアのインスブ

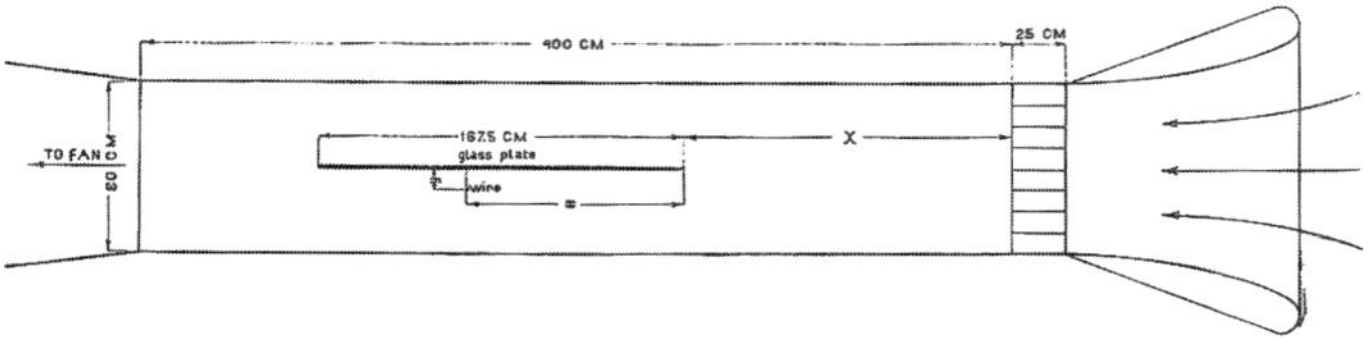

図4.8　ゼイネンらのガラス板面上の風速を測定する風洞実験
(Burgers and Zijnen, 1924)

ルックでの国際応用数学会議においてドイツの研究者たちが優れた発表をしたことを指摘し、大陸の研究者はプラントルの理論の限界も知り粘性の影響を考慮した方法を開発しつつあること、とくに境界層や乱流に配慮した優れた研究がカルマンらによってなされていることを伝えた。ベアストウはバウムハウアーのコメントを忠告として聞き入れ、ドイツ語圏研究者の空気力学研究の情報も入手することを心がけるようになった。一九二四年にはオランダのデルフトで国際応用数学会議が開催されたが、ベアストウはそこでプラントルの学生であったブラジウスの境界層方程式の理論的解法に関する研究を初めて知るようになる。だがそれはブラジウスの一九〇七年の博士研究の成果であり、一九〇八年に雑誌に公表されたものだった。同じ一九二四年にベアストウはオランダのデルフト工科大学のヨハネス・マルティヌス・ブルヘルスとB・G・ファン・デア・ヘッゲ・ゼイネンによる平面付近の流れに関する詳細な実験結果を掲載した論文を入手した[91]。

ベアストウはこのブラウジウスの公式とオランダの実験結果を利用して、一九二四年一一月一三日に王立航空協会で「表面摩擦」と題して講演した[92]。講演で彼は、プラントルの境界層に関する数学的な方程式とブラジウスによるその解法を紹介し、ベアストウ自身による解法をそれに付け加えた。一方、デルフトの風洞実験は幅四〇センチメートル、長さ一六七・五センチメートル、厚さ一・二センチメートルの厚さをもつガラス板の板面上の風速を板上の位置と高さを細かく変えながら熱線風速計で回数を重ねて測定したものである(図4・8)。ベアストウは、測定実験に相当する理論値をブラジウスの公式と自分の近似解法を用いて導出し、その計算結果とデルフトの実験結果をグラフ上で対比させた。

対比の結果は、いくつかの場合にわずかのずれを示し、一つの場合（高さに応じた風速の変化）に顕著なずれを示した。この結果を得て、ベアストウはプラントルの方程式は数学的近似であることを結論した(93)。

ベアストウの講演が終了すると、出席者の一人、技術者アーチボルド・R・ロウが、ベアストウを含むそれまでのイギリス研究者たちの態度を厳しく責める発言を行った(94)。ロウはまずベアストウがプラントルの理論と同等の理論をイギリス国内で発表したランチェスターの業績に十分な注意と敬意を払ってこなかったと皮肉をこめながら強く批判した。一九〇七年に出版されたランチェスターの『空気力学』には、「プラントルの境界層理論と原理的には同一の表面摩擦に関する満足な理論が与えられて」おり、今日の講演から一七年も先立っていることは「歴史の皮肉」だと述べた。ロウ自身もランチェスターの理論から長く関心をそらしてきたが、その理由は「不連続面の理論」に時間をとられていたからだった。戦後一九二一年にスイス人の研究者からプラントルの理論について教えられ、ドイツの研究者たちの研究成果とともにランチェスターの業績について知るようになった。そう述べると、ランチェスターの理論により見積もられる表面摩擦の値を紹介した。ロウのやや感情的なコメントは、一九二四年になり、イギリスの研究者の空気力学理論に対する考え方がいわばパラダイム転換に相当する大きな転換を遂げたことを反映するものでもあった。

ロウの後に五人の出席者が続けてコメントを加えた後にベアストウが回答した。ベアストウはランチェスターの業績について、ロウとは評価の高さが異なるとはいえ、長く無視されてしまったことについて残念なことであると述べた。そして第一次世界大戦以前から大戦を通じてイギリスとドイツとの研究成果の情報の流通が滞り、プラントルらの優れた業績を知らなかった理由の一端はそこにあるとした。そして今後は交流を積極的に進めることを望んだ。

表面摩擦と境界層の研究は、一九二〇年代後半から一九三〇年代に乱流の研究へと発展することで急速に進展し、イギリスにおいてもテイラーが研究をリードしていくことになる。その事情は第6章で取り上げることにして、次章では一九二〇年代になされた航空研究委員会の下での航空研究を別の角度から分析することにしよう。時期は再び第一次世界大戦の終了直後に遡る。

第5章 理想的な流線形をもとめて

——技術予測と長期研究計画

NPLで測定された競技用スーパーマリン水上機（S.6）のモデル
（ARC Annual Report，1929-30）

1　ジョーンズと流線形機の追究

二〇世紀の飛行機の発展を見渡すと、まずはプロペラ機からジェット機へと速度を向上させる推進エンジンの革命的な技術革新があった(1)。だが飛行機の機体に着目すれば、その材料と形状はプロペラ時代にあっても大きな発展があった。第一次世界大戦には木製複葉機だった飛行機は、第二次世界大戦には流線形をした金属製単葉機へと変貌し、空気力学的性能を飛躍的に向上させた。木製から半金属製、全金属製となっていくことによって、楕円形をした主翼や気流の乱れを極力抑制した流線形機体の製造が可能となり、大戦中にはそのような飛行機が実際に量産されていった(2)。

飛行機の速度向上、流線形の達成の歴史を語る際にしばしば引用されるのが、メルヴィル・ジョーンズが王立航空協会で発表した「流線形機」と題された講演である。それは、形状を理想化し空気抵抗を最小限にまで削減させたときに、現行のエンジンで速度がどれだけ増大するか、その潜在的可能性を近似的だが理論的に計算し、グラフによって視覚的に表示するものだった。このジョーンズの講演がなされたのは一九二九年のことであるが、彼はそれに遡る八年前の一九二一年から、速度向上の可能性について同様の関心をもっていた。しかし彼のその関心は、当時のイギリスの航空工学界の中にあって多数の了解を得られず、空気抵抗削減のための研究は着手されなかった。

技術者がある時期に将来の技術をどのように予想し、そのためにどのような研究や開発作業に取り組めばいいと考えているか、そのような技術予測と研究計画との連関を実際に伝えてくれる歴史資料は少ない。その数少ない史料とエピソードの一つとして、一九二一年にイギリスの航空研究委員会で開催された「一九三〇年の飛行機」と題された議論がある。それは一九二〇年に企画され翌年二月の航空研究委員会の定例会議でもたれた議論で、タイトルのとおり企画時点で一〇年後の飛行機を予測し、その実現のために取り組むべき研究についてアイデアを出し合い、意見を交わそうとしたものである。

この一〇年後の飛行機を思い描き、長期的な研究計画を構想しようとする会合において提案された課題が、メルヴィル・ジョーンズの提案した空気抵抗削減の研究だった。ジョーンズはそこで、速度のレンジを大きくすること、飛行可能な最低速度を低めるとともに最高速度を高めることを提唱し、とくに後者の速度向上の重要性を強調した。そのために機体まわりの空気の流れ方を調べ、空気抵抗を低減することを重要課題として提起した。しかしジョーンズの提案は委員会の会合で反対され、彼の研究計画は採用されずに終わってしまう。そして一九二一年に開催された企画は、一九二〇年代のイギリスの航空研究のあり方を決定づけるような意義と性格をもった。七年後の一九二八年に同様の長期計画を議論する会議があったが、ジョーンズは再度同様の研究提案を提出し、そのときには全員一致でゴーサインをもらうことになる。

ではなぜこのジョーンズの有望な一九二一年の提案は拒否されたのか。本章では以下、まずジョーンズのこの提案がどのようなものであり、それをめぐりどのような議論が席上で交わされ、不採用に至ったかをみることにする。速度向上の課題にかわって、彼はいかなる研究に携わることになったのか。そしてその後一九二八年になり、彼の提案はどのような形で復活したのか。よく知られている一九二九年のジョーンズ講演の背景と内実を本章ではみていくことにする。

2 「一九三〇年の飛行機」

一九二一年二月八日、航空研究委員会は通常の会議の後に、「一九三〇年の飛行機」という特別の議論の時間を設けた。「一〇年後の飛行機（あるいは他の航空機）を思い描くことによって航空科学研究の新しい道筋」を検討すること、それが趣旨だった。企画の発案は、航空研究委員会議事録をたどると、航空省の供給研究部長ブルック＝ポファムの前年一〇月の会合での発言に遡る。彼はそこで「航空のより広い側面と、航空科学の発展のための主要問題」を検討することを提案した(3)。この要望を受け、そのような主要問題がエンジン小委員会で議論され、同小委員会委員のティザードが他の委員と相談しつつ予備報告を執筆することになった。準備を進める過程で、検討すべきことは航空工学の主要三分野（動力、構造、空気力学）において一九三〇年の飛行機へとつながる重要な研究課題を探すこととされた。ティザードは報告の準備にあたって数人の専門家に意見を求め、求めに応じて約一〇名の技術者から回答を得た。いくつかの回答は委員会会合で回覧された(4)。ティザードは当初三分野すべてをカバーする報告を一人で執筆しようとしたが、仕事に追われ包括的な報告を書き上げることができなくなり、彼自身は専門のエンジンについてのみ書き、空気力学の分野についてジョーンズに代理執筆を依頼することになった。ジョーンズは突然の依頼を引き受け、短時間で報告を書き上げた。

ジョーンズ（図5・1）は一八八七年に生まれ、一九〇九年ケンブリッジ大学工学部を優秀な成績で卒業した航空技術者である(5)。ケンブリッジ在学中にランチェスターが『空気力学』と『滑空力学』の二著作を出版し、刺激を受けた彼は飛行機への関心を膨らませていく(6)。卒業後はしばらくウールウィッチの砲兵廠にいたが、奨学金を得てNPLで航空工学の研究に従事した。その奨学金は航空諮問委員会とNPL航空部門設立を機に設けられたもので、もっぱらインペリアル・カレッジの学生を対象としたが、ケンブリッジの学生に与えられる機会もあった。NPL所長で航空諮問委員会の書記を務めるグレーズブルックが、奨学金の空きを見つけジョーンズを推薦してくれたのである。その際にジョーンズが父親宛書簡に認めた喜びようは、本書冒頭で引用したとおりである。(7) NPLでの二年ほどの滞在中、第1章で解説したベアストウの下で進められる安定性の実験研究の準備と研究に新米の助手として作業に加わった。その後は第一次世界大戦勃発とともに陸軍に勤め、RAFなどで研究に従事し、航空部隊に所属し飛行機の操縦法も修得した。第2章で論じた寸法効果に関する論争については、NPLとRAFの双方に所属する経歴をもち、自らパイロットとして飛行試験に従事する者として、複雑な思いで傍観していたことだろう。第一次世界大戦終了後、一九一九年にケンブリッジ大学に講師として招かれ、新設された航空工学科の教授職に就任することになった。以後彼は一九五二年までその教授職に奉職する。

航空諮問委員会は一九二〇年五月に航空研究委員会として再編されたが、ジョーンズはそのときから同委員会と空気力学小委員会の委員に選ばれた。(8) ジョーンズの親委員会委員は当初翌年三月までと任期がついており、再任は可能とされた。おそらくその後なされる議論への参加を含め、委員会への貢献度が高く評価されたのだろう、彼はそれ以降も親委員会委員の地位に留まることになる。(9)

図5.1　B・メルヴィル・ジョーンズ（© Godfrey Argent Studio）

3　ジョーンズの研究提案

ティザードの依頼を引き受けたジョーンズは、報告を短時日で準備せねばならなかった。「将来のための研究の問題について、明日までに報告書を書けというのは法外な話だ」とティザードに愚痴をこぼしつつも、彼は議論のための報告書を準備した。時間的制約にもかかわらず、将来の航空技術の発展と期待できる研究トピックについて明敏な内容をもつ報告書を提出した。以下その内容を紹介しておこう。

ジョーンズ報告の結論の骨子は次のように要約できる。将来の飛行機は現在の飛行機よりもかなり速い速度を有するようになるだろう。そのための阻害要因として、安全な着陸をするために低速でも飛行できなければならない。そのために次の一〇年間に取り組まれるべきことは、空気抵抗を減らして飛行機の速度を向上させるとともに、着陸するために遅い速度でも十分な安定性とコントロールを確保することである。飛行機の速度の上の限界と下の限界の双方を拡張し、巡航可能速度の幅を広げること、それを今後一〇年の航空工学の重要課題と提言した。ティザードから手渡された他の研究者の回答には、そのような研究課題を記す回答が見受けられる。飛行機の各部品の抵抗を削減したりこれらの空気力学的干渉作用を探究したりすることで速度の向上を目指す提言もあるが、その一方でA・J・サットン・ピパードのように遅い速度で飛行できることを強調する回答もあった。ピパードは述べる。

このような形態の交通手段にとって、速い速度は主要な利点の一つになるだろうが、上述のことがさらにずっと根本的である。……この〔遅い着陸速度という〕重要な問題の解決に成功してこそ、非常に速い速度に集中

することができよう。(10)

ジョーンズはこのような他の委員たちの回答と提言を知らされ、それらのアイデアを取捨選択し、一つの首尾一貫した提案に仕立て直したと推測される。

ジョーンズは報告冒頭で工学研究における方法論について長い注意書きを与える。工学研究には「Aクラス」と「Bクラス」という二種類のタイプの研究がある。それぞれ長期的ならびに短期的な研究と特徴づけることができるが、彼の言葉によれば次のように定義される。

Aクラス：未来の実用的開発へとつながることを意図した作業。

Bクラス：現在のデザインの空気力学的特徴を決定するために必要な作業、現場ではおおまかに解決されている問題を将来の利用のためにより明らかにし確実にさせるための作業。

そしていままでなされてきた研究、すなわち第一次世界大戦中に遂行された作業のほとんどはBクラスに属するものであったとする。しかし戦争が終わった現在、Aクラスのテーマに積極的に着手するべきだとジョーンズは主張した。Bクラスの作業は「製造、技能、組織」など現実の条件によって制約されるが、Aクラスの作業はそのような制約条件に捕らわれずに進めることができる。その一方でBクラスの作業は課題達成までに要する時間とコストを見積もれるが、Aクラスの研究成果を得るために必要な時間やコストをあらかじめ見積もることは不可能であるとも論じた。また冒頭でこの考察では軍用飛行機と飛行艇は除外したと但し書きを述べている。前者については簡単な報告を航空省の研究主任に送っており、後者については十分に知識を持ち合わせていないからとその理由を付している。

そのように前置きをした上で、議論のために飛行機を二種類に分類する。一つは速度が最重要であるもの、もう一つはそうでないものである。高速飛行機は陸上交通がすでによく発達しているような地域で必要となるだろう。未発達の地域ではそれほどは必要性を感じないかもしれない。測量などの目的に対しても速度はさほど必要とされないだろう。しかし、「世界的な産業と考えられる航空は、前者の部類〔高速機〕の成否によってその成功が問われることになろう。そしてその部類の飛行機が将来の解決すべき困難な課題となるだろう」と主張した[11]。

Aクラスの仕事として、ジョーンズは九項目の重要な研究課題を提示した。そのうち五つは最重要であり、四つは副次的に重要とされた。五つの最重要な課題とは以下のとおりである（［　］内は各項の課題を引用者が要約したものである）。

（1）［速度レンジ］速度レンジを増大すること。それは（a）主翼の面積を変化させるか、（b）面積は不変だが必ずしも固定した形状ではない主翼の最大揚力と最小抗力の比を増加させるか、のどちらかをすることによってなされる。

（2）［失速］失速速度付近での制御の改良、失速機の欠点解消。

（3）［プロペラ］飛行機に組み込むとよい性能を発揮するような、共通の中心軸上の比較的大きな機体と小さなプロペラの組み合わせを見つけること。

（4）［降着装置］着陸の誤操作にも寛容で空気抵抗の少ない降着装置の改良、自動的な着陸補助手段の考察、降着装置の機体収納の問題。

（5）［エンジン冷却］エンジン冷却のために飛行機の表面を露出する方法を見つけること[12]。

これらの課題はすべて、何らかの形で飛行機の速度上昇に関わる問題となっている。（3）と（4）は飛行機の空気抵抗削減と関わっている。（5）は空気抵抗をあまり増大させることなく、エンジン冷却の問題を解決させることを目指している。また飛行機の速度上昇は、着陸の問題と密接に関わっていることをジョーンズは心得ていた。

高速を達成することは「いろいろな点でまさしく安全性の観点と対立する」ことになる。とくに着陸における安全性を確保するためには、低速の着陸速度、低速での良好な制御、適切な着陸装置を必要とする。低速でのコントロールを改善するために、ジョーンズは面積の変化する主翼など新しい形態の主翼の開発を期待した。当時はエンジンの故障も多かったため、そのような際でも安全に着陸することが必要とされた。

このような問題をふまえつつも、報告では高速機の技術的可能性こそが中心的な課題になると論じた。ジョーンズはいう。「もしも着陸の必要さえなければ、商品や乗客を知られている最良の流線形の機体に搭載し、知られる最高の揚抗比をもつ主翼で機体を支えることになろう」。流線形の飛行機を推進するのに必要なエンジンの馬力を、機体の空気抵抗、効率、飛行姿勢などの仮定を基にして計算し、理論的計算の値と既存飛行機の値との間に懸隔があることを指摘した。そのような差を量的にも指摘しておくことは、「安全な着陸をするという条件がいかに高速飛行機の開発を制約しているか」を明らかにしてくれる。「空気力学において驚くべき発見をしなくとも、航空において大きな発達の余地がある」。

速度レンジを拡大するための技術的解決法は、面積が可変の主翼を利用することだった。ジョーンズは、主翼の面積を変化させることはとくに大きな機械的問題を引き起こさないと考えた。「面積は実質的に不変だが変化する翼」、たとえば「ハンドレー・ページやRAEのフラップ式翼」によって、翼の揚抗比が改善するだろう。彼はこの方向の研究が重要であると考えたが、それが具体的にどのような方向に進むべきなのか、明確な予想を立てることができなかった。

ジョーンズは続いて主翼以外の飛行機部品の抵抗削減について語っている。空気抵抗の削減を妨げていることとして、次の五つの要因があることを指摘した。

（1）　パイロットのために広い視野を確保せねばならないこと

（2）エンジンの余剰の熱を取り除くこと
（3）降着装置が必要であること
（4）機体とプロペラの間の干渉作用による損失の可能性
（5）主翼の支持ワイヤや操縦装置などの補助的部品の抵抗

これらの要因の一つ一つについて、それらを技術的に解決することを可能とする方法についての考察が与えられている。（2）のエンジンの冷却については、戦時中攻撃に曝されやすいために水冷式は採用されなかったが、高速機のエンジンには採用されるべきだとする。（3）の降着装置は飛行中に機体内部に収納する方が好ましい。しかしジョーンズにとって、とりわけ「Aクラスの実験研究作業として現時点でもっとも実り豊かな方向として我々に開かれている」課題とは、機体とプロペラとの間の空気力学的な干渉作用の研究だった。この課題の追究のために、機体とプロペラの相対的な位置関係に関して、可能性のある三つの有望な飛行機の形状を提案した。それは、①大きな中央の胴体の内部にエンジン室を設け、一枚あるいは二枚以上のプロペラが中心軸上に位置するような形態、②①と同様の形態だが、プロペラが中心からずれた位置にあり、ギアなどによって回転されるような形態、③エンジン室を備えた小さな中央の胴体と中心軸上のプロペラ、ならびにその中心的胴体のいずれかの側に乗客と貨物を収納する大きな機体を有する形態、の三つの形態である。このうち将来どのタイプがもっとも普及することになるかどうか見通しを与えることはできなかったが、プロペラと理想的形態をもった機体との相互干渉効果をまずは検討すべきだとした。「最初の実験は探究的になろう」と述べた上で、「可能な数値変数を変えることで組み合わせを網羅的にカバーするよりも、悪い結果をもたらす組み合わせを除くようにして計画すべきだろう」とジョーンズは示唆した。

4　ベアストウの批判

一九二一年二月八日航空研究委員会会議で定例議題の終了後、「一九三〇年の飛行機に関する議論」が開催された。議論に先立ち、ジョーンズの報告を含む数編の報告や書簡があらかじめ回覧されたが、会合ではまず委員長指示により各報告の執筆者がその内容を簡単に要約した。[13] ジョーンズとともに他の三人の報告者の説明が終わると、出席者のコメントが続いた。[14] 口火を切ったのはベアストウだった。第2章で風洞測定をめぐりNPLのベアストウとRAFのファレンとの間で論争されたように、一九二〇年代の研究計画においてはインペリアル・カレッジの航空学科の教授に就任したベアストウとケンブリッジ大学新任のジョーンズとが、委員会の場で対立する意見を表明し合うことになる。

ベアストウは長い批判的なコメントを展開した。[15] それはまずこの企画自体に向けられた。「私には、委員会に提出された報告のあるものは、すでに定められた委員会の方針の変更を主張しているように思えます。各小委員会は、操縦性と安定性に関する問題が、性能の考察から生じる問題よりも緊急性が高いという指示を受けています」。[16] 議論に先立つティザードの問題提起へ回答を寄せた人物の中には、ベアストウのように「既定方針」とのずれを認識する者もいた。ファレンは回答の中で「委員会の方針は安定性に関連する問題を性能などよりも優先することになっていたと思うが」と断りつつ、エンジン冷却を重要課題として取り上げた。ベアストウは「既定方針」を再確認すると、低速における安定性と操縦性の問題が重要であると続けた。ジョーンズの提案は、低速の操縦という課題と関係する限りで既定方針と適合するが、そうでなければ委員会方針と抵触すること、とくに飛行性能を高める流線形機体の利用に緊急性を与えることは方針に反すると論じた。[17]

安定性と操縦性の問題はなぜそれほど重要だったのか。ベアストウは航空研究委員会の事故調査小委員会の最近の報告を引用し、事故の主要原因は現存の飛行機がいまだに適切な安定性と操縦性をもっていないことによると強調した。同報告によれば、事故を減少させるためには横方向の安定性と操縦性の研究が緊急の重要課題であった。そのような事故の頻繁な発生により、民間商業飛行の保険料は飛行コストの二割から三割に上昇していると指摘、さらに現在では夜間飛行ができず二四時間平均の飛行速度は平均時速四〇マイル（六四キロメートル）程度に止まっており、夜間飛行実現のためにも操縦性の改善が必要であると説いた。

ベアストウの長い批判的発言の後、八人の委員がコメントを述べた。そのすべてがベアストウの主張する飛行機の安全確保の重要性に同意し、それを異なる角度から説くものだった。ジョーンズのAクラスの課題に言及する際にも、彼らは安全性の改善につながるような側面を強調した。ある委員は、「速度範囲を増大させる際により重要なのは下限の方である」と指摘した。速度範囲の上限よりも下限が重要である、すなわち高速機の開発よりも低速でも安定し操縦可能な飛行機の開発がより重要だとされたのである(18)。時間節約が問題になる際に、高速の達成よりも安全な夜間飛行の実現が問題とされた。ジョーンズを擁護したのは、流体力学者のラム一人だった。彼はジョーンズのAクラスの長期的視野に立つ課題の重要性を指摘したが、発言は単に方法論上のコメントにとどまった。一方、RAEのウッドは、ジョーンズの機体による空気抵抗削減の見通しを楽観的であると批判した。「流線形機体においては主翼・プロペラなどの干渉の効果は空気抵抗をかなり上昇させてしまう」ように思われたからである(19)。

会合で発せられた多くのコメントや批判に対して、ジョーンズは逐一反論せず、すべては優先順位の問題に帰すとだけ応答した。Aクラスの新しい研究課題を提案することで、現在進行中の作業を中止するよう提言したわけではない、また新プロジェクトに着手すれば現在の作業を妨げたり遅延させたりする可能性に注意せねばならない。それゆえ「この種の研究は軽々に着手されるべきではない。少なくとも必要なスタッフや実験装置を確保し、それにより他の緊急な課題のための設備が削減されるかもしれないことを覚悟してから着手すべきだ」と注意した[20]。また新しいプロジェクトを緊急課題の作業の間に「サンドイッチ」させてしまうことも好ましくないとした。

多数ある研究課題はそれぞれが優先度に応じてランク付けされる。一般研究に属するような課題は、とくに戦時中は優先度が低く抑えられた。各研究施設の風洞を利用する際にも、スケジュールの割り振りで一般研究よりも緊急の課題が優先された。ジョーンズは彼の提案する研究課題に低い優先度がつけられ、細切れのスケジュールが割り当てられることを危惧した。

「一九三〇年の飛行機の議論」の発起人の一人ティザードは、長期的研究を重視しようとするジョーンズの提案に好意的であった。新しく提唱される研究課題のために、現在の課題で中止することができそうな課題を探し求め、たとえば双発機の一つのエンジンが停止したときの安定性と操縦性に関する研究などは中止してもいいのではないかと提案した。この問題はたいへん複雑で、解決の見通しがつくようになったときには現行双発機はすでに旧式扱いされてしまうかもしれない、と。そのようなティザードからの示唆にもかかわらず、結局、ジョーンズの高速機開発に関わる研究課題は委員会で採用されなかった。新しい研究プロジェクトを立ち上げるかわりに、彼は低速での操縦性の研究を続けるよう指示され、空気力学小委員会の下に新設される「安定性と操縦性パネル」の委員長を引き受けることになった。それがケンブリッジ大学航空学科に新しく就任した教授の当面の大きな課題となった。

5　着陸の問題

ジョーンズはただちに低速の操縦性を研究するための組織と計画に着手した。空気力学小委員会の下で、ジョーンズとパネル委員は航空母艦のデッキへの着艦、降着装置の衝撃吸収機構、さまざまな記録装置などを検討した。彼らはすぐに飛行機の失速速度の正確な計測が必要であることに気づき、失速付近の操縦性に関する情報を得ようとした。しかしそのためには、失速時に飛行することが必要となる。失速時の飛行あるいは失速寸前の飛行とはいかにして可能なのか。低速時の操縦性の研究を進めるにあたって、このような一見不可能に思える課題に委員たちは最初から逢着することになった。[21]

新設パネルの任務は低速の安定性と操縦性を研究すること、その研究の目的は安全な着陸技術を実現させることだった。失速付近での飛行の研究になぜ委員たちはそれほどこだわったのだろうか。それは当時の着陸の方法が失速寸前に至るまで速度を落とすことが求められていたからである。当時の着陸方法に関して、ジョーンズは後の報告で次のように記述している。

今日の通常の着陸ではパイロットは多くの理由から着陸地点に失速速度よりもかなり速い速度で接近する。そして失速が起こる前に車輪が地面に着地するのは好ましくないので、パイロットは飛行機を地面より少し高く滑空し、速度が減少し失速するまでそのように滑空する。[22]

着陸時にパイロットはエンジン出力を最低に下げ、地面へと下降する。飛行機は地面の近くを水平に飛行し、失速速度の二、三割増しまで速度を減少させる。さらに低く水平飛行を続け、最後に失速させることで飛行機は地面に着地する。今日の着陸方法と異なり、この方法は着陸速度を可能な限り遅くさせようとするものである。着陸速度を最小化する主な理由として、着陸する地面の性質をあげることができよう。舗装された滑走路をもつ今日の飛行場とは異なり、当時の着陸地面は草や土で覆われた飛行場“air field”であった。もし着陸速度が十分に遅くなければ、飛行機は着陸とともに車輪と地面の草地との摩擦により、つんのめってひっくり返ってしまう危険性がある。しかしその一方で、このような着陸方法により、パイロットは飛行機の速度を誤って失速以下に落としてしまうこともあり、そのため操縦能力を失い墜落してしまう危険性があった。実際に当時の飛行中の死亡事故の三分の二は、この原因による操縦能力の喪失であったとされる。

パネルの五年間にわたる研究活動の間、失速時の飛行性能を調べるために実機による飛行実験がなされた[23]。飛行自体が危険であり、実際一九二三年には死亡事故を招いてしまう。事故後にジョーンズが父と交わした書簡には、父からの次のような言葉が添えられている。「何と言っていいか分からないが、このようなことは起こるものであり、おまえがいっしょのときにいつも言っていたことを確認することになろう。戦時の圧力がなくなった現在なすべき重要なことは、飛行機を安全にすること、それがなされるまで飛行機は役に立たないということだろう」[24]。低速飛行における安定性と操縦性を改善し、それにより着陸時の安全性を高めること、それはジョーンズ自身がプライベートな場面でも語っていることだった。

低速における操縦性の研究は重要な応用先をもっていた。それは航空母艦への着艦という課題である。飛行機を載せデッキで離着艦させる航空母艦は、すでに第一次世界大戦の末期から登場し、離着艦の試験がなされており、パネルでもこの問題がしばしば扱われた。以前に着陸時の安定性を改善するには中心軸上の回転モーメントの増大を示唆されたことがあったが、失速時のローリングとヨーイングの開始は一秒もかからぬほど速く、同回転モーメントの増大は役に立たないだろうとされた。かわりに、飛行機が着艦する際には航空母艦は風上方向に向かって進むことが薦められた。

ジョーンズは、一九二五年、失速した飛行機の横方向の操縦についての報告を空気力学小委員会に提出した。委員長の報告は、パネルの研究作業に一段落を告げるものと評価された[25]。パネルの委員たちは失速時にもコントロールをある程度維持するためには横方向のコントロールが鍵であると判断した。飛行機は失速すると二つの異なる振る舞いをすると分析される。ヨーイングやローリングの回転をせずに真下に落下すること、あるいはヨーイングとローリングをいっしょに起こし、その後に真下へ落下すること。この後者の形態は「初期のスピン」と呼ばれ、大半の事故の原因になっていると考えられた。それを防ぐための工夫として、大きな方向蛇（ラダー）、スロットと補助翼（エルロン）を有する主翼が装備されたりした。大きな方向蛇は初期スピンで生じるヨーイング・モーメントを打ち消す働きをなし、スロットと補助翼によるコントロールは、望ましくないヨーイング・モーメントを生み出すことなくローリングを抑制することができるとされた。

ジョーンズは失速した飛行機の振る舞いを理論的に計算しようとした。正確な計算を遂行することはあまりにも複雑であるので、「飛行機に働く力が十分の一秒間は一定である」という仮定を措き、ステップごとに失速時の振る舞いを計算するという近似法を案出した[26]。この計算法を利用して失速機のコントロールについて分析し、その結果を観察と実験によって確認した。この一九二五年の報告をもって、低速時の制御を検討していたパネルの任務は終了することになった。航空研究委員会の年次報告が述べるように、「過去数年間、失速飛行中のコントロールの問題に非常に多くの時間が費やされ、その重要な特徴が理解できるようになった。これからは他の同様に重要な問題の検討に時間をさけることになる[27]」。

ジョーンズの下で低速飛行のコントロールが検討されることで、失速時の振る舞いが相当程度理解されるようになった。その一つの成果として、失速を起こさない最小速度についての設計上の規定が定められることになった。すなわちその速度より速く飛んでいれば失速を起こさないような下限の速度について、公的な規則を定めるのである。ジョーンズらの検討結果によれば、失速は時速五五マイルから六〇マイルまでの間の速度に減速してきたときに発生することが観測された。失速を起こす最低速度を時速五五マイルにすれば、その速度までは失速せずに安全に飛行することができる。最低速度を時速六〇マイルにすれば、多くの飛行機製作会社は空気抵抗を減らし、大きな揚抗比をもつ主翼を利用することで、高速の飛行機を製造していくことにつながるだろう。それは逆に着陸時の飛行の危険性を増すことになりかねない。空気力学小委員会でこの五五マイルと六〇マイルの間で意見が分かれたが、結局民間飛行機には時速五五マイルが最低飛行速度として設定された(28)。

6　高速機と長距離飛行機の登場

第一次世界大戦終了後、飛行機を一般の人びとの交通手段として利用する民間航空が始まった。イギリスでは戦中、戦後に設立された航空会社が一九二四年に政府の斡旋により合併し、インペリアル・エアウェイズ社となった。今日の英国航空の前身となる航空会社である。ロンドンの南にあるクロイドン飛行場からパリに向けて毎日の運行が開始され、その後ケルンやブリュッセル、またアムステルダムを経由してベルリンまでの便が運行されるようになる。その後同社は、ロンドンと世界中の大英帝国の領地とを結ぶべく路線を拡張していくが、その過程は領空通過の許認可を受けるための外国政府との交渉を伴うゆっくりとしたプロセスであった(29)。

民間航空が成長する間、冒険家たちが欧州、米州からさらに遠く離れた土地に向けて遠く、そして速く飛行することを目指した。時代の雰囲気をよく表す言葉が、航空史家セシル・R・ローズベリーの本のタイトルになっている(30)。『大空に挑戦する——航空のもっともエキサイティングな年月を彩った物語』。そう題された著作が扱う期間は一九一九年から一九三九年までである。そこには、大陸や海洋を越えて飛行しようとしたパイロットたちの失敗と成功のエピソードが散りばめられている。

これらの冒険と挑戦の飛行の数々の中で、やはりチャールズ・A・リンドバーグの大西洋横断が歴史的な快挙と

図5.2　リンドバーグが大西洋横断飛行に利用した「スピリット・オブ・セントルイス」号（Courtsey of Smithonian Institution）
空気抵抗削減のためコックピット・スペースは胴体内に収められ，前方確認のためにはパイロットは窓から身を乗り出さねばならない．

して特筆されよう（図5・2）。大西洋横断については、リンドバーグが飛行する直前の一九二七年五月初め、フランス人飛行家が挑戦し失敗していた。直後の五月二一日、リンドバーグが無着陸横断飛行に成功した。ちなみにニュースは日本にも伝えられ、全国で熱狂的に報道された。それとともに大西洋の次に太平洋の無着陸横断に関心が向けられるようになった。東京朝日新聞は「残るは太平洋！　誰が最初に飛ぶか、世界の関心の的」と伝えた(31)。航空懇談会なる組織が設立され、陸海軍、航空局、帝国飛行協会、航空研究所の各機関からの代表を招き、実際に太平洋横断飛行の可能性について協議された(32)。第二回委員会で委員は太平洋横断飛行が可能との判断を下し、帝国飛行協会の下でその飛行を計画遂行することを決定した(33)。

東京帝国大学航空研究所の図書室に保管された新聞の切り抜きアルバムには、この帝国飛行協会のプロジェクトに関する記事が収められているが、それとともにリンドバーグの大西洋横断飛行に至るまでの数年にわたり、世界各国の飛行家たちの記録的な飛行の数々が日本の新聞にも報道され、人びとの話題となっていたことをアルバムから知ることができる(34)。

長距離飛行とともに記録達成や競争の対象となったのが、スピードであった。一九二〇年代から三〇年代にかけて、飛行機は速度を大きく向上させていった。ローレンス・ロフティンの『性能の追求——現代航空機の進化』は、飛行機の誕生から一九八〇年代に至るまでの飛行機の性能向上の歴史を物語る歴史書であるが、一九二六年から一九三九年までの時代を「設計革命」の時代としている[35]。それに先立つ一九一八年から二六年までの「不毛の時代」と対照的に、その時代には上記のように民間航空の発達とともに、スピード競技用の飛行機の開発がなされた。

飛行機のスピードを競う国際競技会の一つとして、シュナイダー杯レースをあげることができる。このレースでは、高速飛行をしても着陸の問題が障害にならぬよう、浮きを脚につけた水上機によってスピードが競われた。アメリカのボルティモアで開催された大会ではカーティス社製の飛行機が記録を達成し優勝した。イギリスにおいてもスーパーマリンと呼ばれるタイプの水上機が設計され、優勝を果たしている[36]（第5章章扉図）。一九二〇年代後半には多くの飛行機が複葉から単葉になり、金属製の飛行機も徐々に登場し始めた。

7　流線形の重要性

リンドバーグが大西洋横断に成功した四カ月後の一九二七年九月、ジョーンズは航空機の性能を向上するために流線形が重要であることを示す論文を航空研究委員会の空気力学小委員会に提出した[37]。それは一九二一年に構想しつつも委員の反対で携われなかった高速機開発の検討課題を改めて提案する報告書だった。その冒頭で満を持したかのように訴えた。

性能向上のための研究にいままでよりも航空研究委員会の関心を向けるべき時期が来たと思われる。このよう

図5.3　可変ピッチ・プロペラの仕組み（R. & M. 471）
プロペラの羽根の軸を根元で回転させて羽根の傾きを変化させる中心部のメカニズム。

に考え性能に影響する要因を一般的に吟味し始めた結果、次の結論に達した。もっとも有望な研究は、飛行機に現在よりも流線的な空気の流れをもたせることである。可変ピッチ・プロペラを利用してプロペラの効率を向上させたり、アスペクト比を大きくさせたりして翼面の形状を改良し誘導抗力を低減させたりすることも重要ではある。しかしそれらはいずれも、〔空気の流れを〕流線的にすることによって得られる改善には量的にまったく及ばない……[38]。

可変ピッチ・プロペラ（図5・3）の開発と誘導抗力の削減は、それまでも続けられてきた研究である。プロペラのピッチを異なる速度において変化させることで、それぞれの速度でもっとも効率的な駆動力を引き出すことが可能になる。また誘導抗力の低減は小さなアスペクト比をもったり、楕円形の翼面をもったりするような翼によって試みられていた。

一九二一年の報告では質的にしか論じられていなかった空気抵抗の問題が、六年後の本報告では量的な算定がなされ、理想的な流線形の機体形状を達成した場合の性能が数値的に見積もられるようになった。六年の間にそのような量的計算を可能にさせたのは、第3章と第4章で説明したプラントルの空気力学理論、とりわけ彼の誘導抗力の概念だった。飛行機の翼が形成する後方渦によって翼が被る誘導抗力を見積もることで、飛行機全体に働く抗力は精度よく見積もりができるようになった。第一次世界大戦中には、風洞の試験結果と実機での測定結果との間に差が生じていたが、戦後プラントルの誘導抗力の概念の導入によりその差はある程度解消されるようになった。

ジョーンズはこの誘導抗力の克服に消費される推進力を誘導推進力（induced power）と呼んだ。そして飛行機が空気中を飛行する際に不可欠に生じるもう一つの抗力として表面摩擦抵抗があり、それを克服するための推進力を表面摩擦推進力（skin friction power）とした。そして空気の流れが流線形から外れ乱流が生じることによって消費される推進力を乱流推進力（turbulent power）とした。報告書の要点は、誘導推進力と表面摩擦推進力を定量的に概算すること、そして間接的に明示される乱流推進力がいかに大きいかを示すことにある。そのためにまず、誘導推進力と表面摩擦推進力とを理論的に見積もることが課題となる。以下その見積もりの要点を紹介しておこう。

まず誘導抗力の算定については、グロワートのプラントル理論の紹介論文に提示されている一般公式を利用する。それは単葉機と複葉機の場合に、飛行機の重量と全翼幅の値から誘導抗力のだいたいの値を求める近似式である[39]。一方、表面摩擦抵抗については次のような独特の近似法を提案する。それは飛行機の全表面摩擦を一枚の平面の表面摩擦に置き換える方法である。その「等価平面」と呼ばれる平面は飛行機の全表面と同じぐらいの面積をもち、飛行機の速度と同じ速度で空気中を飛行する平面で、進行方向の長さは飛行機各部品特有の進行方向の長さ、たとえば主翼であれば弦長をもつとしておく。また等価平面の面積は、実際の飛行機の全表面面積と同一ではなく、主翼、後部の翼、そして胴体の面積を近似的に算定した面積を使う。後部翼の面積は主翼の一五パーセントとし、胴体の表面積については胴体のいちばん大きい断面の周囲の長さと胴体自身の長さの積の四分の三と近似する。等価面積を求めるにあたって、他の要素――ワイヤ、着陸装置、支柱など――は、理想的な流線形の性能を吟味するという目的のために意図的に省略された。

また等価平面の表面摩擦抵抗の正確さを見積もるために、ジョーンズは平面の表面摩擦と実際の翼や飛行船に類似する流線形状の回転体の表面摩擦を、一定範囲のレイノルズ数に対して比較対照した。回転体の表面摩擦の計算にあたっては、飛行機の胴体表面積の見積もりと同様に最大部分を断面とする円筒の表面積の四分の三とした。こ

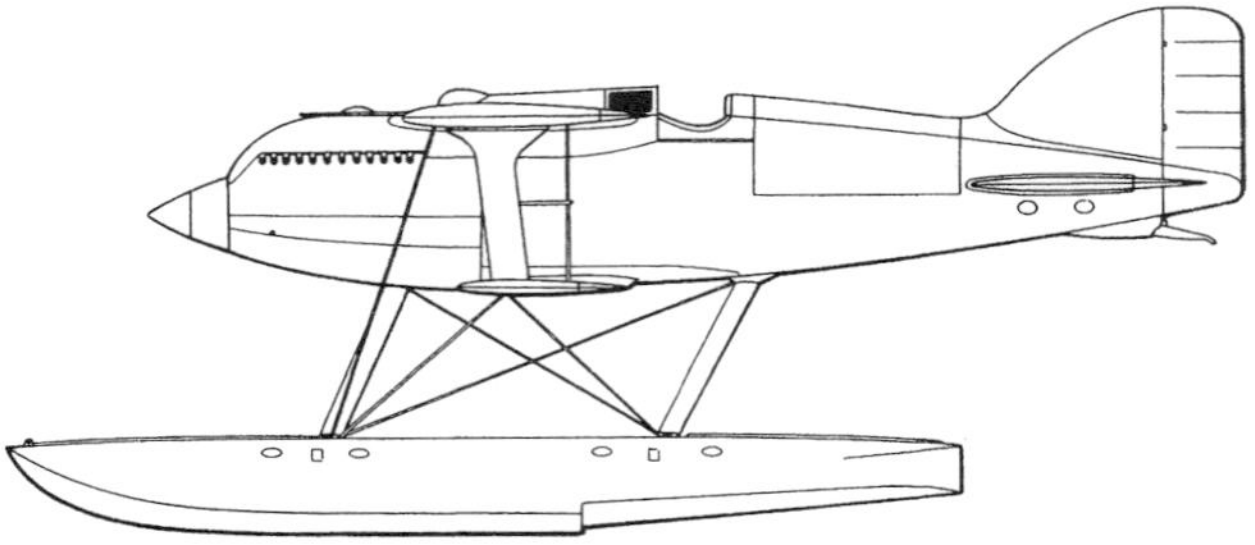

図5.4　競技用カーティス水上機（1926年）（Mondey, 1975）

の流線形回転体の表面摩擦は、異なる風洞での計測にバラツキがあるため正確な量的評価はできないが、最大部分の幅と全長との比が三を超えるような細長い流線形物体では、等価表面の表面摩擦を下回るという結果を得ている。したがって、等価表面を利用した見積もりは、けっしてオプティミスティックな評価ではなく、むしろコンサーバティブな評価だと註釈した。

　そのような理論的に最小の抵抗を受ける場合の算出方法を導出した上で、彼はいくつかの既存の飛行機に対して、実際の空気力学的性能と理想的な性能との比較を試みる。対象とされたのは九種の飛行機で、その中にはリンドバーグが大西洋横断に利用した「スピリット・オブ・セントルイス」号も含まれた。取り上げられた飛行機は、民間航空に利用されている実用的な飛行機五機、長距離飛行記録を樹立したリンドバーグ機、そしてスピード記録を目指す三機である。高速機のうち二機はカーティス社製の陸上機と水上機である（図5・4参照）。これら九機に対して、実際の水平飛行速度と理想的な流線形を達成したときの「流線形速度」が与えられ、それらの比率が示される。その結果は、表5・1のようになる。

　最初の三機は三機のエンジンを搭載した旅客輸送用飛行機として紹介されている。それら三機を含む実用機五機については上昇率についても求められ、実際の上昇速度と流線形にしたときの上昇速度を比較し、両速度の比率を算出している。その比率は、水平飛行の際の比率とやや異なり、ハムステッド機が一・七、アジャックス機が一・五、他の三機は一・六であった（これらのデータは、出版回覧された『リサーチ・アンド・メモランダ』版の報告では、三発式民間機、単発式民間機、高速機の三種に分

表5.1　9種の飛行機に対する実際の速度，流線形速度，流線形速度比（速度の単位は，マイル／時）

	実際の速度	流線形速度	流線形速度比
ハムステッド	116	197	1.68
フォッカー	124	201	1.61
アーゴシ	113	185	1.63
アジャックス	145	222	1.52
デ・ハビラン 50	112	173	1.53
スピリット・オブ・セントルイス	125	184	1.46
タイガー・モス	186.5	264	1.41
カーティス（陸上）	264	343	1.30
カーティス（水上）	246	300	1.22

類され、それぞれのデータのレンジが表にされており、個別モデルのデータは省略されている）。

流線形の効果については、プロペラと機体との作用と機体自体の流線形化の影響とが計算されている。プロペラと機体との作用については、実用機は流線形にされた理想機に比べて二〇パーセント台の効率性しか達成されていない。エンジンの推進力は、プロペラによる損失、エンジン冷却における損失、支持柱・ワイヤ・着陸装置などの空気抵抗、そしてさまざまな乱流の発生に費やされていく。流線形抗力は、機体全表面の表面摩擦抵抗と主翼などに作用する誘導抗力だけが作用すると想定した際の抗力である。

数値から指示される性能の向上、とくに大型民間機の最高速度の向上は大きく、もし近似的にでも実現されれば民間航空に対して甚大な影響をもたらすだろう。[40]

理想的な流線形状の機体による性能向上の量的な見積もりをこのようにした上で、続く第3部で理想と現実との性能の差が生じる諸原因が分析される。エンジンの推進力は次のいずれかに変容していく。後流の運動エネルギー、プロペラの羽根自身の表面摩擦、機体の表面摩擦、そしてこの表面摩擦に不可避的に伴う乱流以外の乱流。このうち前二者は無視し得る。第三の機体の表面摩擦についてもプロペラの位置により影響が生じるが、それでも影響は少ないと考えられる。それに対してエンジンの推進力損失の大半は、第四の乱流の発生、すなわち空気の流れが流線形の流れから逸脱する度合いに起因すると考えられる。この考察から干渉に起因する推進力の損失の大半は、流線形の流れからの逸脱によると結論される。

最後の第4部では、これらの乱流の発生に起因する推進力損失を低減するための研究課題が提示された。（1）機体とプロペラとの相互干渉、（2）小さな不規則性による流線的流れからのずれ、（3）空冷式エンジンの冷却、の三課題である。（1）については、既存の試験されたよい流線形状を用い、長さと幅の比が異なるものをいくつか用意し、プロペラを物体の前や後につけて推進力などの値を計測する。基本的計測ができればプロペラのサイズや位置などを変化させていく。（2）については最初に流線形物体から翼のように突き出る平面を取り付けて抗力の増大を測定する。続いて流線形物体のまわりにエンジンの気筒のような突起物を配置して同様に抗力増大の様子を測定する。（3）については、エンジンにカウリングと呼ばれる覆いを被せる方法や、冷却用空気をダクトによって送風する方法などの検討が提案された。

8　一九三五年の飛行機

「一九三〇年の飛行機」について議論がなされた七年後の一九二八年、航空研究委員会は再び長期的な研究計画を議論する会議を設けた。前回のように特定の年代が指定されたわけではなかったが、打診を受けた委員の中には、提出する報告書に「一九三五年の航空機」や「一九三五年の民間飛行機」のようなタイトルをつける者もおり、会議の主旨は以前の議論と同様に理解されていたようである。[41] しかし何年後の飛行機の進歩を予測するのかははっきりとは定められていなかったようで、一九三五年の飛行機の予想がある一方で、ジョーンズは今後一〇年間の飛行機の発展を予想して研究計画を提出した。航空研究委員会は一九二八年からの長期的な研究計画に関して予備的な報告を回覧した。空気力学の範疇には一五の研究項目が含められ、その中には流体運動の科学的検討とともに、水上機の速度を競う国際競技大会シュナイダー杯レースに出場した高速機の空気力学的性能を計測するという実践的な研究項目も含まれた。

「私の考えでは、空気力学の分野において次の一〇年間に航空工学者が専念することになる最重要課題は、飛行機の全抗力(head resistance)を低減させることである」[42]。冒頭このように始めるジョーンズの一九二八年の報告は、七年前の報告の研究テーマの多くを再提案するものだった。

七年前の「一九三〇年の飛行機」の議論ではジョーンズの提案はベアストウの反論によって不採択になったが、一九二八年に開催された今回の議論では、会議に出席した委員は全員ジョーンズの研究計画に賛意を表した。RAEのウッドは、流線形の機体の追究はエンジンの冷却の問題と対立することを指摘した。だがウッドの指摘は流線形追究の批判としてではなく、新たな研究課題の提案として受け止められた。ウッドの発言が引き金となり、興味を呼び覚まされた委員たちは、エンジンの表面上の空気の流れと温度分布について議論をし始め、その課題が「エンジンと空気力学の境界線上にある」ことを確認したりした[43]。ジョーンズの提案が受け入れられることで、建設予定の高圧風洞についても設計変更が提案された。もともと飛行機の失速を調べるために垂直のタイプが作られることになっていたが、飛行機の機体の空気抵抗をより適切に計測することができるように水平のタイプに変更された。

9　ジョーンズの理想性能

ジョーンズは、一九二九年一月、王立航空協会の会合で、「流線形の飛行機」と題する講演を行った。講演は一九二七年の報告で論じられている流線形の飛行機を製作することで、空気抵抗が低減し性能が著しく向上することを一般聴衆に向けて示すものだった。

この一九二九年の講演は、誘導抗力や表面摩擦力の克服のための推進力の見積もりについて、基本的に前々年の報告で説かれている方法を踏襲している。ただし、一九二七年以降に公表されたプラントルらによる境界層の新しい研究をふまえ、等価平面の摩擦抗力に対してやや異なる解説を与えている。協会講演では表面に生じる境界層を乱流境界層と乱流の生じない滑らかな境界層とに分け、それぞれで生じる摩擦抵抗の曲線を描いた上で、各翼型の空気抵抗の実測値をプロットし比較検討するのである。このことについては後述（本書第13節）する。

単純な幾何形状体としての飛行機の表面摩擦と誘導抗力を予備的に評価した上で、ジョーンズは当時の飛行機の性能と理想的流線形状の飛行機の性能とを比較するグラフを聴衆に提示した。そのグラフが図5・5である。それは空気力学史において流線形の重要性を示す図としてしばしば引用されるグラフである。[44] そこにはエンジンの重量当たりの出力馬力を表す縦軸と飛行機の最高可能速度を表す横軸からなる座標上に、二本の二重の曲線が描かれている。それらの曲線の作成にあたっては、表面摩擦抵抗と誘導抗力だけを有すると仮定した上で、通常の揚力を与える飛行機の形状から機体や主翼などの表面積を見積もり、機体の全抵抗を算出した。四本の曲線は翼面にかかる荷重の大きさに対して四種の場合を想定することに由来する。このグラフに、当時の主要飛行機の仕様と性能がプロットされるのである。図中、ほとんどの飛行機がほぼ同一の直線上にプロットされているのに対して、大西洋横

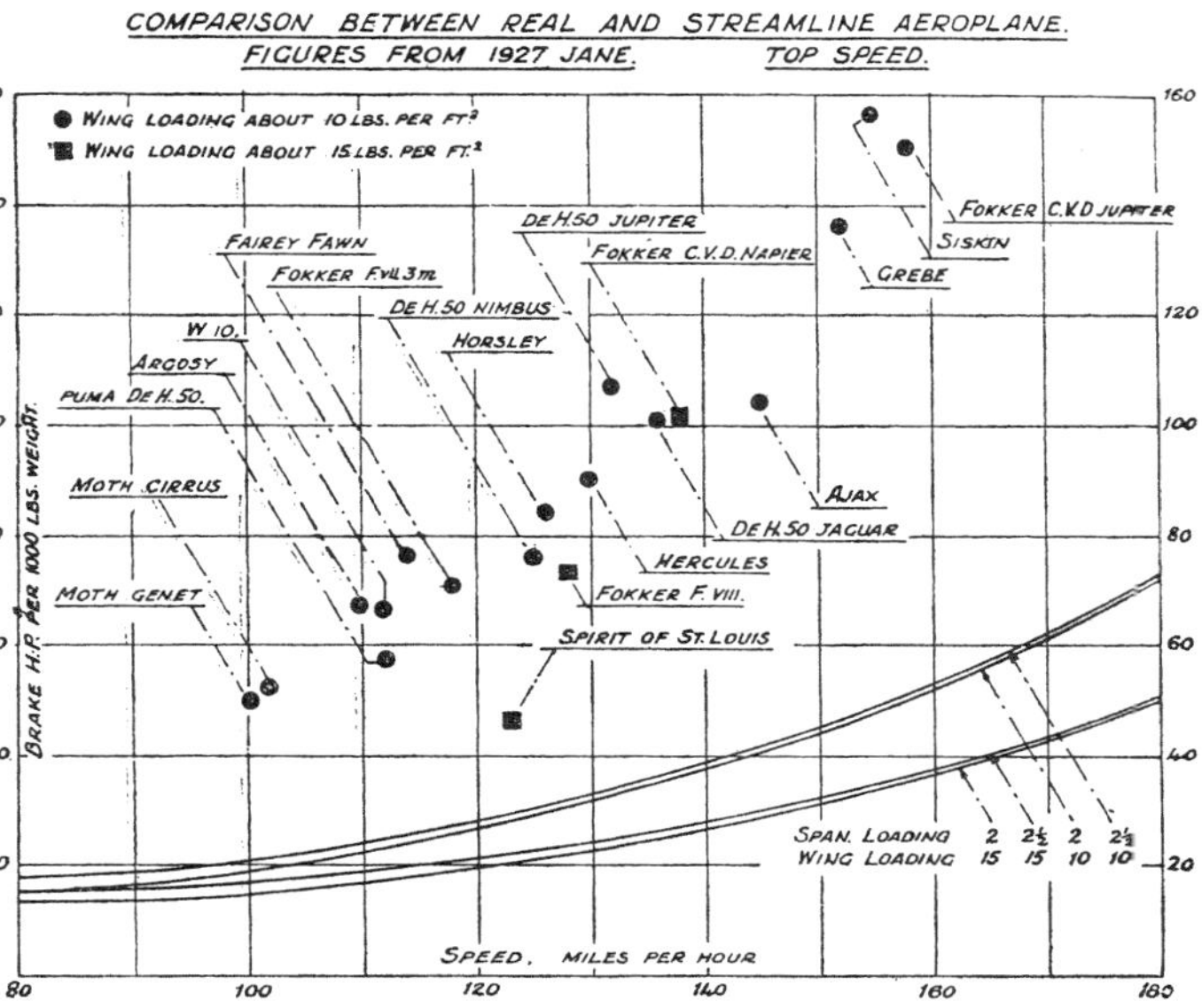

図5.5　ジョーンズの流線形機の潜在的可能性を示す図（Jones, 1929）

断に成功したリンドバーグの「スピリット・オブ・セントルイス」号がその直線から外れ、同じエンジン出力に対して他機よりも大きな速度を達成していることが示されている。このグラフを用いたジョーンズの講演は、当時の航空工学者ばかりでなく、航空に携わる人びとに飛行機の速度向上の潜在的可能性を強く印象づけた。

講演で示されたグラフは、飛行機がより流線形になることで改善される可能性を強調するように工夫されている。そこでは時速八〇マイルから時速一八〇マイルまでの飛行機に限定して検討しており、前年の報告の中ではよい性能を発揮していた三機種の飛行機は省略されてしまっている。講演の説明によれば、グラフにプロットされた飛行機の性能は、すべて一九二七年版ジェーン航空年鑑からとったものである。グラフの中で、それらを表すポイントはいずれも理想的流線形の飛行機がもたらす性能にははるかに及ばないところに位置している。[45] 前年報告の三機種を省略しているため、グラフの中ではリンドバーグの「スピリット・オブ・セントルイス」号の性能が際立ってよいことが示されている。聴衆は偉業を達成した例外的な同機を除き、すべての現存する飛行機が不必要な空気抵抗を被っているという演者の論点に視覚的に説得されたことだろう。

講演は聴衆に大きなインパクトを与えた。講演終了後の質疑応答で一〇人以上の出席者から質問やコメントが発せられ、さらに数人から後日コメントが寄せられた。その多くはジョーンズの近似法や境界層の扱いに向けられたが、理想形状をもつ飛行機の空気抵抗にとにかくも数値的な公式を与えたことを評価する発言者も多かった。ある人物はジョーンズの議論を熱力学のカルノー理論に比し、理想的流線形機をカルノー・サイクルになぞらえた[46]。これに対し、ジョーンズはカルノー理論は精密な理論だが、自分の理論はおおざっぱな近似的な理論計算にすぎないと断りつつ、実用上の成果は類似しているかもしれないと答えた[47]。別の人物もまた、ジョーンズの議論が飛行機の理想的性能を数値的に提示したことを高く評価し、「『ジョーンズ理想性能』は、設計者が霧に包まれた細部の作業を苦労して進んでいく際の一条の光として立ち現れてくれることだろう」と賛辞を送った[48]。

10　干渉パネルの設置と研究活動

ジョーンズの流線形機の研究提案は、一九二八年の委員会会議では全員一致の支持を受け承認された。彼らの支持を得て、空気力学小委員会の下に、「干渉パネル」が設けられ、ジョーンズを委員長として実験研究が進められることになった。「干渉」がパネルの名前になるところに、一九二〇年代初頭に提出された提案とのつながりをみてとることもできよう。そのときに示唆された具体的課題も、プロペラと機体との位置関係による抗力の増減などの測定が提案されていた。後述するように、そのような飛行機の機体の一部分と他の部分との相互作用を実験的に確認しようとする研究のアプローチの他に、機体表面上の空気の流れに注目し、そこに形成される境界層の振る舞いや乱流の発生を検討するアプローチがあった。前者をマクロなアプローチとすれば、後者はミクロなアプローチであり、一九三〇年代にはそのような研究が各国の研究者の関心を惹きつけていくことになる。「干渉パネル」の研究テーマは、高度な理論研究とともに進められる境界層の研究とは異なる、マクロな経験的研究が主であり、ミクロな境界層の振る舞いをめぐる理論的実験的研究は従であった。

干渉パネルの設置が決まると、ジョーンズはまずNPLの大型風洞を三カ月使用して具体的な研究プログラムを組むように委員会で促された[49]。そして同パネルの下で、NPLの風洞施設などを利用して実験研究が着手された。干渉パネルにおける詳細な議事録は残されていないが、研究成果としての報告論文と各年の活動報告書が残されている[50]。それらを参照しつつ、以下干渉パネルの研究活動を追うことにする。

干渉パネルの下でなされた研究の一つとして、単純化された胴体と翼のモデルの組み合わせを風洞実験するものがあった。これは図5・6のように、比較的単純な幾何学形状をした流線形と翼型のモデルをいろいろな高さで組み合わせ、空気抵抗を調べようとするものである。これによって空気抵抗と揚力の大きさとが測定され、翼が胴体下部に接するように配置する場合に揚抗比の高まることが見いだされた。

このような単純な幾何形状物体の組み合わせで空気力学的性質を計測することは、ジョーンズが流線形の効用を数値的に評価した一九二七年の委員会報告や一九二九年の協会講演でごく単純な円筒や平面の表面摩擦を仮定した考察の自然な延長だったといえよう。だがこのような単純化されたモデルの使用については、産業界から研究の進め方に対する不満が表明された。イギリスの航空研究委員会は一九二五年に組織改編を行い、産業界からの代表を委員会から退いてもらうことになっていたが、かわりに半年に一回航空研究委員会の代表と「英国航空機製造協会(Society of British Aircraft Constructors、略称ＳＢＡＣ)」の代表者たちとの間で質疑応答の場が設けられるようになっていた[51]。干渉パネルの下で進められる研究の成果がこの会議において紹介されると、産業界側がこのように非

図5.6　単純化された飛行機モデル（T. 2660）
干渉パネルが発足するとジョーンズらは単純化された形状の飛行機モデルを利用して測定実験を進めたが，企業の航空技術者たちからはその有用性が批判されたりした．

現実的で単純化された球状のモデルではなく、より現実に近い形状のモデルを実験するように要望した。パネルの報告書には、産業界からの誤解があるとも記されているが、要望を受けてより現実の飛行機の形状に近いモデルが風洞実験にかけられることになった[52]。

干渉パネルの下でのもう一つの研究に、流線形の物体に突起物をつける場合、どのようにつければ空気抵抗が小さくてすむかを検討する課題があった。エンジンから突き出る円筒状の気筒がどのような位置にあるときに空気抵抗が小さくなるか実験モデルを利用して探り当てるのである。その結果、エンジンが飛行機の先端にあり、しかも気筒がなるべく前方に置かれるとよいことが判明された[53]。

実験チームの一員であったハバード・C・H・タウネンドは、このような流線形物体の周辺の気流干渉の研究から、流線形の物体のまわりに流線形を断面とするリングを被せることによって、空気抵抗がさまざまに変化することに気がついた[54]。タウネンドは報告書で「飛行機に何らかの形状の『障害物』を付与することで抵抗の減少を生み出すこと」と述べているが、そこで「障害物」を引用符でくくり「減少」をイタリックで強調するあたりに、思いがけない発見をした驚きを読み取ることができる。[55] その発見から彼は、エンジンのまわりに流線形の断面をもつリングをエンジン部分に被せることで空気抵抗を大幅に削減できることを見いだした。実験結果からは、断面が円形のリングだと抵抗がかなり増大するが、断面が流線形だと七気筒の星形エンジンに対しては七　二六パーセントの減少、九気筒のエンジンに対しては三三パーセントの減少が計測された。図5・7は、この「タウネンド・リング」が装着されたエンジン部分である。

この頃、空冷エンジンと水冷エンジンとの比較が航空技術者の間で盛んに進められていた。空冷エンジンが改良され、水冷エンジンと同程度の性能になってきたこと、また一方ではシュナイダー杯レースで水冷式エンジンが空冷式より優れていることが示されたなどということが、この頃の航空研究委員会の席上で話題にされている。[56] タウネンド・リングなどをとりつけたとしても、速度が速くなるにつれ空冷式エンジンの空気抵抗が重大な問題として浮上していくことが予想されたが、今後戦争が勃発した場合に水冷式エンジンの生産だけでは需要に応じきれないだろうから、今後とも空冷式エンジンの生産を続けていくことが航空省の基本方針であると、「空冷パネル」の会議で伝えられた。攻撃用の戦闘機には水冷式エンジンが必要であるという発言が出されたり、空冷式エンジンの研究を続けること自体が疑問視されたりしたが、空冷式エンジンの生産の継続が確認された以上、タウネンド・リングの研究も継続されることになった。

図5.7　タウネンド・リング（ARC Annual Report, 1929-30）
干渉パネルの下で研究された一つの課題として，エンジンまわりの気流をスムースにする工夫が施された．タウネンドによって考案されたこの「タウネンド・リング」はアメリカではカウリングとして開発された．

11　カウリングの開発——英米の研究スタイル比較

一方アメリカにおいても、一九二〇年代の後半から、エンジンの冷却と機体の流線形化について検討が進められていた。一九二〇年代初頭に米海軍の航空関係者は、航空エンジンには重量のかさばる水冷式よりも軽量の空冷式の方が望ましいと結論するようになっていたが、そのため空冷式エンジンの冷却効率をなるべく下げずに、エンジンのまわりの空気抵抗を減少させることを目指すようになった。所々の突出箇所を流線形におおう試みがなされたが、さらに抜本的な検討をＮＡＣＡに依頼した。

海軍や産業界からの同様の依頼を受けて、ＮＡＣＡのラングレー航空研究所では実物大のプロペラの風洞実験を行うことができる新設のプロペラ研究用風洞を利用して、このエンジンまわりの冷却と流線形化の問題に対応した。ラングレー航空研究所の歴史を表したジェームス・ハンセンは、一九二六年からほぼ一〇年間続いたこの研究活動を同研究所の歴史の重要な事例として紹介している[57]。パラメータ変化法による経験的方法で研究が進められた結果、「カウリング」と呼ばれるエンジンの覆いが開発され、飛行性能を大きく向上させることに成功した。パラメータ変化法とは、理論的に解明されていない複雑な現象を伴う機構に対して、いくつかの鍵となる要素を選択して、それらのパラメータとなる要素を一つ一つ系統的に変えていき、多数のケースの中から最善の組み合わせをいわば虱つぶしに探し当てていこうとするものである。アメリカの技術者の間では、この研究方法は伝統的な研究開発の手法として共有されていたようである[58]。

一九二六年に始まるエンジンの覆いの空気力学的性能とエンジン冷却効果の研究を進めていったのは、フレッド・ウェイクという研究者であった。彼はカウリングの形状を系統的に変えながら調査を進め、一九二九年には深い覆いでありながら、抵抗が少なく冷却効率も高いカウリングを開発することに成功した。NACAの広報宣伝によれば取り付け費用二五ドルのこのカウリングによって、航空機産業の全体の利益は五〇〇万ドルに上るとされた。NACAではさらに飛行機の空気抵抗を減少させ、カウリングの性能を向上させるために、エンジンの位置をさまざまに変えたり、実際の飛行テストを繰り返して研究を続けていき、エンジンやプロペラの位置に関して最善の位置を選定できるようにした(59)。

アメリカで開発されたカウリングは、イギリスにも紹介され、その高い性能が評価されるようになった。一九二九年にイギリスで創刊された専門誌『航空機技術(Aircraft Engineering)』で、流線形の空冷エンジンとしてアメリカでのカウリングの開発が、イギリスの航空工学者たちにとっても目新しい技術革新として紹介された。アメリカの技術報告に公表されている異なるタイプのカウリングの性能について、風洞試験と実地の飛行試験での比較検討結果が説明された。また同年にRAEで、アメリカのカウリングとイギリスで開発されたタウネンド・リングとの性能が風洞実験によって比較され、ほぼ同じ性能であるという結論が出された。その後、別の比較検討のノートがイギリスの航空機製造業者から『航空機技術』誌に寄稿され、タウネンド・リングの方の優秀性が指摘され、航空研究委員会でも言及されている(60)。翌年美しい流線形のDC‐3型の機体が設計開発され、イギリスの研究者たちも賛嘆することになる。その開発にはこれらカウリングやエンジンの位置に関する研究も活用されていた。その後、イギリスの航空研究委員会では、アメリカ型のカウリングやタウネンド・リングの改良が空冷の問題と絡めてたびたび議論されていく。

ジョーンズは境界層をめぐる流体力学的な研究を進め、暫定的な成果を一九二八年から二九年にかけて報告している[61]。報告書にはプラントルやオランダの研究者による境界層の剝離の研究が検討されているとともに、航空工学には一見無縁に思える興味深い事実が紹介されている。それはイルカが、かなり高速で航行する船に追いついて泳ぐことができるという観測事実である。水の抵抗を考慮すると、陸上動物に比べ驚くほどの筋力を有するように思われるが、なるべく乱流を引き起こさないように泳ぐ能力があるとも推測された。彼はその理由として、皮膚についている細かな体毛のせいか、あるいは皮膚表面の粘液のせいかと想像し、「なぜそうなのかを見つけることは、科学的にも実用的にもきわめて重要であろう」と記している[62]。だがその興味深い問題は、それ以上は深くは探究されなかった。

12　気流の可視化と干渉研究の終了

機体の表面に渦が生じてしまうような場合、その機体の形状に適当な修正を施すことで、渦の発生を防ぐことが可能になろう。そのための有効な手段として注目されるようになったのが、気流の流れを視覚的に表現できるような方法だった。ジョーンズは一九三二年の空気力学小委員会の席上で述べている。「干渉の研究で緊急を要する課題は、空気の流れを可視化する方法である。そのような方法を開発することで、企業自身が干渉の影響を自社の風洞で広く研究することができるようになるだろう[63]」。この会合後、空気の流れを可視化する方法が、空気力学小委員会会議の席上でしばしば議論されるようになる。それら諸方法の比較検討を主題にした報告書も現れ、次のような四種類の方法が紹介された。第一は、気流に煙を挿入して、その流れを見ようとするもの。第二は、特殊な塗料を機体に塗布し、乱流が生じるところを発色させるもの。第三は、平行に何本も張った電熱線によって風洞内の空

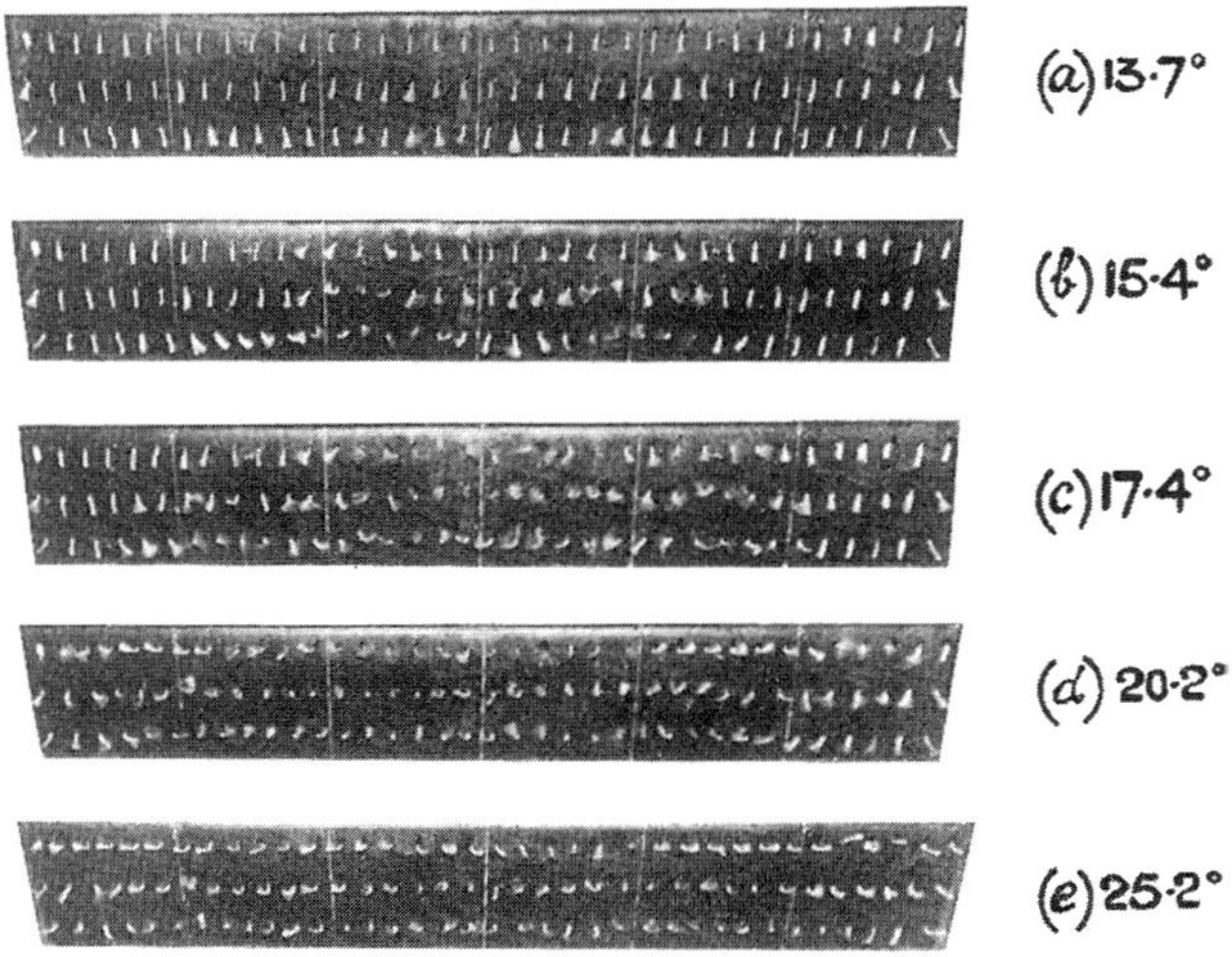

図5.8　タフト法（R. & M. 1552）

気を熱し、空気の屈折率にムラを生じさせ、光の当たった気流にできる明暗の線を観察することで空気の流れを観測しようとするもの。そして第四は、機体の表面に糸房を等間隔で取り付け、その動く方向を調べるというものであった（図5・8）。報告書では、この第四の「タフト法（tufts method）」と呼ばれる簡単な可視化の方法が推奨され、煙の流れを調べる方法がこの方式を補完する方法とされた。図5・9は、その方式によって観測された翼の表面の空気の流れを模式化したものである[64]。

このような単純で容易な可視化の方法が生み出されることで、企業の技術者自身でこの方法を利用して空気の流れを観測し、各企業の飛行機の機体形状を修正することが容易になった。干渉パネルの研究作業もこれで一段落を迎えた。一九三三年に再び研究計画を検討する機会が設けられたが、その際に計画書を準備した航空省の研究主任は、重要項目から干渉の問題を省いた。これに対して委員長のティザードは干渉の問題は重要であると述べ、研究主任の見解をただした。それに対して干渉パネルの委員長を務めるジョーンズ自身は、干渉の研究がすでにアドホックな研究テーマになりつつある

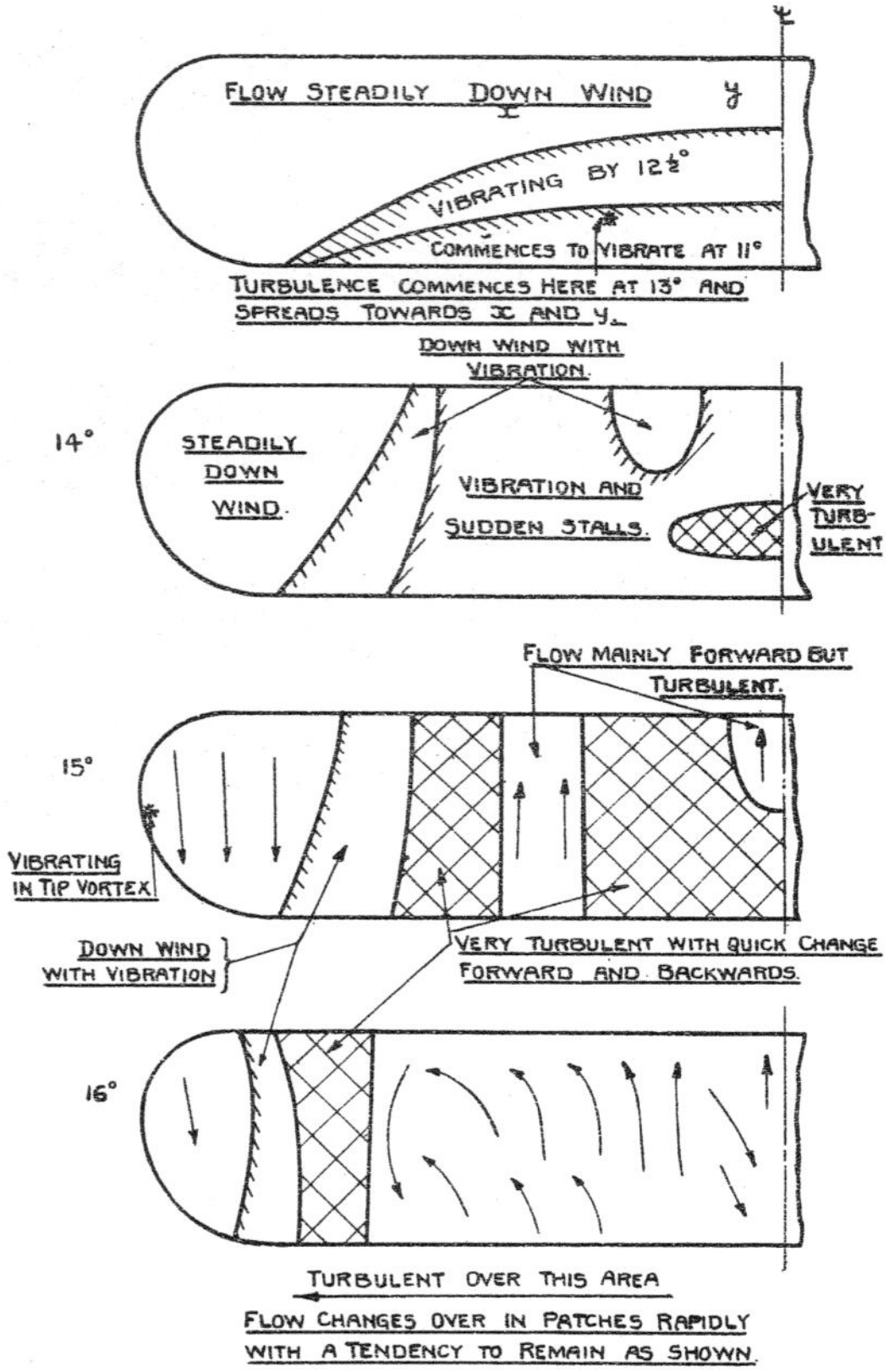

図5.9　タフト法による観測結果の図式的表現（R. & M. 1552）
タフト法によって観測された翼面上各点における気流の方向から，翼面の気流の状態が図のようにまとめられた．

ことを認めた。だいたいの研究は完了し、可視化の方法により各々の飛行機の形状に応じて細かい設計上の微修正をしていけるようになった。この問題に関連してアメリカの研究成果がよくそろっていることも指摘され、干渉パネルは解散することになった。ジョーンズの提案した飛行機まわりの気流の干渉具合に関する研究はいったん終了し、彼自身は、翼の表面上における層流から乱流への遷移点の研究に取り組んでいくようになる。

13　境界層の研究

ジョーンズはこれらの研究を干渉パネルの委員長として指揮するかたわら、より基礎的な研究として境界層の流

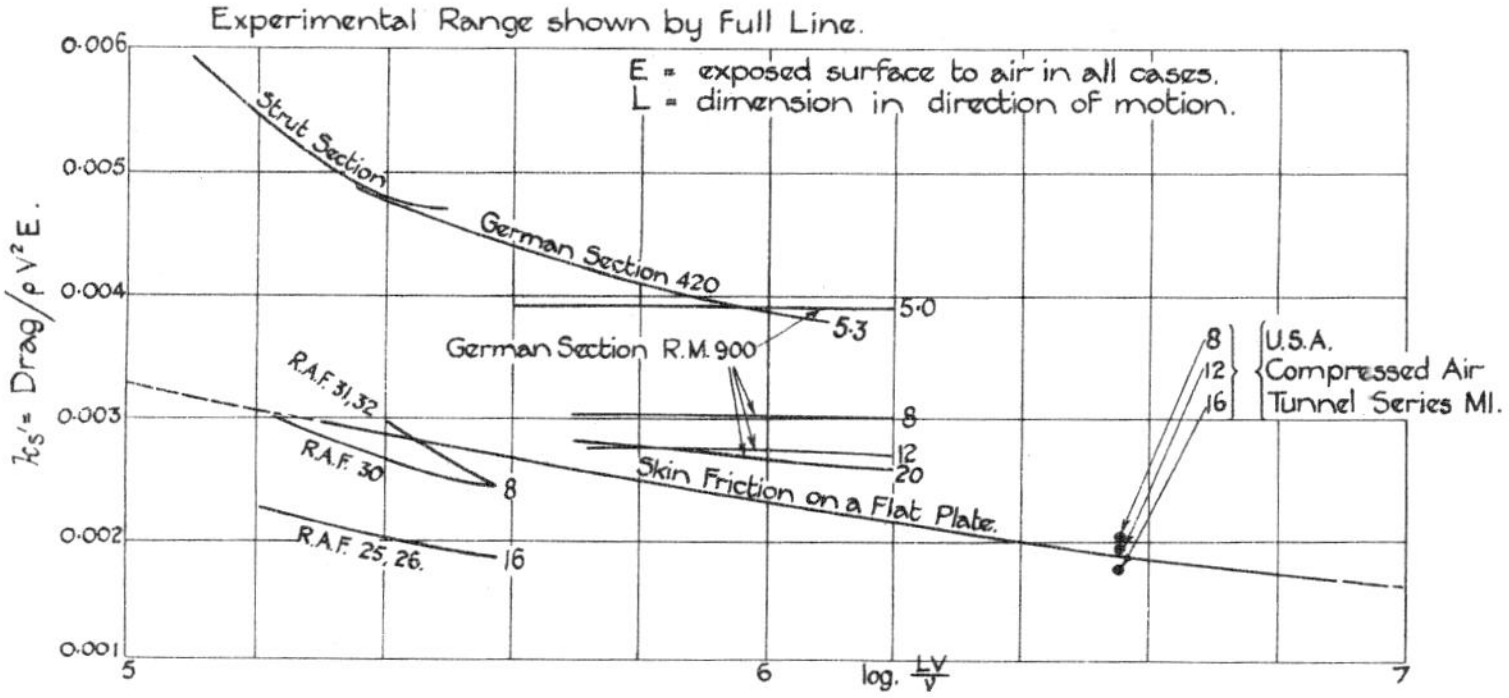

図5.10　1927年報告書に示される平面と各翼型モデルの表面摩擦（T. 2519）

体力学的な振る舞いの研究も進めた。その問題関心を理解するために、時間を遡り、彼の一九二七年に提出した航空研究委員会報告と一九二九年の王立航空協会講演に話を戻すことにしよう。両報告の間には内容上にわずかの差があり、その差に境界層の理解に関する深まりを認めることができるのである。

一九二七年の委員会報告と一九二九年の協会講演とは基本的に同じ内容をもち同じ結論を述べている。だがそこに提示されるグラフとともに前提となる基礎データの取り扱いに重要な差異が存在する。それは流れる空気の中に置かれた平面に働く表面摩擦の算定に関してである。一九二七年の報告では平面の表面摩擦係数に対して一つだけの近似公式（$0.019\boldsymbol{R}^{-0.15}$）を与えるだけで一本の曲線がグラフ上に引かれるのに対し（図5・10）、一九二九年の講演では対して二つの近似公式（$0.019\boldsymbol{R}^{-0.15}$と$0.66\boldsymbol{R}^{-\frac{1}{2}}$）が与えられている。[65] それに応じて「等価平面」の表面摩擦を表示するグラフも一本の曲線だけでなく二本の曲線が与えられている（図5・11、図5・12）。

ジョーンズは一九二九年の講演で、引用した二つの係数の違いを、前者は平面の表面の大部分で境界層が乱流状態になっている場合であり、後者は境界層内における流れがスムースな状態になっている場合であるとして説明している。説明にあたっては、オランダのデルフト工科大学の流体力

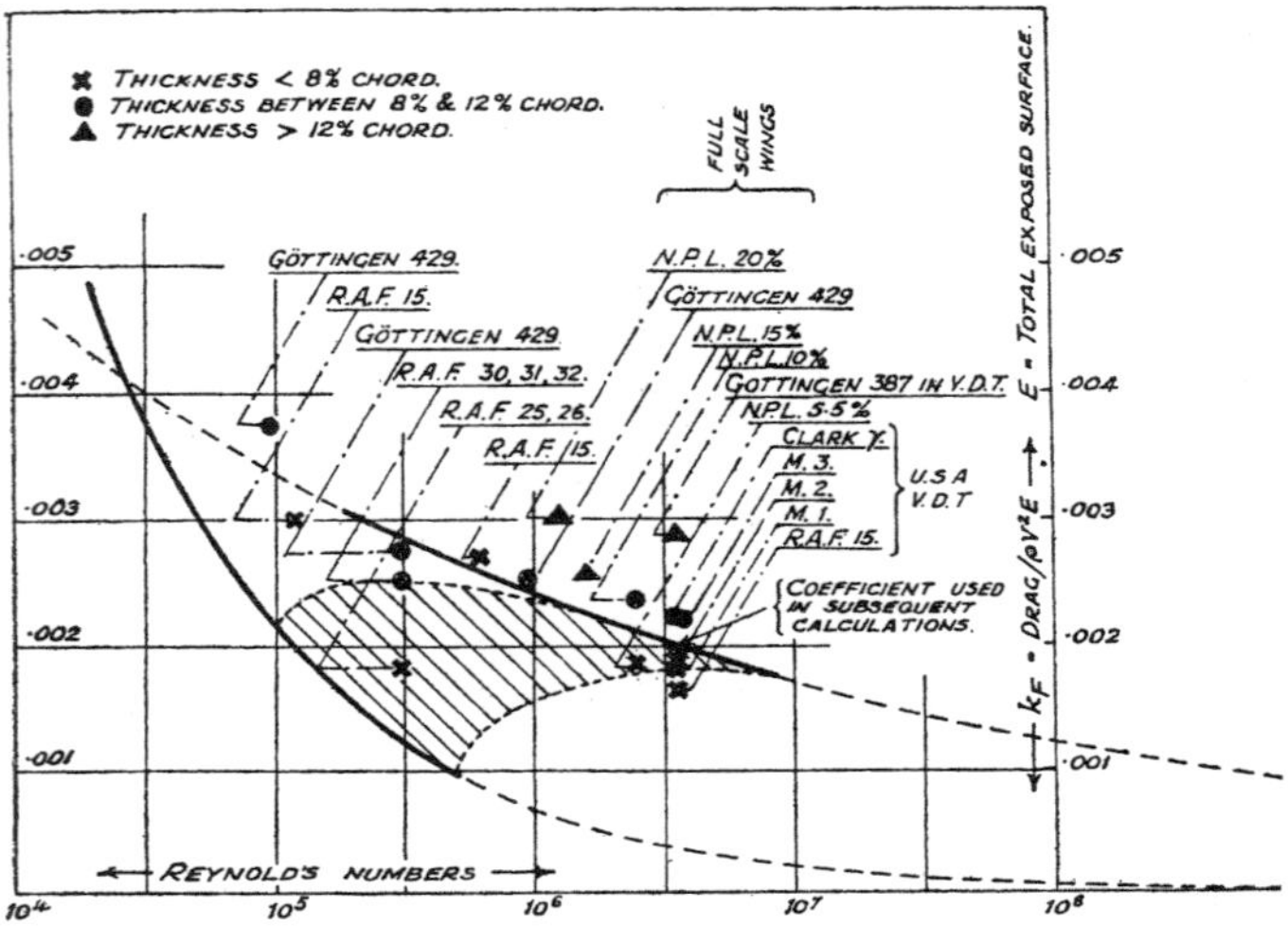

図5.11　1929年講演で示される平面と各翼型の表面摩擦（Jones, 1929）

学者であるブルヘルスの境界層の実験研究の成果を紹介し、流れの中の平面は先端部付近の表面では境界層に乱流が発生せず、レイノルズ数が小さいときにそのスムースな流れが平面の表面全体を覆うことになると述べる。二つの係数は、今日呼ばれるところの「乱流境界層」と「層流境界層」の二つの状態に対応しているのである。だがそれらの研究が活発化するのは一九三〇年代になってからのことであり、この時点ではジョーンズは海外の流体力学者の研究成果を急いで消化して講演で紹介している様子で、境界層の実験的理論的研究の動向についてはまだ熟知していなかったようである。

図5・11のグラフには、平面の表面摩擦力を表す二本の曲線が描かれ、大部分の翼型の抗力を表示する点は一方の乱流境界層に相当する曲線近傍にプロットされている。しかし翼型によっては二本の曲線の間に挟まれてプロットされているものもある。二本の曲線の間には内部に斜線を引いた領域が描かれており、左上と右下を二本の点線で区切られている。その二本の点線は、層流境界層の状態からレイノルズ数が増大することで乱流境界層に遷移していくことを表している曲線である。

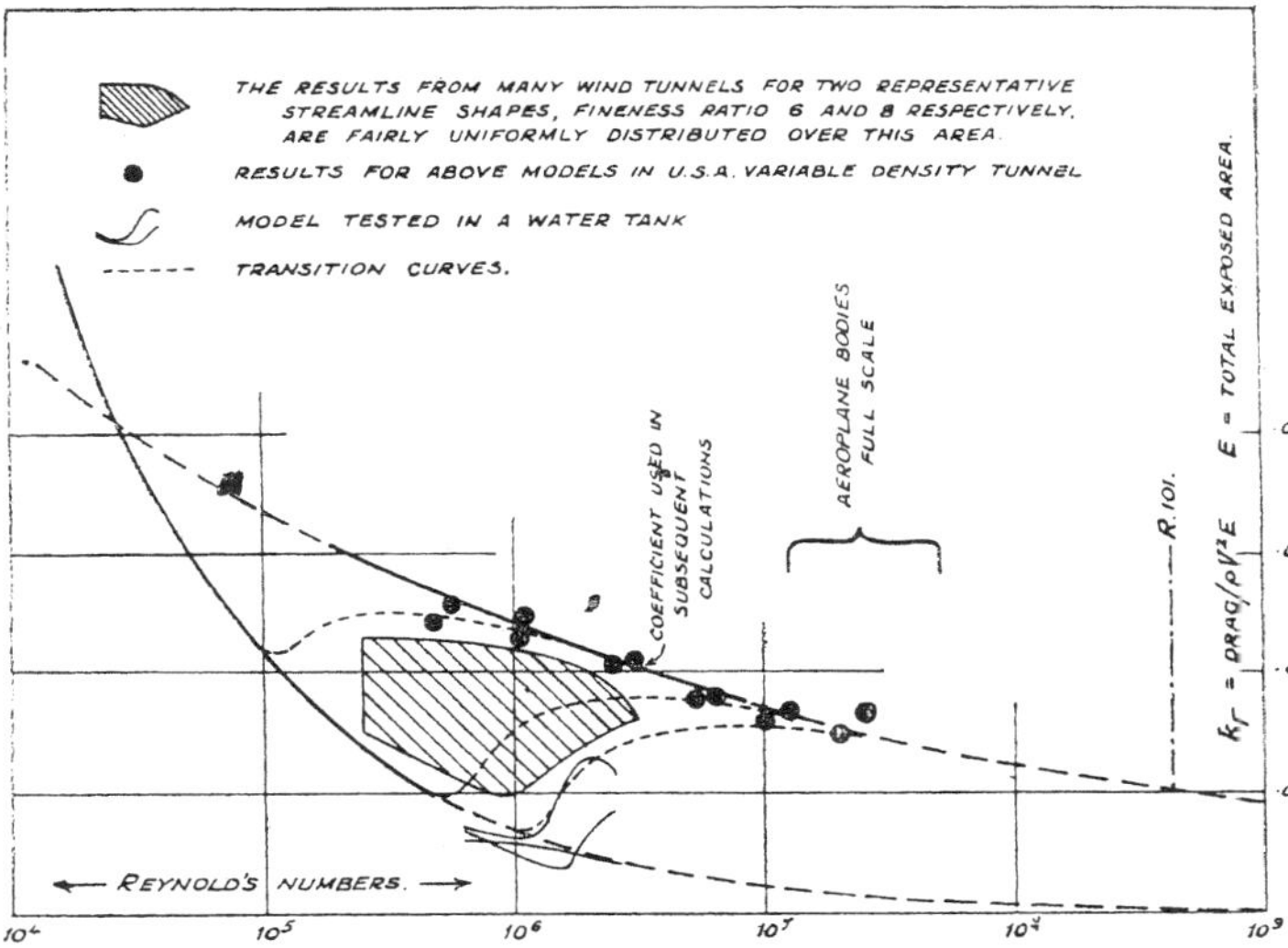

図 5.12　ジョーンズの 1929 年講演で示される平面の表面摩擦とアメリカの可変圧風洞で測定された抗力（Jones, 1929）

図5・12は、一九二九年の講演で紹介されるもう一枚の同様のグラフであるが、そこにも遷移を表す斜線の領域が描かれている。世界各国の風洞の計測データを比較した国際風洞試験では、同一の飛行船模型が利用されたが、その模型の各国での計測結果はほぼすべてがこの斜線領域内に入る。

またこの図5・12のグラフには、乱流境界層の状態に対応する平面表面摩擦の曲線上に、多くの風洞試験の測定結果がプロットされている。それらはいずれもアメリカのラングレー研究所に所在する高圧（可変圧）風洞を使用した試験結果である。この結果が見事にすべて一方の曲線上に存在し、他方の曲線や両方の曲線の間に位置していないことは何を意味しているのか。それはこの高圧風洞で乱流が発生しており、境界層がすべて乱流境界層になっていることを示している。ジョーンズは講演でそのような解読結果を付言する。

これらのことは流線形の重要性を説くことを主題とする王立航空協会の講演では、副次的な意味しかもたないことがらだったが、次節と次章で説くように、一九三〇年代以降の空気力学者の関心は、この境界層の理論的実験的研究、層流境界層から乱流境界層への遷移の問題へと向けられていくことになるのである。そしてその際に風洞内に生じてしまう乱流が、それらのことを研究していく上で大きな障害として認識されるようになっていく。

そのような境界層の研究は、ジョーンズの所属するケンブリッジ大学で、物理学者テイラーと協力して進められることになった。彼らの境界層の研究については次章でみていくことにする。

14 技術予測、研究計画、研究機関の役割

以上、一九二〇年代と一九三〇年代のイギリスにおける航空機の研究開発に関して、一九二一年と二八年に開催された、将来の飛行機を展望し今後の研究計画を検討する会議に注目し、その内容とその後の歴史的推移を追ってきた。

一九二一年に開催された「一九三〇年の飛行機」の議論では、先駆的に高速機の到来と流線形の機体を予想し、そのための空気力学的研究を提唱したジョーンズと、民間航空の発展を重視し安全性確保のために安定性と操縦性の研究の継続を主張したベアストウの間で意見が分かれ、議論がなされた。会議では出席委員の多くも安全性向上の重要性を認識し、ベアストウの意見が尊重されることで、ジョーンズ自身も低速における安定性と操縦性という課題の研究に専念することになった。一九一九年に三二歳の若さでケンブリッジ大学航空学科教授に就任したジョーンズには今後取り組むべき研究の選定に大きな自由度が与えられていた。もしも「一九三〇年の飛行機」の議論の企画で彼の報告書の提案が認められていたら、彼は機体周囲の空気の流れを研究することで機体の形状の設計改良に取り組み、その後の研究生活もずいぶんと異なるものになっていただろう。しかし歴史はそうはならなかった。

一九二一年の時点において、飛行機の速度向上という提案に対する反対者の主たる理由は、着陸の問題であったといえる。着陸の問題が当時の航空技術者にとって技術発展のボトルネックとして、あるいは技術史家トマス・P・ヒューズの言葉を借りれば「逆突出」として認識されたのである。[66] 当時の飛行機の着陸方法は、速度を可能な限り落とし、失速寸前の最小の飛行速度にして着陸するというものであった。そのような着陸方法をとる背景には、エンジンの信頼性とともに飛行場の地面の性質をあげることができよう。[67] 飛行機の機体形状を改良して空気抵抗を減らし最高速度の向上を達成したとしても、最小飛行速度すなわち失速直前の最低速度もそれに応じて高くなるのでは飛行機の実用性は確保できないと考えられたのである。飛行機の最高速度を高くするとともに、失速速度を低く抑えるということが大きな課題とされたわけである。低速で安定性を確保するという課題は、ジョーンズらの着手したこのような研究とともに、今日まで利用されている失速防止のためのフラップやスロットといった主翼まわりの装置、また滑走路を備えた飛行場の建設など、一九二〇年代の技術革新を経ることである程度の解決がなされていく。高速機の追究は、少なくともイギリスにおいては、これらの着陸に関する問題が十分に解決することで、より全面的に取り組まれることになったのである。

七年後の一九二八年に再提案された流線形機の研究は全会一致で承認され、ジョーンズはその研究のための「干渉パネル」の委員長に就任した。その成果としてアメリカのカウリングに相当する「タウネンド・リング」が開発されたりした。また流線形機体の研究にあたっては、気流の可視化が非常に重要な役割を果たした。航空研究委員会の下では、一九三〇年代初頭から気流の可視化の問題が注目を集め、各種の可視化の手法が工夫され紹介されることになった。その中で簡便で重宝されたのが、タフト法と呼ばれる糸房を機体表面に貼り付け、気流の様子を視覚的に知る方法だった。その開発とともに干渉パネルの活動は一段落を遂げることになった。

それにしても将来の飛行機を予想し今後一〇年間の長期研究計画を立てるという企画は、そもそも適切だったのだろうか。イニシアティブをとるべき立場にいる航空省の研究主任の企画によって開催されており、手順やタイミングも正当ではあったように思われる。しかしその一方でベアストウは民間航空の促進が政府内ですでに決定されており、いまさら長期的研究計画を立て既存の研究計画を変更する余地はないのではないかと企画自体を批判した。民間航空の育成と将来性ある航空機の研究開発という二つの別個の目標が、当時の航空研究委員会の中で二律背反すると認識され、結局前者が優先されることになった。ジョーンズの研究計画は、その後七年間あたためられ一九二八年に復活し着手されることになった。

ここでこの一九二〇年の企画の「一〇年後」というタイムスパンについて注目しておくことにしたい。一九二〇年には「一〇年後」というタイムスパンが長期計画のための将来予測として発案されたが、その一〇年後の一九三〇年には「五年後」という期間が研究計画を議論する際に言及されている。一九三〇年の航空研究委員会の月例会議に航空省長官のトムソン卿が出席し、航空研究委員会の活動に謝辞を述べ、その際に委員会の役割として「どのような開発が必要であるのかということに関して五年先を考える」と付言している。タイプで打たれた議事録の原文には「約五年後（some five years）」ともともと記されていたところに「some」が横線で消されており、「五年間」という年数にこだわった様子が窺える。(68) 一九二八年に将来の飛行機を想像しながら長期計画を構想したときは、ジョーンズのように一〇年間の研究テーマを提示しようとした人物もいたが、大多数の委員は五年後の飛行機、「一九三五年の飛行機」という語句を論文で使用したりした。すなわち一九三〇年頃には政府の下で国家的な研究開発を計画実行していく組織の役割は、五年先の技術を予想して研究プログラムを作っていくことと関係者の間で了解されるようになったのである。さらに付け加えれば、五年以上の先を予想して研究するのが大学の役割であり、五年より短いタイムスパンで研究開発を進めるのが産業界の役割であると、大学・政府・産業界の役割を時間的観点から業務分担させることを考えるようになったといえるかもしれない。政府委員会を統括する担い手の一人の発言記録から、そのような分業の理解がなされたと読み取ることもできるように思われる。

15 ジョーンズの研究計画の先進性と時代的限界

本章で語った「一九三〇年の飛行機」という将来展望と長期研究計画の議論の結末と後日談、この歴史上のエピソードについて、二つの異なる立場からの見方がありうること、二つの歴史の語り方が可能であることについて最後に論じておきたい。それは、ジョーンズに同情的な見方と、逆にベアストウの立論に同調する見方である。

前者、すなわち議論を企画したティザードや計画を提案したジョーンズに同情的な立場に立つと、彼らの、時代を先取りする可能性を秘めていた優れた企画と提案が、委員会会合の議論で芽を摘まれてしまったとみてとれる。実際に、筆者自身も議事録を読み進め、いままで歴史ではまったく語られることのなかったこの企画の存在について知ったときに、まずは議論の推移と結末はそのようにみえた。その見方に従えば、せっかくの先見的な企画と計画とを潰してしまった張本人はベアストウということになる。彼は会議の席上で飛行機の安定性や制御可能性の研究がさらに必用であると声高に主張し、空気抵抗削減などによる速度や性能向上の研究を強く牽制した。ベアストウに続く発言者も、彼の反対意見を覆すには至らず、むしろ着陸の問題の存在を指摘し低速時のコントロールの必要性を強調し続けた。結局、ジョーンズの目論んだ研究計画は七年ほど遅れて開始され、顕著な成果を上げるには至らなかった。

その一方で、後者ベアストウの視点に寄り添い、彼にやや同情的な立場から一九二一年のエピソードを振り返れば、彼の発言は当時の飛行機の発展状況から当然のものであったと捉えることができる。民間航空の台頭とそれを支援する政府の方針を背景とし、安全な着陸や夜間飛行のための技術開発の必要性を説くことには誰も反論することはできなかったろう。イギリスの航空研究施設、空気力学の研究者陣容のキャパシティを考慮すると、ジョーンズを中心にして一定数の研究者が国内主要研究所の風洞施設を相当時間占有して性能向上のための基礎研究に専念することは、今後の実用航空の発展から好ましくないと彼は判断したわけである。議論の末に、ジョーンズに高速機開発のための研究は少なくともしばらく遠慮してもらい、低速コントロールの研究に当たってもらうことになった。それによって着陸の安全性は増し、民間航空や航空路線の発展の基礎が確立された。そのようにベアストウの発言や議論の結末を評価することができるかもしれない。その後のフラップなどの着陸用装置の進化、飛行場と着陸方法の発展などを考慮すると、ジョーンズの従事した低速時のコントロールの研究はその後の飛行機の発展にとって実際には意味の薄い課題だったようにも思われる。だがそれは後の飛行機の発展を知っている者が陥りがちなホイッグ主義的な観点ではないのか。ベアストウの発言や議論の推移は、少なくとも一九二一年二月という時点では適切で妥当な判断によるものだったといえるのではないか。

このような二つの異なる観点のうち、どちらが正しい歴史的視点なのだろうか。どちらかは不適切な歴史解釈なのだろうか。ここでは、このように二分法的な歴史解釈のどちらかを選択することをいったん棚上げにしておくことにしたい。むしろそれらの二つの観点がありうることを指摘しておくこと、エピソードを一通り語れば第一の観点に読者の心を引き寄せがちなところに、第二の観点も存在し、それが注意喚起の機能をもつことだけをここでは指摘しておくことにしよう。そのことを指摘し、ベアストウの議論内容そのものは妥当なものであると了解した上で、ジョーンズの提唱した「先見的」な研究計画が一九二〇年代初めのイギリスの航空工学共同体において採用されなかったという史実を再吟味することにしたい。

ジョーンズの一九二一年の研究計画においては、その一つの重要な柱として機体各構成部品の間の気流の干渉関係、とくに提案においてはプロペラ後流と機体との干渉に関する研究の重要性が指摘されている。そのような干渉作用の問題は、それ以前の第一次世界大戦中になされた風洞データと飛行測定結果との間の寸法効果に関する検討においても残された課題として認識された問題だった。寸法効果小委員会が解消され新たに空気力学小委員会が設立された際に、その問題に旧小委員会から新小委員会へとバトンタッチされた課題だったともいえよう。七年後にしきり直してジョーンズが着手した研究は、そのような機体各部品の間の相互干渉作用を実験的に検討しようとするものだった。一九二一年の時点で、ジョーンズらはプラントルの境界層や乱流の研究に関してほとんど注意を払わず、その意義を理解していなかったことだろう。だがその直後にプラントルの理論が紹介されるようになり、ケンブリッジ大学の同僚であるテイラーとともに新理論の理解、応用、発展を進めていっただろうことが想像される。

一九二一年にもたれた「一九三〇年の飛行機」の議論では、なんとか既存の研究課題の間にジョーンズの新規課題を滑り込ませる方途が探られた。しかしそれは実現しなかった。彼自身も細切れにされるような研究活動を敬遠した。だがそれにしてもなぜジョーンズは低速のコントロールの研究をせねばならなかったのか。そのような安定性の延長の研究は新しくインペリアル・カレッジに着任したベアストウが受けもつこともできたのではないか。そして新規の研究課題をジョーンズがケンブリッジ大学において流体力学者テイラーと協力して進めることもできたのではないか。それらの課題の割り当て、小委員会の就任の経緯、舞台裏の各委員の思惑や駆け引きなどについては、史料上の制約から窺い知ることができない。ジョーンズの先進的な研究計画は実現可能だったかもしれないが、委員会での議論によって不採択が決定された。新規の研究上のアイデアは、たとえアイデアが有望であっても、それが実現していく際に困難や壁が存在することを「一九三〇年の飛行機」のエピソードは伝えている。

第6章 一九三〇年代における境界層の探究
——イギリスの科学研究とアメリカの技術開発

ドライデンの乱流計測装置（Dryden and Kuethe, 1929）
熱線を利用した脈動する風速を正確に測定するために電子式の補正装置が机上に置かれている．

1　表面摩擦への関心

一九二〇年代から三〇年代にかけて、空気力学の研究は新型の風洞や計測装置とともに、プラントルが長く研究を続けてきた境界層と乱流の研究に世界中の研究者の関心が集まっていった。そのような流体力学の研究から「層流翼」と呼ばれる高速機用の翼型が発明されていく。航空工学者谷一郎はその事情を次のように要約する。

一九三五年頃の飛行機は、脚や主柱などが露出されない「流線形」になっており、高速状態での抵抗の大部分は、表面の摩擦抵抗によるものでありましたから、表面積の過半を占める主翼の摩擦抵抗の減少に速度向上を目指す設計者の期待が掛けられたのは当然で〔した〕[1]。

前章でみたように、理想的流線形機の潜在的効用がジョーンズによって提言され、多くの研究者・設計者がそのような機体の流線形化を目指し、機体形状の改良が進められた。彼の「干渉パネル」の活動も一九三三年には一段落を遂げ、その後飛行機製造企業の技術者たちがタフト法を用いて「ジョーンズ理想性能」に近づくよう設計改良をさらに進めた。その頃には「ダグラスＤＣ-３型機」に見いだされるような今日の目からも現在の機体に近いような機体形状が設計されるようになった。それとともに、飛行機の改良を目指す空気力学研究者の問題関心は、飛行機の主翼を含む機体の表面摩擦の問題に移っていった。

境界層や乱流に関する研究自体は、それ以前から始まっていた。ジョーンズの一九二七年の航空研究委員会報告と一九二九年の王立航空協会講演との違いの一つが、境界層に関する新知見、層流境界層から乱流境界層への遷移という現象の認識だった。これらの研究はドイツのプラントルのグループが精力的に進めていた研究だが、イギリスの研究者も彼らの研究に一九二〇年代末頃から関心を集め、研究を進めるようになっていった。航空研究委員会ではそのような境界層の理論的実験的研究について議論するための専門委員会として一九三〇年に「流体運動パネル」を空気力学小委員会の下に設置した。

本章ではまず、この流体運動パネルでの研究活動に焦点を当て、一九三〇年代前半における境界層研究をめぐるイギリス人研究者の関心の推移を追っていく。新型風洞や乱流計測装置の開発などの実験的側面とともに、プラントルとテイラーの乱流に関する理論研究に目を向ける。その上で、テイラーの研究成果が流体運動パネルに提出され、ジョーンズがその成果の技術的効用を会議の場で発見する場面に注目する。その技術的効用の一つの成果として、層流翼の発明がその後なされていくことになる。テイラーらから情報を教示されたアメリカのジェーコブスが新翼型を開発していくのである。本章最後にこのアメリカ人技術者の層流翼開発の過程をみた後、次章でジェーコブスの発明とほぼ同時になされた日本の谷による層流翼開発の過程をくわしく追うことにする。

2　境界層研究の専門パネル

イギリスの航空研究委員会では、一九三〇年六月に空気力学小委員会の下に「流体運動パネル (Fluid Motion Panel)」を設置し、とくに境界層に関わる研究活動に専念させた。空気力学小委員会の下には、前章のとおり飛行機の空気抵抗を低減する目的でジョーンズを委員長として発足した「干渉パネル」が設置されていたが、それとは別に空気力学のより基礎的な研究を担当する独立の委員会が必要とされたのである。流体運動パネルの任務は流体の数学理論の発展を航空工学との関係から検討することとされ、後には理論だけでなく実験面でも独自の研究計画

図6.1　ジョフリー・I・テイラー
（©Godfrey Argent Studio）
テイラーはヨットが趣味でもあり，航海しながら気象観測した．そのような気象データが航空工学にとっても重要な知見を生み出すことになる．

を提案し着手していくことが担当課題とされた[2]。しかしその研究対象はもっぱら境界層の問題に絞られた[3]。

流体運動パネルの構成員は、サウスウェル（委員長）、ベアストウ、グロワート、ラム、テイラー（図6・1）、レルフ、L・F・G・シモンズ、フェージらだった[4]。いずれも流体力学の理論的あるいは実験的研究の専門家たちである。ジョーンズは委員には正式には加わっていなかったが、空気力学小委員会の委員であるとともに隣接パネルの委員であったこともあり、頻繁に流体運動パネルに出席し議論に参加した。

ラムとともにテイラーは流体力学の専門家であり、パネルの議論をリードしていく役割を果たした。第3章でも紹介したように、テイラーは一九一〇年代の学生時代から一貫して渦や乱流の現象に関心をもって流体力学の理論的、実験的研究に従事してきた人物である。そして流体力学の応用先として気象学にも強い関心を示してきたが、ジョーンズと同様、一九二〇年の再編以来航空研究委員会の委員を務めてきた。そのような関心をもった彼の理論研究が一九三〇年代に花を開き、イギリスばかりでなくプラントルらとともに世界の空気力学研究を牽引していくことになる。

第一回会合で、境界層研究の実験手段として風洞内の乱流の状態を計測する方法の開発が必要であると、テイラーから指摘された。そのような計測方法について、委員ではないが実験家のフェージが熱線とピトー管を利用した方法を開発していた。テイラーは乱流状態のメルクマールとして擾乱の大きさを測るという方法があることを指摘し、一方シモンズは煙の拡散速度を利用できることを示唆した。

テイラーはまた、乱流を起こさない風洞の開発と建設を要望した。乱流の発生メカニズムを実験的に研究するためには、乱れの少ない風洞が強く望まれたのである。その要望に対して、サウスウェルが風の流れを絞ったり、空気を吸入する建物と排出する建物を適切に指定したりすることで乱流を抑制できるだろうとアイデアを提供、NPLのレルフがその設計と建設について検討していくことになった[5]。

このような課題提案を受けて、その後の会議では、乱流発生を抑制した「非乱流風洞」の設計、乱流を含む風洞内の気流の速度を正確に計測する方法の開発、乱流に関する新理論についての検討、そして境界層に関する最近の研究を概括する論集の出版などが主要課題として議論されていくことになる。

3 新型風洞の必要性

テイラーは第二回の会合で「非乱流風洞設計のために利用可能な諸原理」という報告を提出した[6]。その中でハネコムは乱流の横方向の速度の乱れを減少させるが、縦方向は減少させないこと、それゆえハネコムではなく、「抵抗」装置を挿入する必要があると述べた。それは吸込口を大きく、吐出口を小さくすること、すなわち空気の流れを絞ることで達成されると説明した。そのような形状にすることの理由を問われると、平均風速に対する縦横両方向の速度の乱流成分を減少させる作用があると答えた。それを聞いたNPLのシモンズは、そのような方法は高圧風洞においても安定な気流を作るために使われていることを補足した。シモンズはまた、第一回で委員長によって示唆された形状の風洞に関する予備的な研究に触れ、乱れが若干改善されたことを報告した。議論の結果、シモン

図6.2　NPLで設置が検討された低乱流風洞のモデル（TRARC, 1930-31）
大直径の吸入口から小直径の中央部へと風洞形状を絞ることで乱流が低減することが期待された．

ズにさらに実験を進めてもらうことになった[7]。サウスウェルとレルフの示唆を受けて、翌一九三一年初めの会合でシモンズがモデルを利用した検討結果を報告し、それにより満足のいく風洞の形状に達したと述べた[8]。まだ吸入口に気流の回転が見いだされるが、ハネコムを利用することにより除去できるだろうと付け加えた。委員長サウスウェルはくわしい議論はテイラーが出席する次回まで待つことにするが、風洞のモデル実験から、実際の風洞建設の段階に移ってもよいと判断した[9]。

　翌二月の会合では、前回欠席したテイラーが出席し、シモンズの報告における理論的誤りと風洞に使われるハネコム・スクリーンの材質や形状について改良するためのアイデアを提供した。テイラーの実験家としての意見にジョーンズも賛同した[10]。その後六月の会合では、前回のアドバイスを反映させ、吸気口に四枚の金網のスクリーンを設置することで好結果が得られたことなどがシモンズから報告された。さらに壁の影響など、実際の建設以前にすべきいくつかの検討項目があげられた。風洞の形状については、垂直式の風洞にすることに決定された[11]。

　シモンズらが設計した風洞は、航空研究委員会の委員長グレーズブルックによる一九三〇―三一年度の年次報告で有望な研究成果として紹介された[12]。ＮＰＬのスタッフによって作られた「非乱流風洞」のモデルは、空気の取り入れ口を大変大きくし、そこから取り込んだ気流を三〇センチメートル程度の小さな直径の測定部に絞り込んでいく（図6・2）。この仕組みにより、従来の風洞に比べて平均速度の揺らぎが五〇倍も少なくなったと年次報告は記している。この非乱流型風洞についてはその後しばらく議論はなされず、一九三五年から再度議論が復活し、その翌年から風洞建設を具体的に検討するためのパネルが結成されることになる。

4　ドライデンの補正式乱流計測法

風洞内の乱流の測定方法については、イギリス国外でも研究が盛んに進められていた。その技術の向上に大きく貢献したのは、米国標準局で空気力学の実験研究を進めていたヒュー・L・ドライデンである。ドライデンは、MITにおいてエイムズの下で航空工学を学んだ後、米国標準局に就職し、そこで空気力学の計測、とりわけ風洞内に生じる乱流の計測に取り組んだ。

ドライデンはそのような研究に本格的に取り組むに先立って、ゲッチンゲンのプラントルに宛てて書簡を送り、研究上のアドバイスを請うている。さまざまな風洞における球と円筒の計測結果を検討し、風洞内の乱流の影響から測定が不正確である可能性を指摘し、プラントルに理論的指針の教示を請うたのである。「風洞の乱流を数値的に定義する適切な方法についての考え、そして乱流の物理的概念についての考えをお教えいただけませんでしょうか」。「標準局に勤める我々にとって風洞に関するもっとも重要な問題は、乱流とその効果に関する研究です。本問題に関する実験や理論の議論をお聞かせいただけませんでしょうか」[13]。これに対し、プラントルは風洞内の乱流や渦の影響は重要な問題でさらに研究が進められるべきこと、そしてゲッチンゲン型の風洞のように乱流をなるべく少なくさせるような風洞の建設が必要であることを伝えた。

一九二六年に書かれた研究報告は、乱流への関心の由来が風洞測定の精度向上にあったことを述べている[14]。その年、ドライデンは風洞内に生じる脈動の計測を試みた。まず直径〇・二ミリメートルから七・五センチメートルまでの八種類のサイズの円筒体が風洞内で受ける抵抗力を測定した[15]。そしてその精度と信頼性を確認するためにも、風洞内に生じている脈動を計測しようとした。円筒背後の渦によって生じる脈動を測定するために、ドライデンは熱線の計測器とともに周波数を調節できる交流発電機を利用した。交流発電機の周波数を調節し、熱線計によって生じる電流の振動と共鳴する周波数を探すことで脈動の周波数を正確に突き止めようとした。さらに彼は、円筒を使わずに風洞自体の中で生じている乱流の脈動を測定することも試みている。そのために風洞内に設置した薄膜の振動を、薄膜の反射光を高速度撮影することで観測した。

一九二九年の報告では、乱流測定をさらに向上させる技術を披露した。そのポイントは、速く振動する脈動に対する計測器の反応の遅れを補正することにあった。電子回路内に適当な可変抵抗回路を組み込むことでそのような遅れを補正するのである。そしてモーターを使った振動ポンプにより風洞内に空気振動を強制的に発生させ、この補正装置が正確かどうかをチェックした。このような装置により、ドライデンは毎秒一〇〇サイクル程度まで風洞内の乱流の脈動をきわめて正確に計測できるようになった[16]。

この熱線風速計を利用する実験は、科学史家ミヒャエル・エッケルトにより乱流測定における「決定的ブレークスルー」と呼ばれている[17]。

5 イギリスにおける乱流測定法の開発

ドライデンによって補正式熱線風速計が開発された年に発足した流体運動パネルでは、ＮＰＬのグループが開発する限外顕微鏡や写真撮影を利用した方法などが新たな手法として検討された（図６・３）。

一九三一年一〇月の会合では、実験家のフェージとタウネンドによる乱流の測定方法について、長い時間をさいて議論がなされた。彼らの限外顕微鏡（ultramicroscope）を利用した方法は、粒子の移動に合わせて顕微鏡も移動させると、光の当たった粒子が光ってよくみえることを利用したものである。この測定方法は非常に有望な方法であるという委員長のコメントに各委員も賛同した[18]。後にフェージらＮＰＬのスタッフは、共著で乱流の観測方法として三つの方法を比較して紹介しているが、この限外顕微鏡による観測もその一つとして検討された。

図6.3　写真撮影された乱流境界層（R. & M. 1335）

一九三二年二月の会合ではまずシモンズが、ジョーンズの提案に従ってグライダーの翼面近傍の乱流測定を試みたことを報告した。ジョーンズは層流から乱流への遷移点がフルスケールの実機においてどのようになるか観測することを提案した。煙を用いる方法は使えないので、聴診器やマイクロフォンなどの音響測定の方法を採用した。会議では委員から別の方法も示唆された。その会合ではオランダの研究者による乱流測定法が紹介され、そこで使われる補正式の熱線測定法が、テイラーによって現在のところもっとも有望な測定方法として紹介され、ＮＰＬにおいても試されるべきであると推奨された[19]。

同じ会合では、オランダの理論家ゼイネンの論文も紹介された[20]。会議に出席した実験家フェージは、その論文が「混合距離」なる概念を測定する目的で著されたものだが、その概念がいかなる物理的な意味をもち、はたして有用な目的に使えるのかどうか疑問であると述べた。それに対しテイラーは、その概念が有益であり、流れの物体背後における熱拡散を計測することによって直接測定することができると説明し、実験家の疑念を晴らした[21]。後述のように、それはプラントルによって提唱された乱流の程度を扱う概念であり、それにとってかわる概念がテイラーによってその後発案されていくことになるのである。だがそのような理論研究が進行中であることは、この時点ではパネルの会議で何ら補足されることはなかった。

　その後、フェージにより限外顕微鏡による乱流の観測方法に改良が加えられていく。一九三三年二月には限外顕微鏡で風洞の物体背後の気流、流れの幅を絞った後の気流を観測することが試みられた。その結果に対して、テイラーは他の観測との齟齬を見いだし、この観測方法を他の観測方法と比較することを示唆した(22)。同年六月には、タウネンドとフェージが、テイラーによる統計的方法からの乱流解析を限外顕微鏡によって確認しようとする実験の結果を報告し、委員の間で高く評価された。委員長はこれによりテイラーの進める統計的方法に確信をもてると述べた(23)。同年一〇月にはフェージが限外顕微鏡観測で写真撮影を試みた論文を提出、写真の一つには粒子が螺旋運動することを示すものもあり、彼はその写真に注意を喚起した(24)。テイラーはこれにより観測技術が向上したと高く評価、委員長もフェージを賞賛した(25)。一九三四年一一月には、熱線風速計、限外顕微鏡、そしてスパークを利用した高速度撮影の乱流観測の三方法を比較する報告がなされ、検討が加えられた。このうち第三の方法はタウネンドによって開発が進められたものである(26)。これらの乱流計測の方法の改良と関連して、テイラーは自分が進めている理論的考察から一つの概念を考え出したことを告げた。流体運動パネルの議事録には彼の発言が次のように記されている。

> テイラー教授は続いて乱流の測定に関連して新しい研究のアイデアに至ったこと、それはドイツの「混合距離」概念にある意味で類似した、乱流の拡散を特徴づけるような長さであり、〔新しい測定法による〕決定を期待していることを述べた(27)。

後述するようにテイラーの「長さ」の概念は、ジョーンズの飛行試験のプロジェクトや、その後の層流翼の開発を後押しする重要な概念となっていく。

6　境界層論集の編集

一九三一年二月の流体運動パネル第五回会議において、委員のラムが、パネルの主たる関心事である境界層の理論的ならびに実験的研究について、総括的なサーベイをするような文献紹介集を作成すべきであると提言した[28]。当初の提案は近年出版された関連文献をリストアップし、その内容を簡単に付した文献案内程度のものだったが、単なる文献リスト以上のものを作るべきだという意見を受け、ラム自身が編者となり、その下で各研究者が境界層の理論・実験研究のサーベイ論文を執筆することとなった。その後論考編集の作業は「境界層論集」と呼ばれる議題として毎回のように編集上の案件が協議されていく。

当初寄稿論文を基に、ラムが全体を一つの論考に統一させるという計画だったが、老齢のラムの体調が悪化し、編集責任はラムを補佐するためにパネル委員に加わっていた若い流体力学者シドニー・ゴールドスタインが引き継ぐことになった[29]。ゴールドスタインはその後実験面だけでなく理論面も内容的に充実させる企画書を提出した[30]。論集各章の草稿が完成すると、それらは順次パネル会合に提出され、そこで内容が詳細に検討された。それらはパネル委員の査読を受けた上で最終原稿とされていった[31]。

一九三五年九月の会合では五本の寄稿原稿が回覧され、内容の検討がなされた。出版間近になりタイトルについて、「実在流体運動の現代的理論」あるいは「粘性、乱流、境界層」などの題が示唆された[32]。サウスウェルによって提案された後者は内容をよく捉えるものであるが、実際にオックスフォード大学出版局から出版されたタイトルはゴールドスタインが提案した前者を若干修正した「流体力学の現代的発展」、サブタイトルが「境界層、乱流運動、後流に関する理論と実験の解説」となった(33)。

一九三八年に出版されたその概説書の内容を一瞥しておこう。表6・1左列に、同書の各章タイトルを並べた。同書には序論が二章備わり、第一の序論で流体力学の対象として実在の流体とともに理想流体が扱われることを説き、第二の序論で実在流体を扱うための基礎理論として境界層理論を紹介する。その上で乱流の理論や一般的な計測方法が説明され、風洞などにおける各種形状の物体の空気力学的性質が論じられていく。同書の内容は、一九三〇年代に流体運動パネルで取り扱われた話題の広がり、航空機の開発に必要とされた流体力学の課題の所在を示すものでもある。

表6・1右列には比較対照のために、流体運動パネルに所属し同書編集に携わったラムの教科書『流体力学』(一九三二年)の目次をあげておいた。ラムの『流体力学』は、初版が一八七九年に出版された後、ほぼ一〇年ごとに版を重ね、この目次は第六版のものである。前半の第3章、第5章で扱われる渦なし運動(irrotational motion)は、流れの中に小さな渦が存在しないと仮定するものである。『流体力学の現代的発展』において主題の一つとなる乱流については、ラムの教科書の中では第11章「粘性」の中の一つの節として扱われるのみである。ラムが乱れのまったく生じない「渦なし運動」に多くの紙面をさいているのに対し、『流体力学の現代的発展』はこの第11章の内容をさらに詳細に緻密に、あたかも拡大鏡でその内容を精査するごとく取り扱ったものとみなすことができる。航空機の発展を契機に生み出された、「粘性、乱流、境界層」に焦点を当てる流体力学の一部門が、流体力学の先端で主要な部門として登場した。教科書の内容の大きな再編に、専門分野としての流体力学の変容を読み取ることができるように思われる。

企画された概説書に乱流の章を含むかどうかは、初めから決まっていたわけではない。急テンポで研究が進む乱

表 6.1　1930 年代に出版された 2 つの流体力学概説書の内容比較

左列は『流体力学の現代的発展』の内容目次，右列は『流体力学』の内容目次．番号は章番号．両者は，伝統的な流体力学が扱ってきたトピックと 1930 年代に航空技術の発展とともに関心を集めていたトピックの差異を表している．

ゴールドスタイン『流体力学の現代的発展』(1938) 各章タイトル	ラム『流体力学』(1932) 各章タイトル
1.　序論：実在と理想の流体	1.　運動方程式
2.　序論：境界層理論	2.　特殊事例での方程式の積分
3.　粘性流体の方程式	3.　渦なし運動
4.　境界層の運動の数学的理論	4.　2 次元内の液体の運動
5.　乱流	5.　液体の渦なし運動：3 次元内の問題
6.　計測の実験装置と方法	6.　液体中の固体の運動：力学理論
7.　管と風洞内と平面上の流れ	7.　渦の運動
8.　同上	8.　潮汐の波
9.　対称円筒のまわりの流れ：抗力	9.　表面の波
10.　非対称円筒を通過する流れ：翼と揚力	10.　拡張の波
11.　回転体固体を通過する流れ	11.　粘性
12.　境界層コントロール	12.　液体中の回転体
13.　後流	
14.　熱伝達（層流）	
15.　熱伝達（乱流）	

流研究のどこまでを含めればいいのか、ためらう意見もあった。概説書の編集が始まってすぐに、テイラーが乱流に関する議論を含むべきだろうが、そのためには膨大な情報をカバーせねばならず、理論面については乱流を含めず層流に限ることも考えられると意見を述べた。それに対してジョーンズは、カルマンが提唱する乱流の運動量理論などは航空工学にとって有益であるので、乱流の理論研究の動向についてもカバーすべきことを主張、同席のレルフも同意した[34]。二人の意見を受け、テイラーは乱流の章の執筆を引き受けることになった。

テイラーはそのしばらく後に「乱流に関するノート」と題する一連の報告書をパネルに提出した。それは概説書の乱流の章の骨子となっていくものであるが、内容は単に乱流理論の先行研究をサーベイして紹介するものではなく、むしろ彼独自の乱流理論を打ち出していくものだった[35]。一連の報告の第一報は一九三四年一二月にパネルに提出された。報告はその後「乱流の統計理論（1）」として王立協会紀要に科学論文として掲載された。その後続報が順次提出され、計五編の論文がパネルに提出され、それぞれが紀要に掲載されていった。

これらの論文でテイラーが目指したことは、プラントルの乱流理論をさらに発展させることだった[36]。プラントルは一九二〇年代後半に「混合距離」という概念を提唱し、乱流の取り扱いに一つの新機軸を出していた。以下、テイラーの論文と理論内容を理解するために、彼が乗り越えようとしたプラントルの乱流理論について目を向けることにしよう。

7 プラントルの乱流研究

プラントルは第一次世界大戦中の一九一六年に、「乱流理論の研究計画」と題する簡単なメモを残している[37]。そこで乱流に関する二つの状態、すなわち乱流が発生するプロセスと、乱流が継続している状態の両者が分析の対象になるとした。そのうちの後者、乱流がすでに発生し、その発達した乱流に対する理論的検討を進めることで、プラントルは「混合距離」なる概念を提唱するようになる。

一九二四年一〇月にカルマンに宛てた書簡で、プラントルは次のように自分が考えることを伝えた。「私は最近乱流の平均運動に対して、正しそうな前提から導出され、多くの事例に適用可能な微分方程式を見つけ出すという作業に没頭しています[38]」。そしてその鍵は「境界条件に適合するような長さ」になるだろうと付言した。翌年出版された論文「成長した乱流の研究」において、彼はノズルから勢いよく噴出する蒸気などのジェット流を取り上げて、この長さの概念について説明した[39]。ジェット噴流はノズル口から噴出された後、徐々に幅が広がり拡散していく。その拡散は、ジェット噴流と周囲の大気とが乱流の作用で混合することによるものである。そのような混合により、ジェット流は周囲の空気に運動量を提供し、自らは運動量を喪失していく。彼はこのジェット流が周囲の空気に運動量を提供して自らの運動量を喪失するのに要する距離を乱流の性質を表す量として導入した。それは走行する車両がブレーキをかけて停止するまでに要する「制動距離（Bremsweg）」のようなものだと述べた[40]。

翌一九二六年にチューリッヒで開催された第二回応用国際力学会議において、プラントルはこのように導入された距離を「混合距離」として提案した[41]。その講演で、「完全に発展した乱流という大きな問題」の存在を指摘し、その課題と困難を次のように語っている。「渦が摩擦による減衰にもかかわらず渦を新しく生み出し続ける過程の内的な理解と量的な計算、ならびに渦の減衰と生成との競合から帰結する混合の力の決定という問題は、なかなか解くことができないだろう[42]」。

講演の中で、彼はレイノルズ応力との関連でこの混合距離の概念を説明している。流れが乱流を引き起こすと、まるで摩擦力を被るようにして流れは運動量を消費する。この見かけの摩擦力は、接触し合う二つの流れの間で運動量が提供・交換されることによって生じると考えられる。それを数量的に表す指標として「混合距離」を提案するのである。それは、運動量の交換、レイノルズ応力に相応するものでもあった。

その後、ゲッチンゲンの若い研究者が、プラントルの「混合距離」の概念にもとづきながらいくつかの異なる実験設定について計測を行い、それを応用していった。風洞内のように曲がった壁面によって生じる乱流、障害物の背後に生じる乱流などである。またとりわけカルマンは、一九二〇年代後半以降はゲッチンゲン・グループと対抗意識を燃やして乱流と境界層の研究に取り組み、プラントルの混合距離の概念と理論をさらに発展させた境界層の数学的理論を提出した。それは相似法則を用いてプラントルの混合距離の理論をより一般化するものだった。そして対数グラフ用紙を駆使しつつ助手とともに見いだしたその理論を実験的にチェックするため、ドライデンから右腕となる助手をわざわざアメリカからアーヘンまで派遣してもらい、彼らの補正式熱線流速計を利用して検証実験にあたった。この新理論を構想し発見を達成するまでの経緯は、カルマンの自伝『大空への挑戦』の「乱流」と題された章に生き生きと語られている。(43) 彼らの理論は、一九三〇年にストックホルムで開催された国際応用力学会議で披露されることになる。プラントル、カルマン、ドライデン、そして彼らの学生や助手たちによる切磋琢磨によって、境界層と乱流の理論は一九三〇年頃には高度な数学的理論と精密な実験成果を備えた研究分野として現れていたのである。イギリスの航空研究委員会に流体運動パネルが設置された背景には、そのような流体力学研究の世界的な進展があった。

8 テイラーの乱流研究

一九二〇年代から三〇年代初頭にかけて乱流の問題に取り組んでいたテイラーは、プラントルと乱流研究で問題意識を共有するようになっていった。

テイラーの乱流研究の代表作となる一九三四年から三五年にかけて提出された一連の五本の論文は、一九一〇年代から進めていた渦と乱流に関する自身の研究成果を利用しつつ、それまでの理論的アイデアを発展させ結実させていったものである。五本の論文は最初航空研究委員会に技術報告として提出され、後に加筆修正され王立協会紀要論文として出版された。また前述のとおり、ゴールドスタインが編集した『流体力学における現代的発展』の「乱流」の章の中核を占めることになった。航空研究委員会に提出された技術報告と、加筆され広く世界中の科学者の目に触れることになった紀要論文とはいくつかの点で歴史解釈上重要な差異が認められるのだが、その点については次節で論じることにして、ここでは一九一〇年代から二〇年間にわたるテイラーの乱流研究を数編の鍵となる論文に焦点を当てつつ追いかけておこう。

第3章で述べたように、テイラーはケンブリッジ大学在学中から渦の問題に取り組んだ[44]。一九一五年に出版された論文「大気中の渦の運動」において、それまでの渦を個別に扱おうとする方法にかわって、渦を統計的に扱うことを目指した。彼はその後も、渦の時間的発展に深く関係するエネルギーの散逸や流体と固体面との摩擦などの問題に取り組んできた。

一九二一年に書かれた「連続運動による拡散」では、乱流や渦などによる拡散の現象を、「相関定数」と呼ぶ係数によって説明しようとした[45]。ここで相関定数とは、ある物体についてある時刻の性質（速度）と別の時刻の性質（速度）との相関性を1から0で表す定数と定義される。完全にランダムに動くものに対して、乱流や連続流においては時間的に近ければ1に近い相関定数をもち、時間的に遠ければ0に近い相関性をもつことになる。彼はそれを単純な一次元の運動、とくに気圧の時間的変化に適用しながら数学的定理を導出する。その上でさらにその概念を連続的な運動に適用し、そこで見いだした数学的な関係を煙の流れや拡散の観測結果と対応させる。一九二一年の論文は、数学的な関係を見いだしたことから、物理学者だけでなく数学者に対しても関心をもってもらおうとロンドン数学協会の紀要に投稿し掲載された。だが論文は数学者の関心を惹くことはなかった。

第4章で述べたようにプラントルの空気力学理論がイギリスに紹介されると、テイラーは彼の境界層と乱流の研究も知るようになる。一九二七年にはプラントルがイギリスを訪れ、王立航空協会で「渦の生起について」と題する講演を行った。プラントルの講演は渦の生起を可視化した動画映像をみせつつ、境界層や渦の概念の基礎をイギリスの科学者・技術者たちに説くものだった[46]。

一九三一年にテイラーは熱伝達に関する報告を航空研究委員会に提出、報告は科学論文として翌年王立協会紀要に出版された[47]。その中で彼は、プラントルの「混合距離」の理論と自分の理論とを比較し、自らの理論の妥当性を実験的に証明しようとした。その論文「流体による渦と熱の伝達」において、ゲッチンゲン・グループのヘルマン・シュリヒティングによる風洞内に置かれた円筒背後の風速の測定結果を利用する。プラントルの理論では物体背後の速度分布は温度分布と一致することになるはずであるが、テイラーの理論では速度分布と温度分布とは異なることになる。その実験的検証を、彼はフェージらNPLの実験家たちに依頼した。結果はプラントルの理論ではなくテイラーの理論によく合致するものだった。実験的な検証結果に続いて、彼は「運動が二次元に限定される際に『運動量輸送』理論が誤っていることの証明」という節を立て、理論的にプラントルの理論が不完全であることを論証しようとした。

その後一九三四年七月にケンブリッジで国際応用力学会議が開催されると、プラントルも再度イギリスを訪れその地で講演した(48)。プラントルのケンブリッジ滞在中、テイラーは彼を自宅に招き歓談した。それ以降、テイラーとプラントルはしばしば書簡によって研究上の連絡を取り合い、交流を深めていく。両者は論文で相互の研究を引用するようになった。一九三五年のプラントル生誕六〇年を記念した論文集が企画されると、テイラーは論文の寄稿を依頼された。彼はそのために「絞り流における乱流」と題する論文を著し、そこでプラントルの理論を前提に当該現象を理論的に検討した(49)。数学的に論述された論文であるが、低乱流風洞を設計するための理論的基礎を論じようとするものだった。またこの年に交わされた書簡では、テイラーがプラントルに敬意を払い、彼をノーベル賞候補として推薦する意向をもっていることを伝えている(50)。プラントル自身はその申し出に謝辞を述べ、受賞の可能性には懐疑的であると応えた(51)。

前述のように、一九三四年一一月に開催された流体運動パネル会合において、テイラーはプラントルの混合距離の概念に類似の概念として、乱流の拡散を特徴づける「長さ」の概念を考えついたことを述べた。その概念を理論的に展開する報告は、翌月の一二月一八日の会議に提出された。その論文は、一九二一年の相関定数の概念を一般化し、プラントルの混合距離の概念を修正することによって乱流を統計的に取り扱う基礎理論を提供するものだった。そこでテイラーは、プラントル理論が個別の塊の時間的振る舞いを扱おうとするのに対し、彼の理論は同時刻の空間全体の流れの場を扱おうとするものだとした。その意味で、プラントルの理論はラグランジュ的であるのに対し、自分の理論はオイラー的だと特徴づける。そのような理論的考察によって、彼はプラントルの「混合距離」にとってかわる「長さ」の概念を提唱する。それは渦の大きさに相当する概念であった。

9 ジョーンズによる技術的効用の発見

一九三四年一二月に開催された流体運動パネルの会合で、テイラーによる乱流の統計理論の第一報が提出された[52]。その内容を理解するにあたって、前述のように航空研究委員会の技術報告と王立協会紀要の科学論文との文言と体裁の差異を一瞥しておくことが役に立つ。両論文の内容は実質的に同一であるものの、いくつかの重要な点で提示されるデータと表現に差をもつものだった[53]。紀要論文ではとりわけ理論の数学的部分が大幅に加筆されており、節のタイトルもより科学的数学的な表現に置き換えられている。序論に続く第二節のタイトルは、紀要論文では「オイラー的様式で記述された乱流場における相関性」とされているが、航空研究委員会報告ではそのタイトルは単に「渦のサイズ（size of eddies）」とされている。前者は航空研究委員会の会議に出席する多くの技術者にとっておそらく理解不可能だったろうが、後者は彼らにとってもその意味は一目瞭然である。一方、王立協会紀要論文の読者である数学者・物理学者にとっては、前者は著者の根本方針や背後の思想を表現し、内容をより深く理解させてくれるものとして歓迎されたことだろう。

もう一つ注目すべきこととして、技術報告の最後の節では大気における渦のサイズが見積もられているのに対し、紀要論文ではその節がまったく省略されていることがある。それゆえ、紀要論文あるいはテイラー著作集に収録されているその復刻論文を読む限りでは、読者はそのような大気における渦のサイズの具体的な数値についてまったく情報を与えられないことになる。逆に、航空研究委員会やその小委員会とパネルの委員たち、またそれらの会議への出席が認められた人物たちには、公表された論文には示されていない数値データを知る特権が与えられていたといえよう。それはなぜなのか。なぜテイラーはそのように科学論文と技術報告の内容に差をつけて執筆したのか。その理由は技術報告にも、紀要論文にも、会議の議事録にも記されていない。しかし流体運動パネルの議事録を読み進めることで、その大気の乱流の渦のサイズの具体的数値が、航空工学上大変に重要な意味をもつことが分かってくるのである。その意味を会議の場で指摘した人物は、流線形の飛行機を提唱し機体の空気抵抗の削減を長年追究してきたメルヴィル・ジョーンズその人だった。

一九三四年一二月一八日には流体運動パネルの会議は午前一一時（第二二回）と午後二時半（第二三回）からの二回、ロンドン中心のホルボーンに所在する航空省庁舎内で開催された。午後二時半から始まる会議の第二議題として乱流に関する四本の論文が回覧され、出席者が議論を交わした。(54) テイラーが自身の著した論文について紹介し、渦（eddy）のサイズの統計データが得られるような測定実験を考案したことを述べると、ハネコムを使ったその乱流減衰の測定実験はすでにNPLで着手されたことをシモンズが伝えた。(55)

著者テイラーによる説明が終わると、ジョーンズがただちに発言した。それはテイラー論文が重要な技術的意味をもつことを指摘するものだった。同論文は風洞内と大気中とにおいて、渦のサイズに違いがあることを結論する。その結論から重要な実用的意味を引き出すことができると彼は直観したのである。議事録にはその様子が次のように記録されている。

ジョーンズ教授はテイラー教授の大気中の渦の最小サイズは二五センチメートルほどであるという見積もりに

注意を向けた。これは境界層の流れの種類に影響を及ぼすには大きすぎないかと、彼はテイラー教授に尋ねた。テイラー教授は確実な情報は持ち合わせていないが、二五センチメートルというのは境界層に影響するにはやや大きすぎるだろうと述べた。ジョーンズ教授はこのことは非常に重要な実用的ポイントだと述べ、アメリカでの飛行機が球を曳航する実験により、大気中では比較的乱流がないことを示唆していることに注意した。これはおそらく渦は存在するが、境界層に影響を及ぼすには大きすぎるためかもしれない。ジョーンズ教授は自由な気球から下がる熱線により大気中の乱流を測定する実験は価値があろうと考えた[56]。

ジョーンズが示唆するような実験について、シモンズは同様の実験としてすでにアメリカでなされた飛行船による実験について述べた。それは飛行船表面に熱線計測装置を装着し乱流発生の様子を測定したもので、長時間にわたり計測すると流れは層流であるという結果が出たことを紹介した。それはテイラーの理論的結論とジョーンズの推測とを傍証するものであると受けとめられた。テイラーの報告はその場で王立協会からの掲載が了承された。

10　空気力学小委員会での議論

ジョーンズはテイラーの理論的帰結とその技術的意義を会議の場で初めて知ったのだろうか。またテイラーもまた自分の理論の技術的意義を会議の場で知ったのだろうか。ジョーンズとテイラーは二人ともケンブリッジ大学の教員であり、同じキャンパス内で顔を合わせ最新の研究成果について語り合う機会もあったかもしれない[57]。またテイラーはその場でジョーンズに指摘される前に、見いだした理論的帰結のもつ航空工学上の意味を理解していたのかもしれない。これらの疑問に対してここでは想像と可能性を述べることしかできない。

図 6.4　ダグラス DC-3 型機（Miller and Sawers, 1968）
今日の飛行機とほぼ同一の流線形を有する DC-3 型機は 1933 年に開発された．流体運動パネルでは同機とイギリスのデ・ハビランド社のコメット機とが小さい空気抵抗を達成している飛行機として比較考量された．

実はジョーンズは、この報告以前に風洞試験と飛行試験との差から翼面上の境界層において層流から乱流への遷移を遅らせる可能性を認識するようになっていた。テイラーが乱流理論の第一報を流体運動パネルに提出した一二月一八日の二週間前、空気力学小委員会の一二月の会合が開催された[58]。そこで委員たちは最後の議題として高速機に関するレルフの報告について検討した。その報告は、アメリカのダグラス社のＤＣ型機（図６・４）とデ・ハビランド社のコメット機の空気力学的性能を評価したもので、両機の形状抗力が他の飛行機に比べて大変小さく、不可避な全表面摩擦抵抗の大きさの四割増し程度に抑えられていると結論した[59]。通常の軍用機が八割増し程度あるのに比べ、両機の形状抗力は著しく低かった。報告を受けて、委員会ではコメット機を購入し飛行試験に供することが検討された。その上でジョーンズは最近のドイツの報告に語られる研究成果について言及、紹介した。

〔ジョーンズ教授は〕小さなピトー管を用いた境界

層研究に関するドイツの報告について言及し、主翼上面で境界層が乱流になる点はレイノルズ数が2×10^6であり、それは風洞で測定される値の四倍であると述べた。コメットの速度では乱流が始まるのはおそらく主翼先端から約一フット後ろの点から始まると思われること、この点が主翼面上でどれだけ後方に後れさせることができるかは知られていない。(60)

ここでジョーンズによって引用されているドイツの報告とは、ドイツの技術者ヨゼフ・ステューパーによってなされたピトー管を用いた飛行試験の成果報告であると思われる。報告はドイツの航空雑誌に出版された後、NACAの技術報告として翻訳回覧された。(61) 一九三四年八月に作成されたNACAのその報告は、航空研究委員会の委員たちの手にもほどなくして届いたことだろう。ステューパーの研究は、プラントルの指導する学生オイゲン・グルシュヴィッツが風洞試験結果を利用して導出した乱流遷移点の数学公式と、ピトー管を主翼面に配置した実機を飛行して得られた飛行試験の計測結果とを比較検討するものだった。(62) ジョーンズはドイツの報告を引用し、遷移を後らせる可能性を述べた後、ケンブリッジ近郊のダックスフォードで進めようとしている飛行試験の計画について語った。

この一二月四日の小委員会会議にはジョーンズとともにテイラーもまた出席していた。しかし彼はその席では何も発言していない。会議は平日（火曜日）夕刻に終了しており、その後二人は会議での発言やそれぞれの研究の進捗状況などを語り合ったかもしれない。テイラーは二週間後に提出する論文のアイデアは、すでにその前月の一一月二日の流体運動パネルの会合時には得ており、新概念の提出を予告している。だがその月のパネル会合にジョーンズは欠席していた。一二月一八日の流体運動パネルで提出されたテイラーの報告に触発されたジョーンズの発言を再度思い起こすと、それ以前の会合やキャンパス内において二人の間であらかじめ報告内容がくわしく語られその意義が了解されていたとは考えにくいところである。テイラーの関心は自分の新しい理論の実験的検証と理論的妥当性に向けられており、主翼の境界層制御との関係には思いが及んでいなかったのではないかと思われる。

年が明け、一九三五年二月五日に、空気力学小委員会が再び開催された[63]。同小委員会で流体運動パネルでの提出論文と検討内容が簡単に報告され、そこでテイラーの提案により新しい実験が着手されたとだけ述べられた。テイラーの乱流理論の研究成果にジョーンズが重要な技術的意味を見いだしたことについては、空気力学小委員会でわざわざ再説されなかった。しかし彼らが示唆した主翼の境界層制御の可能性は委員たちの強い関心に成長していたようである。ただそれは翼面の平滑度という課題と関連して議論される傾向があった。会合では、RAEの代表ダグラスがRAEの研究計画について説明した後、それらの研究課題の中で「表面の滑らかさの翼抗力への影響」について議論が集中することになった[64]。

ダグラスはその報告で、表面を粗くすることで抗力が五〇パーセント増大したことが確認されたと述べ、その研究の重要性を強調した。それに続き、ジョーンズは、翼面において「層流をどれだけ後退させられるかはまだ知られていない」と述べ、ケンブリッジ大学で実機による実験を計画中であることを伝えた。その後ケンブリッジ大学とRAEでの実験が比較されたり、粗度として千分の一インチ程度の突起が翼の抗力に影響を及ぼすというドイツの研究結果が引用されたりした。ティザードは議論を聞き、「大変苦労してまで翼表面に対して高い平滑度を得ることに価値があるのか」と委員たちに疑問を投げかけた。またテイラーは続いて主翼上表面において層流境界層を形成しているのは最低圧力点までであり、下表面では圧力が最大になった後であると述べ、改良については下側表面を工夫するのがよいと示唆した。これらの点について、ジョーンズとRAEで連絡をとりつつ検討していくことになった。

その後の空気力学小委員会においても翼表面の平滑性による翼抗力の低減について、何度か議論がなされている。会議の議論からは、テイラーの理論に触発されたジョーンズの発見は、ジョーンズを含め委員の間ですぐに後の層流翼のアイデアにつながったわけではなく、翼表面の平滑性の確保が次の課題として重視されるようになったことが見てとれる。また翼型の改良についても、テイラーが示唆するような圧力点の制御に関心が集まっているわけでもなかった。

11 その後の流体運動パネルでの議論

流体運動パネルの次の会議は一九三五年四月に開催され、そこでテイラーの論文の続報が三報提出された(65)。会議ではまず著者テイラーがこれら一連の報告の内容を簡単に紹介した。今回提出した第二報はタウネンドの乱流測定法に関して論じたものであり、関連する実験が着手されたことを述べた。第三報は乱流によるエネルギーの散逸を論じ、それにより乱流の消滅に関する方程式を導出したと説明した。その理論的帰結は、アメリカのドライデンによる風洞実験の結果と合致することも付言した。風洞内に大きなメッシュの格子スクリーンを挿入した場合は、乱流の消滅の仕方が自分の新理論による予測より緩慢であるが、これはより小さいがより強い乱流が発生するためではないかと推測した。そして第四報は、「乱流の境界層への影響。乱流のスケールと球の臨界抵抗の関係に関する理論的議論」と副題がつけられ、その内容が簡単に紹介された(66)。席上でテイラーは、この理論的研究に導かれて球に対する臨界レイノルズ数の公式を定式化することになったが、その結果はハネコムによる絞りを伴う風洞の場合以外は概ねよく実験値と合致すると述べた。球の臨界レイノルズ数とは、球の表面の境界層において層流から乱流に遷移をするような臨界的なレイノルズ数のことであり、それを理論的に導出することは流体力学上の重要な課題となっていた。その後テイラーとＮＰＬのシモンズやレルフらとの間で実験による確認の方法などが論じられた。

また彼は自分の理論が、渦が等方的に散逸することを前提条件にして作られていることも付け加えた。続いてゴールドスタインは第四報に表示されるグラフの曲線から、レスリー・ハワースの計算方法を用いて境界層の乱流遷移点を導き出すことができるだろうと指摘し、そのために球のまわりの圧力分布をハワースに提供することを促した。

これらのテイラー報告に関する著者自身の解説とコメントが一段落した時点で、前回に続きジョーンズが手短ながら、テイラーの理論的研究がもつ大きな技術的効用の可能性について指摘した。議事録には次のように記されている。

ジョーンズ教授はすべてのことが大きな実際上の重要性をもつと考えた。何らかの圧力分布が回避されれば、主翼の表面上の境界層を、先端部からかなりの長さで後方まで層流のままに保つことができるからである。それにより抗力を大幅に低減することが可能になるかもしれない(67)。

ジョーンズの発言は、後の層流翼の発明の起源となるアイデアを表明したものである。ジョーンズはテイラーの研究成果にも後押しされ、実機での飛行実験を進めていくことになる。その後、アメリカのジェーコブスはテイラーやジョーンズとの会談によって、そして日本の谷はジョーンズの論文を通して、層流翼の考えにたどり着き実現していくことになるが、ジョーンズ自身は層流翼の可能性に気づいており、そのことは航空研究委員会のパネルの会議において委員の間で共有されたのである。

ただしその会議では、ジョーンズの指摘に対して、注釈もつけられた。出席していたハーバード・B・スクワイアーは、層流が不安定になる原因には圧力分布以外にも要因があることを指摘、テイラーの理論は臨界レイノルズ数の上限を決めるものだろうと述べた。

一九三五年六月の会議で、テイラーの第五報が報告された[68]（その月からサウスウェルにかわってベアストウがパネルの委員長に就任、それまでベアストウが務めていた空気力学小委員会の委員長は前月からジョーンズが就任している）。テイラーの今回の論文について議論した後、これらの論文で提起される実験を遂行するために、新しいより大きな非乱流風洞の建設が提案された。サウスウェルは、同日の午後行われる予定の空気力学小委員会で、テイラーを中心にして前々年以来なされている理論研究を実験的に検証するためにそのような風洞の建設を提案すべきであると述べた。テイラーもまた、彼の理論とシモンズの実験研究を検証するために、現在の直径一フットの風洞よりも大きな風洞の建設を提案するのに、「パネルはいまずっと強い立場にある」と強調した[69]。

午後に開催された空気力学小委員会の会合では、NPLにおける新風洞の建設が協議されたが、その一環として流体運動パネルを代表するベアストウがより大型の非乱流風洞の新設を要望した。出席していたテイラーは、既存の一フット風洞とは異なる設計のものが好ましいことを補促し、そのような風洞は「イギリスで急速に発展している理論研究の進捗を助けてくれよう」と述べた[70]。

この議論を受けて、ジョーンズを委員長に風洞パネルが結成され、「既存の風洞施設を刷新する諸問題と新しい装置の建設の検討」が進められた。風洞パネルでは、非乱流風洞だけでなく、実機や実機の一部の空気力学的性能を直接計測できる超大型風洞、フルスケール風洞についても検討された[71]。

12　ジョーンズの飛行実験

ジョーンズにとって、テイラーの理論研究は既存風洞の測定上の限界と、大きな技術改良の余地の存在を教えてくれるものだった。触発を受けた彼は、それまで続けてきている実機による大気中の計測実験の重要性を再認識することになる。

ジョーンズは自身が所属するケンブリッジ大学航空工学科のスタッフとともに、大学キャンパスから一時間ほどの距離にあるダックスフォード空軍基地において実験用飛行機を利用した飛行実験を繰り返していた。飛行にあたっては、J・A・G・ハスラム空軍大尉が一九二〇年代からジョーンズの飛行実験にパイロットとして協力していた。前章で述べたタフトと呼ばれる糸房を数多く翼面上につけて気流の性質を観測する飛行実験の遂行にあたっても、ハスラムがパイロットを務めていた。

テイラー論文の第一報が提出される前月の一九三四年一一月にジョーンズによって提出された研究企画書では、飛行実験による失速の研究とともに、実機の飛行による主翼の形状抗力の計測を計画し、そのための方法を点検するための風洞建設とハスラムの雇用延長を空気力学小委員会宛てに申請している。主翼の形状抗力を測定する方法として、主翼後端の背後の後縁に沿ってピトー管によって風速を測定していく方法と、主翼表面近傍の境界層の乱流発生状況を小さなピトー管で検知する方法とが紹介され、両者の実用性と信頼性が比較考量されている。[72]それはドイツのベッツやステューパーの飛行試験の方法を参考にしたものだった。ジョーンズの実験計画にもとづき、第一段階として前者の方法による抗力測定を行い、第二段階として後者による乱流発生の計測を進めることになった。

一九三五年春からの飛行実験計画では、二月の空気力学小委員会での議論を受けて、[73]それまで進めていた失速の実験に加えて、主翼の翼型抗力の測定を表面の粗さを変えながら測定した。彼らの採用したベッツの方法は、後流（wake）と呼ばれる翼後方に生じる領域における速度を測定することで翼型抗力を求めようとするもので、NPLのフェージによっても風洞実験による翼型抗力の測定に利用された。[74]

実機による実験にあたっては、翼の後ろにピトー管を設置し、翼の後端近傍の風速を測定する。翼後端に円錐形のカバーに覆われた測定器を装着し、そこから速度を測定するピトー管をある長さで横に張り出させる。操縦席から測定器を円錐の軸のまわりに回転させ、ピトー管の位置を上下に動かすこともできた。こうして後端付近での速度を計測した結果を、一九三六年一月に論文として提出した。その冒頭でジョーンズは彼らのフルスケール測定の意義を次のように述べている。

風洞においてすでに各種の方法によりフルスケールのレイノルズ数を近似的に達成できるようになったが、風洞と飛行機が飛ぶ大気の乱流の差により生じる不確定性が存在する。経済的な飛行の翼型抗力は主として表面摩擦によるが、表面摩擦の大きさは上下翼面における層流境界層が乱流形態へと遷移する点の位置に依存する。このような点の位置は、翼が動く空気の乱流の量と種類に決定的に依存している。したがって、少なくとも風洞内と大気中の乱流とその遷移点への影響に関して現在よりはるかに多くのことが分からなければ、風洞実験では実際の飛行における抗力について完全な確信をもって予測できない。多くの場合に風洞実験による抗力の正確な予測は不可能というわけではないが、当座は飛行による抗力の正確な測定が風洞実験をチェックするための参照基準として必要になるだろう。(75)

その二年半後にジョーンズの下で研究を続けたハスラムとスティーブンスが、ジョーンズ指導下のケンブリッジ・グループによる飛行実験研究の第二報告を提出した。(76)「翼型抗力に関係する境界層遷移の実機実験」と題されたその報告書の序文で、彼らは第一報発表後の経緯について次のように述べる。第一報で実用的な抗力測定法を紹介した後、多くの飛行機設計に関わる人びとに利用され、それによりさまざまな形状と表面をもつ主翼に対して多

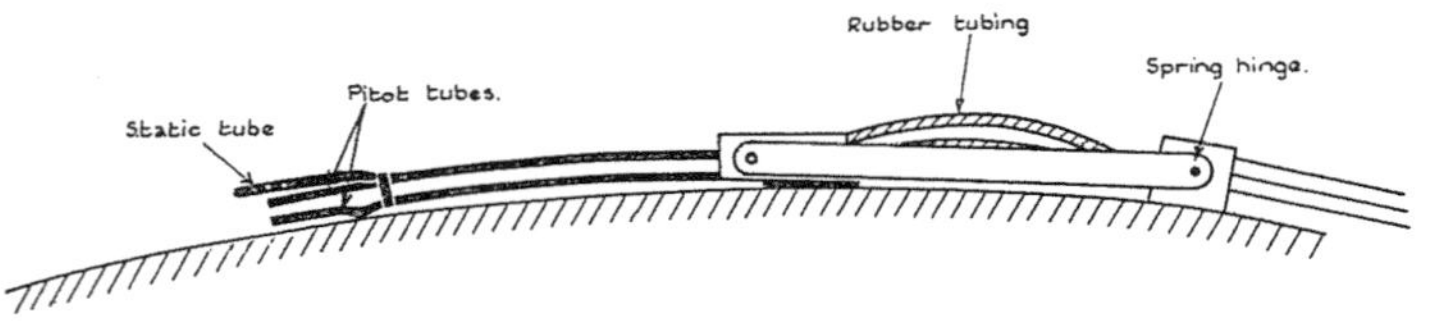

図6.5　翼面境界層の流速測定器具「クリーパー」の設置模式図（R. & M. 1800）
翼面上に3つのヘッドをもつ管を這わせて，層流境界層，乱流境界層，境界層外の流速を計測する．

くのデータが収集された。それらのデータによって、滑らかで厚い翼は、風洞試験で予測されるよりも小さい抗力をもつことが判明した。それは翼面上の境界層における層流から乱流への遷移が予測よりも後方で起こっていることによる。そのように語った上で、「本報告は境界層における乱流の発生を検知する単純な方法についての開発を記すものである。その方法は完成のあかつきには特定の設計を開発するために航空機製造者自身によって容易に使うことができるようになるだろう」と述べる。[77]

ジョーンズらが開発した単純な装置は、翼表面のごく近くに風圧測定の複数の小さなヘッドを設置して層流から乱流に遷移するポイントを検知しようとするものである（図6・5）。乱流遷移の測定にあたっては、境界層が層流境界層から乱流境界層に変化する際にいかなることが生じるかをある程度理解しておかねばならない。第二報の論文中に図示されるように（図6・6）、境界層は層流境界層から乱流境界層に遷移する箇所で、流速を変化させるとともにその厚さを変化させると考えられる。境界層の厚さについては、境界層の流体力学的性質を計算するポールハウゼンならびにハワースの理論と計算法を援用し、「排除厚」と呼ばれる厚さについて理論からの計算結果を出しておく。計算にあたっては同型の翼面上の圧力分布に関してＮＡＣＡで計測されたデータを利用する。その値は、飛行状態、とりわけ翼に生じる揚力によって異なるが、計算からは〇・五から一ミリメートル程度の厚さとされる。乱流境界層に遷移すると厚さはそれより大きく、数ミリメートルに膨れると推定された。

このような厚さをもった境界層の内外の圧力を計測するために、主翼表面上と表面からそれぞれ二ミリメートル、四ミリメートル、六ミリメートル程度の高さに管径約一・三ミリメートルのピトー管と静圧管が設置された。図６・６に模式的に示されるように、表面から数ミリメートルの距離をもつピトー管は、遷移点以前に層流境界層の外にあり高い圧力を示すが、遷移点以後は乱流境界層の内部に入り比較的低い圧力を示すことになる。一方、表面上に設置されるピトー管は層流境界層中では低い圧力であるが、乱流境界層中ではそれより高い圧力を示すことになる。

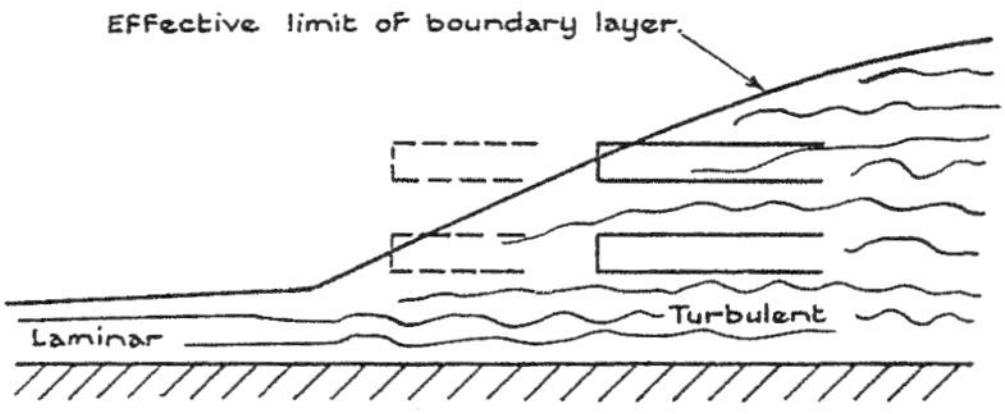

図6.6　ジョーンズの飛行実験のヘッドの位置を示す模式図（R. & M. 1800）
翼面上の遷移点付近を表示する．左からの層流境界層が，中央付近で遷移し，右への乱流境界層に変わっていく．翼面上に設置された２つのピトー管のヘッドが，乱流境界層内にあるとき（実線）と乱流境界層から出ているとき（点線）を表している．

ケンブリッジ・グループの研究は、ここでは風洞実験との差異を示したりすることではなく、翼面の滑らかさ、平面としての正確さ、そして飛行状態などによる遷移点の位置の変化を論じている。

ジョーンズは、一九三六年一二月に王立航空協会で「形状抗力」と題する講演を行った。前章で触れた「流線形機」に関する講演から約七年、彼はこの講演で近年研究が進捗する境界層の乱流遷移について解説し、表面摩擦抵抗をいかに低減させることができるかを論じた。許容粗度について乱流境界層の内部のごく薄い「層流底層」を考慮することで二千分の一インチ程度の突起までと説き、乱流遷移については遷移点とレイノルズ数や圧力分布との関係を論じた。最後にケンブリッジで進めている実機による飛行試験について触れ、飛行試験では風洞実験よりもレイノルズ数が高い点まで遷移が遅延されることを指摘した。非常に滑らかな翼面では、その点は先端から二〇インチ後ろまで延びることを確認したと報告した。ジョーンズの講演はいち早く『王立航空協会誌』に掲載され、世界各国の航空工学者にその内容が知られるようになる。[78] 次章でみるように、日本の航空技術者、とくに谷もジョーンズの研究成果を伝えるこの記事に注目することになる。

翌年一二月には、ジョーンズはニューヨークのコロンビア大学の航空科学研究所に招かれ、そこで「ライト兄弟講演」を行った。この講演はその年創設された記念講演であり、彼はその第一回の講演者として選ばれたのであった。そこで彼は「境界層の飛行実験」と題する講演を行い、ケンブリッジで進められている実機による境界層と乱流遷移の計測実験に焦点を当て、その成果を解説した。この講演の原稿と質疑応答の記録もまた後日『航空学雑誌』に掲載され、各国の航空工学者たちに伝えられた。[79]

13　ジェーコブスの層流翼の発明

ジョーンズが翼面の境界層を測定し始めた一九三五年の秋、イタリアのローマでヴォルタ会議が開催された。一九二七年に創設されたヴォルタ会議は、数理科学、自然科学、社会科学において注目されるテーマを選び内外の著名研究者を招き開催されていた国際会議で、一九三五年の第五回会議では「高速飛行」がテーマとなり、プラントル、テイラー、カルマンらが招かれた。[80]

NACAのジェーコブスはこの会議に出席した後、ヨーロッパ各国の研究機関を見学するために周遊し、イギリスでもテイラーとジョーンズと面談する機会をもった。前年春のプラントルと同様、ジェーコブスは週末にテイラーの自宅に招かれ、そこでじっくりと研究について語った。[81] 両者との対談を通じて、ジェーコブスはイギリスで進行する境界層と乱流に関する理論的実験的研究の動向を熟知するようになる。

前述のとおり、ジョーンズは一九二〇年代末から一貫して飛行機の空気抵抗を低減するための研究を続け、前年一九三四年末にテイラーの乱流の理論研究から主翼の境界層制御の可能性に光を見いだしていたところであった。三五年の秋に、テイラーはすでに五編の乱流の統計理論の論文を提出し、ジョーンズはケンブリッジのスタッフと第一段の研究　三翼の抗力の測定　をほぼ完了したところだった。彼ら二人に面談することで、ジェーコブスがどこまで子細に彼らの研究内容とその背後の見通しや問題関心を教示してもらうことができたかは定かでない。だがイギリスの航空研究委員会とアメリカのNACAとは機関として密接な協力関係を結んでおり、ナチスドイツの台頭という国際情勢下にあって、日独伊の研究者には語れない機密的な情報もアメリカの研究者には共有することが許されていたことと思われる[82]。ともあれジェーコブスは、一九三五年の欧州出張を機に、主翼の境界層の層流から乱流への遷移を後らせることにより、その抗力を低減させる方法の開発に関心を集中させることになっていく。

ここでジェーコブスのNACAにおける研究経歴を振り返っておこう（図6・7）。彼はカリフォルニア大学機械工学科を卒業した後、一九二五年にNACAラングレー研究所に着任した[83]。まもなく同研究所の空気力学部門に所属し、ムンクが創始した可変密度風洞セクションで同装置を利用した研究活動に参加するが、そこでムンクと他の研究者たちとが対立し、彼がNACAから去っていくのを目の当たりにした。ムンクが設計した高圧風洞は乱流を引き起こす欠点をもち、そのために通常の風洞よりも不正確な測定しかできないと同所の研究者によって懸念されていた。それは前章でみたとおり、ジョーンズの王立航空協会講演でも特別の図（図5・12）を用いて指摘された。ジェーコブスはムンク辞職後にこの「可変密度風洞」部の主任となり、同風洞に生

図6.7　イーストマン・N・ジェーコブス（Hansen, 1987）

じる気流の乱れを改善するようさまざまな工夫を施して対処しようとした。改良した高圧風洞を使いながら、翼型のパラメータを系統的に変化させて各翼型の空気力学的性能を計測していくプロジェクトを進めていった(84)。

ムンク由来の高圧風洞にかわって提案されたのが、超大型のフルスケール風洞の建設である。高圧風洞が密度を高くすることによって実際の飛行におけるレイノルズ数に近づけようとするのに対し、フルスケール風洞は縮尺モデルではなく実機を実際に風洞で計測することによってほぼ同一のレイノルズ数を達成しようとするものである。フルスケール風洞の建設計画は、NACAで承認を受けた後、大恐慌が起こる直前の一九二九年の二月に議会で予算案が承認され、建設が開始された。大恐慌が起こった後も予算が執行されて建設は進められ、一九三一年五月に竣工した。

ジェーコブスは高圧風洞によって翼型の系統的な計測を進めていたが、現存の高圧風洞を改良することによって乱流発生を抑制することが限界に達したと判断し、新風洞の建設を提案した。しかしフルスケール風洞を担当し、ラングレー研究所の物理学研究部門に所属していたセオドア・セオドルセンは、高圧風洞ではどうしても乱流が発生し、より性能の高い翼型の開発の役には立たないと主張、そのような風洞よりも数学理論による考察が必要であり重要であると主張した。ジェーコブスの新風洞の提案は一九三五年五月の段階で、棄却されることになる。

秋にイタリアのヴォルタ会議に出席し、イギリスでテイラーとジョーンズから（おそらくは）新たな乱流理論とそれが含意する技術的可能性について教示されると、ジェーコブスは帰国後ラングレー研究所の研究者と所長ジョージ・W・ルイスに対して、境界層の制御によって抗力低減を実現することが可能であり、そのために低乱流の風洞が必要であることを強く説いた。彼の低乱流風洞の提案は一九三七年に認可され、新風洞が建設されることになった（ただし表向きは氷結の問題を検討するために建設されることになる）。

ジェーコブスはそれとともに、境界層の乱流遷移点を後らせるような翼型の設計という技術的課題に取り組んで

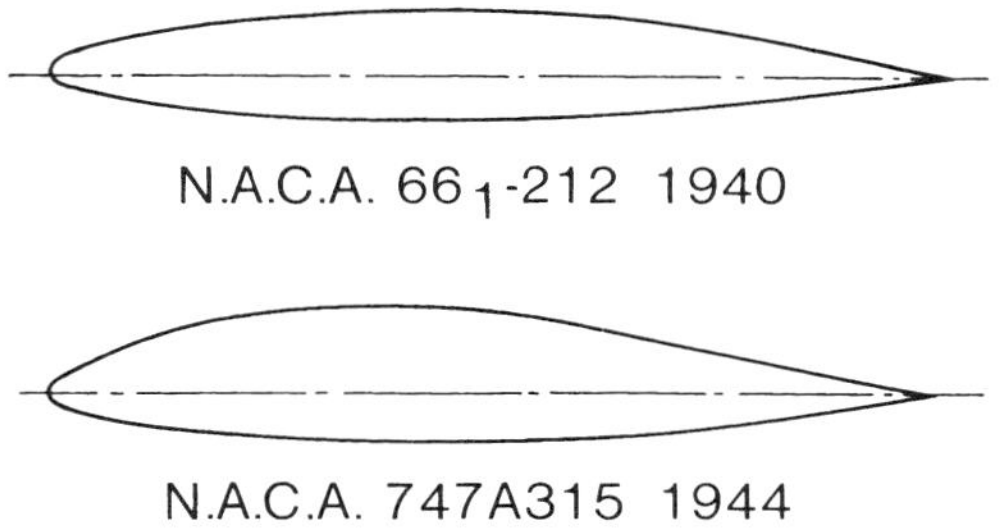

図6.8　ジェーコブスの設計した層流翼型（Hansen, 1987）
上が1940年の設計，下が1944年の設計である．次章でみるように，谷の設計した層流翼も同様に肉厚の翼型が後になり設計されるようになっている．

いく。一九三七年三月の自動車工学会年会の講演において、彼はそのような研究に着手したことを述べた(85)。その翼型を作るには、翼面に働く圧力の分布において圧力最低点がなるべく後方に来るようにすればいい、ジェーコブスは課題をそう設定し、そのような圧力分布をもたらす翼型を探し求めた。その際に、彼はライバル関係にあったセオドルセンの翼型理論を参考にした。セオドルセンは一九三一年に任意の翼型に対して翼面上に生じる圧力分布を理論的に計算する方法を提示した。ジェーコブスにとっての問題は、翼型から圧力分布を求めるのではなく、その逆の問題、圧力分布から翼型を求めることであった。ジェーコブスのチームのメンバーがセオドルセンに助けを求めるが、そのような逆問題は簡単に解くことができない。技術史家ハンセンによると、「ブレークスルーは一九三八年春にやって来た……。その逆解法は、ジェーコブスによるとニュートンの巧みな平方根の近似解法を模倣したもので、本質的に、セオドルセンの理論の共役変換において関数を逐次近似させる」ものだった(86)。

こうして圧力最低点が後方に来るような翼型にたどり着くと、ジェーコブスは早速その縮尺モデルを製作し、新設された低乱流風洞で試験した。試験結果は上々であり、新型翼型の抗力は通常の翼型の約半分に低減されることが判明した。その成果にもとづき、いくつかの翼型をシリーズとして設計し、そのモデルを低乱流風洞で測定するとともに、実機での飛行試験も試みた。

こうして一九三九年六月、ジェーコブスは圧力最低点ならびに乱流遷移点を後退させ、抗力を低減させる層流翼の設計方法を解説した報告を提出した。それは戦時中機密報告として関係者だけに回覧され、戦後に機密解除されるまで公表されることはなかった(87)。

一九四〇年初頭には、ノースアメリカン・エビエーション社の製作する新型戦闘機ムスタングP‐51型機にこの層流翼型が採用され、ラングレー研究所で試験飛行が行われた。ムスタング機は層流翼を備えた初めての飛行機として、第二次世界大戦中に米軍戦闘機として実戦使用され戦果をあげていく。日独の技術者は、捕獲されたムスタング機から、アメリカ機の層流翼が彼らのものよりも優れた表面仕上げを達成していることに驚かされることになる。

14 層流翼開発の遅れたイギリス

本章においてはまずイギリスの政府委員会の流体運動パネルの一九三〇年代前半の議事録を追うことで、航空工学者の関心を集める乱流と境界層をめぐる研究の推移をみた。精密な乱流の計測方法、乱流をなるべく抑制させた風洞の考案、またこのテーマに関して急速に増大する研究の動向をサーベイする概説論文集の編集などをみることができた。そのような流体運動パネルの研究活動を理論家としてリードしたのがテイラーで、彼は乱流計測や新風洞開発に積極的に関わった。また企画された概説書には、執筆困難とも思われた乱流に関する章を執筆した。その執筆準備をかねて彼は統計的観点から分析した乱流の新理論を打ち立てることに成功した。

乱流の特性を分析することを主眼に置いたテイラーの理論研究の成果は、ジョーンズによって主翼の空気摩擦抵抗を低減させる重要なヒントを与えてくれるものと受けとめられた。ジョーンズはその後実機による飛行試験によって、主翼面上に形成される境界層の性質、層流から乱流へ遷移するポイントを定めていった。テイラーの理論的知見とジョーンズの飛行実験の研究成果は、NACAの技術者ジェーコブスに伝えられ、彼のその後の層流翼発明につながっていく。

ではジョーンズとテイラーの新知見はイギリスにおいてどのように継承されたのか。イギリスでは層流翼の翼型が生みだされなかったのだろうか。ＮＰＬのレルフの回想によれば、層流翼のアイデアと翼型に関する情報はアメリカからもたらされたとされている(88)。イギリスで独自の層流翼型が設計考案されるようになったのは、境界層研究概説書の編集責任を引き受けたゴールドスタインがケンブリッジから戦時研究遂行のためＮＰＬに移り、そこで圧力分布から翼型を計算によって求める方法を編み出してからのことだった。レルフはその回想で、一九三六年の時点で彼が記した主翼面上で層流を維持する技術的可能性について、一九三六年の時点で彼自身が記した次のような意見と感想を引用している。

表面摩擦に関して我々が必要とする革命的な発見は、〔現在より〕ずっと大きな比率で表面の境界層を層流に維持しておく、換言すれば境界層での乱流の発展を食い止める方法を見いだすことにある。もしこれが可能なら、非常に高いレイノルズ数での物体の抗力が通常の一〇パーセント程度にまで削減されるだろう。この期待があまりに明るいため、それを達成するまでに何か物理的に不可能なことがあるにちがいないとア・プリオリに推定しがちである。しかし私はそのことが証明できるとは信じていない(89)。

その後に層流翼が発明された点から振り返れば、文中に語られる「物理的に不可能なこと」などはなかったし、もちろんそのことが「ア・プリオリ」であるはずもなかった。しかしレルフのこの言葉は、たとえテイラーとジョーンズの知見を心得ていたしても、層流翼型が考案される以前の時点にあって、それを構想し実現していくことには大きな心理的バリアが立ちはだかっていたことをよく示してくれている。

第7章 戦前日本の空気力学研究

――谷一郎の境界層研究と層流翼の開発

関東大震災後に駒場に移転した東京帝国大学航空研究所
(東京帝国大学，1942)

1 日本における航空研究の起源

本章では欧米から日本に目を転じ、戦前日本の航空研究、とくに空気力学研究の歴史についてみていく。本章で焦点を当てるのは若い航空工学者谷一郎と彼の境界層研究と層流翼の発明の過程である。

日本における国家的な航空研究の歴史は、一九〇九年七月の陸軍軍用気球研究会の設置に遡る(1)。同研究会の委員には、陸海軍の技術将校とともに、東京帝国大学の物理学者田中舘愛橘、工学者井口在屋、中央気象台の気象学者中村精男らが招聘された。研究会では、今後四年間の研究計画とともに、必要とされる分野の研究を遂行する部門組織の設置を提言した。研究方針の一つ、「外国製を買入れ試験を行う」という課題は、翌年早速実行に移され、四月に委員であった日野熊蔵と徳川好敏の二人の陸軍士官がヨーロッパに派遣され、飛行機の操縦法を修得し、仏独両国から一機ずつ飛行機——仏製ファルマン複葉機と独製グラーデ単葉機——を購入し、日本まで搬送した。到着した飛行機は、組み立てられた後、代々木練兵場に運搬され、そこで二人の新米飛行士によって数時間にわたり飛行試験が実行され、飛行に成功した。この一九一〇年一二月の代々木での飛行が、日本における航空発祥の時とされている。

本書「はじめに」で触れたように、『ヒコーキ人生』の著者木村秀政はまだ少年であった頃に、この日本初の試験飛行を目撃し、その感激を忘れぬまま航空技術者の道を歩んだ。彼と同じように一九〇〇年代に生まれた世代には、同様の体験をもち飛行機への憧れを抱きながら、航空学科に進学し航空工学者として活躍していった技術者が多い。本章で取り上げる谷もそのような世代の一人である。

第一次世界大戦が始まると飛行機の欧米からの輸入が困難になり、国産機の生産が強く望まれるようになる。戦後外国人技術者を日本に招き、彼らの下で国産の飛行機を設計し製作することが試みられた。陸軍の指導下で、立川・川崎・三菱の各企業は三人のドイツ人技術者を招聘し、飛行機を競争試作した。

陸軍軍用気球研究会は、海軍や大学からの委員がその後離脱して独自の研究組織を作り上げていくことで、イギリスの航空諮問委員会のような国家的研究組織に成長していくことはなかった。海軍の委員は陸海軍で必要とする飛行機が異なり、同研究会の研究方針が海軍の益にそぐわないと判断し、一九一一年に神奈川県追浜に「海軍航空術研究委員会」を独自に開設した。以来、海軍の航空研究は航空技術廠などの独自の研究施設を中心に進められていく。

一方、東京帝国大学においても、陸軍軍用気球研究会とは独自に航空工学の研究教育を進めるための組織が整備されていった。第一次世界大戦が終了した一九一八年に同大学工科大学に航空学科が設置され、付属研究施設として航空研究所が設立された。航空学科は多くの優れた設計技師や航空工学者を輩出し、航空研究所は同学科と密接に連携しつつ独立の研究所として航空技術の研究開発にあたった。一九二三年の関東大震災とともに駒場に移転した航空研究所は、海外の書籍雑誌を購入することで、欧米で急速に進展する航空研究、空気力学研究の理解に務め、風洞などの実験施設を整備することで国際的な研究活動の一翼を担っていった。

前章で扱った境界層の研究に取り組んだ同時代の日本人研究者として、航空学科出身の谷とともに物理学科を卒業した後に航空研究所に赴任した友近晋をあげることができる。友近は航空研究所から大阪帝国大学に赴任することになるが、その直後ケンブリッジ大学に約二年間滞在し、テイラーの下で流体の粘性と境界層の理論研究に従事した。境界層の研究が世界的に進められる中で、友近は欧米の先端的な研究の一端に触れて、その成果を日本にもたらした。少なくともそう期待された。谷もまた一九三〇年代以降の空気力学の研究を日本においてリードした存在であり、前章末に述べた「層流翼」をアメリカのジェーコブスとほぼ同時期に独立に考案した人物である。それはどのようにして可能だったのか。谷の層流翼の開発に、イギリス滞在経験をもつ友近は重要な貢献をしたのか、しなかったのか。

本章はまず航空研究所における初期の空気力学研究、プラントルの空気力学理論が導入される以前と以後の状況を紹介する。次に友近の日本とイギリスにおける研究活動を追い、彼の谷との交流関係について述べる。その上で、本章後半では谷の研究活動に焦点を当て、彼の一九三〇年代の研究活動と関心の推移、境界層の科学的研究、そして層流翼の発明、開発、実用化の経緯について述べていく。

2　航空研究所の発展と空気力学研究

航空研究所は一九一八年に東京帝国大学付属施設として設立された[2]。第一次世界大戦前から始まる欧米の航空機の発達を前に学内に設置された調査委員会の報告にもとづき、その年航空学科とともに航空研究所が設立され、三年後の一九二一年には附置研究所へと昇格した。当時は飛行艇が多用されたこともあり、同研究所は深川越中島の沿岸に建てられたが、一九二三年の関東大震災とともに施設が壊滅し、駒場に移転されることになった。駒場に移転し、多額の資金を投じて大きな研究施設ができあがり活動が開始されるのは昭和初年度からのことである。敷地の一角には大型の風洞施設も建設された。

一九三〇年代には、長距離飛行の世界記録を達成するための大きなプロジェクトが企画され、そのために大きな予算が充当された。文部省からの交付金とともに、学術振興会や陸海軍からの助成を受け、東京帝国大学の他の学部や研究所をはるかに凌ぐ額の資金を受けるようになる。図7・1は、一九一八年から一九四三年までの航空研究所の予算の推移を示すものである。予算はとくに中国との戦争が始まった一九三七年以降大きく増大した。人員数

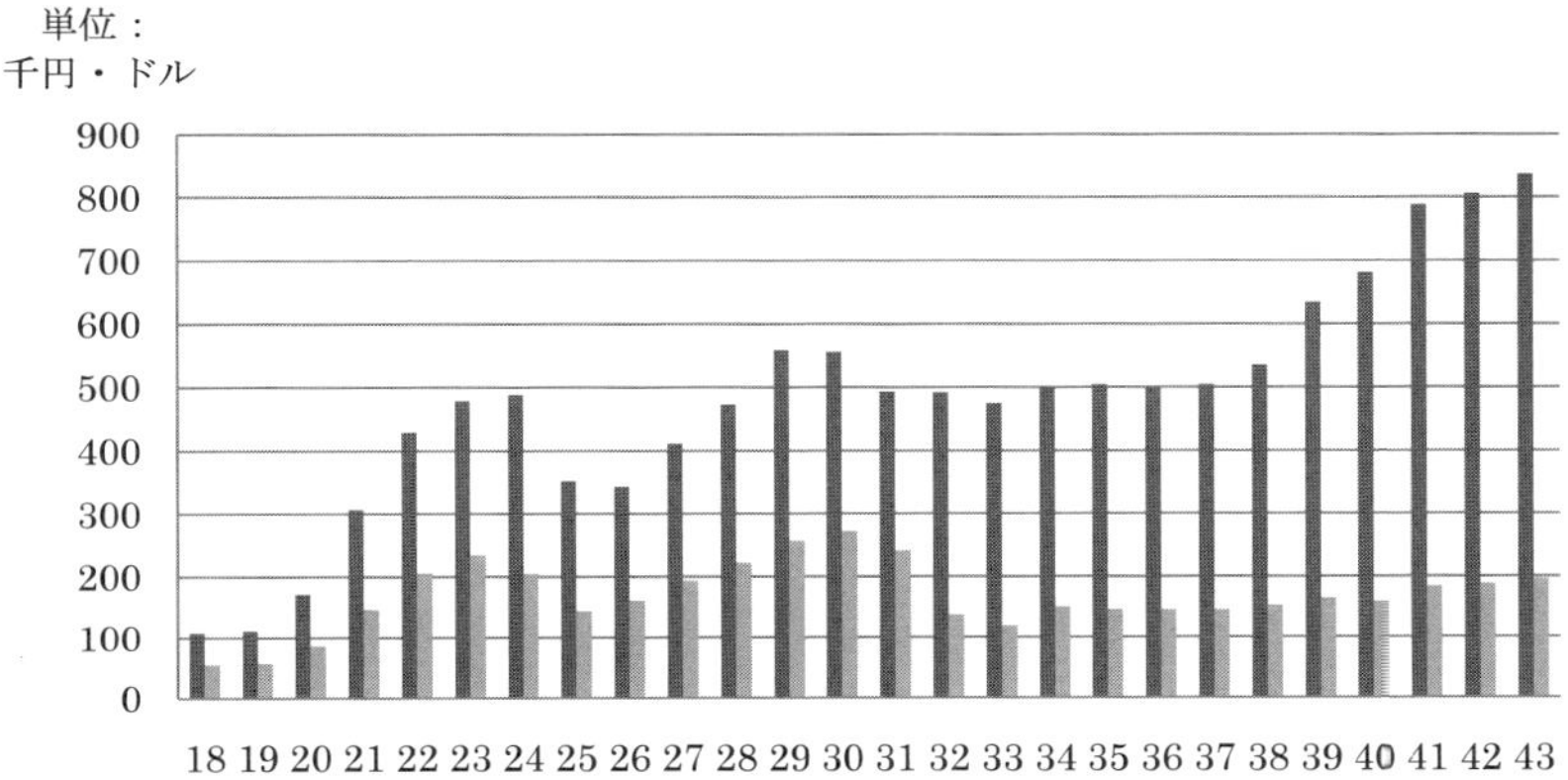

図 7.1　航空研究所の年間予算の推移（1918-43 年，単位は円ないしドル）（（東京大学百年史編集委員会，1986)，（山澤・山本，1979）をもとに作成）
黒い棒グラフは経常経費（円）を，グレーの棒グラフはドル換算した経常経費を表す．航空研究所はこれらの交付金以外に，1918 年から 22 年までは経常経費とほぼ同様の額を新設経費として，1938 年以降は経常経費の約半額から 1.7 倍の額を拡張経費として追加支給された．また 1933 年から 38 年までは長距離試作機「航研機」の開発のために 485,634 円，1936 年にはエンジン試験室を新設するために 65,180 円支給された．航空研究所の所員たちは文部省，学術振興会，陸軍，海軍から研究費を受け取った．円とドルの換算は各年の平均為替レートを使用して計算した．

も一九三六年には二七人の所員、四人の技師、四九人の技手、九三人の職工など、計三三九人の教職員が活動する大所帯の組織に成長した(3)。

多くの実験装置や工作機材の他に、内外の航空関係の図書や雑誌を大きな予算規模で購入した。一九三四年の時点で、航空研究所の図書室は二八〇に上る海外雑誌を購読している(4)。購入された図書や雑誌については、航空研究所図書課職員が一時期短い情報誌を印刷し、所員に配布していた。一九三三年一一月から航研所長和田小六の薦めで毎週発刊されることになったパンフレットには、新着の雑誌や書籍、所員の出版物などのリストが掲載された。

航空研究所は物理学、化学、冶金、風洞（空気力学）、プロペラ、発動機、機体、測器などの各部門を擁した。その中で風洞部と物理部で空気力学の研究が進められた。設立初期において研究者は本郷の工学部ないし理学部に所属していたが、附置研究所への昇格後は研究者は所員として航空研究所に所属し、教育義務を免除されて研究に専念できるようにされた。物理部の最初の主任は寺田寅彦だった。(5) 寺田は流体力学に関しユニークな実験研究を進めたが、退官間近でもあり欧米の空気力学研究の進展状況をフォローすることはなかった。物理部のもう一人の所員は応用数学者として著名な寺沢寛一である。航空研究所に所属するようになると、寺沢は渦の減衰に関する論文を最初の報告として発表している。(6) 航空工学の論文としては、高度な解析技法を使用する論文だが、その理論研究の応用先として風洞の空気の流れを均一で一定にするための整流格子の位置を定めたり、大気の高層部分では気流が安定していることを説明できるとしている。だが一九二二年の時点で書かれた同報告において、プラントルの理論についての言及はいっさいない。

寺田、寺沢ら年長世代がドイツの空気力学の研究に対して目を向けていないのに対し、航空研究所の若い世代はゲッチンゲンの研究者たちの理論的成果に注目するようになっていた。一九四二年に出版された『東京帝国大学学術大観』（以下、『学術大観』）は、風洞部とプロペラ部における空気力学研究の紹介にあたって、プラントル理論の導入を次のように語っている。

本研究所の創設されたのは大正七年、即ち西暦一九一八年である。此の年は丁度独逸の空気力学界の大先覚者であるプラントル教授がその有名な「翼の理論」（Tragflügeltheorie）を発表した年である。此の時既に純数学的の二次元としての非粘性流体の運動は或程度迄判明していたのであるが（例えばヘルムホルツの不連続流理論は一八八八年、ジュコフスキーの二次元理論は一九一一年の発表である）、吾々が日常取扱うものは三次元の有限幅の翼である。これに関する流体力学的な機構がはっきりしないうちは、今まで多く行われた風洞実験の整理も、其の実際への応用も頼りないものであったのであるが、此の理論の発表により縦横比によって翼の空気力学的性質が如何に変化するか、又風洞実験に際しての風洞の大きさと模型の大きさとの割合による影響、更に複葉の問題、尾翼と主翼との干渉、翼の平面形の影響等皆はっきり計算出来る路が開かれた。此等の問題に関してはプラントル一派の学者はもとより、世界各国の学者が夫々各方面の応用を研究している。本研究所は奇しくも此の理論と共に生まれ出でた様な次第で、此の理論の応用は多くの研究者により追究せられている。(7)

プラントルの理論が航空研究所所員へ与えた初期の影響は、プラントルの下で働いていたヴィーゼルスベルガーが一九二二年に来日することによって一段と進められることになった。第3章で述べたように、二つの球の比較実験を行ったプラントルの助手を務めた人物である。彼はゲッチンゲンでとくに風洞実験や風洞自体の設計に従事した技術者だが、第一次世界大戦後日本海軍の招聘を受け、ゲッチンゲン型の風洞を建設するという任務を遂行した。(8) 彼はその後九年間日本に滞在し、海軍だけでなく陸軍と東京帝国大学の航空研究所において風洞を建設し運転することを助けた。(9) 彼の助けを得て、航空研究所では三メートル風洞（図7・2）、一・五メートル風洞、他の小型風洞を作った。(10)

ヴィーゼルスベルガーが来日してからすぐに、航空学科の学生がプラントル理論の学習に取り組んでいる。守屋富次郎は循環の理論にもとづく翼理論をテーマとして取り上げる卒業論文を一九二三年に提出した。(11) 論文の最後に、プラントル理論は、それまでのクッタやジューコフスキーの二次元的な空気力学理論に対し、有限な長さをもつ翼を三次元的に扱うことができると紹介しているが、本文中では二次元の理論だけを解説し、プラントル理論の重要概念である誘導抗力や後方渦といった概念には触れていない。また論文の最後には、論文作成にあたって参照した約二〇点の、主としてドイツの文献をあげているが、いくつかのドイツの文献については入手できなかったとも付記している。(12)

図 7.2　現東京大学駒場リサーチキャンパスの風洞（筆者撮影）
1920 年代に建設完成した東京帝国大学航空研究所の 3 m 大型風洞は現在東京大学駒場リサーチキャンパスに保存され，現在も整備され使用されている．

『学術大観』によれば、東京帝国大学の教員として初めてプラントル理論を応用する論文を執筆したのは河田三治である。[13] 河田は一九二五年に「プロペラの理論」と題される論文を提出し、またさらにその拡張としてヘリコプターへの応用を論じた。[14] プラントル理論の他の応用として、寺沢と佐々木達治郎による風洞壁の効果に関する計算がある。寺沢はグロワートによる風洞壁効果の計算を参考に、グロワートが配慮していなかった翼の横方向のスパンに沿った循環の効果を考慮することで、効果の大きさをより正確に見積もろうとした。

〔この一般的表現〕を任意の循環の分布に対して実際に計算するのは、半楕円関数のような単純なものでも、実験室で計算するには複雑すぎる。一般的な結果が無駄にならないよう、それを風洞中心部における馬蹄形の渦の場合に応用することにしよう。この特別の事例はグロワートによって議論されたものである。[15]

寺沢は方形断面の風洞における壁効果の一般式を導出したが、その式には断面の長さとモデルのスパンの長さを変数として含んでいる。数理物理学者である寺沢は、比較的高度な数学的技法を技術的課題に適用したが、そうして導出された数学的計算が技術者や実験科学者にとって十分利用可能かどうか、計算が実行可能かどうかという点についても配慮していた。

『学術大観』によれば、寺沢と佐々木の業績は国際的にも認知される研究であった。寺沢の論文はケンブリッジ大学の若い研究者ルイス・ローゼンヘッドによって取り上げられ、彼の風洞壁効果の計算をより一般化し、方形断面と円形断面の風洞に適用される公式が導出された[16]。ローゼンヘッドはさらにケンブリッジ出身でＲＡＥのグロワートとともに、楕円形断面の風洞の壁効果を計算した。また彼は佐々木の風洞内の翼モデルの揚力に関する論文についても取り上げ、さらに発展させる論文を書いている。

3　友近晋のケンブリッジ滞在

寺沢と佐々木の研究成果とイギリスの研究者によるそれをフォローする研究は、日本の若い研究者の目にもとまった。若い数理物理学者であった友近は、寺沢と佐々木の仕事をさらに拡張させようとした。寺沢の渦の減衰についての論文を読み、友近は同様の問題として二つの渦の相互作用を調べようとしたが、満足な結果を得ることはできなかった[17]。続いて彼はカルマン渦への壁効果に関して、グロワートの研究を拡張させて扱おうとした。グロワートによる誘導抗力への壁効果の研究を師である寺沢が一般化させようとしたのと同じように、カルマン渦をめぐり同様の拡張を試みたのである。ところが、ローゼンヘッドが同じ問題をより包括的に洗練して扱っていることに気づいた。友近は寺沢を回想する中で、寺沢の研究スタイルは自己充足的であったと述べている。問題を洗練された数学的道具を使って完全に解いてしまう、後から来る者の隙間がないほどに解いてしまうというのである[18]。

図 7.3　友近晋（1960 年代）（故友近晋先生追悼記念事業会，1966）

友近は東京帝国大学の物理学科を一九二六年に卒業した（図7・3）。その年同帝国大学工学部の講師になった。一九二九年には理学部の助教授になるとともに、航空研究所の所員も兼任した。その四年後の一九三三年に大阪帝国大学理学部助教授に就任するが、研究所との関係はその後ももち続け、研究論文を同研究所の刊行雑誌に寄稿した。大阪着任の翌年、友近は文部省の奨学金を得て、二年にわたりヨーロッパに滞在した[19]。一九三四年二月から一九三六年三月に至るまでの二年間、彼はその大部分の期間をケンブリッジに滞在し、流体力学者テイラーの下で過ごした。テイラーは友近のケンブリッジ到着時の様子を友近追悼文の中で次のように述べている。

一九三四年のことだったと思うが、とても若く見える日本の科学者が何の先触れもなくケンブリッジのキャベンディッシュ研究所の私の研究室を来訪し、私の研究所で研究するためにやって来たと告げた。私は友近教授のことを初めて知ったので少し驚いた。私の研究所というのは存在しないと答えたが、その答に驚いたかも知れない。研究所の不在にもかかわらず、彼はケンブリッジで研究したいという希望を述べ、私は彼が取り組もうとする研究には最善の努力をして助けようと返答した。……友近は欧州滞在の時間の一部をゲッチンゲンのプラントルの下で過ごし、また一部をケンブリッジで過ごす予定にしていたが、当時ヒトラーが政権を取り、ドイツの外国人研究者には状況が困難になった。そこでゲッチンゲンへの予定をあきらめ、二年間をケンブリッジで過ごすことにした。私には友近が場所を得る組織や学校はなかったが、彼にケンブリッジ・グループの力学に関心をもつ友人たちを紹介した。[20]

友近はヨーロッパ滞在中に、ドイツを含む大陸各国も訪問したと思われるが、その訪問旅行がいつからいつまでのことであったかは定かでない。友近自身は、ケンブリッジ滞在は一年二カ月だったと述べている。[21]

友近がケンブリッジ滞在中に取りかかった最初の仕事は、日本で進めていた研究の延長だった。友近は前年に平板のまわりの空気の流れと地面の効果に関する論文を出版し、同じく平板に関する研究をまとめた論文を旅立つ直前に上梓した。[22] 友近はその後スイス人研究者から同テーマに関する論文を送られ、それに触発されたせいか、平板と地面効果に関する研究をケンブリッジ到着後も続けていたと思われる。その研究成果は一九三五年に航空研究所報告として出版されるが、同論文の末尾には一九三四年八月ケンブリッジと記されており、訪英後数カ月はその研究に従事していたことが窺える。[23] イギリスの航空研究委員会の流体運動パネルでは、一九三四年一一月の会合で、別のイギリス人による平板と地面効果に関する報告が提出された際、テイラーが日本人による同様の研究があると言及している。[24] おそらくその研究が八月に校了した友近の未出版論文だったと推測される。友近は出版前の論文草稿をテイラーにみせ、テイラーはその内容を知っていたのだろう。

一九三四年秋になり友近が取り組み始めたのは、それとはまったく異なる流体力学の基礎研究だった。新たな研究内容についてはテイラーが追悼文で次のように語っている。

当時私は粘性をもつ液体の液滴がまわりの粘性をもつ液体によって糸状に伸ばされる仕方について実験をしていたが、友近にそこに含まれる過程の理論的な記述を試みることを示唆した。解析は結果的に大変複雑で、友近はその過程で多くのベッセル関数について学び、私にも教えてくれた。彼は二年間ケンブリッジに滞在し、頻繁に私の所へ来て進捗状況を議論してくれた。最後に研究成果を二本の論文にまとめて王立協会紀要に出版した。[25]

友近は液滴の振る舞いに関する理論的な研究を進め、ケンブリッジ滞在中に二本の論文としてまとめた。[26]まず細い円筒状の液体の不安定性を扱う問題を分析し、二つの液体の粘性の比によって定められる波長をもつ波状の細い円筒が形成されることを理論的に導出した。さらにこの第一論文の理論的扱いを、糸の不安定性に最初の攪乱が及ぼす複雑な影響を考慮することでさらに発展させ、実験データとよく一致する結果を得た。

これら二つの研究論文の受理日から友近のイギリス滞在のスケジュールを知ることができる。王立協会紀要編集委員会がこれら二つの論文を受領した日付は、一九三五年一月一七日と同年七月一三日とが論文末尾に記されている。友近が日本を出港したのは一九三四年二月のことで、ヨーロッパに到着するまで四〇日間を要した。[27]友近はおそらくヨーロッパ到着後にドイツにも滞在したいという計画を変更せねばならないことに気づいたのだろう。ケンブリッジには一九三四年四月か五月からほぼ二年間滞在したと思われる。最初の一年間は論文を執筆することに専念し、最後の論文を提出した一九三五年七月以降にイギリス、イタリア、ドイツなどを訪問したのだろうと推測される。しかしこれらの訪問や研究所見学について彼は言葉を残していない。

一九三五年七月に友近は第三の論文を航空研究委員会にテイラーを通じて提出した。[28]王立協会に提出した論文がいずれも物理学的な問題を扱ったものであるのに対し、この論文は空気力学の課題を航空工学者に宛てて書いたものである。おそらく友近は一九三四年には粘性液体の振る舞いの研究に集中し、その後その研究を発展させるとともに、テイラーに励まされてもう一つのより技術的な意味合いをもった課題に取り組んだものと思われる。航空研究委員会報告の末尾には、当該問題がテイラーによって最初に示唆されたと断っている。

友近の一九三五年の技術報告は、流れの中に置かれた球の表面の境界層について扱うものである。それはカリフォルニア工科大学のクラーク・B・ミリカン、ケンブリッジ大学のハワースらの最近の研究を拡張しようと試みたものである。とくにハワースとはケンブリッジ滞在中に面識もあり、議論もしただろう。ミリカンは、当時すでにアーヘン工科大学からカリフォルニア工科大学に移っていたカルマンによって提案された「運動量積分方程式」なる概念を利用して、回転体の表面の境界層や表面抵抗について研究していた[29]。ミリカンは表面抵抗の値を理論的に求め、それを国際風洞試験のために使われた飛行船モデルの実験データと照合させた。友近はミリカンの理論的扱いをハワースによって開発された数学的手法を用いて発展させようとした。その際に、境界層内の空気の速度を四次式としておき、運動量積分方程式を計算した。そして自分の計算結果を実験データとともにテイラーらの理論的結果と照合した。

これらの研究をイギリスで成し遂げた後、友近は一九三六年春に日本に帰国した。友近はテイラーがつねにアドバイスをしてくれたことを感謝している[30]。逆にテイラーは、自分が友近の研究の指導にあまり時間がさけなかったとを追悼文で詫びている。「おそらくは六週間の小さなヨットによる航海から戻ってみると、彼は私の不在中ずっと研究をしてよく進展してくれていた。それを見て少し良心の呵責を感じた[31]」。友近がケンブリッジを発つ直前にテイラーが食事に招いてくれ、その席でテイラーが友近に詫びてくれたことに驚いたと友近は回想している。むしろ他の仕事で忙しい中でも貴重な研究上の示唆をくれたことを友近は感謝した。ケンブリッジの経験から、帰国後も若い研究者や同僚になるべく研究上のヒントや示唆を与えるようにしたと述べている[32]。

友近の一九三五年の航空論文は、航空研究委員会空気力学小委員会の流体運動パネルに提出され、九月の会合で取り上げられた[33]。会合でテイラーが簡潔に友近の論文を「カルマン-ポールハウゼン理論」を球の場合に適用する試みとして紹介し、それがハワースの研究と同様の結果をもたらしたことを説いた。そして同論文は、航空研究委員会の『レポーツ・アンド・メモランダ』の一報として出版されることが了承された。会議では友近の名前はゴールドスタインによって言及されている。ゴールドスタインは渦の理論と物体背後の流れに関する論文を紹介する際に、「友近も同じ微分方程式を解き、実質的に同じ結果に到達した」と述べている。パネルはこの会議後に、実験家フェージに球の境界層における層流から乱流への遷移に対するレイノルズ数の影響をより正確に評価することを依頼した。(34) 国立物理研究所においてフェージは球のいくつかの点で圧力を測定する装置を開発し、友近の圧力・速度・表面抵抗の理論的計算によりながら、球の表面上の各位置の表面抵抗をグラフ上にプロットしてその変化を曲線として表した。この実験研究にもとづき、フェージは論文の結論で、境界層における層流から乱流への遷移は空気の圧力と表面抵抗が最小に減少するような場所で起こっていると推測した。

友近が帰国すると、東京帝国大学物理学科出身の今井功が彼の新しい助手として大阪帝国大学に着任した。友近は今井と共同研究し、イギリスで航空研究委員会の下で技術報告として出版した研究をさらに発展させようとした。友近と今井が共著で執筆した論文は、上記フェージの論文内容を理論的側面から発展させることを目指したものである。「流れの Reynolds 数が大きくて臨界領域の中央にあるか更にそれを越える場合には、垂直圧力の極小点の近傍乃至それの多少前方に於いて、境界層に於ける流れの層状から渦乱状への遷移が始まるという結論に到達した」(35)。この結論は、航空研究所所属の若手研究者谷によって取り上げられ、批判されることになる。

4　谷一郎の海外文献渉猟

谷は、東京帝国大学航空学科を一九三〇年に卒業した（図7・4）。卒業後すぐに航空学科の講師になり、翌々年には二五歳の若さで助教授に昇任している。一九三三年には航空研究所の所員を兼務するようになり、航空工学の研究と教育に専念していくことになる。友近や今井と異なり、彼は工学部を卒業した技術者であり、流体力学の基礎的な問題に取り組むにあたっても技術的な応用可能性に対してつねに強い関心を抱き続けた。一九三〇年代後半から境界層の振る舞い、とくに層流から乱流への遷移の問題に集中することになるが、その物理学的研究は、層流翼の開発という技術的成果に結実することになる。以下まず彼のより科学的な流体力学研究の側面に焦点を当て、その上で層流翼の開発と試作のプロセスを追うことにする。

谷の空気力学の研究課題は、『日本航空学術史』に寄稿された谷自身のメモに簡便に要約されている。同書は戦争終了直後に、戦前戦時中になされた航空工学研究に関して、研究者たちにアンケートし各人に簡単に記述して提出してもらったものを編集したものであり、谷の説明も戦後すぐ、おそらく一九四七年から四八年に自分の研究を振り返り、研究成果を総括して要約したものと思われる[36]。そこで谷は自分の研究を五つの研究テーマに分けて、それぞれの研究時期、簡単な内容説明、回顧的評価を記している。五つの研究テーマは以下のとおりである。

図7.4　谷一郎（1945年9月厚木にて）（谷浩志氏提供）

（1）主翼の揚力分布（一九三四年四月—一九三七年三月）
（2）翼の地面効果（一九三五年四月—一九三七年一〇月）
（3）層流境界層（一九三八年八月—一九四五年八月）
（4）層流翼型（一九三九年一月—一九四四年八月）
（5）圧縮流体の境界層（一九四二年一月—一九四四年五月）

このように谷自身は五つの研究テーマに分けているが、内容的にも時間的にもこれらの研究を二つの部類に分けることが可能である。すなわち翼理論を応用した前期の研究、ならびに境界層の理論的実験的分析と技術的応用を目指した後期の研究である。

谷の初期の空気力学の研究は、翼の揚力ならびに風洞壁と地面の効果に関するより実用的な計算方法の工夫であった。それは彼が卒業論文で扱った問題の延長上に位置する課題であった。谷の卒業論文は二次元と三次元の場合の翼理論、そして複葉機の双翼の干渉関係を取り扱ったものである。(37) 戦後の研究回顧によれば、谷の英語で書かれた揚力計算法に関する論文は、最初に海外で利用されるようになり、その後国内の航空工学者の間でも関心がもたれるようになった。(38) しかし彼は、理由は明確に記していないのだが、そのテーマの研究にしだいに関心を失い一九三七年には研究をやめてしまった。かわってその頃から境界層の研究に専念していくようになり、いわゆる「層流翼」の発明へと進んでいくことになる。だが他の資料から、彼の境界層への関心はそれより早くから始まっていたことがみてとれる。

谷は一九三三年に『応用物理』誌に「Turbulence」と題して「総合と紹介」記事を寄稿した。(39) Turbulence は現在では「乱流」と訳されるが、そこでは turbulent flow を「擾流」と訳した上で、脚注に「適当な訳語が見あたらないので仮にこういう訳語にした」と注釈している。後述する「層流翼」の「層流」は乱れのない滑らかな流れを意味するが、その英語 laminar flow に対しては同記事で「整流」なる訳語を充てている。このように基礎概念の定訳が存在しないことは、その分野の研究が日本ではまだ本格的に着手されていなかったことを意味し、谷が先駆的にその研究に取り組み始めたことを物語る。谷の記事はレイノルズ以来の乱流研究の動向を七〇編あまりの文献を引用して紹介しており、単なる紹介記事を超えて教科書のような性格を備えている。これにより、彼は当該分野の研究動向を追いかける準備を整えることができた。

四歳年上の友近は谷にとって科学研究上の指導者あるいはまた相談相手であったようである。谷は友近と最初に出会ったときのことを次のように回想している。友近がイギリスに発つ直前に数理物理学会で講演をする機会があった。講演の中で友近はクッタとジューコフスキーの循環概念による揚力の理論をイタリアの空気力学者の最近の研究を引用しつつ批判的に分析した。講演後、講演を聴いていた谷が友近に話しかけた。谷による友近の追悼文にはそこで話された内容については記されていないが、谷がイタリアの研究者の論文を読まずに問題を論じようとしたのを友近が叱ったというのである。(40)

表 7.1 『日本航空学会誌』がカバーした関連学術領域
この 21 の領域のカテゴリー分けは 1935 年 3 号からのものである.

1. 流体力学 {一般，翼，風洞・水槽実験}
2. 弾性力学 {一般，構造力学，振動}
3. 飛行機力学 {性能，安定，運動性}
4. 飛行機設計 {諸元，構造}
5. 新飛行機
6. 飛行船
7. 滑空機，筋肉飛行
8. プロペラ
9. 発動機 {力学，熱力学，流体力学，諸元・構造・工作}
10. 材料及工作 {材料及材料試験，冶金}
11. 化学
12. 計測器
13. 艤装，兵器
14. 電気
15. 気象
16. 操縦，航法
17. 心理
18. 医学
19. 交通，航空路設備
20. 法規
21. 特許

谷はその後、友近の忠告を忠実に履行するかのように、外国論文の読解に専念していくことになる。一九三四年日本航空学会が設立された。同学会は財政的に法人からの寄付と個人からの年会費によって賄われ、運営は主として大学の教員と研究者によってなされる学術団体であった。英語の学会名は「The Society of Aeronautical Science of Nippon」であり、その団体名を日本語化すれば「日本航空科学会」となる。応用面や産業技術的側面よりも基礎研究や学術性が強調されたことを窺うことができよう。同学会はその機関誌に航空工学のすべての分野において海外で最近出版された文献を網羅的にサーベイする「抄録」セクションを設ける

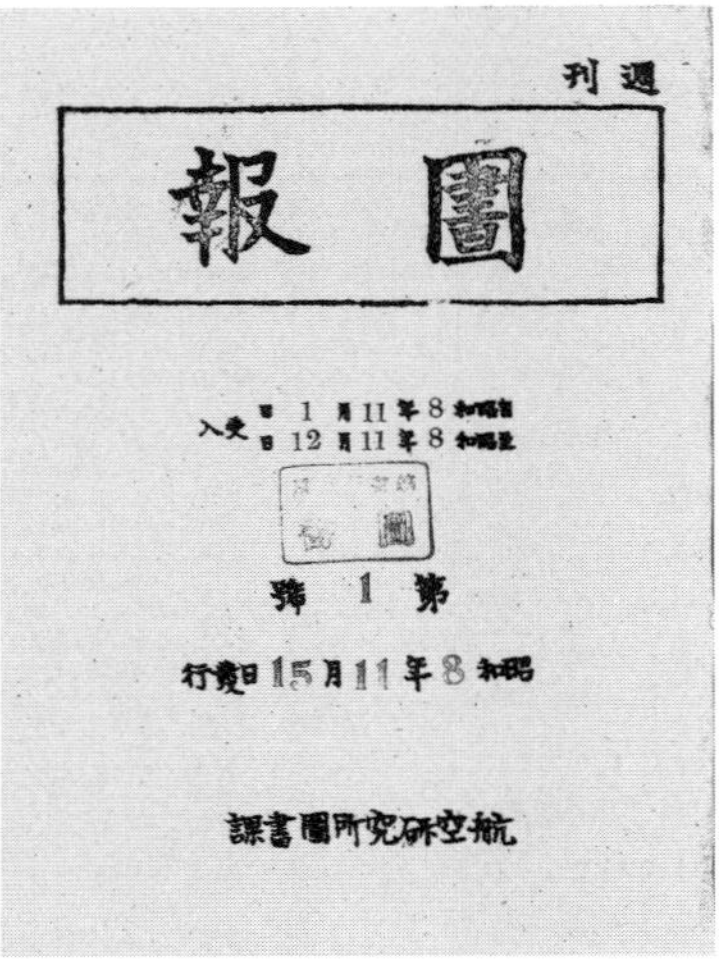

図7.5　航空研究所図書課で発行していた『図書報』（『図書報』1号（1933年）表紙）

ことを決定した(41)。カバーする研究分野は表7・1のとおりである。

　谷は学会創設当初から流体力学の基礎分野を担当する小委員会の委員長として選ばれ、空気力学に関して世界中で出版された学術論文をすべて読み、分析し、その内容を概略要約する仕事を担当することになった(42)。それ以来、英語だけでなく、フランス語、ドイツ語、イタリア語などを含む外国語で出版された当該分野の文献を数多く読みこなす作業に追われることになる。友近と異なり、谷は外国の研究機関に滞在する機会をもたなかった。しかしそのかわりに、空気力学の理論と実験をめぐり出版された論文を網羅的かつ出版後速やかに読みこなしていった。その目的を遂行するために、航空研究所で購入していた多数の学術雑誌はおおいに役だったに違いない。

　前にも述べたように、第一次世界大戦直後に設立された東京帝国大学の航空研究所においては、世界各国の航空関係の雑誌、必要とされる一般的な理工系学術誌が大量に購入された。戦前の航空研究所における文献収集の様子を伝える資料が残されている。前述の研究所図書課が作成した情報誌、『図書報』と題されたガリ版刷りの冊子である（冊子のタイトルは、図7・5のように「くにがまえ」に「書」という漢字を書き入れた「圕」という独特の漢字を使っている。だが現在の図書室のカタログでも「図書報」と登録されており、ここでもそのように呼んでおく）。

　創刊号の発刊の辞によると、それまで旬報として受入の図書と雑誌のリストを配布していたが、事実上合冊して月刊となっており、情報提供が遅れていた。そこで和田所長の指示により、このような週刊のリーフレットを毎週水曜日に発行することになった。収められる情報は、前週のうちに図書室で受け入れられた和洋雑誌、研究に必要な書籍のほか、各研究所で発行するパンフレット、特許など多岐にわたる。ときに「落ち穂広い」と題されたコーナーで、航空研究所所員が最近執筆した書籍や記事など、図書課職員が入手した情報も添えられた。『図書報』には航空研究所で受け入れていた洋雑誌のリストも収められている。それによれば、一九三四年の時点で航空研究所図書室が購入していた洋雑誌の総数は実に二八〇誌にのぼり、これ以外に物理部や風洞部などの各部署で関係する専門誌を一〇—二〇誌別途購読していた。雑誌を通じての海外からの情報収集はこのような膨大な雑誌の購入により最大限確保されていたといえよう。

航空学会の抄録委員会でも、航空研究所の受け入れ雑誌は活用されていたにちがいない。若手の航空研究所所員や航空学科の卒業生らは、この抄録委員会の有力メンバーだった。各分野の委員は毎月一回集まって、最新の研究論文を検討する会合をもった。会合に後から参加した若手物理学者今井は、「航空学会の抄録委員会で毎月一回、〔谷〕先生主宰の空気力学の部会で、若い元気の良い連中を相手に卓抜な意見を述べられる先生の颯爽たる風貌に憧憬の念を覚えたものである」と回想する。[43] この「元気の良い若い連中」の中には、戦後日本のロケット開発を推進した糸川英夫も含まれた。彼らにとってはこの月一回の会合は、大学院レベルのセミナーのような様相を呈していたのではないかと想像する。

谷は世界の空気力学の先端的な研究動向を、このようにもっぱら紙媒体を通じて得ていたのである。そしてそれは戦前日本の航空工学の研究活動の質の高さを支える重要な原動力となった。

したがって、『日本航空学術史』では層流境界層の研究が一九三八年から始まったと区分されているが、谷はそれ以前から境界層に関する最新の研究を丹念にフォローし続けていた。図7・6は、『日本航空学会誌』が創刊された一九三四年から、谷が抄録に関わり続けた一九四〇年までの各年度において、流体力学部門で取り上げられた

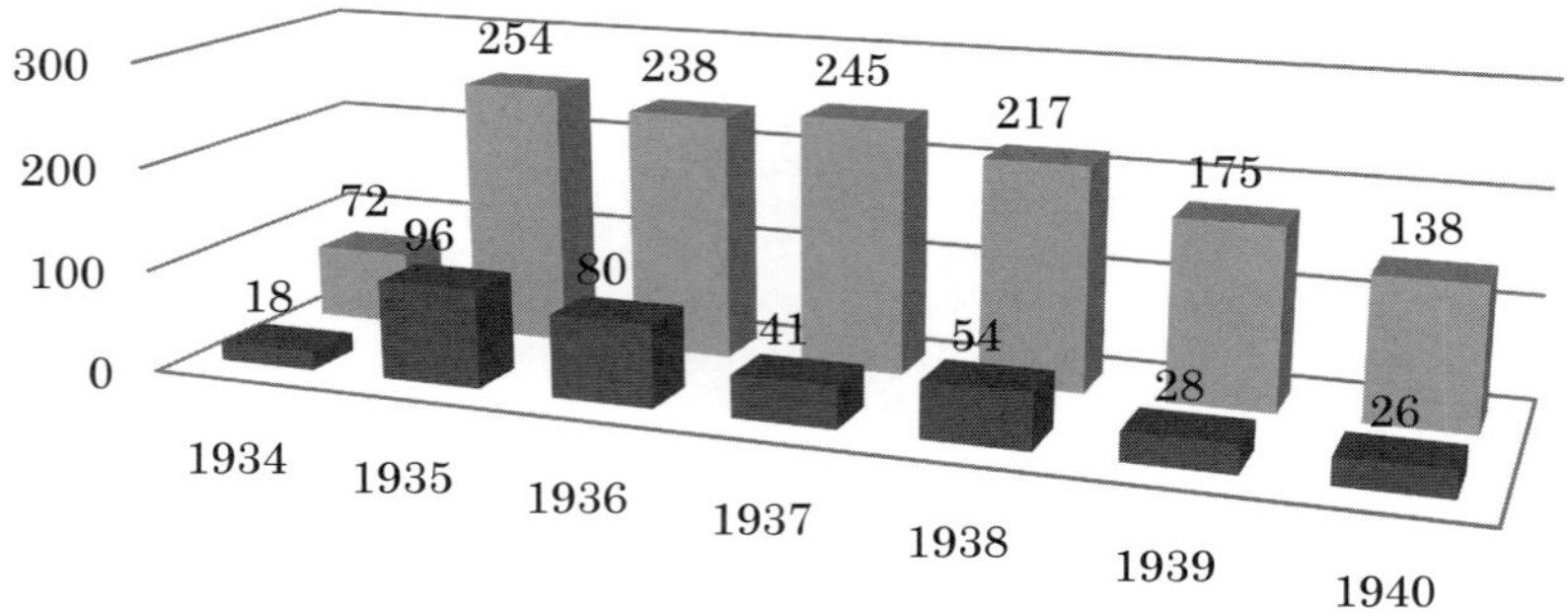

図7.6 『日本航空学会誌』における流体力学分野のレビュー論文総数（グレー）と谷のレビュー論文数（黒）（1934-40年．筆者作成）

内外の文献の数と谷がレビューを作成した論文の数をまとめたものである。創刊は一九三四年九月で創刊年には二号しか発刊されなかったのでレビュー数は少ないが、翌年（一九三五年）、翌々年（一九三六年）と数多くのレビューをこなしているのがみてとれる。この二年間は月間で平均すれば毎月七本から八本の論文をレビューしていたことになる。しかし、一九三七年と一九三八年にはその約半分のレビュー数になり、一九三九年と一九四〇年にはさらにその半数程度のレビュー数になっている。

抄録の流体力学部門は、「一般」「翼」「風洞・水槽実験」の三つの小部門に分けられ、谷が「一般」を引き受け、「翼」と「風洞・水槽実験」は別の人物が引き受けた[44]。谷が担当する論文は一九三〇年代に海外においても注目が集まっていた境界層や乱流遷移などの流体力学の中でも科学的な内容を扱う論文を多く含んでいた。たとえば一九三五年の三月号には、アメリカのドライデンのＮＡＣＡ報告「層流境界層における二次元流の計算」とカルマンの「乱流問題の諸側面」の二本、同年一一月号にはウォルター・トルミアンの「速度分布の不安定性の一般基準」、ハワースの「流れの中の円筒表面近傍の境界層における一定流の計算について」、Ｇ・Ｂ・シューバウアーのＮＡＣＡ報告「剝離する層流境界層における空気の流れ」などが取り上げられている[45]。

谷の抄録記事はいずれも最初に太字で論文が扱うトピックを記し、著者

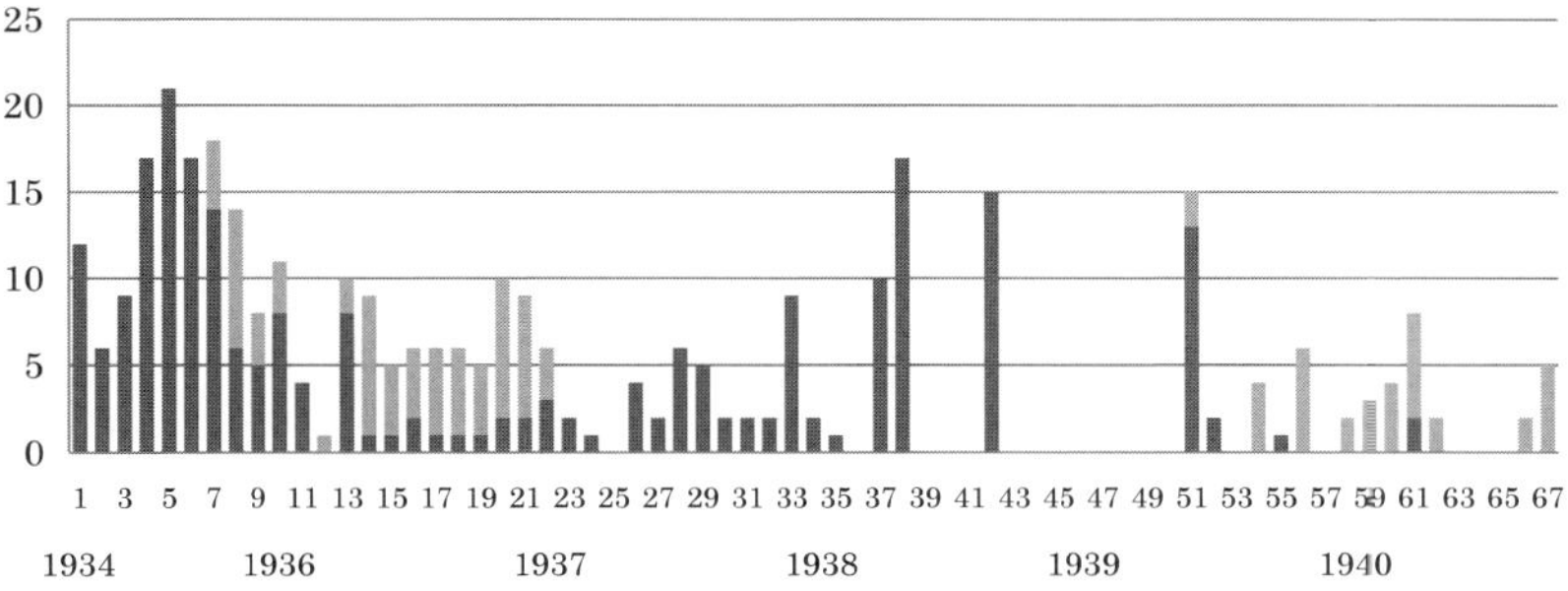

図7.7　『日本航空学会誌』における谷一郎単著共著の論文レビュー数（1934–40年．筆者作成）
縦軸は各号におけるレビュー本数，横軸は号数．『日本航空学会誌』は1934年に創刊され，1934年に2号，1935年に6号，以降毎年12号ずつ出版された（たとえば，1938年は第33号から第44号まで刊行された）．表の棒グラフで黒い部分は谷の単著レビュー，グレーの部分は共著レビューを表す．51号が発刊された1939年半ば以降はほとんどが共著で書かれている．おそらく航空学科における谷の学生との共著であり，最初に学生にレビューさせ，谷が加筆したものと思われる．

名・論文名などの書誌情報の後に、論文の内容を簡単にまとめ、必要に応じ数式や図・グラフなども添えられている。また記事の冒頭ないし末尾には、当該論文に対する書評者である谷自身の評価が簡潔に付記されている。たとえばカルマンの学会報告を取り上げた紹介記事には「簡単な文章の裡に著者独特の鋭い洞察が感じられる」とコメントを記している(46)。抄録記事の内容は、単に原論文に掲載されるアブストラクトを翻訳したようなものではなく、内容を十分咀嚼した上でその要点を的確に解説したものである。数行の短いものもあり、一ページ以上にわたり長く解説されているものもある。今井が回想するとおり、抄録委員会の活動は、毎月取り上げる数編から十数編、あるいはそれ以上の論文の内容をしっかりと理解し評価するものであり、アカデミックな性格をもつものだった。

図7・7は、谷の論文レビュー数をより細かく学会誌の各号に分けて統計をとったものである。グラフから谷のこの時期の研究活動のリズムを読み取ることが可能である。『日本航空学会誌』は一九三四年の第一巻が二号発刊、一九三五年の第二巻が六号発刊、一九三六年以降は毎年一二号ずつ発刊

するようになっている。同図では四号から八号までのレビュー数が多いが、これは隔月刊になっていたからである。棒グラフで黒い部分は谷の単著によるものを表し、グレーの部分はいずれかの抄録委員との共著によるものを表している。七号（一九三五年九月）から二二号（一九三七年二月）までの時期の共著は、一九三五年に物理学科を卒業した松川昌蔵ないしは同年に航空学科を卒業した糸川とのものである。谷は松川とは理学系学術雑誌の掲載論文を、糸川とは航空工学の学術雑誌の掲載論文を取り上げて共著にしたようである。二三号（一九三七年三月）以降はそのような共著レビューがなくなっているが、それは松川と糸川がそれぞれ正式の委員になり、彼ら自身で単著のレビューを書き始めたからである。両者と共著レビューを執筆していた一年半あまりの時期は、より若い両者にとっては掲載可能な的確なレビューを執筆する訓練の期間となっただろうし、また谷にとってはとくに物理学科出身の松川と協力して境界層の振る舞いの物理学的研究を深めるいい機会であったにちがいない。その後二三号から三五号（一九三八年三月）までは、谷と松川と糸川の三人が分担して流体力学の基礎問題を扱う論文をカバーしていく。

谷は三九号（一九三八年七月）から五〇号（一九三九年六月）まで、一五本のレビューを単著で寄稿した四二号（一九三八年一〇月）を除いてレビューの寄稿をしていない。他の作業に追われ多忙であったことが窺われる。『日本航空学術史』に掲載された谷の五つに区分された研究業績のうちの層流境界層の研究は一九三八年八月に開始されたとされており、レビューを休み始めた時期と符合する。おそらく夏期の休暇をきっかけに始めたであろう層流境界層の研究に、彼は約一年の間専念していくことになる。

5　境界層の科学研究

一九三八年一一月に谷は境界層に関して初めて自分自身の研究成果を学会で報告した。その報告は、上述の友近と今井の論文を批判的に考察することで論を起こしている。友近・今井論文自体は、フェージの球表面の圧力分布を測定した研究を理論的に検討したものである。彼らの論点を谷は次のように要約する。「レイノルヅ数が小さくて境界層が層流のまま剝離する場合には〔摩擦応力の理論的計算値と計測値との間に〕よい一致が見られるけれども、レイノルヅ数が大きくて境界層が乱流に遷移してから剝離する場合には、既に圧力最低点のかなり上流に於て〔理論値と計測値との間に〕背馳を示し、しかもフェージが遷移点と見做した摩擦応力最小の位置の上流に理論的剝離点を生ずる。計算と実験とが低いレイノルヅ数で一致することから考へると、高いレイノルヅ数での背馳は計算法の欠陥ではなく、又一方に於て〔乱流への〕遷移点の上流に層流剝離点が存在することは不合理である。従って真の遷移点は摩擦応力最小の位置ではなく、むしろ計算と実験とが背馳し始める点と見做すべきである」[47]。このように谷は友近と今井の議論をまとめ、その中の二つの論点、すなわち（1）遷移点の上流に層流剝離点が存在するのは不合理である、（2）遷移点は計算と実験とが背馳し始める点とみなすべきである、という二点に疑問をはさむ。そのうちとくに（1）の論点を取り上げて、層流剝離点が層流から乱流への遷移点より上流に存在することは理論的に不合理とはいえないし、実際に実験的にそのような現象が観測されていることを指摘する。それは層流がいったんは剝離するがそれが十分な剝離をするまでに成長せずに、表面に復帰し、その後になって乱流に遷移していくような場合である。谷の講演では、まずそのような層流の剝離と表面への復帰が起こる条件を検討するための適切なパラメータとして、粘性係数ν、境界層の外側の速度U、そして境界層そのものの厚さよりも運動量の損失を示すような厚さθによって表されるレイノルズ数$U\theta/\nu$を導入し、それらのパラメータを参考にしつつ、境界層の剝離や遷移についてなされている重要な実験結果を吟味していく。その中でもドライデンらの実験結果は、風洞における流れの乱れについても量的に計測しており、その影響についても考察している。

剝離と遷移に関する谷の考えは以下のようにまとめられる。

（１）レイノルズ数が十分小さい（$U\theta/\nu$が二一〇より十分小さい）範囲では、層流剝離をする。

（２）レイノルズ数がある点に達すると（$U\theta/\nu$が二一〇に達すると）、層流剝離点が遷移点と一致する。

（３）レイノルズ数がそれより大きくなると、層流剝離点より下流に遷移点を生じるようになる。

（４）レイノルズ数がさらに大きくなり、$U\theta/\nu$がある限界点を越えると、理論的な層流剝離点の上流にある点で、層流剝離点とは関連のない遷移を生じるようになる。

ここで、（３）の場合は、層流剝離点より下流にある遷移点は、そのような乱流への遷移を引き起こす原因を上流の局部的な剝離点の作用から受けている。しかし（４）の場合になると、層流剝離点より上流にある地点で、（３）とは異なる原因、すなわち外部の流れの乱れの影響を受けて層流から乱流への遷移を引き起こす。谷はこのように各場合の遷移の原因を推測した。

谷の講演後、質疑応答の時間に二人の出席者から質問が発せられ、それに対して谷が応答した。最初の質問者は航空研究所にも所属した経歴をもち、川西航空機会社の技術者であった小野正三である。航空研究所所員を経験する小野にとって、元同僚でもある谷と友近の議論はお互いに対立するように思われなかった。小野の言葉によれば、「谷君は単に友近君の考え方の一過程を捉えて、之をきっかけとして違う場所を掘り下げられた」のではないかと指摘した。[48] すなわち、友近の遷移点より上流に剝離点が存在するのは不合理だという誤った論点をただすところから始まり、もっぱら上記の（２）と（３）の場合のことを論じ、（４）の場合については十分論じていない。友近の論点はむしろ（４）の場合に相当し、その範囲においてレイノルズ数一四五〇という値に注目することにある。小野はまた、谷が（４）における乱流への遷移が外部からの乱れによってのみ生じるかのように論じていることにも疑問を呈した。

これに対し谷は、（4）の状態として彼が導入した「層流剝離に関連せぬ遷移」という概念が、「結局〔友近の指摘するレイノルズ数〕$R_\delta=1450$に相通ずる」かもしれないと答えた[49]。そして「友近教授も私への私信の中でそういう考えを洩らされました」と付言した[50]。しかし一四五〇という値を理論と実験とが背馳し始める値とする友近の議論には同意しなかった。このような遷移を境界層の不安定現象として取り扱うべきだとし、そのような「不安定の発生過程を自由振動とすべきか、或は強制振動とすべきか、恐くはその何れもが与るものと思われます」と述べ、それが「境界層の外の乱れのみに基くように記し」てしまったのは自分の表現上の過誤であると断っている[51]。

谷はこの学会講演の一年余り後にその続報として、「境界層の剝離に誘われる遷移に就いて」と題される短報を寄書として『日本航空学会誌』に投稿した。その冒頭で、前回の講演で層流境界層の遷移について以下のような理解をしたことを述べている。「局部的に剝離したが流れが表面に復帰して乱流への遷移を結果するためには、剝離点に於けるレイノルヅ数$R_\theta=U\theta/\nu$が或る値を越す必要がある事を指摘した。Uは境界層の外側の流束、θは境界層の運動量厚である。この結論は、粘性作用に対して打克つべき圧力上昇が或る割合を越すときに剝離が起り、更に圧力上昇に対して前進駆動の運動量が或る割合を越すときに表面復帰が行われるであろうという考えから導かれたものである……[52]」。このような考え方にもとづいて、谷は剝離点におけるレイノルズ数を求めた。論文の最後にNACAの対称翼型を取り上げ、その対称翼型に近似的な代用翼型の関数を想定する。その上でその関数から圧力分布を計算し、その圧力分布から剝離点の位置、そして剝離点におけるレイノルズ数を計算によって求め、計算値と実験値とが十分一致していることを確認した。

6　層流翼の設計

谷の一九六八年の回想によれば、新しい層流翼の発明に至る研究の由来は、友人の菊原静男からの依頼であったという。菊原は谷の航空学科の同窓であり、卒業後川西航空機株式会社に就職し、以来その指導的な航空機設計者として活躍してきた人物である（図7・8）。その菊原が谷に対して、高速機用の抗力の少ない新しい翼型の設計を依頼してきたという。前章冒頭で引用したように、谷は当時の課題を次のように振り返る。

一九三五年頃の飛行機は、脚や主柱などが露出されない「流線形」になっており、高速状態での抵抗の大部分は、表面の摩擦抵抗によるものでありましたから、表面積の過半を占める主翼の摩擦抵抗の減少に、速度向上を目指す設計者の期待が掛けられたのは当然です。しかしこのことを、もっとも熱心に私に要求したのは、川西航空機会社の菊原静男君でありました(53)。

このように一九三〇年代半ばの航空工学者は機体を全体的に流線形にしていくことから、主翼の摩擦抵抗の低減に目を向けるようになっていた。通常の翼型では、最低圧力点は翼弦の先端から一〇―二〇パーセントほどの箇所に位置した。また実際の飛行ではレイノルズ数がより高くなり、風洞での測定時よりも前方で乱流が発生し、それゆえ摩擦抵抗が増加すると考えられた。したがって層流をさらに後方に至るまで維持するような翼型を設計するのは無理ではないかと思われていた。「私もはじめはそのように思っていたのですが、菊原君の要求がなかなか強いので、出発点から考え直す気持になりました(54)」。谷は、そう回想する。

菊原の谷への新型翼型の開発をリクエストした時期については、公刊資料には見いだされないが、一九六六年に受賞した東洋レーヨン科学技術賞の受賞講演の草稿に、それが一九三七年であったことが明記されている。

> 川西航空機の菊原静男君から、翼面の境界層の全部を層流にすることができないかと訊ねられたのは、丁度その頃のこと（昭和一二年）であります。境界層の遷移の実験をやっていながら、遷移は当然に起こるものと考え、遷移を起こらぬようにするなど、考えても見なかった私にとって、これは雷撃のような言葉でありました。それから暫く経って、アメリカではそ〔の〕ような翼型が研究されているらしいというニュースが伝わってきて、これはどうしても何とかしなければならないということになり、圧力分布の最低の位置が後にある翼型を作って見ようと考えるようになりました[55]。

図7.8　アメリカ人技術者講演会に参加した菊原と谷（ニューエル，1933）
前列左から３人目が谷，後列左から３人目が菊原（前列右端は航空研究所所員で機体の構造と設計を専門とした木村秀政）．アメリカ人技術者ニューエルの来日講演時（1934年）の記念集合写真部分．

それゆえ、谷は境界層の研究に取り組み友近批判の議論を展開する論文を発表したとき、すでに友人菊原からの強い要望により翼型の改良という技術的関心を強く心に抱いていたことが分かる。航空学会に遷移理論を検討する論文を寄稿した後、彼は層流翼の開発に専念していくことになる。谷の回想によれば、層流翼の研究開発に一九三九年からとりかかり、次のような経緯で同翼型を思いついたとしている。

翼型の表面に沿う境界層の大部分を層流に保つことは、翼型抵抗を著しく減らす手段として久しく渇望されていた。併し層流から乱流への遷移は層の厚さに関するReynolds数がある値を越すときに現れるものと解せられ、従ってたとえ風洞実験でそのようなことができたとしても、実物飛行の状態では、極めて僅かの層流部分が残されるに過ぎないであろうと考えられていた。ところがジョーンズの実験によって、実物飛行機の翼に予想以上の層流部分が存在することが示された。この結果から遷移の条件を定めることはできないが、唯重要なことは遷移が最低圧力点より上流に起る場合は見られぬという点であった。筆者はこの点に着眼し、従来の翼型よりも最低圧力点が下流にあるような翼型を作れば上記の目的が達せられるであろうと想像した。(56)

ジョーンズの飛行実験の成果が報告書として提出されたのは一九三六年一月、その成果を盛り込んだ一般向けの講演をしたのは同年一二月のことである。(57) 講演内容はいち早く英航空誌『飛行機』に紹介され、その記事内容は『日本航空学会誌』抄録に糸川によって要約された。(58) 戦後の回想では、境界層の研究と層流翼の開発とは別々の研究テーマとして扱われ、相互の関係が言及されていないが、両者の研究活動が互いに緊密に関連していたことは明らかである。層流翼開発にあたっての要点は「遷移が最低圧力点より下流にある」という考えが要になったが、この点を確信するとともに、層流達成のための平滑度を見積もるために境界層の振る舞いと遷移のメカニズムに関する科学的理解を深める必要があった。(59)

谷の層流翼開発のプロジェクトには、大量の理論的計算とモデルならびにフルスケールの実験測定を必要とした。谷はそれらの研究の一部を学生に課し、彼らの卒業時や卒業後の研究課題にさせた。その一人野田親則は航空学科を一九三九年三月に卒業し、満州の企業への就職を希望したが、着任までしばらく東京で待機せねばならず、その間に谷から研究課題を課せられることになった。[60]彼の卒論の課題は既知の翼型のまわりの水槽実験を行うもので、油膜にアルミ粉末を散布し、翼型の周囲の流れを写真で撮影し、画像から流れの循環や翼に働く揚力を求めるというものだった。[61]待機中の野田に課せられた最初の課題は、圧力分布から層流剝離点の位置を理論的に導出する計算法を吟味することだった。野田はそれまでに出されていたポールハウゼン、カルマンとミリカン、そしてハワースの三方法を比較し、実験値との一致具合を調べた。谷の示唆に従いポールハウゼンの計算法を用いつつ、速度分布については新しい分布関数を仮定して計算したところ、実験値ともよく一致するようになった。この新しい速度分布を設定する際に、谷の境界層遷移の論文を参考にしている。[62]

野田がこの剝離点計算の作業を二カ月で終えると、次の課題が彼に与えられた。野田は回想する。

次の仕事は層流翼であった。新刊のアメリカ専門誌に新型の飛行艇の紹介があり、「層流翼型」が使用されているとの記述があるのを示された。それ以上の情報は一切ないと言われて、層流翼に到達するアプローチを示された。私の仕事は対称翼で層流翼になり得る圧力分布を持つものを計算で求めることであった。私と同年輩の女性の計算助手2人をつけていただいて、圧力分布の大量計算をやった。この時には守屋教授の〔計算〕方法が発表された後だったので、古い方法に比べて問題にならない程、計算が楽であった。層流翼型の候補になるものを提出して、先生のもとを辞して奉天に赴任した。[63]

約三〇年後に回想されたこの文章の中で言及されるアメリカの専門誌の新型飛行艇の紹介記事がどの記事であるの

か、確実に同定することができない。ただ、内容と出版時期からその候補と思しき記事が存在する。それはNACAの最近の研究成果を紹介する記事である。紹介はアメリカの航空機産業の代表との会議において報告され、一九三九年五月にアメリカの『航空科学誌』に記事として出版されたものである[64]。それは時期的にも、ちょうど野田が最初の課題を終え、第二の課題が与えられたときに一致する。記事はNACAの層流翼の発明について次のように伝えている。

境界層における層流から乱流への遷移の原因は長い間、空気力学の科学研究分野における最も不可解な謎の一つであった。この分野の研究者にとって長年の夢は、遷移を後らせ、それにより飛行中の主翼の空気摩擦を大幅に低減させるような方法を発見することであった。このことが昨年NACAの研究所で成し遂げられた。

新しい翼型は、遷移効果の原因に関する未試験の理論に基づき開発されたもので、この翼型上の境界層はほとんど全翼面にわたって層流を保つことが見いだされた。このようにして空気摩擦は今まで予期されなかったレベルまで削減された[65]。

記事は航空関係者の注意を惹きつけたであろうが、この記事内容と野田の回想とはわずかに食い違う。野田は層流翼を備えた飛行艇と述べているが、NACAの記事にはそのような言及はないのである。しかし谷がこの記事を目にしたことは疑う余地がない。それはこの記事が掲載されている『航空科学誌』が『日本航空学会誌』の抄録でカバーしている専門誌の一つだからである。おそらく谷はこの記事（あるいは同様の記事）を目にし、それを野田にみせ、野田か谷自身を通じて他の学生も層流翼なる新翼型の存在を知るようになったことと推測される。

野田の回想によると、彼は谷に一九三九年八月末にレポートを提出すると、そのレポートは谷によって校閲された上で、共著論文として『航空研究所彙報』に投稿された[66]。それは最低圧力点の位置を後方に遅らせるような対称翼型を計算によって求めるものだった。計算にあたっては、谷の指導教官であった守屋が開発した任意翼型の空気力学上の諸性質を導出する計算方法を利用し、大量の計算を遂行するために計算助手を充てがわれながらの作業であった[67]。新しい翼型の基本公式を設定し、そこに含まれる四つのパラメータを変えながら、最低圧力点が後方になる翼型を計算作業によって探し求めていくのである。それによって最低圧力点が弦長の七〇パーセントに位置する優秀翼型の候補をいくつか見いだすことに成功した。

野田が与えられた計算作業に没頭している最中、別の学生には境界層に関する実験研究の課題が与えられた。当時航空学科学生であった濱良助は空気力学の問題に関心をもち、卒業研究に層流から乱流への遷移を課題として選び、論文を作成した[68]。卒論冒頭の謝辞によると、濱は「押掛け女房」のように谷の下を訪れたが、谷はその濱を受け入れ懇切に指導してくれた。その言葉は、濱の研究課題が、谷が着手し始めている新翼型開発を目指した翼型と境界層の研究の一環であったことを示唆するものである。濱の卒論は三部からなっている。初めに遷移の研究の現状をまとめ、次に平板と球の風洞実験の結果を提示し、最後に楕円の翼型をもつ空気力学的性質を計算する。風洞実験については平板実験を一九三九年七月に開始し、二カ月を費やして準備したが風洞内の据え付けが不完全であることが判明した。そこでより容易な球を用いた実験を開始した。平板については異なる据え付けを工夫し実験を再開し、同年一二月にその実験を完了して論文を提出した。濱の球と平板の風洞実験の成果は、谷や他の助手との連名の論文として出版された[69]。平板実験の論文の冒頭で述べられるように、同実験の当初の目的は境界層の遷移を解明することだったが、その目的は達成されなかったことが断られている。

7　層流翼を備えた試作機の開発

谷が層流翼の研究開発に着手したちょうどその時期に、航空研究所は陸軍からの委託を受けて高速機の開発に取り組んでいる。陸軍では「キ78」、航空研究所では「研3」と称される試験機の開発である[70]。それまで航空研究所では全所員をあげて長距離飛行機の開発に取り組み、一九三八年五月に無着陸飛行の世界記録を樹立した[71]。翌年、航空研究所は陸軍航空技術研究所から高速機の開発を委託された。一九四〇年一月にプロジェクトのための特別委員会を設置した。委員会は航空研究所所長を委員長とし、委員として航空研究所所員一三名、陸軍技術士官一〇名が委員会に加わった。川崎航空機会社が製造会社として選定され、詳細設計、製造、試験を請け負うことになり、同社の一六人の技師が作業を監督した。高速を実現するためにはいくつかの技術革新と改良を必要とした。高出力のエンジンの開発とともに、機体の空気抵抗の低減が最重要の課題であった。空気抵抗の低減のために機体を流線形にすることと、エンジンを効果的に冷却することとを両立させる必要もあった。高速で飛行するために着陸速度を時速一五五キロメートルという速い速度に設定せざるを得ず、そのための着陸装置も工夫を要した。

谷は翼型と空気力学の担当委員となり、翼型に層流翼を適用した（図7・9）。中心線や肉厚など、失速特性や補助翼の効きをよくするために、それまでに開発していた翼型をさらに改善する形式を考案し、詳細は川崎航空機会社の試験飛行の結果を参考にして決定した。当初の計画では一九四〇年六月までに一号試作機の設計を終え、同年九月までに製造、試験を一九四一年七月までに完了することになった。さらに第二号試作機を一九四一年九月までに設計し、翌年三月までに製造する予定が立てられた。だが計画は戦時期の航空機産業への負担増により大幅に遅延し、最初の試作機の完成は一九四二年末になった。目標であった時速七〇〇キロメートルは、一九四三年一二月、三一回目の試験飛行時に達成され、翌年一月に飛行試験は終了した。谷は新型翼型の研究を進めていくにあたって、この当初計画されたスケジュールを念頭に置いていたことだろう。学生の三石智との共著で執筆した「高速機用翼型の設計に関する二三の寄与」と題された英文論文には、その末尾に風洞試験により最低圧力位置の後退が確認されたが、さらに飛行試験による確認が必要であると記されている[72]。そこには執筆完了時を一九四〇年七月と記しており、当初計画の設計完了時の一カ月後になっている。試験機の設計から製造へ移る時期であり、風洞試験の限界から飛行試験による必要性を唱えたものと思われる。

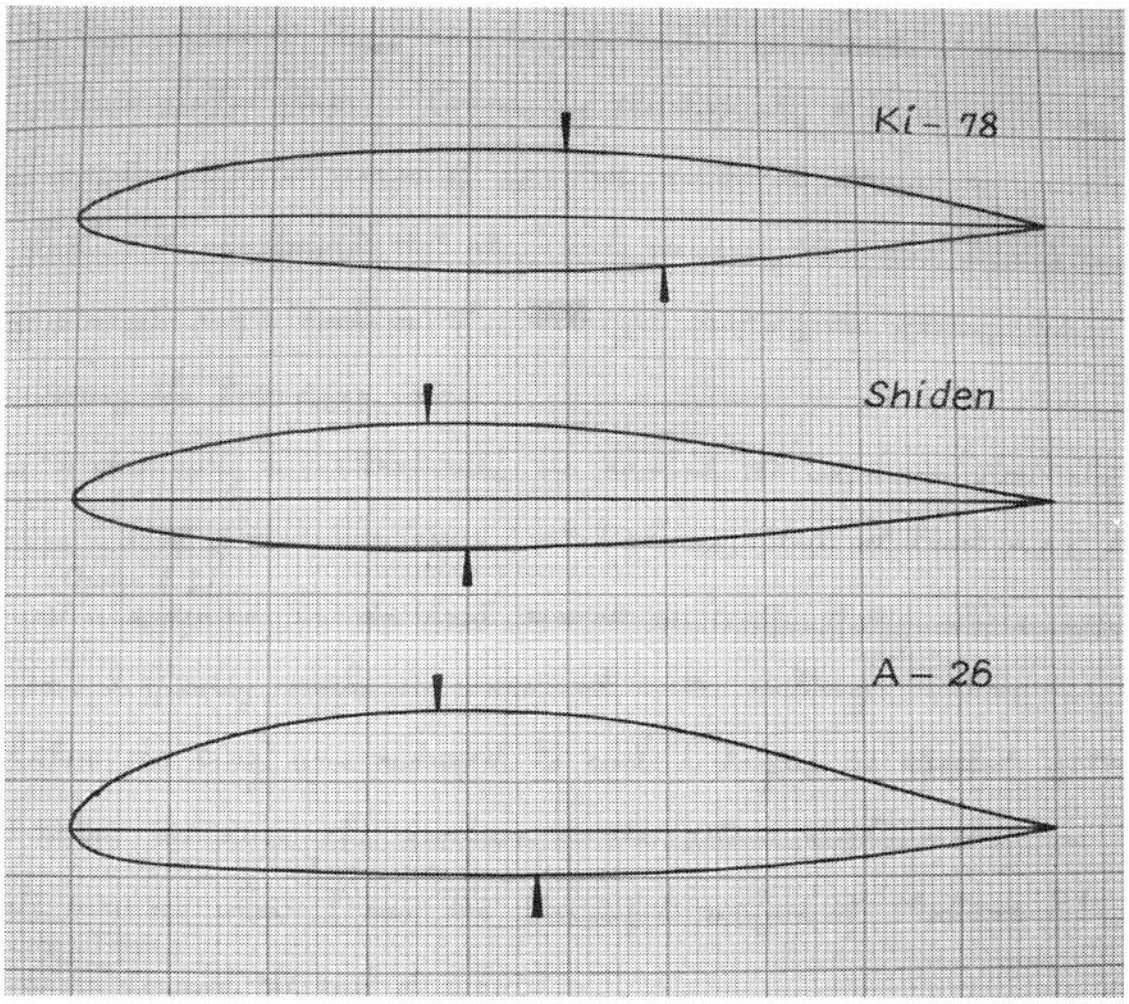

図 7.9　谷が設計した 3 種の層流翼型（Tani, 1953）
図上からそれぞれ，キ 78（研 3），紫電，A-26 に採用された層流翼型.

上述のとおり、谷は学生の野田、三石、濱らとともに、層流翼の開発に関わる理論的実験的な研究に取り組んでいる最中でもあった。谷は翼型の形を確定させるために、最大厚の位置と厚さ、先端部の曲率と後縁部の傾斜、そして中心線の形状と反りなどをパラメータとして使用した。谷の層流翼は、東京帝国大学のスクールカラーである淡青色（Light Blue）に因んでＬＢと呼称され、ＬＢに数字を組み合わせて翼型番号とした。番号は最初二桁の数字が用いられたが、後に中心線形式、反り、肉厚形式、厚さの四変数を六桁で表した数字が使われたりした。これらの変数の最適な値を求めるために、理論計算と風洞での実験計測が進められた。谷の指導下で濱らにより進められた境界層に関する実験は、翼型の適切性を評価するために重要な役割を果たした。川崎航空機会社の技術者によって同社の岐阜工場の二・五メートル風洞で、翼型の候補とされるLB24型の測定実験が集中的になされた(73)。谷が設計した層流翼の性能チェックについては、一九四〇年に海軍航空技術廠においてもなされているが、研3の飛行試験も新型翼型の性能検査の非常によい機会だったろう(74)。

新型翼型が所期の性能を発揮するためには、翼面上に凹凸がなく十分に平らでなければならなかった。層流翼としての性能を発揮するために許される粗さの度合い、許容粗度について評価する必要があった。そのような許容粗度の正確な見積もりは困難だったが、実際に飛行機を製造するにあたってそのような粗度の評価がどうしても求められた。層流翼の研究を進めている濱、三石とともに、谷はそのような粗度の評価に関する理論計算と実験測定を進めた(75)。理論計算にあたってはドイツの研究者が最近提出した理論的評価法に依拠し、翼面上に生じる突起の高さについて算出した。この計算結果をチェックするために、〇・二五ミリメートル、〇・四ミリメートル、〇・七ミリメートルの三種類の直径の針金をL24型層流翼モデルの翼面上のいくつかの位置に張り風洞に設置した。そして乱流が発生するレイノルズ数を計測した。川崎航空機会社の技術者も同様の実験を遂行し、彼ら自身でも許容粗度の評価を試み、結論として表面が可能な限り滑らかでなければならないことを見いだした。「例えば、$R=2\times10^7$では前縁から弦長の五パーセント以内に5/100 mmの突起があれば、その抵抗は従来のNACA系の翼と同程度のものとなるであろう(76)」。谷は一般向けの雑誌に書いた記事で、翼の前半部分の翼面では突起は十分の一ミリメートルあるいは二十分の一ミリメートルを越えないようにすべきであるとも述べている(77)。だがそのような精度で滑らかな翼面を工作することは困難だった。

これらの層流翼設計のための乱流に関する実験には、航空研究所風洞部一・五メートル風洞などが利用されていたが、これら既存の風洞では乱流の発生により、満足な測定結果が得られないと考えられた。そのため乱流発生をなるべく抑制した風洞を新しく設計し建設する必要があった。乱流計測を目的にする小型風洞を製作し、そこで乱流抑制のための装置として金網の効果を調べる実験を行っている。その成果は一九四二年三月に提出された論文に報告されている。[78] 風洞には通常の整流器が装備されるが、その下流に一ミリメートルの網目の金網、またそれに加えて〇・五ミリメートルの網目の金網を設置する。それによって風速の揺らぎが減少すること、すなわち乱流がさらに抑制されることが測定された。またその後、乱流を計測するために、それまで使われていた熱電対にかわって、干渉計を利用した光学的方法が考案されている。[79] すなわち熱線からの熱拡散の状態を、干渉効果を利用して縞模様として撮影して気流の乱れを見積もるのである。乱れをなるべく起こさず、光学的な観測を可能にするために、観測部は有機ガラスが使用された。同型の風洞と思われる一九四二年に設計された「層流風洞」の図面には、このプレキシガラス壁板の製作にあたって、「壁板の内面は平滑に仕上げる」「互いに隣接する壁板間のすり合わせは、内面の段 1/100 mm 以下にして、空隙のない様に」と注意書きが記されており、乱流発生を可能な限り抑制しようとした努力の跡が読み取れる。[80]

谷の層流翼のアイデアは、論文の形で公表されると日本の航空技術関係者の間に広まり、軍、企業、大学の技術者たちによってその理論的実験的研究が発展されていった。野田は満州奉天の満州飛行機製造会社に就職した後、短期現役士官として立川の陸軍航空技術研究所に配属された。その間、許可を得て駒場の航空研究所において層流翼の計算方法についての研究に従事した。[81] 立川航空技術研究所配属期間中には、陸上攻撃機キ93の設計作業、また奉天に戻った後は戦闘襲撃機キ98の設計作業に従事したが、これらの試作機の設計にLB形式の層流翼型を採用した。谷の学友であり、谷に高速機用翼型の考案を強く要望した菊原の所属する川西航空機会社においては、層流翼型は強風、紫電、紫電改といった海軍の新型戦闘機に採用された。とくに紫電改は高速戦闘機としての威力を発揮したとされている。[82]

8　境界層に関する戦時研究

谷は、一九四四年六月から一〇カ月間、「戦時研究」と呼ばれる大型研究プロジェクトの責任者として、境界層に関する共同研究を組織し、そのための研究と総括作業に従事した。

「戦時研究」とは、一九四三年以降に内閣の認可の下で、とりわけ陸海軍との密接な連携の下に、大学研究者が組織し遂行した研究プロジェクトである。[83] 戦時期の科学技術動員策定の役割を担った技術院は航空研究を重視し、関連する研究を強調する施策を打ちだした。一九四三年六月に回覧された「昭和18、9年度実施予定重要案件」には、「研究機構の一元化と航空以外の研究機構の航空研究に対する全面的協力」「超高度超高速機、超大型飛行艇、特殊原動推進機関等の研究と試作」といった課題があげられている。[84] 同年八月に政府は翌年度の国家総動員計画策定にあたって、航空戦力を中心とする兵器開発のための科学技術研究の推進を決定、同年一〇月には「科学技術動員綜合方策」を閣議決定した。それを受けて一〇月一四日の勅令により「研究動員会議」を設置し、同会議で決定される重要研究課題遂行のために民間研究者が「戦時研究員」として内閣により任命されることになった。

一九四三年一二月に申請された戦時研究の課題は、ほとんどが直接間接に航空に関係するもので占められる。そのうち翌年実施が決定された申請計画は、機体・プロペラ関係（一〇件）、発動機関係（一二件）、医学関係（二七件）、射爆関係（二二件）、電気関係（一一件）、精密兵器および材料関係（八件）の六カテゴリーで計九〇件である。[85] その中で機体・プロペラ関係一〇件の課題は以下のとおりである。

谷一郎（東京帝国大学）「境界層に関する研究」海軍省

中村竜輔（名古屋帝国大学）「飛行機の振動防止に関する研究」陸軍省

河田三治（航空研究所）「空気圧縮性に関する研究」海軍省
近藤政市（東京工業大学）「飛行機の安定性操縦性並に運動性に関する研究」陸軍省
木村秀政（航空研究所）「将来機の空気力学的研究（其の一）無尾翼機に関する研究」海軍省
中西不二夫（航空研究所）「将来機の空気力学的研究（其の二）噴流推進飛行機に関する研究」陸軍省
太田友彌（大阪帝国大学）「超大型機の構造に関する研究」海軍省
西原利夫（京都帝国大学）「重複荷重による疲労強度の研究」海軍省
河田三治（航空研究所）「高々度プロペラに関する研究」陸軍省
河原田政太郎（早稲田大学・電磁工業研究所長）「推力計及トルク計に関する研究」

戦時研究の遂行にあたっては、主任戦時研究員が選ばれた上で、主任戦時研究員の下で研究遂行する戦時研究員、協力研究者が組織された。担当官庁や協力官庁は多くの場合陸軍省ないし海軍省が引き受けた。主任研究員と担当官庁を選定する基本計画とともに、研究方針などの概要を定める実施計画が研究動員会議で承認され、プロジェクトが着手された。

谷が担当した戦時研究は、層流翼の設計や試作ではなく、そのための基礎研究となる境界層に関する研究だった。ただしもちろんのこと、それは主翼表面などの飛行機の機体表面の境界層を念頭に置き、表面摩擦抵抗の低減を最終目標に据えるものであり、基礎研究とはいえ明確な技術目的をもつものだった。谷は、東京帝国大学航空研究所同僚の深津了蔵、九州帝国大学の千田香苗、京都帝国大学の藤本武助と協議し、戦時研究基本計画を研究動員会議に申請、一九四四年二月に同会議において承認された[86]。谷は主任戦時研究員、他の三名は戦時研究員になることが内定された。その後一九三九年三鷹に新設された中央航空研究所の天野俊雄と奥平史郎も計画に参加し、さらに横須賀の海軍航空技術廠に所属する前川力、新羅一郎も計画に参加した。こうして谷を含む八人の技術者・研究者がプロジェクト・メンバーとして各研究班を組織して研究にあたることになった。このうち前川は同プロジェクトの海軍側の担当官として、プロジェクトのとりまとめに協力した。こうして一九四四年六月から翌年三月の一〇カ月間にわたり共同研究が進められた。予算として設備費（九〇〇〇円）、材料費（一万円）、人件費（二万円）、その他（六〇〇〇円）、計四万五〇〇〇円が計上され、潤沢な資金の下で研究が遂行された(87)。

谷のプロジェクトは五項目の課題研究からなっている。（1）層流境界層の理論的計算、（2）乱流境界層の乱流機構、（3）層流より乱流への遷移の機構、（4）表面の粗さの影響、（5）境界層制御、の五課題である。このうち（2）の課題には、谷とともに他の二名の帝国大学研究者と一名の中央航空研究所研究員が参加した。この課題に対し、谷は「乱流境界層に於ける混合機構並びに剝離機構に就いて従来よりも合理的且つ精密なる推定を行い得るに至れり」と総括している(88)。谷は助手の濱とともに圧力勾配のない乱流境界層について実験を行い、実験値とよく一致するような「半理論公式」を導き、藤本は圧力上昇を伴う乱流境界層について実験を行い、その利用のための簡便な計算法を考案した。圧力上昇を伴う乱流境界層について、千田は理論的取り扱いを研究し、仮定にもとづき速度分布式を導いたり、表面摩擦係数に影響を及ぼす要因を求めたりした。千田はこのときの戦時研究への参加体験を、戦後次のように回想している。

吾々戦研員は主任以下会合する度に互に良く意見を交換して益する処が多かったが、きわどい実験結果等は軍がなお充分に打明けて呉れなかったように思われ残念であった(89)。

また別の箇所で、

この種のいわば基礎的な問題が与えられたことは、今から考えれば（当時の状況をふりかえってみて）いささか奇異の感がある。[90]

とも述べている。

技術史家水沢光によれば、戦前日本の航空工学研究は、戦争が深まるにつれて基礎研究を強調するようになったとされる。[91] 一見常識に反する議論に思えるが、谷の層流翼開発とそのための境界層研究の事例を眺めれば、そのような基礎研究が新技術を生みだし、その新技術を実用化しさらに改良していくために基礎研究を必要とした典型例をそこに見いだすことができよう。戦時研究という制度は、そのような一見技術開発とは無縁に思える理論研究への科学者の取り組みを可能にするような制度的仕組みだったとも考えられる。千田の戦争直後の回想は、一見常識に反する基礎研究に自分が従事したことへのとまどいのような感想が吐露されているが、そのような基礎研究も谷の研究計画の下において新技術の開発とのつながりを確かにもつものだった。

9 捕獲米軍機の調査——日米工作技術の格差

谷らが研究開発した層流翼型は現実の飛行機に使用されたが、翼面が所定の平滑度を達成することは、実は日本の工作技術のレベルでは非常に困難だった。一九四二年に一般向けに対話形式で説明した層流翼型の紹介記事において、谷は層流翼型に要求される平滑度について聞き手（A）と説明者（B）に次のように語らせている。

B　層流翼型で層流を保とうとする部分、つまり翼弦の前半部分の表面には、一〇分の一乃至二〇分の一ミリメートル以上の凹凸がないようにして欲しいのです。そうしなければ、折角の層流翼型の特色が失われてしまうでしょう。ここで凹凸というのは、板の継目や枕頭鋲などの不連続な山谷を言うので、翼型の輪郭が正しい寸度から二〇分の一ミリメートル以上外れてはいけないというのではありません。多少の波はあってもよいのです。許される波の限度は、波長一〇〇ミリメートル、波高一ミリメートルという程度と思います。

A　慥かに今日の飛行機の表面は平滑とは言えません。もっと綺麗にしたいと思っているのです。しかし生産速度ということも考えなければなりませんし、どうも二〇分の一ミリメートルという数字は精密機械ならば兎も角、今日の飛行機に要求するのは無理ではないかと思います。

B　飛行機は精密機械だと思いますが——。(92)

理論と実験の研究から、谷は達成されるべき平滑度について量的評価を出したが、飛行機の生産現場にくわしい聞き手はそのような平滑な仕上げは達成できないと答える。それは精密機械に対してなされるような精度だと言い返す聞き手に対して、説明者は「飛行機は精密機械なのだが」と嘆息する。そこには両者のすれ違いがよく表現されている。

谷は戦争直後の回想で、表面粗度の要求に工作技術が応じられなかったことに触れている。層流翼の研究開発の経緯を簡単にまとめた上で、所感を次のように記している。

層流翼型の特質を失わぬものの表面の粗さの許容限度について筆者は強調し過ぎたようである。そのようなものは到底実用にならぬと諦めた人が少なくなかった。研究室の所産を実際の飛行機に具現する際の、あらゆる困難を味わった。設計者、殊に工作関係の人々の頭脳の固さを痛感した。(93)

日本では困難だった平滑な層流翼面の製作だが、アメリカの層流翼は日本の技術者だけでなくドイツの技術者をも驚かせる平滑度を達成していた。アメリカで先行して開発された層流翼は、Ｐ51ムスタングと称される戦闘機に装備された。その戦闘機の主翼の性能に関しては、戦時中、谷の元学生である陸軍の技術士官から情報が届けられた。その人物井上栄一は一九四一年に航空学科を卒業した後、しばらくして陸軍航空技術中尉になったが、その職務から外国の機密情報を得ることができた。谷を回想する記事の中で、彼は次のように当時のことを述べている。「層流翼あるいはＬＢ翼が世に出る前に私は陸軍航空本部にいたからアメリカにおける同じような研究を知っていた。それはアメリカのＰ51（ムスタング）の翼型であった。ドイツから潜水艦で運ばれてきた資料を解析してそれをＬＢ翼と比べたりして論文を書いたが、それは戦中であるから極秘扱いとなって印刷はされたものの公表はされなかった。しかし私はこっそりその一部を谷さんに届けた(94)」。

井上がもたらした報告とは、おそらく谷が戦後も所有していた執筆者匿名の昭和一九年四月二五日付の陸軍調査報告であると思われる(95)。そこにはドイツで捕獲されたムスタングＰ-51型機の層流翼型諸元が提示され、その空気力学的特性や旋回性能などが解説される。井上はとりわけ翼の表面仕上げについて注目し、ドイツ空軍の報告書から次の一節を引用する。

機体の表面の完璧なる滑らかさは注目に値する。厚い外鈑を使用することと、其の他巧妙なる構造とにより表面の美しさ及び翼型の正確さが得られている。外鈑を重ね合せる様なことはせず、高低の差もなく又殆ど隙間もない様に全く平滑に外鈑を接合させている。互いに接続した外鈑は第5図に示す様な共通な結合型材に鋲打ちされているため、製作上の不正確に基く表面の折れ目というものが避けられている。鈑厚が変化する所では、外鈑と結合型材との間に鉄鈑を入れて補っている。こうした方法により出来上りが良好であるため、比較

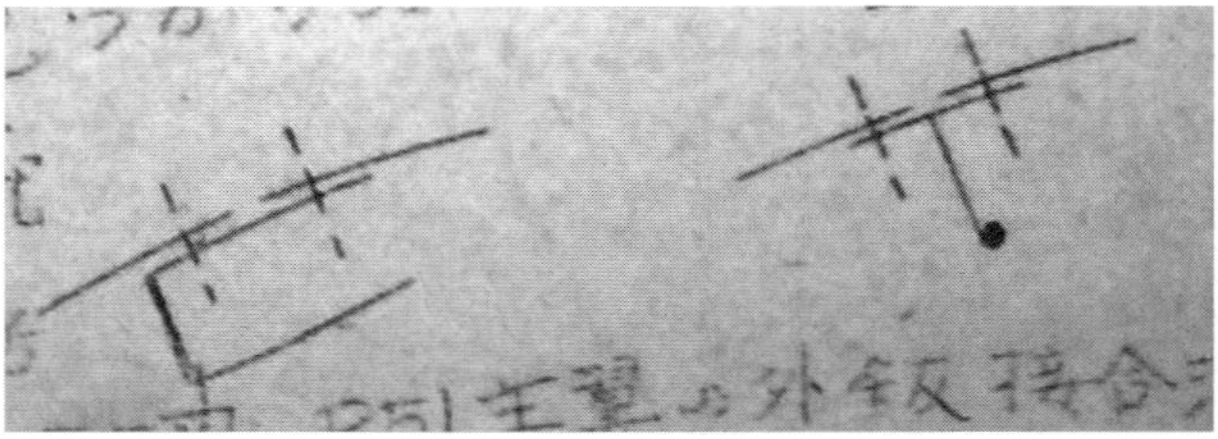

図7.10　アメリカムスタングP-51型機の主翼表面の接合法（井上，1944）

図7.11　ノースアメリカン・エービエーション社のムスタングP51型機の量産ライン（Courtesy of the San Diego Air and Space Museum）

的薄く塗料を塗ってあるにも拘らず鈑のつぎ目は肉眼では殆ど見つからぬ位である[96]。

そしてそのドイツの報告引用には、図7・10のような図が添えられている。米軍機の主翼における外鈑接合法を示すものである。

谷自身、戦争末期に東京近郊で撃墜されたムスタング機をたまたまみる機会をもち、その「美しい表面」に羨望を覚えたとも戦後に回想している[97]。アメリカの工業技術力と生産力は、そのような「美しい」と日本の技術者を賛嘆させるほどの仕上がりの機械を大量生産していく力量をもっていたのである（図7・11）。

10　層流翼の起源——戦後の六つの回想

谷は戦後、東京大学生産技術研究所、理工学研究所などを経て航空研究所、その後継の宇宙航空研究所に在職し、一九六八年に同大学を退職した[98]。彼は戦前から戦中にかけての境界層の研究から層流翼の開発までの経緯について何回か回想する機会をもち、それを講演や雑誌記事などで述べている。それらは概ね整合的で、それらを総合することにより層流翼発明までの研究と開発の起源と経緯を知ることができるのだが、互いに異なり矛盾しているように思われる箇所もわずかに見受けられる。それは層流翼の発明をしようと思い立ったきっかけについての叙述に関してである。

谷の空気力学研究と層流翼開発に関する史料として利用できる彼の回想記録には次の六件がある。

（1）一九四五年、S・W・ブラウン米海軍中佐に喚問され執筆した戦前戦時中の研究開発経緯の記録[99]

（2）一九四七年、日本の航空工学者の間で自分たちの研究開発の成果をまとめるために寄稿した記事（後に『日本航空学術史』として出版される[100]）

（3）一九四九年、シャーロット・ナイト女史に勧められて書いたという戦前戦中の研究開発経緯の記録[101]

（4）一九五三年、アメリカへの海外研修の際の講演[102]

（5）一九六六年、東レ科学賞受賞の機会になされた非公式のスピーチ[103]

（6）一九六九年、東京大学退職時に著した研究回顧[104]

上述のように谷が層流翼開発のための研究に着手し始めたきっかけは同窓の菊原からのリクエストだった。菊原のリクエストがあったこと、いつあったかどうか、そしてその際にどのようなことが話されたか、それらについて六編の記事は微妙な差異を有している。きっかけとなった菊原との対話をくわしく記しているのは、(3)と(4)の記事であり、(5)の記事は簡単ながらその時期が記録されている。まず(3)では、

一九三六年春、筆者は川西航空機会社の設計者である友人の菊原と議論した。最初にB・M・ジョーンズ教授によって構想された、抗力が単にさらされた表面の乱流表面摩擦だけになるような流線形機が最終的に還元不能な最小値なのかどうかを議論した。

と述べるのに対し、(4)では菊原と対話した時期がわずかに遅くなっている。

私の友人が飛行機の表面ほとんど全体で層流を維持することが可能かどうか尋ねたのは、一九三六年初夏のことだった。彼は川西航空機製造会社の主任技師で、我々がドイツの輸送機ハインケルHe70の驚くべき結果について議論していた時だった。その形状抗力は、さらされた表面の乱流表面摩擦にほぼ近くまで低減された。

一方、それより一〇年近く後に発表された(5)のスピーチにおいては、以下のように述べている。

川西航空機の菊原静男君から、翼面の境界層の全部を層流にすることができないかと訊ねられたのは、丁度その頃のこと(昭和一一年)であります。

(3)と(4)がきっかけとなった谷と菊原との対話を一九三六年と述べているのに対し、(5)は一九三七年と述

べている。また（3）と（4）もそれぞれ春と初夏と述べ、微妙に時期の指定が異なっている。また両者がどのようなことを話したかも、それぞれでやや異なっている。二〇年余りの時期を隔てて思い出されたそれらの回想記事は互いに矛盾するものなのだろうか。それらにはどこかに谷の記憶違いが忍び込んでいるのだろうか。（3）と（4）で述べられる一九三六年の春と初夏というのは時間的にもわずかな違いであり、二人の会話も関連はするが異なる話題を追っている。一九三六年の春に（3）の話題を語り、しばらく後に再会し（4）の話題を語ったとしても航空を専門とする三〇歳の技術者にとって不自然なことは何もない。

だが、（4）と（5）とは明らかに矛盾しているように思われる。谷が友人菊原に、飛行機の表面全体で層流を維持することはできないかと訊ねたのは、一九三六年の初夏なのかそれともその翌年のことなのか。このことについては、東京大学退官時に述べられた（6）の記事の内容を参考にすることができよう。該当箇所はすでに前章と本章で部分的に引用しているが、事象の時間的順序を明らかにするためにあえて再度引用することにしよう。

一九三五年頃の飛行機は、脚や主柱などを露出されない「流線形」になっており、高速状態での抵抗の大部分は、表面の摩擦抵抗によるものでありましたから、表面積の過半を占める主翼の摩擦抵抗の減少に、速度向上を目指す設計者の期待が掛けられたのは当然です。しかしこのことを、もっとも熱心に私に要求したのは、川西航空機会社の菊原静男君でありました。……実物の飛行機で遭遇するような高いレイノルズ数では、層流から乱流への遷移はかなり前方に起こることになり、結局層流翼断面のようなものは、実際には得られそうもないということになりそうであります。私もはじめはそのように思っていたのですが、菊原君の要求がなかなか強いので、出発点から考え直す気持ちになりました。(105)

最後の「菊原君の要求がなかなか強い」という言い方は、その依頼が一回限りのことではなく、複数回しかもだんだんと強くなされたことを想像させる。一九三六年に初めて言及された要望が、一九三七年に再会したときにさらに強く叱咤激励するかのように要求するようになったと考えることもできるだろう。また（4）と（5）とでは菊原が谷に訊ねたことが微妙に異なっている。（4）では機体表面のほとんど全体で層流を維持することの可能性を訊ねており、（5）ではより明確に翼面の境界層のすべてを層流にすることを求めているのである。（4）より（5）の方が、質問の内容がよりフォーカスされ、その後の層流翼の開発にも近い内容になっている。そのことも考慮すれば、このように解釈することが十分可能なのではないかと思われる。

上の六つの回想の内容に多少の差が見いだされることに対しては、このように解釈することが可能であったとしても、その内容に差異が存在することは、もう一つの歴史解釈上の疑問を引き起こす。それは、谷はなぜそれぞれの時期と場所で、そのような内容の回想的記録を発言したのだろうか、という疑問である。谷はなぜ、あるときには菊原の要求が層流翼開発の源泉だったことを述べ、なぜまた別のときには菊原の要求について言及をしていないのか。なぜあるときにはそれがいつのことだったか述べ、別のときには時期についての言及がないのだろうか。菊原との対話とその時期への言及があるのは、上の六つの回想のうちの（3）（4）（5）である。（6）には対話への言及はあるが、時期への言及がない。また（1）と（2）には菊原との対話への言及がない。

これらの内容の差は、回想がなされた個々の状況に大きく依存しているように思われる。（1）が記録されたのは連合軍から派遣された米軍技術者の尋問に応じてのことである。谷は自分の研究内容を正確に伝えることを心がけつつも、軍との深い関係や軍事研究としての性格をもつことは言及を避けたかったのではないか。その一方で（3）はその表紙に「シャーロット・ナイト女史の示唆（suggestion）により準備」とある。おそらくナイトはGHQの関係者だったろうと思われるが、彼女のサジェスチョンとは何であったのか谷の報告には何も書かれていない。しかしその「サジェスチョン」という言葉が占領軍のためよりも谷自身のためであり、谷自身が自発的に書くかどうかを決めることができることを意味しているように思われる。おそらくナイトは谷の優れた研究成果を聞き知り、そのオリジナリティを確認できるような記録を残しておくことが谷にとっても好ましいことだと思ったのではないか。谷が菊原との対話に言及し、その時期を後の文書よりももっとも早く指定していたのは、そのような事情があったためではないか。

一九六〇年代に回想された二つの記事には、双方とも菊原との対話が言及されているが、（5）は文中にカッコに入れて注記されているだけであり、（6）においては菊原から強く要請されたことを強調しつつもその時期を記してない。一九六〇年代に書かれたそれら二つの回想に比べ、（3）と（4）においては菊原との対話の時期が記事の冒頭に明記されているのである。英語で記されアメリカ人を対象として講演されたそれらの回想では、層流翼というアイデアが芽生えた起源とその時期が強調されている。その一方で（5）は「粘性流体力学、特に境界層の研究」により受賞した際の祝賀会スピーチ、（6）は東京大学退官時にあたっての回顧であり、それぞれ学術的性格を強調するものだった。戦後に戦前を振り返りながら書かれたこれらの回想記事は、谷が戦後に歩んだ軌跡と時代状況を反映するものでもあった。

11　谷の層流翼の独創性と限界

カルマンは戦前、川西航空機会社の技術顧問として来日した。彼の自伝には、同社で日本の職人たちがカルマンの単純だが誤った指示に従い、まったく役に立たない道具を作ってしまったことが記されている。[106]外国人が指示したことを盲目的に従う職人の姿から、日本の技術水準が一般的に低いという判断をするようになった。ところが戦時中にゼロ戦が登場し、その優秀な空力性能に彼は驚くことになる。彼はまた谷が戦前に層流翼を開発していたことについても、同様の驚きを戦後になり覚えるようになる。

私が思い出すのは、一九三五年、高速飛行に関するヴォルタ会議から帰る航海のときでした。イーストマン・N・ジェイコブズの意見では、空気力学の理論から本当に重要な進歩が生まれることは、今後もはや期待できないというのでした。ジェイコブズは、アメリカの空気力学者の最も独創的な一人で、その当時は国立航空諮問委員会（NACA）で仕事をしていました。その二三年後に、彼自身が最も有力に層流翼型の発達に貢献したのは珍しい符号と言わねばなりません。この翼型の成功は当時のNACA研究部長ジョージ・W・ルイスによって、一九三九年に、王立航空協会のウィルバー・ライト記念講演で発表されましたが、設計原理の詳細は、国防上の理由から秘密にされていました。イギリスや日本でも、それぞれ同じ問題が独立に研究され、不思議なことに、設計の原理ははじめて一九四〇年に、東京帝国大学航空研究所の報告に発表されました。(107)

谷の層流翼の発明は戦前日本の空気力学の歴史における一つのハイライトといっていいだろう。カルマンの言葉に表明されているように、谷の発明は海外の航空工学者の間においても空気力学の先端的な研究の成果であるとみなされている。カルマンやおそらく他のNACAの技術者にとって不思議に思われたのは、軍事的に重要な技術的成果が学術雑誌に公開公表されたことである。

なぜ谷は彼の研究を公表したのか。谷はこのことについて、当時の航空研究所の所長であった和田が彼に研究成果を出版するように勧めたからだと述べている。(108)谷は層流翼の研究に着手し始めた直後の一九四〇年一〇月から一年ないし二年間、文部省の奨学金を受けてアメリカとカナダを訪問し海外研修を受ける予定になっていた。若い研究者が北米両国を訪問するにあたって、「和田先生はこの程度の研究結果を持参し、学問的な交流を活発にやるのがよいと考えられたように思います」と彼は回想する。谷の一九四〇年の論文は、もし計画通り持参されていたら、谷が指導を望んでいたカルマンも驚かせたことであろう。しかし、谷の訪米は実現しなかった。日独伊三国同盟が調印され、日米関係が難しくなっていき、旅券の査証を発行してもらえなかったからである。和田は社会的地位も高く、そのような大所高所に立った判断や意見を発することができたのだろう。あるいはNACAでも層流翼に相当する新型翼型が開発されている情報を得て、谷が彼の研究成果を公表したとしても特段の支障はないと判断したのかもしれない。

谷は同様の新翼型の開発について、彼自身の研究が進められている間、どの程度の情報を得ていたのだろうか。この疑問については、いくつかの個人的な回想が鍵になった。谷自身は次のように述べている。「アメリカの層流翼断面については、戦争中に撃墜された飛行機の調査から、ある程度のことは判りましたが、詳しい資料の発表されたのは戦後のことでした。またイギリスでも、同じような研究が行われていたようです。翼断面の設計の原理は、私の考えたものと全く同じで、最低圧力を後退させることに眼目がおかれました。原理が同じですから、翼断面の形にも大きい差はありません」[109]。一九三七年か三八年に菊原が谷に高速機用翼型の考案を強く要望したときに、二人ともそのような翼型が登場しつつあることをまったく知らなかった。一九三九年の五月頃、あるいはそれ以前、谷が卒業生の野田に作業を課したとき、彼はアメリカで層流翼が開発されたことを知った。しかしその新型翼型の理論的背景や定量的な仕様の詳細については情報が得られなかった。したがって、谷の層流翼の開発は完全にオリジナルな発明ではない。他国ですでに発明されており、その発明を彼自身知っていたからである。しかしそれは詳細な技術の情報を欠いた中で作りだされたものであり、技術的な発明に至るまでに境界層と乱流遷移の物理的理解を背景としてもちながら生みだされたものである。

谷がそもそも境界層の研究に着手し層流翼を開発していったのは、親友菊原からの強いリクエストがあったからだった。川西航空機会社に勤め、海軍の航空機を設計する立場にあった菊原から、高速機用の翼型の設計を強く依頼された谷は、境界層の遷移と剝離という困難な問題を根本から考え直すことに取り組むことになった。物理学者友近と今井の論文をあえて批判する議論を披露し、層流翼設計の下準備をするように圧力最低点と遷移点との位置関係について自説を展開した。菊原がなぜそれほどに高速機用翼型の設計に強くこだわったのか、高速機の軍事戦略的必要性を彼はどのように理解してそのように強い依頼を述べたのかについて、谷も菊原も言葉を残していない。

谷が層流翼を開発するにあたっては、翼の揚力の理論を熟知し設計手法にも通じていたことともに、境界層における層流から乱流への遷移、あるいは剝離といった流体力学的振る舞いの科学的研究に深く取り組んだことが不可欠な役割を果たした。一九三〇年代に世界的に関心が集まり急速に進展していた境界層の理論的実験的研究に関して、彼は抄録委員会で責任ある立場にあり、そのための海外文献も豊富に用意された環境で、その研究動向を十二分に消化することができた。ケンブリッジに二年間滞在した友近も、彼にさまざまな刺激や情報をもたらしてくれたことだろう。そしてまた彼が所属する航空学科と航空研究所は境界層の研究と層流翼の開発にあたって、風洞などの実験施設、計算遂行にあたっての学生や助手のスタッフを提供してくれた。これらの条件と環境が戦時下に整う中で、谷は航空工学の最前線に達する成果を生みだすことができた。

終章　国家的研究開発の内実をもとめて

終戦直後に連合軍の調査を受けた研３機（Dilworth, 1945）

一九四五年八月一五日、日本の無条件降伏とともに第二次世界大戦は終結した。それまで大きく成長し世界的レベルにも近づいていた日本の航空研究は、終戦とともに占領軍によって強制的に中止されたり制限を受けたりした。航空研究所は「航空」との関係を否定され、「理工学研究所」として生まれ変わった。だが戦前の所員の中には、戦争遂行のための軍への協力を咎められ、国立大学の職を解かれた者もいた。航空研究に従事するようになった多くの研究者が、航空以外の産業や工学分野に移ることを余儀なくされた。戦時中の航空技術者が戦後鉄道や自動車の技術開発に携わりそれぞれの分野で活躍していったことは、戦後日本の技術発展を語る上で欠かすことのできぬ重要なエピソードである。

谷は戦後一九五三年にアメリカにわたる機会をもったが、その際に行った講演の一つに「日本における空気力学」と題されたものがある。[1] 敗戦とともに航空機の製造が禁じられ、研究活動も大きな制限を受けてきた。谷は同講演で、そのような環境で進められる戦後日本の空気力学研究は次の三つの部類に分かれるとする。第一は、戦前から進められていた基礎研究。谷の行ってきた境界層や乱流に関する研究はこの類に入る。基礎研究は比較的自由に進められたが、SCAP（連合国軍最高司令官）から、空気力学研究の対象はマッハ〇・八、すなわち時速約一〇〇〇キロメートル以下の空気の流れに限るよう命じられた。第二は、空気力学の航空以外の分野への応用。扇風機、風力発電施設、高速ガス切削機のノズル、砂防施設などへの応用がその例とされる。そして第三は、日常的な現象への応用と解析。野球ボールの曲がり方やスキー・ジャンプの飛び方などが検討された。谷はそれぞれに関心をもち、それらに関する記事も書いている。

一九五二年の占領終結とともに制限は解かれ、研究の自由と産業の発展が認められるようになった。だが制限を受けた七年の間に、欧米の航空界ではジェット機が登場し飛躍的な発展を遂げるとともに、宇宙空間を目指すミサイルやロケットの開発も急速に進められるようになった。戦前から続けられた航空関連技術や空気力学の研究は、その勢いを保ちながら戦後も大きく発展し続けた。占領期に日本で研究が禁止されたマッハ〇・八以上、マッハ一・二程度までの速度は遷音速の領域といわれるが、その速度での空気力学現象の研究は欧米で精力的に取り組まれ新知見も多くもたらされた。それらの知見はジェット機やロケットの技術の発展に大きく貢献した。また境界層や乱流に関する研究はそのような航空宇宙の分野にとどまらず、さまざまな理工学分野に応用されていった。そのような流体力学の基礎研究の発展に絶大な影響を及ぼしたのは戦後急速に発展した高性能コンピュータの登場だった。空気力学の歴史は戦後も続くのである。だがその主たる理論的基礎は、戦前から戦中にかけて確立したといっても過言ではないだろう。少なくとも音速よりも遅い亜音速と呼ばれる領域の現象に関しては、そのようにいうことができよう。

本書で取り扱ってきたのは、そのような航空機とともに大きく成長した学問分野、空気力学の基礎が生みだされ確立していった歴史過程である。流体力学の一分野である空気力学は、航空機の発展とともに一つの自律した分野として発展した。飛行船や飛行機の一部品の流体力学的性質を計測する風洞の特性、飛行機の主要構成部品である主翼に働く揚力や抗力の発生の仕組み、そして高速で飛行する機体表面の境界層の振る舞いなど、空気力学はそれまでの流体力学では扱われてこなかった航空機固有の問題に取り組み、その問題を分析し解答を与える数学理論と実験手法の体系として誕生し成長した。新しく登場した技術とその技術に関わる自然現象を分析する科学理論が、本書が研究の対象としたものである。

飛行機の発明はアメリカでなされ、飛行機の発達も広大な国土を有するアメリカで大きく発達した。また航空機と相即的に発達した空気力学はドイツにおいて基礎が築かれ、その後世界各国で発展した。それに対して本書が主として取り扱った国はイギリスであり、イギリスの航空関係者、科学者・技術者が航空機の開発と空気力学の研究に関して探究し、検討してきたことだった。その主たる理由は史料の豊かさにある。史料の豊かさゆえに、彼らが同時代に考察し、議論したこと、ときにとまどい、論争したことが、残された史料から読み取ることができるのである。

参照したのはイギリス政府委員会の公刊・未公刊の技術報告とともに会議における発言内容を記録した議事録だった。各委員会議事録には、開催された会議での報告や発言が要点を洩らさぬよう克明に記録されている。そこでは、委員会宛に届いた書簡や上部組織からの通達、提出された技術報告や関係機関の活動報告の情報伝達などがなされ、異なる専門分野の経験と知識を有する委員は、それらに対して自らもつ知識を基にして的確なコメントを発言する。コメントは報告や通達に対する質問、批判、応答であり、さらにその帰結の一般化や拡張解釈などである。委員会の場において、そのような新情報の提示と各委員の発言の積み重ねにより、委員会には新しい知識がもたらされるとともに、既存の知識体系をところどころで修正した知識体系を各委員が新たに共有していくようになる。

委員会でくり広げられる議論は、研究者の共同体が日々交わしている会話や議論のわずかな一部分にすぎない。それらのより広範な会話や議論によって、研究者たちの知識は日々修正され拡張されていく。日常くり広げられるそれらの会話や発言は記録されていないが、公的な委員会は公的組織であるがゆえにそこでの発言内容は日常会話とは異なる重みを備えている。責任を伴って発言した内容の一部は、一定期間国家機密ともされている。各国で精粗の差はあるが記録されるそのような政府委員会の議事録は歴史家の重要な分析材料になっている。

本書は一人の航空工学者を主人公としてその研究活動を追ったものではない。第1章から第7章まで、ベアストウ、プラントル、グロワート、ジョーンズ、テイラー、そして谷らに焦点を当てて、彼らの研究活動を取り巻く知的・社会的歴史過程を追いかけた。それぞれの人物には重なりながらもそれぞれ異なるテーマの歴史が展開する。だがそれらはいずれも新規な科学技術上の知見を生みだしていくための研究活動を扱ったものである。各章でそれらの研究活動の内実をいくつかの異なる視点から分析するとともに、研究活動と社会制度環境との関係について検討した。以下、第1章から第7章に至るまで、これらの人物と政府委員会の活動の軌跡を振り返りつつ、各章で論じたポイントを再確認しておこう。

第一次世界大戦前後のベアストウの研究活動を追うと、初期の成功とその後の停滞をみてとることができる。第1章において、大戦前におけるベアストウの安定性研究が数学的力学理論と風洞実験を結びつけ、設計された飛行機の安定性を量的に評価できるようになったことをみた。量的評価はグラフを利用して視覚的に表現され、政府の飛行機の試験施設であり製造工場である王立航空機工場（ＲＡＦ）の設計者によって理解され研究成果を実際に活用された。視覚的表現が好まれたことは、ＲＡＦの技術者によって二変数ではなく三変数の量的関係を表すために、グラフを拡張した三次元のモデルが実際に製作されたことからも窺える。このように数学的理論から実験を通じて設計技術者に役立つデータとして提供したことを評価され、ベアストウは科学者と技術者の仲介者とも呼ばれた。ベアストウの下でのＮＰＬの研究成果はイギリス国内だけでなく、アメリカの研究者からも高く評価された。アメリカのＮＡＣＡ委員であるハンセーカーは短期間ではあるが実際にＮＰＬに滞在し実験研究を体験し、その成果をアメリカの同僚に伝えた。第一次世界大戦中にイギリス航空諮問委員会は、アメリカ参戦後にその技術報告一式をＮＡＣＡに送ったが、安定性に関わる研究は機密扱いし、リストに含めなかった。アメリカの研究者はその連絡を残念に受けとめ、自分たちの研究と機密にされたイギリスの研究とが重複してしまう可能性を懸念した。

研究上の成功は、地位の向上と権威の獲得をもたらすことになった。科学史・科学論の研究において科学知識の社会的次元として、知識と権力の関係あるいは知識と利害関心の関係から捉えようとする研究が多く出されている。航空諮問委員会におけるベアストウの活動と行動も、そのような視点から捉えることができる。第2章において第一次世界大戦中に風洞試験の結果と実機による飛行試験の結果との差異が見いだされたことから、その差異の原因を検討する調査活動が進められたことをみた。原因探求の調査活動が論争の様相を帯びたところに、ベアストウとＲＡＦの対立する利害関心が反映されたことを看取することができる。論争的な形で進められる調査活動に影響を及ぼしたのが、それまでに顕著な研究成果を上げ高い評価を受けたことによるベアストウの権限の高さと発言力の強さであり、その発言力が調査の方針と報告の内容に影響した。

ここで第2章で取り上げた第一次世界大戦中の寸法効果をめぐる調査と論争の経緯をまとめておこう。モデルを利用した風洞実験の計測結果と実機を利用したフルスケールでの計測結果との間に齟齬が見いだされ、その原因の分析のために寸法効果小委員会が組織され調査が進められた。正式な寸法効果小委員会の発足に先立ち、暫定的な委員会が組織され原因追究にあたった。彼らの意見、データの解釈などは委員会の議事録とともに、彼らが頻繁に提出した報告書に記されている。このケースでは、モデル実験の信頼性を疑問視する側（ＲＡＦのファレンら）と逆にフルスケール実験の信頼性を疑問視する側（ＮＰＬのベアストウら）に分かれ論争的な議論の応酬がなされたために、報告の内容や議事の記録からも、明確にそれぞれの立場からの分析や発言を読み取ることができる。そのような二つの異なる立場に分かれたことは、実質的に委員長の役割を果たしたピタヴェルが「審判」の役割を果たしたとファレンの記録に言及されていることに明瞭にみてとれる。

対立する利害関心を有する二つの派に分かれ調査活動が進められたことは、調査の内容に影響を及ぼすことになった。ファレンらＲＡＦのスタッフが風洞のデータと実機の計測データとのずれを立証しようとしたのに対し、ベアストウは風洞試験のデータの信頼性をなるべく擁護しようとし、逆にフルスケールの実験結果の信頼性を批判しようとした。ベアストウの発言力の強さから、調査活動の力点は風洞試験結果の信頼性よりも、フルスケールの飛行実験における誤差発生の諸要因に向けられることになる。そのために、ベアストウはフルスケールの飛行実験にもとづく飛行機の各性能の算定方法の成り立ちを分析し、誤差が生じる余地をもつ要因を並べ上げた。実機によって計測される飛行機主翼の揚力や抗力などは、直接に測定されるものではなく、エンジンの出力など他の計測データを差し引きすることで間接的に導出されたものである。ベアストウはフルスケールのデータがそれらの複数の測定データから算定された構成的性格をもつことを指摘し、そうであるがゆえに誤差が生じている確率が高いことを示そうとした。ミニチュアの飛行士を搭乗させた精巧なモデルが作られたりしたが、それは誤差の発生原因をフルスケールの飛行データから可能な限り取り除こうとしたRAF側の努力の表れである。

両者の検討にもかかわらず乖離の原因は明らかにできなかった。調査の後半で翼面の風圧分布を測定する方法がテイラーによって提案され、測定の結果、複葉機の上翼の下面に有意な差があることが明らかになっていった。しかしそのような知見が得られたのは調査活動の最終段階においてであり、それを出発点に圧力分布の比較をさらに深めていくことはなされなかった。寸法効果小委員会は最終報告書を提出し、その提言にしたがってこのような現象を含めてより基礎的、一般的な空気力学上の問題を検討する「空気力学小委員会」が設立されることになった。

第3章と第4章においては、ドイツのプラントルによって発展された空気力学理論に関して、その誕生と発展ならびにイギリスへの導入を論じた。プラントルの理論を、クーンが『科学革命の構造』で論じる新パラダイムを創出した理論として捉えることもできよう。クーンは同書の中で、科学史上自然の見方や考え方を一変させる新しい科学理論の誕生によって、旧パラダイムから新パラダイムへの転換（科学革命）が起こり、転換後は新パラダイムにもとづき限定された視野と思考枠組の中で「通常科学」の研究が進められると論じた。また新しいパラダイムが誕生する以前の段階（前パラダイム期）においては、複数の理論が併存し視点の統一がなされていないとした[2]。クーンが半世紀前に論じたパラダイム論をめぐる事情が、このドイツの空気力学理論の誕生とその受容の以前と以後のイギリスの理論理解の変化によく当てはまるように思われる。

パラダイムが創成する以前の前パラダイムの状態、それをテイラーの学生時代の論文に読み取ることができる。

第3章で述べたように、テイラーはアダムズ賞を受賞した論文で、プラントルの翼理論が前提とする循環の理論と翼の後方に不連続面が生じるとする不連続流の理論とを当時存在する理論として取り上げ、その両者を批判し自らの理論的見解を提示した。プラントル理論が導入される以前のイギリスには、同理論に相当する理論としてランチェスターの理論が存在したが、テイラーはその理論を理論の前提を批判することで受け入れなかったのである。戦後プラントル理論が紹介されると、テイラーはその理論的内容と前提を再吟味していくことになる。ランチェスターの理論では導出されておらず、プラントル理論で導出されていた重要な帰結は、風洞壁の効果の理論的計算であった。壁効果の計算により風洞データに対する修正方法が案出され、それは「プラントル補正」と呼ばれ戦後フランスの実験家の間でもいち早く利用されるようになった。イギリスの研究者が企画する国際的な風洞比較試験においてこの理論的補正をかけてデータを提示するのか、それとも生のデータを提示するのかが航空研究委員会で議論されたが、議論の末に多数決で理論補正をかけることが決定された。その決定は、今まで複数の空気力学理論が共存していたイギリスの研究者共同体で、プラントル理論が支配的理論として受容され、ある意味でパラダイムとして成立するようになったことを示すできごととして理解することができよう。

第5章では、空気力学理論の発展と受容という科学史的話題から将来の飛行機の技術予測と研究開発計画の策定という技術史的話題に目を転じた。航空諮問委員会（航空研究委員会）においては、毎年次年度の研究計画を立て委員会での承認を受けていた。航空諮問委員会から航空研究委員会へと名称変更した一九二〇年に特別企画として、一〇年後の飛行機を想像した上で今後一〇年という長期間にわたり空気力学をはじめとする航空関連の学術研究の方針を討議しようとする場が計画された。この「一九三〇年の飛行機」の議論では、予備的な報告書が提出され、執筆者による簡単な論点の紹介がなされた後、それらの論点を論評する議論がなされた。その議論の記録は、後から加筆が許されており、厳密には当日の議論を正確に反映したものではないかもしれないが、各発言者の発言内容を大幅に修正するものではない。そこでは多くのことが論じられるが、議論の焦点は速度向上のための基礎研究を行うか、主として着陸の安全性を確保するために安定性の研究を引き続き行うかという二つの選択肢の間の争いになった。一九二一年二月という時点でそれからの飛行機の発展のためにいかなる課題に取り組むべきであるのか。将来の飛行機を想像して現在の研究方針を策定していこうとする試みは、斬新で野心的な企画だったが、残念ながらその場の議論は企画者の意図どおりには進まなかった。高速機開発のための基礎研究に研究資源をさくのか、それとも来るべき民間航空の時代の準備を最優先事項とするのか。両者の間で妥協と両立の道を探ることもできたろう。だが議論はそのように進まなかった。ジョーンズの予備的報告の直後にベアストウが彼の提案を強く論駁するような反対意見を展開したのである。発言力のあるベアストウの反対演説により、ジョーンズの研究提案は不採用となり、彼自身がベアストウの主張する低速時の操縦性と安定性の研究に着手することになった。そしてこの帰結は、その後のイギリスの航空工学の性格を大きく規定することになったといってよい。またここに第1、2章で論じたベアストウの利害関心が委員会内の彼の権限と発言力を通じて反映されたことをみてとることができよう。

その八年後、ジョーンズは王立航空協会での有名な講演で流線形の重要性を強調した。そこで彼が披露したグラフは、流線形を達成することによって現存の飛行機が当時のエンジン出力のままでいかに速度を向上することができるかを視覚的に明らかにし、関係者の間で印象深く受けとめられた。第5章では、このよく知られた講演に先立つ七年前に同様の研究計画書が提出されていること、そして講演の前年に講演内容とほぼ同じ技術報告が空気力学小委員会に提出されていることを指摘し、内容の変遷を論じた。一九二〇年代にジョーンズはプラントルの誘導抗力の概念を知ることで、流線形による性能増加をより精密に評価することができるようになった。また委員会宛の技術報告と一般関係者向けの協会講演では、グラフ上の飛行機の選定で差異があり、流線形化による速度向上がより強調されている。

また一九二一年においては一〇年後の飛行機を予想し今後一〇年間にわたっての研究計画を構想するということが企画されたが、一九二八年に開催された同様の会議では一〇年ではなく五年という期間がメルクマールになっていた。五年後の飛行機を予想し、今後五年間の研究計画を構想する。それが政府の委員会の将来性に対する適切な関与のあり方であると基本的に考えられるようになったようである。それ以上長期的な研究計画は大学などの研究機関に任されたのだと思われる。

第6章においては、流体運動パネルでの議論を追い、一九三〇年代における乱流と境界層をめぐる理論的実験的研究の推移をみた。パネルの活動の一環である乱流と境界層に関する研究動向を概観する論集に、テイラーは乱流理論の報告を寄稿した。会議でテイラーが新理論の内容を説明するとし、ジョーンズがその技術的重要性に気づいた。大気中と風洞内で渦のサイズが異なることから、大気中では風洞よりも乱流遷移が起こりにくい可能性がある、ジョーンズはその理論的推測が意味することを即座に理解したのである。テイラーは自分の理論が含意することを、ジョーンズに問われる以前に気づいていたのかもしれない。それにもかかわらず、大学同僚のジョーンズに告げていなかったのかもしれない。いずれにせよ、ジョーンズにとってそれは一つの発見であり、自ら一九二〇年代初頭から持ち続けてきた飛行機体の空気抵抗削減という研究関心への重要なヒントを会議の席上で摑んだのである。

ここで注意をひくのは、テイラーもジョーンズもこの発見を公の場で発表しなかったことである。テイラーの技術報告は王立協会紀要として出版することが了承されたが、科学論文として出版されるときはジョーンズの委員会の場で指摘したことを隠すように、いわばディスカバー（発見）されたことをカバー（隠蔽）するかのように、節のタイトルを変更し、大気中の平均乱流のサイズの具体的数値を科学論文から削除した。委員会の場で発見されたアイデアは内部情報として温存され、世界中の科学者によって共有される科学知識とは一線を画して扱われることになった。このことは、政府委員会の議事録を読むことの重要性を改めて教えてくれる。ジェーコブスらの層流翼発明の一つのアイデアの源泉がジョーンズの飛行実験であることが知られている。しかしジョーンズの研究自体の源泉の一つとしてのテイラーの乱流理論の研究があることは、そのことは公にされた論文からだけでは知ることができない。委員会議事録と未公刊の技術報告を閲覧することによってのみ、それは知ることができる。またテイラーの理論に重要な貢献をしていることの歴史認識は、ケンブリッジを一時訪問したジェーコブスへの情報の提供と、テイラーの下に長期滞在していた友近への情報の非提供という外国人研究者に対する異なる対応も気づかせてくれた。

最後の第7章においては、日本の航空工学と空気力学の発展の歴史を、航空研究所と谷に注目し叙述した。とくに谷の層流翼の開発に焦点を当てて、その経緯を詳細に追った。層流翼は、ジョーンズの飛行機の流線形化による改良努力の次の段階技術として構想されたものであり、飛行機全体の中でも大きな抗力を発生する主翼の表面摩擦抗力を、境界層をコントロールすることによって低減させようとする高速機用の新型翼として開発された。上述のように、それはテイラーの理論的新知見、ジョーンズのその技術的効用の認識、そのアイデアを教示されたジェーコブスによって一九三九年にNACAで開発された。谷が層流翼の開発に取り組んだのは一九三九年であり一九四〇年に具体的な設計案が提示されたことになる。ほぼ独立にといっても、谷は層流翼の開発になかなか本腰を入れて取り組まなかったが、一九三九年にNACAで層流翼が開発されたという報を聞くに及んで、そのための多大な労力を要する計算作業に取り組むことになったと彼が回想すると、層流翼が彼の地で実現したという情報が開発のための最後の一押しを与えたと考えられるからである。だがそのための具体的な技術情報は雑誌記事には一切公表されておらず、谷は境界層に関する最新の理論的実験的知見を独力で身につけ、大学の同僚が考案した翼型から翼面上の圧力分布をより簡単に算出する新しい計算方法を利用することで、助手の卒業生とともに新翼型を設計したのである。谷がそのようにほぼ同時、ほぼ独立に国際的な研究成果を達成した背景には、それを支えたいくつかの要因があったことを指摘することができる。第一に谷が翼の揚力と抗力を計算する理論と技法を心得ているとともに、一九三〇年代に急速に進展した境界層をめぐる理論的実験的研究をよくフォローしていたことをあげることができる。第二にそのような谷が海外の空気力学の研究動向をフォローすることを可能にしたのが、東京帝国大学航空研究所で購入される膨大な航空工学ならびに関連分野の学術雑誌だったことを指摘できよう。付け加えて、一九三四年に設立された日本航空学会において、海外の学術文献を網羅的にサーベイする抄録委員会の活動も、谷の海外研究動向の掌握に大きく貢献しただろう。また第三に谷の大学時代の同窓である菊原は、一九三六年の早い時点で将来に必要となる飛行機の性能仕様を洞察し、谷にそのような技術の開発を強く促したことがあげられる。そのような将来を見越すことのできる優れた飛行機設計技術者の存在も、谷が国際的な研究成果に到達することに一役買った。

イギリスの航空研究委員会の下で活動するテイラーとジョーンズ、そして日本の谷と彼の同僚友人を比較してみると、日本の特徴の別の面が浮かび上がってみえてくる。谷は菊原との将来の航空機に関する対話を自らの層流翼開発努力の出発点としているが、イギリスにおいてはそのような大学研究者と航空機設計者とが対話する場として政府の委員会が存在した。イギリスの政府委員会は国家として取り組むべき航空研究の大きな方針を定め、その下で大学や政府の研究施設は分担すべき実験、理論の研究を遂行した。日本ではそのような国家として統一した研究方針が一九三〇年代の時点では欠けていたように思われる。欠けていたからこそ、航空研究所は独自の長距離試作機の開発計画に長期間携わることができ、谷もまた層流翼の開発というプロジェクトに自らのイニシアチブで着手することができた。軍が関心を寄せるようになったのは層流翼の開発のめどがついた後のことである。イギリスでは政府の委員会でテイラーとジョーンズにより実際の大気中の飛行で乱流への遷移を後らせる可能性が気づかれたとき、まず議論の俎上に上がったのは表面の平滑度の問題だった。乱流を生みださないために翼面にはどれだけの高さの突出が許容されるのか。日本の谷の場合は、そのような議論は層流翼が設計された後になって検討されるようになっていく。

序章において本書で取り上げる七つの課題を問い立てておいた。それらは、（1）科学者と技術者の協力、（2）理論研究の役割と効用、（3）実験装置としての風洞の確立、（4）研究計画と技術開発の関係、（5）技術革新の条件、（6）研究活動と制度、（7）国際比較、の七つの問いである。ここで、これら七つの問い立てに対する本論七章の論述内容にもとづく応答をここで記しておこう。それらの予備的な応答を受ける形で、政府委員会という制度と航空と空気力学をめぐる研究活動との関係性について模式図を用いながら総括し、さらに技術革新の条件という課題をめぐる考察を最後に述べることにしよう。

第一の問いである科学者と技術者の協力については、第1章において論じた仲介者としてのベアストウ、科学者と技術者との仲介に使用されたグラフを思い起こしておこう。両者は科学研究と技術実践とをつなぐ役割を果たした象徴的な存在である。ベアストウが組織した風洞実験研究は、理論家の数学的理論から有用な数値関係を導き出し、それは設計家が利用しやすいようグラフという技術者の言語によって表現され、イギリス内外の国立・私立の航空機製造施設の設計家に参照されていった。科学者は技術者のためになるべく有用な知識を提供し、技術者は科学者から有用な知識を得ようと注意する。あるいは政府委員会で科学者は必要に応じて技術者の発言を訂正し、技術者は場合によっては科学者の説明を受け流す。第一次世界大戦中にケンブリッジ大学から派遣された若い科学者たちは、ＲＡＦの技術者・設計家・飛行士たちと交流し彼らの問題関心を理解し、それへの科学的対応を見いだしていった。航空諮問（研究）委員会に携わる科学者は、技術者に協力しようとし、技術者は設計家に協力しようとする。いずれも飛行機の設計・製作・運用に目を向け、それらの修正と改良という目標を共有する。そのような共同体意識が、政府委員会の下で徐々に醸成されていったと思われる。

第二の問いである理論研究の役割と効用については、安定性理論、誘導抗力理論、境界層理論などを取り上げてみてきた。飛行機の安定性理論は仲介者ベアストウのおかげで技術的に有効な知見を生みだすことに貢献した。その後プラントルの誘導抗力の理論は主翼の設計に役立てられ、風洞実験の補正にも利用された。また彼の境界層理論は二〇年代から三〇年代にかけて乱流の研究を促し、層流翼の発明を導いた。流線形の効用を追究したジョーンズは、プラントル理論を援用し理想的な流線形機のもつ空気抵抗を算定し、テイラーの乱流理論に触発され実機による翼面境界層測定に着手した。その一方で、科学理論の技術的有効性を見いだせなかった例として、グリーンヒルらの不連続流の理論をあげることができよう。それは精巧な数学理論の構築にかかわらず、実験科学者や技術者からはまったく取り上げられることがなかった。委員会の会議では科学者と技術者が意見を交わし合うが、技術者は科学者の理論が技術的有用であるかいわば目利きとして注意を向け、役立つと判断すれば積極的に理論を技術に活用する。

第三の問い、風洞が実験装置として成立していく過程については、まずは風洞間のデータの不一致、実機による飛行試験との不一致を乗り越えていく必用があったことを指摘しよう。前者はドイツのプラントルで、後者はイギリスの航空学者の間で一九一〇年代に集中的に検討された。風洞実験と飛行試験との不整合を前にして、ＲＡＦの技術者は、初め単に経験係数を乗じて不整合に対応しようとした。それとともに風洞実験の結果の信頼性を疑問に付した。しかしその懐疑にＮＰＬ技術者が反発した。反発したベアストウは逆に飛行試験の信頼性を疑った。分析の矛先は飛行試験の正確性と誤差の原因に向かっていく。飛行試験による揚力と抗力の見積もりがいかに種々の複数の測定によって構成されているか分解され、それぞれがチェックされていく。その分解過程は「脱構築」と呼ぶにふさわしいものであり、またハリー・コリンズらによる諸実験の分析過程や「実験者の後退」と呼ばれる事態を想起するものである(3)。その過程で、翼面の風圧分布を測定するという新しい方法が提案され、実行された。それまでの飛行試験がさまざまな測定を組み合わせ揚力と抗力を計算するのに対して、新しい方法は揚力の発生する作用自体を翼面上各地点の風圧に分解することによって、より直接的に計測しようとする。その結果、不一致の顕著な箇所が特定された。不一致の箇所は発見されたが、その原因をさらに系統的に追究することはなされなかった。そこまで検討を進め、風洞データが完全ではないことを確認しつつ、それでも風洞が有益な実験装置であることを委員の間で了承し調査活動は一段落を遂げた。

一方、ドイツのプラントルは、エッフェルの風洞と自分の風洞との不一致を知り、いったんはエッフェルの風洞実験結果を疑問に付したが、実験の正確さを確認すると、境界層や乱流の研究に先駆的に着手していった。イギリスの航空学者はこのドイツの理論を第一次世界大戦後に知り、風洞壁の補正法などを学んでいく。このプラントルの風洞データの信頼性に関する検討と、イギリスにおける寸法効果の検討とを比べると、大学の研究所と政府の委員会とでなされたことによる検討方法や進め方の違いが表れる。ドイツでは球という現実の飛行機からは離れた幾何学的形状の物体を利用することで実験を理想化し、その原因を追究するために境界層や乱流といった流体力学の基礎概念に入り込んでいった。一方のイギリスの調査委員会は、モデル実験とフルスケール実験との整合性に関心が向けられ、風圧分布測定という新方法が提案されると委員会での検討作業はいったん終了し、数年後に世界各国における風洞測定の整合性の調査という大プロジェクトに着手していく。またその後も、一九二〇年代末以降の境界層・乱流の研究の進展とともに、風洞測定の信頼性は科学的に再検討され、新型風洞の設計が試みられていく。

第四の問い、研究計画と技術開発との関係という課題を次に取り上げよう。風洞の研究で生じたように、データ間の不整合が見いだされると研究課題として設定され、集中的に検討が進められる。あるいは一定の時間をおいて、より大規模な研究計画へと発展していく。ドイツのプラントルにおいてはイギリスに先立ち、風洞間の不一致が明確に認識され、その原因の追究に早い時期に焦点が当たった。イギリスでは安定性をめぐる風洞実験が一段落を遂げた後に、大戦最中に風洞のデータから予測される性能と実機の性能との間に差異が認められ、そのことが研究者ばかりでなく軍の関係者にとっても大きな問題として捉えられた。そのために風洞間の整合性よりも風洞と飛行試験との整合性に関心が集中することになった。調査委員会では論争の様相となりベアストウとファレンとが分析の矛先を飛行試験と風洞実験のどちらに向けるか、議論の応酬をくり広げた。要所でのベアストウの発言により、調査の方向性や報告内容の性格が決定されていき、それがまたイギリスの委員会が取り組むその後の研究の方向性を定めていった。委員会における発言を通じて、権力の布置関係は知のあり方と方向性に深刻な影響を及ぼした。

一九二一年に開催された「一九三〇年の飛行機」の議論は、研究計画とその後の技術開発との関係について考察する機会を与えてくれる格好の歴史事例である。だがそれは長期的な研究計画の企画が必ずしも大きな技術革新や先導的な研究開発プログラムにはつながらないことを教えてくれる。一〇年後の将来の飛行機の姿を想像してその実現のために取り組むべき課題を設定するというユニークな企画において、機体の空気抵抗を減らし速度を向上させる可能性がジョーンズによって指摘されたが、その課題の追究は優先課題として採用されなかった。大きな理由は着陸時の安全性が懸念されたこと、そしてそのことをベアストウが議論の席上で強調したことだった。着陸の問題は飛行機の発展にあたってのボトルネック、技術史家ヒューズの戦線拡大の比喩を用いれば逆突出とみなされたといえよう(4)。政府の委員会の下で国内の研究が指導される場合、研究のための人的物的資源を備える施設は自由に研究課題を選び、研究活動を進めることはできない。イギリスの委員会は、優れた長期的な研究課題を見いだし、その課題の遂行能力も備えていたジョーンズにその機会を与えることができなかった。そこにイギリスの国家的な研究キャパシティの限界、あるいは政府委員会により一元的に統括される国家的研究開発体制の自由度の低さを読み取れよう。その一方で、より長い目でジョーンズ個人に着目すれば、「一九三〇年の飛行機」の議論の経験は、彼に空気抵抗削減への関心の種を植え、その関心は数年後に芽を出し、さらにその数年後にテイラー理論に触発された飛行試験の成果という果実を生みだす役割を果たしたともいえよう。

第五の問い、技術革新の条件について。委員会の下で多くの研究がなされ、その成果が報告書として提出された。その多くは『リポーツ・アンド・メモランダ』の一報として公表され、また他の一部は王立協会紀要に出版された。技術革新や科学的発見は、ごく小さな規模のものも含めれば、委員会活動の一環として日々生みだされているのである。しかし本書では理論研究が生みだした技術革新の例として、第6章でテイラーの境界層研究、ジョーンズの実機による飛行試験、そしてジェーコブスの層流翼の発明にとくに注目し、第7章で谷による層流翼発明までの道のりを取り上げた。その過程においては、アイデアを提供した理論家テイラー、その技術的意義を解釈した工学者ジョーンズ、そして彼の実験的成果を翼の設計に翻訳したジェーコブスがそれぞれの役割を果たしたといえる。風洞実験の不整合の認識も、研究上の革新へと導いた。直接に技術革新へと結びついたわけではないが、英独両国において風洞実験をめぐる観測値の不整合の認識は、乱流や気流干渉への問題関心を引き起こし、それらの関心はやがて技術革新へと導かれることになる。理論や実験からのヒントや問題関心が技術革新にとっての内発的な「シーズ」とすれば、層流翼の発明を促した高速機への渇望や研究計画で念頭に置かれる諸目標は技術革新を引き出す外発的な「ニーズ」といえる。これらのシーズやニーズは、イギリスの航空研究委員会下の制度的環境と研究共同体で大小の新しい科学技術上の革新へと育っていったといえる。

第六の問い、研究活動と制度の関係に関して。本書で主に取り扱ったイギリスの航空研究においては、政府の委員会とその下での小委員会やパネル、NPLとRAF（RAE）という二つの国立研究機関、そして各大学が研究活動を取り巻く基本的な制度的環境である。委員会は問題の発生と認知に応じて小委員会やパネルを新しく結成し、各界からの専門家が協力して問題の解決にあたっていく。本書で取り上げた寸法効果小委員会、安定性と操縦性パネル、干渉パネル、流体運動パネルなどの組織はそれぞれの役割を果たし、共同研究の成果を飛行機設計家に提供したり、完全な問題解決には至らず新しい課題を研究者に残したりした。第5章で論じた「一九三〇年の飛行機」の議論では、長期的研究計画を協議し、その結果としてある課題のパネルが設置され、別の課題のパネルの設置は見送られた。研究計画は一定の組織制度の作成を通じて一つの方向性をもった研究活動に体現されることになる。同章末では、政府における研究計画が五年後の技術を予想して進められるという発言を参考にして、大学・政府・企業における研究のタイムスパンを五年を区切りとして長期・中期・短期と解釈した。時間的展望と制度的役割との間にこれほど単純な関係が一般的に存在するとはいえないだろう。だが、大学、国立研究所、企業という三種の組織制度の基本機能は、相対的に長期・中期・短期のタイムスパンを視野に入れた研究開発にあることは確かだろう。一九三〇年の飛行機の議論という歴史的経験は、政府委員会の下での研究がその時期の研究課題に大きく制約を受け、時代制約を超えた長期的研究に踏み込むことが困難であることを示唆する。その一方で、大学の研究者として政府委員会の下で進める研究は、層流翼につながるような具体的な翼の設計という作業に踏みだすこともなかった。長期的な基礎研究と短期的な技術開発との間でバランスをとりつつ、同時代の航空界で必用とされる課題に取り組むことが政府委員会とその下での各小委員会・パネルの任務とされたわけである。

第七の問い、国際比較について、最後にまとめておこう。本書では、イギリスの航空研究活動を中心にしつつも、各章でアメリカ、ドイツ、日本における研究活動との交流やそれらの比較を扱った。ランチェスターとプラントルの後方渦の理論をめぐるイギリスとドイツの航空研究者共同体の対応は、たいへん対照的である。ランチェスターの先駆的アイデアはイギリスの科学者には認められず、ゲッチンゲンの研究者によって認められ、さらに理論的に発展させられた。その後プラントルの理論はイギリスの研究者に吟味され、理解され、受容されていくことになる。第一次世界大戦前後に至るまで、両国の間で了解されている流体力学・空気力学の理論はまったく異なっており、しだいに著され始めていた教科書の内容も大きく様相を違えていた。

制度に関する上述の基本的特徴づけ、産学官の各制度における研究開発の棲み分けについて、各国で大きな差異が認められるだろう。とりわけ日本の航空研究所では、一九三〇年代に航研機の開発に所をあげて取り組んだが、それはイギリスのような政府委員会の下で国家的研究活動が統括されて進められる場合にはなされ得なかったことだろう。またその後も、谷が境界層の基礎研究から意を決し層流翼の設計へと技術開発の世界に足を踏み込んだ。企業の技術者と密接な連絡をとりつつ、層流翼の設計から製造まで関心をもち、そのための研究開発作業に取り組んだ。おそらくイギリスの大学研究者にとっては本来の役割から踏みだした行為だったともいえよう。

以上の七つの問いと答えの提示を通じて、科学技術の研究開発における種々の要素や活動がそれぞれ連関しあっている姿が浮かび上がってくる。理論、実験（風洞実験と飛行試験）、実践（飛行機の設計や運用）、またそれらの担い手である理論家、実験家、設計家、飛行士、それらの人びとが活動する大学、国立の研究施設、政府の諮問委員会、そして飛行場などの飛行施設。航空機の研究と開発は、これらの各構成員・構成要素が機能的に連携し合うことによって航空機の改良が効果的になされていく。本書各章が語るさまざまなエピソードは、理論や実験の分析対象となる構成要素が整合的に関連し合うこと、航空機をめぐる技術体系の構成要素が適合的に連結し合うこと、そして各制度に所属する構成員の諸活動が協力的に連携し合うことがそのための条件となることを示している。逆に協力できず、整合的な関係を結べないときに、関係者は互いに反目したり、実験の信頼性が確保されなかったりする。あるいは整合的・協力的な関係を形成するために、関係者の間を介在する作業が必要となる場合もある。

科学的整合性の必要性について、風洞実験をめぐり再説しよう。大陸では風洞同士、イギリスでは風洞実験と飛行試験との間で不一致が見いだされ、研究者はその原因を探り、不一致が解消したり、減少したり、あるいは不一致を引き起こす箇所が特定されたりした。不一致の完全な解消は果たされなかったが、風洞実験のデータは有用で参照されるべきと判断された。一九二〇年代になるとイギリス内外の風洞データの整合性がチェックされるようになっていく。このように実験で得られるデータの整合性の追究は、研究上の大きな課題だったと考えられる。

技術的適合性の必要性について、直進飛行ならびに低速時の制御安定性の研究を取り上げ説明しておこう。初期の安定性の研究により、定常直進運動の場合に飛行機の主翼や垂直・水平尾翼の形状・位置に関して満たすべき条件を導き出すことができた。どれかを変化させれば、他の要素の特徴も変化させねばならない。各構成要素の全体として適合し合っていなければならない。機械や技術システムを構成する各要素は、機械やシステム全体がスムーズに作動するために互いに適合していなければならない。飛行機や他の技術製品の設計家は、そのような各要素の全体的適合性を考慮しながら、自作品を構想していく。一九三〇年の飛行機の議論では、ベアストウは高速飛行機の研究に反対し、かわって低速時の制御安定性の研究の必要性を主張した。彼の会議の発言には、技術者が考慮すべき別の要素が列挙されている――政府の規定方針、民間航空発展の展望、安全性の要求、高額な保険料、夜間飛行の必要性、安定性と操縦性の向上。それらの要素に、着陸や飛行場の技術要素を付け加えることができよう。設計家はそれらの要素のうち変更可能なものを全体としての適合性を保ちつつ変化させて最善の設計にたどり着く。設計家を応援する技術者、技術者を支援する科学者は、飛行機の設計や運用を改良させるべく、自らの課題に取り組む。

ここで技術活動に関する模式図を導入し、問いに対する答えによって与えられた知見を整理し、さらにいくつかの論点について議論を深めることにしよう。技術者はさまざまな製品を製作するにあたって、その構造を設計し、

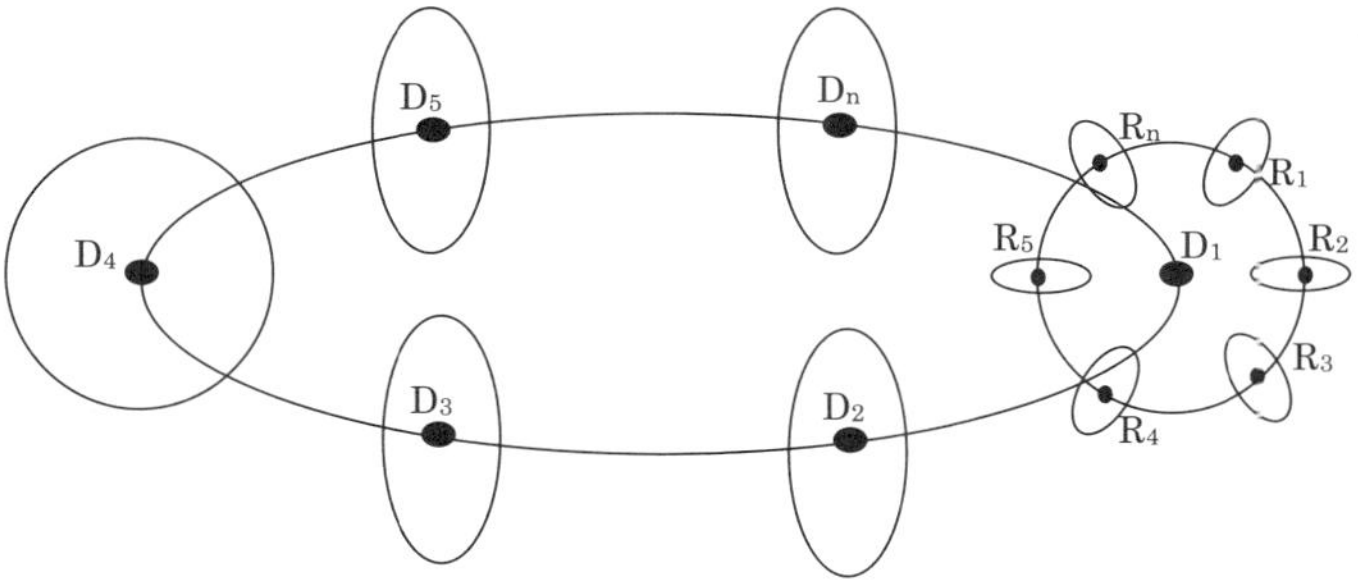

図1　設計者が考慮する技術的要因と背景的知識

製作する。設計作業の本質は、多種多様な構成要素——部品・仕様・コストなど——を互いに協調して結びつけることにある。それらの構成要素が適合し、結合することによって技術製品の設計は成り立つ。図1は、設計における構成要素の適合性を表現したものである。水平の円環上に設計の構成要素としてD_1からD_nまでが存在し、それらが円環によって適合的に連関し合っていることを表している。飛行機の設計家は、構造部材、構成品の形状、エンジン、全重量と翼による揚力、飛行における安定性など、多くの要素・要因を考慮し、それらが互いに矛盾を起こさぬように全体の構成を定めていく。そのことをD_1からD_nまでが円形に並び、円環で結びつけられていることで表現した。

その中の一つの要素、たとえば安定性という要因D_1のまわりにR_1からR_nまでの要素・要因が取り囲んでいる。安定かどうかを判定するために安定性の数学理論、風洞内での各種のモデル計測実験、実際の飛行試験の結果などがある。あるいは翼型の揚力や抗力も、設計者にとって考慮すべき基本要素である。そのためには翼型のモデルに対する風洞実験が、モデル実験から実寸大の翼の性能を求めるための計算式が利用される。それら各要素の量的ないし質的な評価が正確になされ、設計家から十分信頼がおけると判断されるのであれば、とりわけその評価手続きの方法を変更する必要はない。しかし科学者から正確性が疑問視されたり、設計家から利用上の一般性や簡便性が不満足だとみなされたりすれば、その方法は改良されねばならず、そのための研究が促されることになる。

そのような科学者の批判、設計家の不満足が存在することを、前掲図の円環がその箇所で完結していないことで表すことにしよう。批判・不満足が発せられ、円環に欠陥が存在することは、見積もり方法の改善のための研究課題がそこに生じていることを意味する。第2章でみたように、翼型の揚力や抗力の係数を風洞実験から求めていたが、実際に飛行して計測すると予測された性能を発揮しないことが見いだされた。単純な解決法として「経験係数」を風洞データに乗じて、飛行時の性能に合わせる方法が採用された。差異が生じる原因は探られていない。寸法効果小委員会が結成され、その差異の原因を突き止めようとしたが、結局突き止めることはできなかった。寸法効果をめぐる問題は、解決しないまま研究課題として残され、その問題を含む空気力学上の課題一般を検討するために、空気力学小委員会が結成された。

円環が完結せず、批判や不満が生じているところで、航空諮問委員会（航空研究委員会）の研究活動が始動することになる。設計者のために揃えるべきデータについて、信頼性や正確性が完全に保証されない。新しい設計を試みたり、設計した航空機に不具合が見いだされたりした際にも、大きな検討課題が発生することになる。そのような問題の発生に応じて、親委員会の下に小委員会や専門パネルが設置されることになる。一九二三年の時点での小委員会・パネルには、以下の八小委員会と九パネルが存在した。空気力学小委員会（デザイン・パネル、安定性と操縦性パネル、プロペラ・パネル、飛行艇パネル）、エンジン小委員会（信頼性パネル、大型ベアリング・パネル）、材料化学小委員会（弾性疲労パネル、軽合金パネル、翼布塗料パネル）、気象学小委員会、事故調査小委員会、防火小委員会、航空輸送小委員会、航空発明小委員会。前者三小委員会は、より一般的な課題を包括するものとして複数の専門パネルを擁している。一方、後者五小委員会のうち防火小委員会などは特定の課題解決のために設置された小委員会である（戦前の委員会の歴史における小委員会とパネルの設立の廃止については付録参照）。

研究課題の発生とパネル・小委員会の設置との関係を考える際に興味深い事例が、「一九三〇年の飛行機」の議論である。一〇年後の飛行機を構想し、長期研究計画を討議する過程で、設置されるパネルが決定された。議論の決定に従い、一つのパネルが設置され、もう一つのパネルの設置は見送られた。課題の発生、課題の認識は、必ずしも小委員会やパネルの設置に結びつかない。設置には、課題の社会的必要性、その必要性の度合いと緊急性が親委員会で勘案され、その設置の妥当性が検討される。委員の議論には他の要因が入り込むこともあるだろう。

二〇世紀の研究活動の多くは「ミッション型の研究」と特徴づけられることがある。航空諮問委員会・航空研究委員会の研究活動も、基本的には航空に関わることをめぐるものであり「ミッション型」と呼ばれるにふさわしい。しかしその内実を探れば、「一九三〇年の飛行機」の議論にみられるように、まったく受け身的に研究課題をこなすのではなく、自発的に研究テーマを設定し取り組んでいく場合もある。だがその研究テーマも広くは航空に関することであり、現在の切迫したテーマか、一〇年後の将来のテーマかという違いが存在する。ミッション型の中にも、このような短期か長期かという展望の違いによるテーマ設定の違いが存在する。一九三〇年の飛行機の議論においては、短期か長期かの選択肢があったが、どちらかを選択する決定権は委員である研究者たちに与えられていた。

航空研究委員会でなされた「ミッション型研究」には、科学研究は含められるのだろうか。あるいはその研究はすべて技術や工学と呼ばれるにふさわしい研究なのか。第6章で取り上げた流体運動パネルは、技術上の課題を念頭に置きつつも、科学的問題の研究を進めたといえよう。理論面での研究活動を指導したテイラーは、提出した技術報告を書き改めた上で王立協会紀要に科学論文として寄稿した。テイラーは初め乱流の概説論文を書くことを躊躇した。しかしジョーンズが乱流理論の技術的有効性を会議で指摘し、テイラーの乱流論文は執筆されることになった。会議ではまた、プラントルの「混合距離」概念の技術的有効性が疑われたりもしたが、それに対してテイラーがその有用性を保証した。テイラーの下で研究を進めた友近の論文のうち、粘性実験に関する王立協会紀要論文

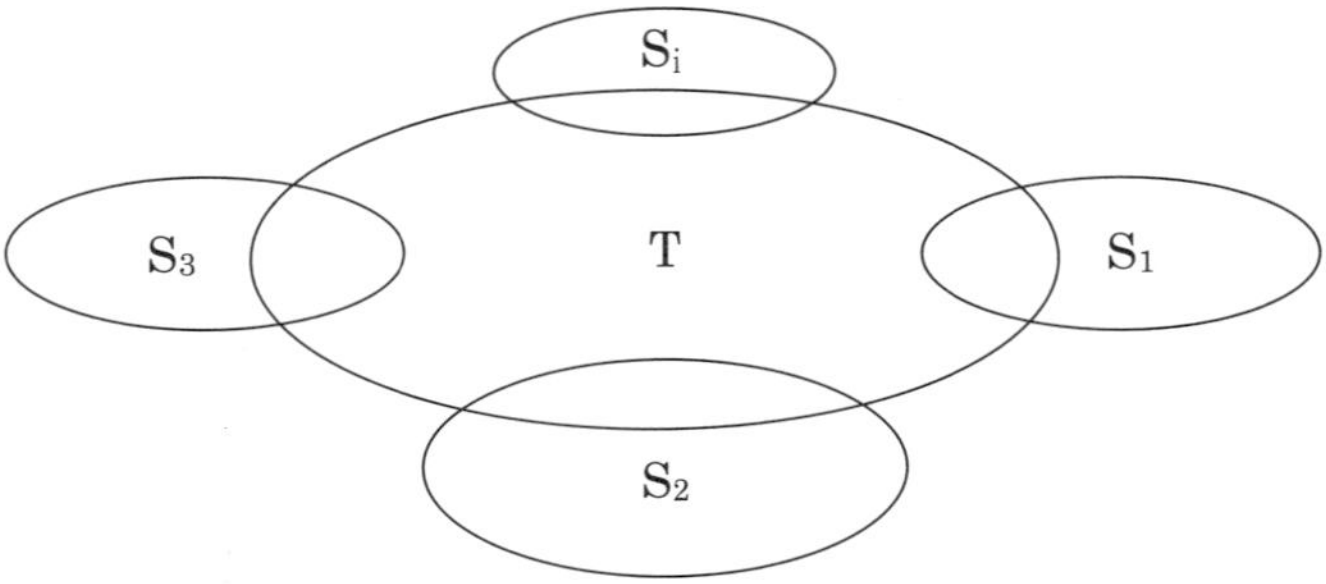

図2　1つの技術知体系と交わる諸科学の知識

は航空研究委員会でまったく言及されず、運動量方程式の技術報告は委員会で言及された。後者は航空開発に有用だが、前者は無関係と判断された。委員会では諸分野の科学研究の成果が参照されるが、ジョーンズやテイラーらの委員は常時その航空技術への有用性を判断し、研究対象に含むか含まないかを決定する。有用とされれば高度に数学的な理論でも、研究委員会での検討対象とされる。テイラーの乱流研究成果の内容は、技術者集団に対しては技術報告の表現形式にまとめられ、科学者共同体に対しては科学論文の表現形式に書き改められた。図2に示すように、航空工学には流体力学（S_1）や気象学（S_2）などの自然科学分野が関わり合う。工学（T）と科学（S_i）の双方に関わるテイラーの乱流研究などは、成果を表現する仕方に応じて科学論文にも技術報告にもなり得る。

　科学研究が技術的に有用かどうかの不断の吟味は、ジョーンズによるテイラーの乱流研究成果の技術的応用可能性の発見にもつながる。ジョーンズがテイラーの研究成果を聴き、そこに大きな技術革新の可能性を見いだすことができた背景には、ジョーンズ自身が飛行機機体の空気抵抗削減に強い技術的関心をもっていたこと、その関心を長期にわたりもち続けていたことを指摘できよう。技術革新の一つの条件として、このような技術的関心の持続性をあげることができる。そのような関心をジョーンズに芽生えさせたきっかけは、「一九三〇年の飛行機」の議論だった。議論はすぐには流線形機の開発研究努力につながらなかったが、ジョーンズの先見的なアイデアは彼自身の中で生き続け、数年後に干渉パネルの研究活動として実現し、さらにその終了後もテイラーの研究成果からその技術的意義を即座に引きだすことに役立った。

持続する関心をもつ技術者に、科学者が技術者に分かるように研究成果を表現し提示する。新しいアイデアを生みだしたジョーンズとテイラーとの会合には、そのような両側面——関心の持続とコミュニケーションの努力——が存在するだろう。航空諮問委員会と後継の航空研究委員会は、創設当初からそのようなコミュニケーションを委員の間でスムーズに進めること、さらに産業界の技術者集団に対しても理解できるように表現することを促してきた。同委員会は航空研究の共同体意識を育み、共同体組織の形成にあたって中心的役割を果たしたといえよう。

航空研究委員会は、一貫して基本的にイギリス国籍をもつ委員によって構成された。第一次世界大戦後にアメリカのＮＡＣＡがドイツ人技術者を採用したのと対照的に、イギリスの政府委員会では優れたドイツ人技術者を採用しようとはしなかった。積極的にコミュニケーションを交わしアイデアを交換する相手は、イギリス人航空技術者に限られた。ときにアメリカのＮＡＣＡの技術者にも重要なアイデアが提供されたが、戦前ケンブリッジを訪れた友近には提供されなかった。共同体の内と外を区切る境界線の位置には、当時の国際政治環境が色濃く影を落とした。

航空研究委員会に体現されるイギリスの国家的研究開発体制は、以上のような性格と特質をもっている。特定テーマの委員会の設置は、技術関心の共有と持続、新しいアイデアの伝達と相互理解を促すものであり、技術革新を育む制度的環境を整えるものと評価できよう。委員会やパネルの設置は、各委員の問題関心を抑制したり無理に変更させたりする働きをもつこともあり、技術革新を助長促進させる役割だけをもつとはいえないだろう。「一九三〇年の飛行機」の事例は、どちらかといえば技術革新を抑制するような機能を発揮したともみることができよう。新技術に対する保守性と革新性を、航空をめぐるイギリスの政府委員会の下での研究活動は有している。

最後にこの層流翼の開発をめぐり、谷の層流翼開発の過程を再度たどるとともに、日本の科学者・技術者が国際的にオリジナルな研究ができる条件と可能性について考察を加えておきたい。谷は、NACAのジェーコブスとほぼ同時期に層流翼の翼型を開発することに成功した。厳密には、谷の発明はジェーコブスのものより一年余り後のことであり、また最後の一歩を踏み出すのにNACAの開発の報の後押しを受けたことも事実である。とはいえそれは世界的にも最前線に達する研究成果だったと評価することができよう。そのような国際的な研究成果を日本の若い一研究者がどうして達成することができたのだろうか。その要因と条件とはいかなるものだったのだろうか。

層流翼の開発は、二つの研究の流れが合流したところで生みだされた。一つは境界層に関する研究であり、もう一つは翼の力学的性能についての研究である。谷は航空学科在学中、そして卒業後、この二つの分野の研究に取り組み、論文を発表している。戦後の一つの回想によれば、大学卒業後に取り組んでいたのは翼理論であり、境界層の研究と教育に力を入れ始めたのは一九三七、三八年頃だったという(5)。しかし第7章でみたように、谷は航空学会抄録委員会で流体力学に関する海外文献を網羅的にサーベイする役目を引き受けており、若い研究者とともにその読解に努めた。文献を通じてであるが、境界層の研究には力を入れていた。彼にとって、それが事実上の大学院レベルの研究テーマだったといえよう。その一方で航空学科の上司、守屋は翼理論の専門家であり、ちょうど谷が層流翼開発に取り組む頃、翼型と風圧分布に関する改良された計算法を考案したところだった。谷が講師就任後に担当していたのは翼理論に関する講義であり、一九三〇年代にNACAで進められていた翼型の系統的な分析についても熟知していたと考えられる。

このように谷が一九三〇年代末に境界層の研究に着手し、さらに層流翼の開発を進めるにあたって、所属する大学と国内学会がその研究遂行にとってよい学術研究の環境を提供してくれたといえよう。航空研究所所蔵の膨大な内外の学術文献、航空研究所の風洞を始めとする研究施設とスタッフ、批判・相談をしてくれる同僚と友人の存在。学内では航空学科の教育と航空研究所での研究、そして学外では抄録委員会の分科会担当責任者としての取りまとめ。これらの業務は谷にとって学問的刺激の源泉であるとともに、大きな重荷であったと思われる。第7章では抄録委員会の抄録執筆本数を統計的に追ったが、その数から彼の多忙さとその時間的推移がみてとれた。一九三八年に抄録業務とともに航研機開発の作業に一段落がつけられる。

谷の回想では層流翼開発にあたってはとりわけ菊原の存在が大きかったことが述べられている。一見不可能のように思われたことに対して、信頼のおける親友であり飛行機設計の専門家から強く、くり返し要望されたことが、「雷撃のような言葉」に思われ、困難な道のりを乗り越える大きな力になったと振り返る。その一方で、しばらく後にアメリカNACAにおいて層流翼が開発されたという報を受け、「これはどうしても何とかしなければならない」と思うようになったとも思い出している。その二つのエピソードはまったく異なる事象だが、自分自身が不可能だと思いこんでいることを解きほぐし、実はそれが偏見であり乗り越えることが本当は可能なのだと考え直すきっかけを与えてくれたという点で、同様の機能をもつものだったといえる。同じような心理的壁はイギリスのレルフの当時の記述からも窺うことができよう。乱流遷移を抑えられれば抗力が大きく削減されることは重々承知している。だからこそ何か物理的に不可能な原因があるはずだと「ア・プリオリ」に想定してしまう。彼らにとってもNACAからの情報はそのような想定の誤りを改めて気づかせてくれるものだった。

谷の回想は同様の心理的障壁を彼も経験していたことを物語っている。谷は菊原の言葉を「雷撃」のようだったとしている。しかし、自分自身の思いこみを本当にそれが思いこみに過ぎなかったのだと思い知らせる点においては、この菊原の言葉よりも実はアメリカからのニュースの方が決定的な影響力をもっていたはずである。菊原の強いリクエストでは不可能かもしれないという懸念が残るが、すでに開発されたというニュースはそのような懸念を払拭することになるからである。しかし谷には菊原の言葉が雷撃のようなものとして記憶にくっきりと刻印された。「雷撃」という言葉は、逆に、そのような新翼型の開発などが非常に難しいと強く思っていたこと、そのような常識的な判断に自分が強く捉われていたこと、その強さを表しているともいえよう。常識的判断から脱することの難しさ、通常の思考プロセスからあえて逸脱することの困難さを、その「雷撃」という言葉は伝えている。別の人物がそれを研究している、あるいは発明してしまったという情報は、実はそのような雷撃以上に現有の知識を揺さぶり、通常の思考プロセスを根本的に組み替えさせる破壊力をもっているといえよう。それだけ新規な発見・発明を後から追いかけることは、より容易なことなのだといえる。それに対し新規なものがまだみえぬ段階でその新規なものを探し当てようとすることは、雷撃によっていわば〈喝〉を入れられることが必要なほど、常識や通常の思考過程と対決し克服していかなければならないのである。谷の回想に現れる「雷撃」という言葉は、新しい事物を目指す人物の心理的苦労をよく表している。海外の新技術を模倣するのでなく、新規な技術を模索し創成していくには、十分整った学術環境の中での周到な準備ばかりでなく、そのような心理的バリアを乗り越える意志の強さも必要であることを谷の回想は伝えているのである。

おわりに

本書の由来は二〇年以上前に遡る。当時筆者がアメリカの大学に留学していたときに「戦争と科学」というテーマの授業を受けた。学期末レポートとして第一次世界大戦の前後で航空研究に関わったイギリスの物理学者たちを論じた。それが航空史への関わりの始まりだった。ケンブリッジ大学に在学あるいは卒業した若い科学者たちが王立航空機工場という施設に派遣され、飛行船や発明まもない飛行機の改良に従事した。そこで彼らは自らの科学知識を活用しどのような仕事に携わったか、その実情を探っていくうちに多くの技術報告が書かれたことを知り、それらを通して彼らの足跡を辿ろうとした。

『リポーツ・アンド・メモランダ』(R. & M.) と呼ばれるその技術報告は、大学図書館には所蔵されていなかったため、車で一時間ほどの首都ワシントンの議会図書館に通うことにした。当時(一九八〇年代後半)議会図書館は規則も緩やかで、多数の雑誌記事などを通しで閲覧したい場合は、「スタックパス」という許可証をもらい一千万冊を収蔵する書庫内に入ることが許された。パスを発行してもらい閲覧係の横から書庫へと入り、そこで一九〇九年から発刊されている年次報告と数十冊にのぼる技術報告の冊子に対面することができた(今から思うと、それらはすべて東京大学の航空学科図書室にそろっているのだが)。それとともに、当時議会図書館が熱心に収集した世界中の航空関係の膨大な資料が、フロアいっぱいを占めるように揃えられていることも目にした。

必要な巻を抜き出し閲覧室に運び、そこで目を通していく。長くない報告書だが数は多い。年を追い報告の数も増えていく。幸い各報告冒頭には要約が記され、研究内容とともに研究の由来、結論、今後の課題などが記されている。それを追うことで、研究の内容、意義、つながりをおぼろげながら把握することができた。そのようにして要約を頼りにしながら、ドイツの数学的な空気力学理論のイギリスにおける受容、その数学的理論のグラフを利用した計算法などについてレポートをまとめた。それがその後執筆する博士論文の核となった。

空気力学の歴史は古典物理学や量子論、原子物理学などの現代物理学の歴史からすれば、ややマージナルな分野であると思われよう。しかし空気力学は二つの点で現代科学の特徴を備えている学問分野だということができる。一つは航空工学という工学の分野と大変密接に関連して研究されてきている分野であるということ。そしてもう一つは流体力学の一分野であることの不可避的な特徴として、現実の複雑な現象は渦や乱流の発生によって比較的単純な数学的一般理論によって解くことが困難なことである。

博士論文の構成は、主として二つのテーマをめぐって論じた。一つは本書第1章で論じたベアストウを中心とする飛行機の安定性の研究、もう一つはドイツのプラントルの空気力学理論の成立とそのイギリスとアメリカの航空工学界への受容。前者のテーマは本書第1章に、後者のテーマは第3章と第4章にまとめた。第2章と第5章以降の内容は、すべてその後の研究成果を盛り込んだものである。

博士論文完成後に日本に帰国、同様の航空工学や空気力学の日本における発展を調べようとした。だが資料の保存状況に関して欧米とは大きな差があることを痛感した。英米両国で航空研究を統括していた航空諮問委員会のような組織は戦前日本にはなく、また「航空評議会」のような対応しうる組織があったとしても議事録はほとんど残されていない。そして日本は第二次世界大戦の敗戦時に大量の技術関連文書が焼却された。そのために戦前の航空研究、風洞を利用した空気力学研究における実験ノートなどは、残されていないのである。その後（第7章に引用したように）いろいろな歴史史料が存在することを知っていくことになるのだが、英公文書館で議事録・技術報告が完備している保存状況に慣れてしまった帰国者にとっては、正直もどかしさを感じざるを得なかった。

帰国後二度ほど、海外の研究者から空気力学・航空工学の歴史に関するシンポジウムに招待された。一回目は、MITのディブナー科学史研究所で開催された航空工学史のシンポジウムである。オーガナイザーの一人にはハーバード大学の物理学史家のピーター・ギャリソン氏も加わっていた。またそこには科学哲学者としても著名なデヴィド・ブルーア氏も出席しており、その場では自らの発表をしなかったが全体の発表を講評する役を引き受けてくれていた。シンポジウムの成果は論文集として出版された。

二回目は、ドイツのフランクフルト大学の研究者を中心に主催された国際シンポジウムである。そのときに依頼された発表テーマは日本の空気力学研究についてであった。依頼されたときには十分に調査することができなかったが、調査を通じて戦前の空気力学研究をリードし層流翼を考案した谷一郎という存在に興味を惹かれるようになり、発表後も彼に関する調査を進めていった。その研究の成果をまとめたのが本書第7章である。

ドイツのシンポジウムでは大きな刺激を受けた。プラントルの理論や空気力学の研究に関して今まで他に研究を進めているような科学史家や技術史家を知らなかった。だが参加者の一人ミヒャエル・エッケルト氏は、すでにプラントル学派による空気力学研究の発展を中心に据えた歴史書を完成させていた。その内容は第3章と第6章の執筆に参考にさせていただいた。ディブナーのシンポジウムに参加して私の研究に強い関心を示してくれたデヴィド・ブルーア氏は、イギリスやドイツの空気力学の発展の歴史的研究と哲学的分析に自ら取り組むようになり、その研究成果をドイツのシンポジウムで発表した。さらにそのような歴史研究をベースにする哲学的著作を準備していた。

ドイツのシンポジウムに参加して取り組むことになった研究の一つが、第2章の寸法効果と風洞測定の信頼性に関する論争である。寸法効果をめぐる論争については博士論文執筆中にもその概要は知っていたが、より広く風洞測定の基礎づけという問題との関連性に改めて気づかされた。オーガナイザーの一人モーリッツ・エップル教授の発表は、本書第3章で触れたように、プラントルが自分の風洞とエッフェルの風洞との測定結果で食い違いが生じることを見いだし、風洞測定の首尾一貫性という根本的な課題に取り組んだことを説くものだった。その翌日、朝食で他の参加者と議論をするうちに、イギリスでは風洞間の測定結果の整合性という問題がどのように考えられていたのか、疑問が浮かんできた。その疑問から、イギリスでは実機による測定が重視されており、実機測定と風洞のモデルによる測定との整合性という問題が風洞間整合性の問題にとってかわっていることに気づいた。その経緯や理由を探っていくことで論文を一つまとめ、それが第2章の骨子になった。

日本の航空工学の歴史については、英米の保存資料の豊富さとの落差を感じつつも、とくに航空研究所の歴史について調査を進めていた。航空研究所の後継組織に相当する東京大学の先端科学技術研究センター（先端研）に学内他部局から配置換えになり、戦前からの史料を隈無く探すことができた。ちょうどその頃ジャーナリストの立花隆氏が先端研に赴任し、大学院生とともに「先端研探検団」を組織しキャンパスに残る航空研究所時代の史料をいろいろと探索していらっしゃるところだった。一九九六年当時は今のように大きな近代的なビルが立ち並ぶキャンパスではなく、樹木だけが大きく高く成長した構内に戦前のままの施設が点在する、何か平成の時代からタイムスリップしたような風景が残る場所だった。

立花氏が図書室で見つけ、非常に興味を示していた資料がある。それは大正から昭和にかけての時期の航空関係の新聞記事の切り抜きをていねいにまとめたもので、その何冊ものアルバムを読みながら同氏が「これは面白い」

とつぶやいていたことを覚えている。その後このアルバム記事を読むことから、私自身一つの論文を書くことになった。それは太平洋横断計画に参画した航空研究所所員たちの話であり、その後の航空規格の策定や航研機の開発につながる歴史である。だがその論文で論じた内容は本書に加えないことにした。本書のメインテーマである空気力学の発展というテーマからは外れるからである。

それに代わって本書に収めたのが、谷一郎の空気力学研究と層流翼の発明に関する歴史である。それは、実は、立花氏に出会う頃にはその重要性に気づいておらず、ドイツのシンポジウムに参加することで興味を膨らませるようになったことは前述のとおりである。谷一郎を追いかける過程で同氏のご子息に出会うこともできた。そのきっかけを与えてくれたのが科学論の研究者の秋間実氏だった。科学史学会の発表で谷一郎に関する研究を講演した後に、秋間氏が声をかけてくれ、谷家とは若い頃からの知り合いだと教えてくれた。秋間氏を通して谷氏を紹介してもらい、ご自宅を訪問した。とても気さくな長男の谷弘志氏と奥様から、父上にあたる谷一郎の思い出を聞かせてもらった。だがご自宅には谷が所有していた資料はほとんど存在せず、残されているのは出版した論文や記事を収録し、自身で製本した三冊の論文集といくつかの草稿のみだった。多くは日本大学にすでに寄贈されたとのことで、後日日本大学の教授である本橋龍郎教授にコンタクトをとり、谷の資料を閲覧させていただくことになった。本書で利用したのはそのほんの一部である。一部ではあるが、谷が層流翼を発明するプロセスを述べた未公刊の草稿など貴重な史料を参照することができた。

谷の層流翼発明に焦点を当てることで、一九三〇年代から第二次世界大戦終了までの空気力学の発展を追うことになった。そのためにエッケルト氏の空気力学史の著作を参照しつつ、一九三〇年代の空気力学小委員会およびその下の流体力学パネルの議事録を追うことにした。再びイギリスのキューの公文書館に何度か通い、その議事録からイギリス研究者の目を通してその時期の空気力学の発展を俯瞰しようとした。そして読み続けるうちにある回の会合で、テイラーの理論研究の結果が重要な技術的意味をもっていることを出席者の一人メルヴィル・ジョーンズが指摘する瞬間に遭遇した。第7章の背景として調べ始めた第6章の内容は、第5章のジョーンズらの流線形追究の物語とよく接続することにもなった。こうして第1章から第4章までの前半のストーリーが、空気抵抗低減を追究したジョーンズの物語を語る第5章の橋渡しを介して、後半の第6章と第7章と結びつき、ベアストウから谷一郎までの7つの章が一筋につながるようになった。

こうしてやや長すぎる時間をかけて博士論文の内容を大幅に発展させ、一つのストーリーの下に七章の歴史として空気力学の発展をまとめたのが本書である。その内容は、エッケルト氏が論述したドイツを中心とする空気力学史、ジョン・アンダーソン氏が解説したよりタイムスパンの長い空気力学史を補完してくれると思っている。各章の内容を改めて一つのストーリーとして並べてみると、そこには独創的研究の創出とそこに現れる新たな困難・課題・障害ということが一つの通底するテーマとして浮かび上がってきたようにも思われる。ジョーンズの研究計画の前に立ちはだかったベアストウ、菊原の固執により自らの偏見を乗り越えた谷——彼らの歴史的経験に、新しいことを考え、新しい物を作りだしていくことの難しさを改めて感じることができた。

前述のように本書の起源は、留学中のレポートで扱ったドイツ空気力学のイギリス航空工学者共同体における受容の過程というテーマだった。そこではイギリス人研究者によるプラントル理論の科学的理解とグラフ化などによる利用可能な形態への変容を論じた。それ以来、史料を探しだし読み進めることで、取り組む課題を膨らませ、同時代の科学・技術・社会制度を含み込む問題を追いかけてきた。それに対し、最初のプラントル理論のイギリスの研究者共同体の受容過程に注目し、ドイツとイギリスの両国の共同体が有する空気力学理論の差異に焦点を当てて研究を深めたのがブルーア氏だった。

本論をすべて書き上げ校正段階に入り始めていたころに、そのブルーア氏から彼が出版した著書『翼の謎（エニグマ・オブ・エアフォイル)』が届いた。五〇〇頁以上にのぼる大著である。本書では第3章と第4章の二章だけで扱ったテーマを、より深く、詳細に、まさに徹底的というに相応しい仕方で分析したものである。それはまた、彼が主張していた「ストコング・プコグラム」という科学哲学上の研究アプコーチを、プラントル理論のイギリスにおける受容という題材をめぐり実践したものということができる。その内容を消化し、本書に組み込むことは時間的に不可能であったが、今後じっくりと解読し、理解を深めていきたいと考えている。

この間に多くの方々にお世話になった。すべてを洩れなくあげることはできないが、最後に記して謝意を表することにしたい。大学院時代に研究を指導してくれたスチュアート・レスリー氏、ロバート・カーゴン氏、先輩にあたるマイケル・デニス氏、ジョン・アンダーソン氏、また博士研究を援助してくれたスレーター奨学金を供与してくれたアメリカ哲学協会とスレーター家の方々、グッゲンハイム奨学金を供与してくれたスミソニアン協会・航空博物館、また同奨学生の期間に多くのアドバイスを与えてくれたトム・クラウチ氏を始めとする同博物館航空部のスタッフの方々。イギリス調査期間中に情報提供などでお世話になった科学博物館の故ジョン・バグリー氏、当時マンチェスター大学に所属し現在はインペリアル・カレッジで教鞭をとるデヴィド・エジャートン氏、当時イギリス滞在中だった高田紀代志氏。ディブナー科学史研究所のシンポジウムを主催し、研究上のアイデアを与えてくれたアレックス・ローランド氏、ピーター・ギャリソン氏、デヴィド・ブルーア氏。先端研在職中に支援をしていただいた廣松毅氏、岸輝雄氏、児玉文夫氏、河内啓二氏、渡部勲氏。先端研探検団の立花隆氏、隅蔵康一氏を始めとする団員の各氏。ドイツのシンポジウムを主催し有益なコメント与えてくれたモーリツ・エップル氏、フロリアン・シュマルツ氏、ミヒャエル・エッケルト氏、ジューン・バロウ氏。谷一郎を始めとする日本の航空工学・空気力学の歴史の研究調査を進める上で貴重な情報や資料などを供与・貸与・閲覧許可してくださった廣瀬直喜氏、秋間実氏、谷弘志氏、本橋龍郎氏。廣瀬氏には草稿もお読みいただき、貴重なコメントをいただいた。コメントやアドバイスをいただいたRIMS共同研究会、「乱流の遷移と制御」研究会の参加者の方々。他にも多くの方々から資料や情報を供与いただいた。名を上げることができないが、感謝申し上げる。残る誤りはすべて私の責任によるものである。また東京大学出版会の丹内利香氏には数年間にわたり原稿執筆をご支援いただいた。心よりお礼申し上げる。

本書の準備のための研究遂行のために、一九九三―九四年度、二〇〇七―八年度、二〇〇九―一一年度の科学研究費補助金を受けた。謝意を表する。

二〇一二年三月　　橋本毅彦

著者紹介

橋本毅彦（はしもと・たけひこ）

1957年　東京都に生まれる．
1980年　東京大学教養学部卒業．
1991年　ジョンズ・ホプキンス大学 Ph. D. 取得．
1991年　東京大学教養学部講師．
1996年　東京大学先端科学技術研究センター助教授．
現　在　東京大学大学院総合文化研究科教授．

主要著書

『遅刻の誕生——近代日本における時間意識の形成』（共編著，三元社，2001年）
『〈標準〉の哲学——スタンダード・テクノロジーの三〇〇年』（講談社，2002年）
『描かれた技術　科学のかたち——サイエンス・イコノロジーの世界』（東京大学出版会，2008年）
『〈科学の発想〉をたずねて——自然哲学から現代科学まで』（左右社，2010年）

飛行機の誕生と空気力学の形成　国家的研究開発の起源をもとめて

2012年9月24日　初　版

［検印廃止］

著　者　橋本毅彦

発行所　財団法人　東京大学出版会

代 表 者　渡辺　浩

113-8654 東京都文京区本郷7-3-1 東大構内
http://www.utp.or.jp/
電話 03-3811-8814　Fax 03-3812-6958
振替 00160-6-59964

印刷所　大日本法令印刷株式会社
製本所　牧製本印刷株式会社

ISBN 978-4-13-060309-6　Printed in Japan

索　引

人名索引

ア　行

アスキス，ハーバート・H　Herbert H. Asquith　14
天野俊雄　283
アレン，グラント・B　Grant B. Allen　34
井口在屋　248
イーストマン，ジョージ　George Eastman　39
糸川英夫　265, 268, 274
井上栄一　287
今井功　260, 265, 267, 269, 296
ヴィーゼルスベルガー，カール　Carl Wieselsberger　93, 95, 96, 118, 120, 253
ヴィーヒェルト，エミール　Emil Wiechert　89
ヴィラ，アンリ・R・P　Henri R. P. Villat　101, 102, 106, 107
ウィルソン，エドウィン・B　Edwin B. Wilson　38-41
ウェイク，フレッド　Fred Weick　194
ウッド，ロバート・マッキンノン　Robert McKinnon Wood　54, 131, 140-143, 146, 151-153, 155, 174, 187
エイトケン，ヒュー　Hugh Aitken　44
エイムズ，ジョセフ・S　Joseph S. Ames　42, 157, 215
エッケルト，ミヒャエル　Michael Eckert　216
エッフェル，グスタヴ　Gustave Eiffel　37, 38, 50, 66, 79, 84, 91-93, 96, 145, 148, 151, 312
オイラー，レオンハルト　Leonhard Euler　227
大田友彌　283
奥平史郎　283
オゴーマン，マーヴィン　Mervyn O'Gorman　52, 53, 55, 71
小野正三　270

カ　行

カルマン，テオドール・フォン　Theodore von Kármán　43, 88, 221-224, 259, 266, 275, 293, 294
河田三治　254, 283
河原田政太郎　283
菊原静男　272, 273, 289-292, 309, 323
ギッブス，ジョサイア・ウィラード　Josiah Willard Gibbs　39
木村秀政　248, 273, 283
クッタ，マーティン・ヴィルヘルム　Martin Wilhelm Kutta　9, 106, 116, 158, 253, 263
クライン，C・フェリックス　C. Felix Klein　88-90
クラウチ，R・J・グッドマン　R. J. Goodman Crouch　150
クリストッフェル，エルヴィン・ブルーノ　Elwin Bruno Christoffel　100
グリーンヒル，ジョージ　George Greenhill　17, 100, 101, 103, 111-113
グルシュヴィッツ，オイゲン　Eugen Gruschwitz　231
グレーズブルック，リチャード・T　Richard T. Glazebrook　15, 38, 39, 50, 58, 146, 153, 167, 214
グレッフェ，カール・H　Carl H. Gräffe　36
クレミン，アレクサンダー　Alexander Klemin　40
クロッコ，ガエターノ・A　Gaetano A. Crocco　145
グロワート，ヘルマン　Hermann Glauert　54, 125, 128, 130-138, 143, 144, 146, 151-158, 183, 212, 254, 255, 300
クーン，トーマス・S　Thomas S. Kuhn　124, 303

コリンズ，ハリー　Harry Collins　311
ゴールドスタイン，シドニー　Sidney Goldstein　219, 221, 224, 234, 245, 260
近藤政市　283

サ　行

サウスウェル，リチャード・V　Richard V. Southwell　153, 154, 156, 212-214, 219, 235
佐々木達治郎　254, 255
ザーム，アルフレッド・F　Alfred F. Zahm　37
ザンデン，ホルスト・フォン　Horst von Sanden　36
ジェヴィエツキ，ステファン　Stefan Dzewiecki　102, 106, 107, 138
ジェーコブス，イーストマン・N　Eastman N. Jacobs　10, 211, 234, 240-243, 249, 294, 307, 313, 322
シモンズ，L・F・G　L. F. G. Simmons　212-214, 217, 229, 233
ジューコフスキー，ニコライ　Nikolai Joukowski　9, 106, 107, 116, 158, 252, 253, 263
シューバウアー，G・B　G. B. Schubauer　266
シュリヒティング，ヘルマン　Hermann Schlichting　225, 226
ジョーンズ，B・メルヴィル　B. Melvill Jones　10, 42, 153, 155, 156, 164-178, 183, 186-192, 196-207, 210-212, 214, 217, 219, 221, 228-242, 244, 245, 274, 290, 300, 305-310, 312, 313, 319-321
ジョーンズ，ロバート　Robert Jones　35, 36
新羅一郎　283
スクワイアー，ハーバート・B　Herbert B. Squire　234
スタントン，トマス・E　Thomas E. Stanton　21, 50
スティーブンス・H・L　H. L. Stevens　237
ステューパー，ヨゼフ　Josef Stüper　231, 236
ゼイネン，B・G・ファン・デア・ヘッゲ　B. G. van der Hegge Zijnen　159, 217
セオドルセン，セオドア　Theodore Theodorsen　242, 243
千田香苗　283, 284
ソロー，ロドルフ　Rodolphe Screau　17, 18

タ　行

ダインズ，ウィリアム・H　William H. Dines　108
タウネンド，ハバード・チャールズ・ヘンリー　Hubbard Charles Henry Townend　192, 193, 217, 218, 233
ダグラス，ドナルド　Donald Douglas　38, 232
田中舘愛橘　248
谷一郎　10, 248, 249, 261-296, 298, 300, 307, 309, 315, 322-324
チャプリギン，セルゲイ・A　Segei A. Chaplygin　106
ツェッペリン，フェルディナント・フォン　Ferdinand von Zeppelin　89
ティザード，ヘンリー・T　Henry T. Tizard　70, 166, 168, 173, 175, 197, 205
ディーゼル，ルドルフ　Rudolf Diesel　84
テイラー，ジョフリー・イングラム　Geoffrey Ingram Taylor　9, 10, 72, 73, 84, 114-115, 140-144, 154, 155, 161, 202, 207, 211-214, 217, 218, 221, 222, 224-235, 242, 244, 245, 249, 256-259, 300, 303, 306-308, 310, 313, 319-321
寺沢寛一　252, 254
寺田寅彦　252
デンキンジャー，ジョージ・D　George D. Denkinger　40
トゥサン，アルベール　Albert Toussaint　129, 130, 145, 151
徳川好敏　248
トムソン，ウィリアム（ケルヴィン卿）　William Thomson（Lord Kelvin）　99, 103, 108, 112, 142
トムソン，クリストファー（トムソン卿）　Christopher Thomson（Lord Thomson）　204
トムソン，ジョージ・P　George P. Thom-

son 54, 65
トムソン，ジョセフ・ジョン Joseph John Thomson 65
友近晋 249, 255-264, 269, 270, 273, 296, 321
ドライデン，ヒュー・L Hugh L. Dryden 209, 215, 216, 223, 224, 233, 266, 299
ドラン，ルネ René Dorand 129, 130
トルミアン，ウォルター Walter Tollmien 266
トレフツ，エリッヒ Erich Trefftz 136, 138

ナ 行

ナイト，ウィリアム William Knight 126-128, 145, 146
ナイト，シャーロット Charlotte Knight 289, 292
中西不二夫 283
中村精男 248
中村竜輔 282
西原利夫 283
ニューエル，ジョセフ・S Joseph S. Newell 273
ニュートン，アイザック Isaac Newton 62, 82, 99, 108, 243
ネイラー，ジョン John Nayler 25, 39
野田親則 275-277, 279, 281, 295

ハ 行

バウムハウワー，A・G・フォン A. G. von Baumhauer 158
ハスラム，J・A・G J. A. G. Haslam 236, 237
濱良助 277, 279, 280, 284
ハリス，ロバート Robert Harris 28, 30, 31, 44
パルセファル，アウグスト・フォン August von Parseval 89, 117
ハワース，レスリー Leslie Howarth 234, 238, 259, 260, 266, 275
ハワード，R・G R. G. Howard 141
バーンウェル，フランク・S Frank S. Barnwell 42
ハンセーカー，ジェローム Jerome Hunsaker 37, 38, 42, 127, 128, 301
ハンセン，ジェームス James Hansen 194, 243
ピタヴェル，ジョセフ・E Joesph E. Petavel 58-61, 69, 70, 75, 77, 153, 302
日野熊蔵 248
ピパード，A・J・サットン A. J. Sutton Pippard 168
ヒーメンツ，カール Karl Hiemenz 88
ヒューズ，トマス・P Thomas P. Hughes 203, 312
ファーガソン，ユージン・S Eugene S. Fergusonn 44
ファレン，ウィリアム・S William S. Farren 54, 58, 60, 63, 67, 68, 74-76, 131, 151-153, 155, 156, 173, 302, 312
フェージ，アーサー Arthur Fage 136-141, 143, 212, 217, 218, 226, 236, 260, 269
フェップル，アウグスト August Föppl 84
フェップル，オットー Otto Föppl 91, 117
深津了蔵 283
藤本武助 283
ブライアン，ジョージ・H George H. Bryan 16-22, 25, 31-36, 43, 44, 102
フラウド，ウィリアム William Froude 49, 53, 138
ブラウン，S・W S. W. Brown 289
ブラジウス，ハインリッヒ Heinrich Blasius 87, 88, 105, 159
プラントル，ルドヴィヒ Ludwig Prandtl 4, 8-10, 36, 38, 42, 79, 82-91, 93, 95-97, 104, 105, 109, 111, 113, 116, 118-120, 123-133, 135-137, 143-147, 150-160, 182, 183, 188, 207, 210-212, 215, 218, 222-227, 231, 249, 252, 253, 300, 303-305, 310-312, 314, 315, 319
ブリルアン，マルセル Marcel Brillouin 17
ブルック=ポファム，ヘンリー・R・M Henry R. M. Brooke-Popham 145, 166
ブルヘルス，ヨハネス・マルティヌス Johannes Martinus Burgers 159, 200
ブレリオ，ルイ Louis Blériot 1

ベアストウ，レオナード　Leonard Bairstow　7, 8, 16, 21, 24-28, 31-44, 48-50, 54, 55, 58-60, 65-68, 70-77, 79, 97, 127, 140, 151, 153, 155-160, 167, 173, 174, 187, 202, 204-207, 212, 235, 300-303, 305, 309, 310, 312, 316
ベッツ，アルベルト　Albert Betz　120, 133, 135, 136, 138, 236
ペリー，ジョン　John Perry　27, 137
ヘルツ，グスタフ　Gustav Hertz　44
ヘルムホルツ，ヘルマン・フォン　Hermann von Helmholtz　98-100, 104, 105, 252
ベーン，サーマン・H　Thurman H. Bane　42
ボセザ，ジョルジュ・ド　George de Bothezat　140
ボルツェ，エルンスト　Ernst Boltze　88
ポールハウゼン，エルンスト　Ernst Pohlhausen　119, 120, 238, 275

マ　行

前川力　283
マキシム，ハイラム　Hiram Maxim　103
マクスウェル，ジェームス　James C. Maxwell　19
マクローリン，リチャード・C　Richard C. McLaurin　38, 41, 42
松川昌蔵　268
マルコーニ，グリエルモ　Guglielmo Marconi　44
マロック，ヘンリー・レジノルド・アーナルフ　Henry Reginald Arnulph Mallock　53, 104
水沢光　285
三石智　279, 280
ミリカン，クラーク・B　Clark B. Millikan　259, 275
ムンク，マックス　Max Munk　43, 119, 127, 128, 133, 157, 241
守屋富次郎　253, 275, 277, 322

ラ　行

ライト，ウィルバー　Wilbur Wright　3, 90, 106
ライト，オリヴァー　Oliver Wright　3, 90, 106
ラグランジュ，ジョセフ・ルイ　Joseph Louis Lagrange　227
ラム，ホレース　Horace Lamb　112, 133, 144, 153, 155, 174, 212, 219, 221
ラングレー，サミュエル・P　Samuel P. Langley　108, 148
ランチェスター，フレデリック・W　Frederick W. Lanchester　9, 17, 21, 32, 33, 35-37, 53, 65, 75, 81, 83, 84, 105-111, 113, 116, 117, 120, 125, 130, 133, 134, 160, 167, 304, 314
リリエンタール，オットー　Otto Lilienthal　106
リンデマン，フレデリック・A　Frederick A. Lindemann　54, 57
リンドバーグ，チャールズ・A　Charles A. Lindberg　179-181, 184, 189
ルイス，ジョージ・W　George W. Lewis　242, 294
ルース，エドワード・J　Edward J. Ruth　19
ルンゲ，カール　Carl Runge　36, 37, 88, 89, 111, 116
レイノルズ，オズボーン　Osborne Reynolds　49, 93-95, 263
レイリー卿（ジョン・ストゥルット）　Lord Rayleigh（John Strutt）　14, 15, 50, 53, 97-100, 103, 104, 112
レヴィ＝チヴィタ，トゥリオ　Levi-Civita, Tullio　102
レヴィ，ハイマン　Hyman Levy　103
レルフ，アーネスト　Ernest Relf　42, 212, 214, 233, 245, 323
ロウ，アーチボルド・R　Archibold R. Low　160
ローズベリー，セシル・R　Cecil R. Roseberry　179
ローゼンヘッド，ルイス　Louis Rosenhead　255
ロッジ，オリヴァー　Oliver Lodge　44
ロフティン，ローレンス　Lawrence Loftin

ワ 行

事項索引

英数字

ア 行

カ 行

サ　行

タ　行

ナ　行

ハ　行

マ　行

ヤ　行

ラ　行

初出一覧

“Theory, Experiment, and Design Practice: The Formation of Aeronautical Research, 1909-1930.” Ph. D. dissertation, Johns Hopkins University, January 1991. 修正の上，第1，3，4章に利用.

「《諮問》から《研究》へ——飛行機の登場と英国政府の科学者たち」，『年報科学・技術・社会』第1巻（1992）：91-107. 第1，4章に利用.

“Graphical Calculation and Early Aeronautical Engineers,” ***Historia Scientiarum***, 3, no. 3 (1994): 159-183. 第1，4章の一部に利用.

「10年後の飛行機を求めて——戦間期英国における航空機の研究開発」，『技術と文明』第11巻1号（1998）：13-30. 一部を第5章に利用.

“The Wind Tunnel and the Emergence of Aeronautical Research in Britain,” in Peter Galison and Alex Roland eds., ***Atmospheric Flight in the Twentieth Century*** (London: Kluwer Academic Publishers, 2000): 223-239. 第1，3，4章に利用.

「谷一郎（1907-1990）の流体力学研究と層流翼の発明」，『学術の動向』第12巻12号（2007）：102-107. 第7章の一部に利用.

“Leonard Bairstow as a Scientific Middleman: Early Aerodynamic Research on Airplane Stability in Britain, 1909-1920,” ***Historia Scientiarum***, 17 (2007-8): 101-120. 第1章に対応.

「初期航空工学の安定性研究——科学と技術の仲介者としてのベアストウ」，『哲学・科学史論叢』第11号（2009）：47-81. 第1章に対応.

「読書する技術者——戦前航空工学の洋雑誌と文献渉猟」，『科哲』第12号（2010）：2-7. 第7章の一部に利用.

“‘How Far Do Experiments on Models Represent Experiments on Full Sized Machines?’: The Examination and Dispute on the Reliability of the Wind Tunnels in Britain, 1909-1917,” ***Historia Scientiarum***, 20 (2010-11): 96-122. 第2章に対応.

図出典一覧

序章

扉　*Le Petit Journal*, no. 977 (8 August 1909), 表紙.

第1章

扉　L. Bairstow *et al.*, "The New Four-Foot Wind Channel; With Description of the Weighing Mechanism Employed in the Determination of Forces and Moments," R. & M. 68 (March 1913), Fig. 11.

図1.1　Robert John Strutt, *Life of John William Strutt: Third Baron Rayleigh, O.M., F.R.S.* (Madison: University of Wisconsin Press, 1968), 巻頭写真.

図1.2　George H. Bryan, *Stability in Aviation* (London: Macmillan, 1911), p. 20, Fig. 1.

図1.3　© Godfrey Argent Studio.

図1.4　Bairstow *et al.*, op. cit., Fig. 13.

図1.5　Bairstow, *et al.*, op. cit., Fig. 3.

図1.6　Leonard Bairstow, *Applied Aerodynamics*, 2nd ed. (London: Longman, 1939), p. 121, Fig. Ⅲ. 2. 14.

図1.7　RAF Staff, "Report on Full Scale Work," R. & M. 86, Fig. 15.

図1.8　William Aspray ed., *Computing Before Computers* (Iowa: Iowa State University Press, Ames, 1990), p. 169, Fig 5. 15. Courtsey Science Museum, London.

図1.9　Robert G. Harris, "Graphical Solution of Stability Biquadratic," R. & M. 262, Fig. 7.

図1.10　Ibid., Fig. 4.

図1.11　Robert G. Harris, "Graphical Solution of Stability Biquadratic," T. 817, DSIR 23/831, NA, Fig. 10: "Stability Model (Envelope)".

第2章

扉　S. Child and C. F. Caunter, "A Historical Summary of the Royal Aircraft Establishment and Its Antecedents: 1878-1918," Aero 2150 (March 1947) (London: Ministry of Supply, 1949), Fig. 36.

図2.1　L. Bairstow and H. Booth, "Investigation into the Steadiness of Wind Channels," R. & M. 67 (1912), Fig. 1.

図2.2　Ibid., Fig. 3.

図2.3　C. F. Caunter, "A Historical Summary of the Royal Aircraft Establishment, 1918-1948." Aero. 2150 A (November 1949), RAE, Fig. 9. 1.

図2.4　RAF Staff, "The Prediction and Experimental Investigation of Aeroplane Performance: Illustrations," B. A. 133 (1 September 1917), AVIA 6/1230, NA, Fig. 15.

図2.5, 図2.6　RAF Staff, "Collection of Data for the Prediction of Performance of Aeroplanes," B. A. 24 (3 February 1917), AVIA 6/1152, NA, Fig. 10.

図2.7　Ibid., Fig. 1.

図2.8　RAF Staff, "The Prediction and Experimental Investigation of Aeroplane Perfor-

mance: Illustrations," B. A. 133 (1 September 1917), AVIA 6/1230, NA, plate 26.

図 2.9　Ibid., plate 20.

図 2.10　Ibid., plate 24.

図 2.11　G. I. Taylor, "Pressure Distribution over the Wing of an Aeroplane in Flight," T. 839 (1916), DSIR 23/853, Figs. 2 and 3.

図 2.12　NPL Staff, "Pressure Plotting on Sections of the Upper and Lower Wings of a Biplane with R. A. F. 14 Wings," Sc. E. 16 (1917), DSIR 23/10219, a part of Fig. 6.

第3章

扉　Fredrick W. Lanchester, *Aerodynamics* (London: Constable, 1907), p. 178, Fig. 86.

図 3.1　Cenral Archive of the DLR (Deutsches Zentrum für Luft- und Raumfahrt), GG-10.

図 3.2　Ludwig Prandtl, "Über Flüssigkeitsbewegung bei sehr kleiner Reibung," reprinted in Walter Tollmien *et al.* eds., *Ludwig Prandtl Gesammelte Abhandlungen zur angewandten Mechanik, Hydro-und Aerodynamik* (Berlin: Springer-Verlag, 1961), vol. 2, , p. 578, Fig. 2.

図 3.3　Ibid., pp. 579-580, Figs. 3-6.

図 3.4　Cenral Archive of the DLR, GK-6.

図 3.5　Cenral Archive of the DLR, GK-23.

図 3.6　Gustave Eiffel, *La résistance de l'air et l'aviation*, 2e ed. (Paris: H. Dunod et E. Pinat, 1911), 巻頭写真.

図 3.7　Julius C. Rotta, *Die Aerodynamische Versuchsanstalt in Göttingen, ein Werk Ludwig Prandtls* (Göttingen: Vandenhoeck & Ruprecht, 1990), p. 82, Fig. 72.

図 3.8　Osborne Reynolds, "An Experimental Investigation of the Circumstances Which Determine Whether the Motion of Water Shall be Direct or Sinuous, and of the Law of Resistance in Parallel Channels," *Philosophical Transactions*, 174 (1883), plate 73, Fig. 13.

図 3.9　Ibid., p. 942, Figs. 3-5.

図 3.10　Carl Wieselsberger, "Mitteilungen aus der Göttinger Modellversuchsanstalt. 16. Der Luftwiderstand von Kugeln," *Zeitschrift für Flugtechnik und Motorluftschiffahrt*, 5 (1914), p. 143.

図 3.11　George Greenhill, *The Dynamics of Mechanical Flight* (London: Constable, 1912), p. 41, Fig. 14.

図 3.12　Ibid., p. 56, Fig. 26.

図 3.13　John Fletcher, ed., *The Lanchester Legacy: A Trilogy of Lanchester Works*, vol. 3: A Celebration of a Genius (Coventry: Coventry University, 1996), p. 7, Fig. 1.

図 3.14　Lanchester, op. cit., p. 157, Fig. 67.

図 3.15　Ibid., p. 172, Fig. 79.

図 3.16　Rotta, op. cit. p. 190, Fig. 146.

図 3.17　Ludwig Prandtl, "Ergebnisse und Ziele der Göttinger Modellversuchsanstalt" (1912), reprinted in *Ludwig Prandtl Gesammelte Abhandlungen*, op. cit., p. 1260, Fig. 3.

第4章

扉　Ludwig Prandtl, "Tragflächen-Auftrieb und Wiederstand in der Theorie" (1920),

reprinted in *Ludwig Prandtl Gesammelte Abhandlungen*, op. cit., p. 386, Fig. 11.

図 4. 1　Commission Interalliée de Controle Aeronautique en Allemagne, *Rapport Technique*, Part 2, vol. 2, p. 30, Fig. 29.

図 4. 2　© Godfrey Argent Studio.

図 4. 3　Arthur Fage, "On the Theory of Tapered Aerofoils," R. & M. 806 (January 1923), Fig. 6.

図 4. 4　Hermann Glauert, *The Elements of Aerofoil and Airscrew Theory* (Cambridge: Cambridge University Press, 1926), p. 192, Fig. 105.

図 4. 5　G. I. Taylor, "The 'Rotational Inflow Factor' in Propeller Theory," R. & M. 765, Fig. 1.

図 4. 6　Glauert, op. cit., p. 192, Fig. 105.

図 4. 7　Alex Roland, *Model Research* (Washington, D. C.: NASA, 1985), p. 94.

図 4. 8　J. M. Burgers and B. G. van der Hegge Zijnen. *Preliminary Measurements of the Distribution of the Velocity of a Fluid in the Immediate Neighbourhood of a Plane, Smooth Surface* (Amsterdam: Koninklijke Akademie van Wetenschappen, 1924), p. 11, Fig. 1.

第 5 章

扉　ARC Annual Report, 1929-30, Illustration 4.

図 5. 1　© Godfrey Argent Studio.

図 5. 2　SI 86-13506, National Air and Space Museum, Smithsonian Institution.

図 5. 3　RAF staff, "The Construction of the R. A. E. Experimental Variable Pitch Airscrew," R. & M. 471 (April 1918), Fig. 2.

図 5. 4　David Mondey, *The Schneider Trophy* (London, 1975), p. 180, 右下図.

図 5. 5　B. Melvill Jones, "The Streamline Aeroplane," *Journal of the Royal Aeronautical Society*, **33** (1929), p. 369, Fig. 3.

図 5. 6　B. M. Jones, "Mutual Interference Effects between Wing Roots and a Streamline Body of 3 to 1 Fineness Ratio," T. 2660 (1928), DSIR 23/2674, NA, Fig. 1 a.

図 5. 7　ARC Annual Report, 1929-30, Illustration 2.

図 5. 8　K. W. Clark and C. Callan, "Air Flow over a Biplane Model Demonstrated by the 'Tuft' Method, "R. & M. 1552 (1932), Fig. 6.

図 5. 9　Ibid., Fig. 7a.

図 5. 10　B. M. Jones, "The Importance of 'Streamlining' in Relation to Performance," T. 2519 (September 1927), DSIR 23/2533, NA, Fig. 1.

図 5. 11　Jones, "Streamline Aeroplane," op. cit., p. 362, Fig. 1.

図 5. 12　Ibid, p. 363, Fig. 2.

第 6 章

扉　Hugh Dryden and A. M. Kuethe, "The Measurement of Fluctuations of Air Speed by the Hot-wire Anemometer," *NACA Annual Report* (1929), p. 368, Fig. 4.

図 6. 1　© Godfrey Argent Studio.

図 6. 2　TRARC (1930-31), Figure facing page 9.

図 6. 3　L. F. G. Simmons, "Photographic Records," R. & M. 1335, Fig. 9.

図 6. 4　Ronald Miller and David Sawers, *Technical Development of Modern Aviation*

(London: RKP, 1968), p. 113 の左ページ.

図 6.5　A. V. Stephens and J. A. G. Haslam, "Flight Experiments on Boundary Layer Transition in Relation to Profile Drag," R. & M. 1800 (August 1938), Fig. 10.

図 6.6　Ibid., the upper part of Fig. 8.

図 6.7　James R. Hansen, *Engineers in Charge* (Washington, D.C.: NASA, 1987), p. 106.

図 6.8　Ibid, p. 115.

第 7 章

扉　東京帝国大学編・発行『東京帝国大学学術大観 工学部 航空研究所』(1942), 後半「航空研究所」冒頭写真の 1 枚.

図 7.1　東京大学百年史編集委員会編『東京大学百年史　資料編』第三巻（東京大学出版会, 1986), pp. 565-570. 山澤逸平・山本有造『貿易と国際収支』(『長期経済統計』第 14 巻)（東洋経済新報社, 1979), p. 256, 第 26 表「外国為替レート, 1874-1941 年」をもとに著者作成.

図 7.2　筆者撮影.

図 7.3　故友近晋先生追悼記念事業会編・出版『追悼文集　友近先生の思い出』(1966), 巻頭写真.

図 7.4　谷浩志氏提供.

図 7.5　『図書報』1 号（1933 年）表紙, 先端科学技術研究センター所蔵.

図 7.6　筆者作成.

図 7.7　筆者作成.

図 7.8　J・S・ニューエル『飛行機々体強度計算法講習講義録』海軍航空本部（1933), 巻頭写真部分.

図 7.9　Itirô Tani, "The Development of Laminar Airfoils in Japan," a lecture delivered at the Institute of the Aeronautical Sciences (13 April 1953). p. 4 と p. 5 の間の図. 谷一郎文書, 日本大学所蔵.

図 7.10　井上栄一,「ノースアメリカン P51 の翼型に就いて」(昭和 19 年 4 月 25 日),『調報』第 7 号, 陸軍航空本部調査課, 日本大学谷一郎文書, p. 9.

図 7.11　"North American: P51: Mustang," Catalogue no. 00002537, San Diego Air and Space Museum Archive, San Diego, USA.

終章

扉　J. A. Dilworth, "Japanese Experimental High Speed Research Airplane Ki-78," Air Technical Intelligence Group, Report, no. 135 (1945), Imperial War Museum, Duxford, England.

図 1　筆者作成.

図 2　筆者作成.

付　録

航空諮問委員会，航空研究委員会に設置された小委員会，パネルの総数は 1934 年度に至るまでで 60 以上にのぼる．

最初に設置された小委員会はエンジン（内燃機関）小委員会であり，戦時中の 1916 年 11 月に設置された．理由は，戦線，王立航空機工場，各製造企業の工場で生じる問題に応じるためであった．続いて 1917 年 2 月に軽合金小委員会が設置された．飛行船に使用されるジュラルミンをさらに改良したアルミ合金の開発を進めるためのものである．また第 2 章で説明したように，空気力学小委員会が同年末に設けられたが，その起源は風洞測定と飛行試験との不整合を突き止めようとしたことだった．

1920 年 5 月に航空諮問委員会が航空研究委員会として再組織され発足すると，主委員会の下に以前より活動が始められていた次の 6 つの小委員会が常設小委員会として設置されることになった．

航空発明小委員会
空気力学小委員会
エンジン小委員会
材料化学小委員会
気象学小委員会
事故調査小委員会

これらの 6 小委員会に加えて，防火小委員会が一時的な特設小委員会と定められた．常設小委員会の委員は，最長 3 年の任期でローテーションにより務めることになった．

これらの常設委員会のうち，空気力学，エンジン，材料化学の 3 小委員会には，さらに 2, 3 の専門パネルが数年の期間で設置された．

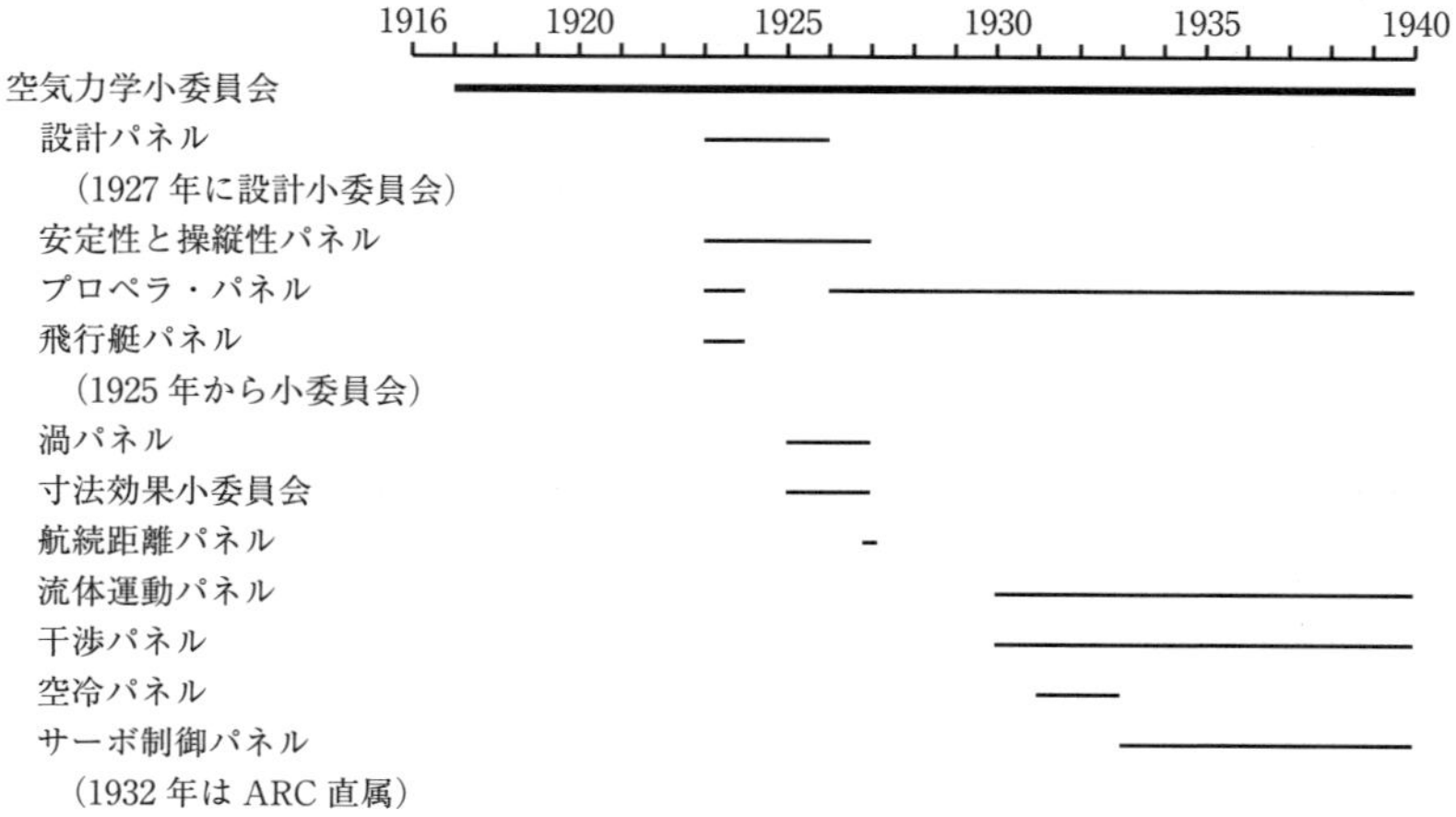

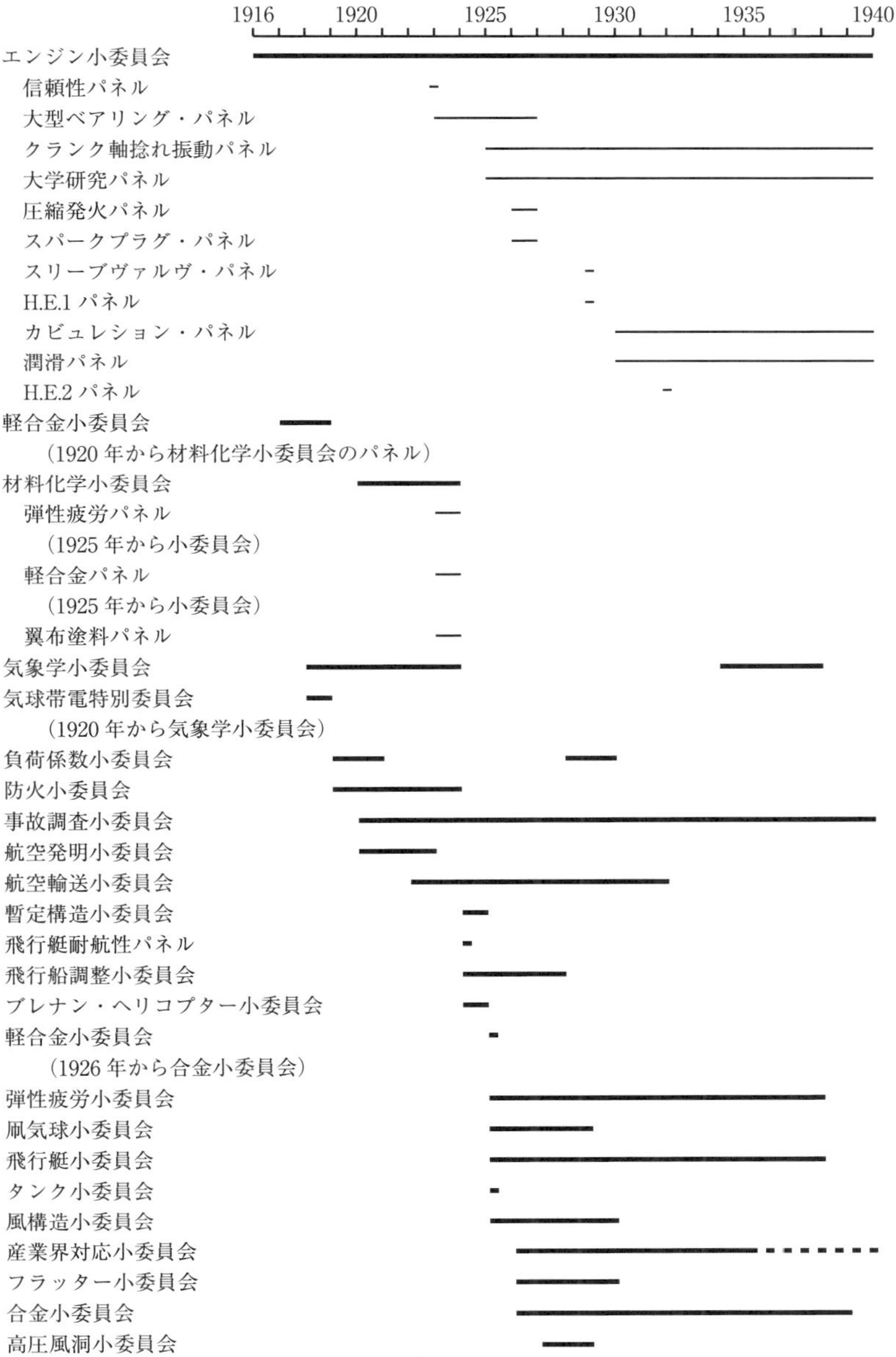
1916
1920
1925
1930
1935
1940
エンジン小委員会
信頼性パネル
大型ベアリング・パネル
クランク軸捻れ振動パネル
大学研究パネル
圧縮発火パネル
スパークプラグ・パネル
スリーブヴァルヴ・パネル
H.E.1 パネル
カビュレション・パネル
潤滑パネル
H.E.2 パネル
軽合金小委員会
（1920 年から材料化学小委員会のパネル）
材料化学小委員会
弾性疲労パネル
（1925 年から小委員会）
軽合金パネル
（1925 年から小委員会）
翼布塗料パネル
気象学小委員会
気球帯電特別委員会
（1920 年から気象学小委員会）
負荷係数小委員会
防火小委員会
事故調査小委員会
航空発明小委員会
航空輸送小委員会
暫定構造小委員会
飛行艇耐航性パネル
飛行船調整小委員会
ブレナン・ヘリコプター小委員会
軽合金小委員会
（1926 年から合金小委員会）
弾性疲労小委員会
凧気球小委員会
飛行艇小委員会
タンク小委員会
風構造小委員会
産業界対応小委員会
フラッター小委員会
合金小委員会
高圧風洞小委員会

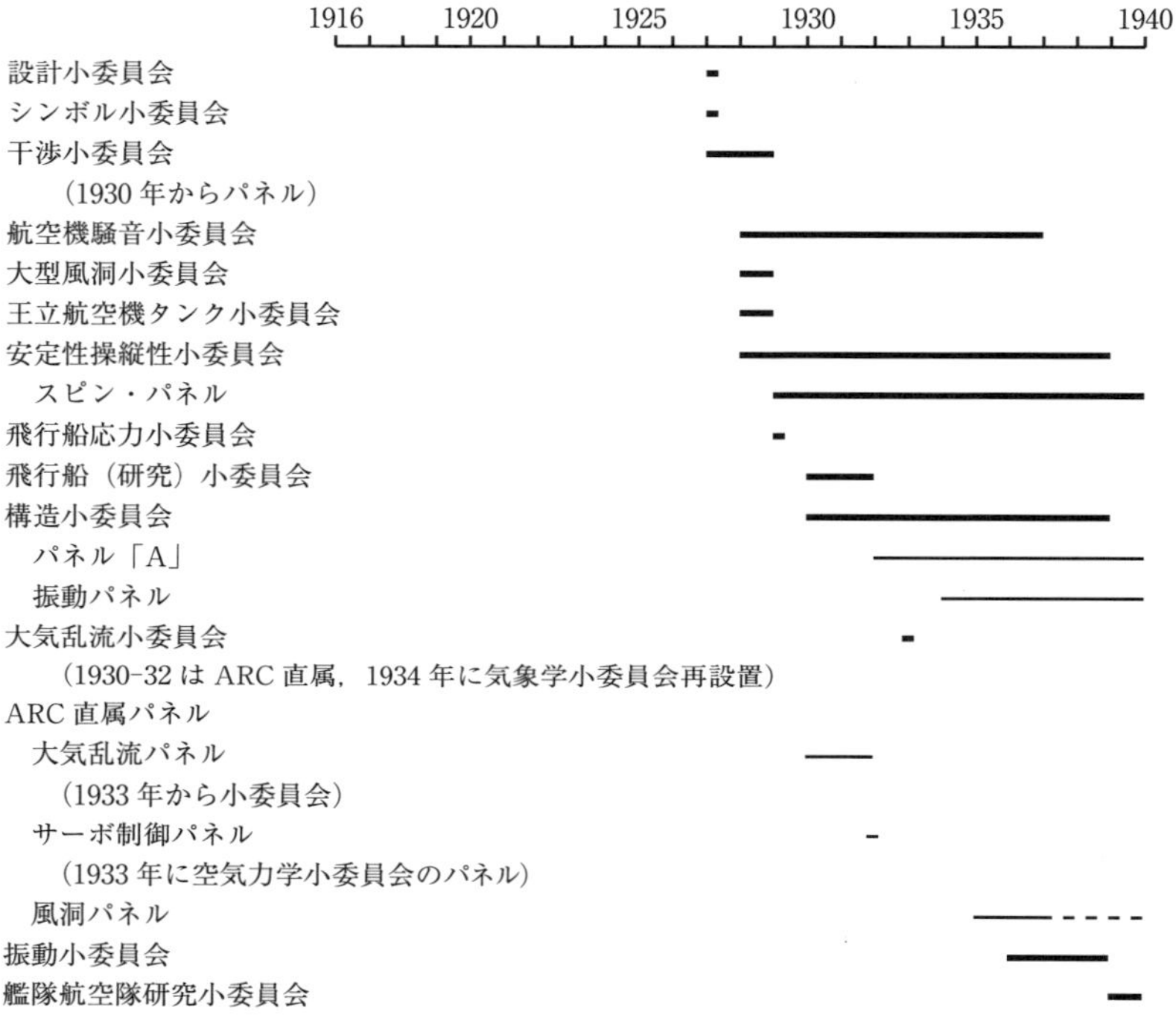
1916
1920
1925
1930
1935
1940
設計小委員会
シンボル小委員会
干渉小委員会
（1930年からパネル）
航空機騒音小委員会
大型風洞小委員会
王立航空機タンク小委員会
安定性操縦性小委員会
スピン・パネル
飛行船応力小委員会
飛行船（研究）小委員会
構造小委員会
パネル「A」
振動パネル
大気乱流小委員会
（1930-32はARC直属，1934年に気象学小委員会再設置）
ARC直属パネル
大気乱流パネル
（1933年から小委員会）
サーボ制御パネル
（1933年に空気力学小委員会のパネル）
風洞パネル
振動小委員会
艦隊航空隊研究小委員会

参考文献

凡例

DSIR	Department of Scientific and Industrial Research
NA	The National Archives, Kew, England
NACA	National Advisory Committee for Aeronautics
NPL	National Physical Laboratory
RAE	Royal Aircraft Establishment
RAF	Royal Aircraft Factory
TRARC	Technical Reports of the Aeronautical Research Committee

基本参考文献

John D. Anderson, Jr., *A History of Aerodynamics and Its Impact on Flying Machines* (Cambridge: Cambridge University Press, 1997). 邦訳：ジョン・D・アンダーソン Jr.（織田剛訳）『空気力学の歴史』（京都大学学術出版会，2009）.

空気力学の歴史を航空工学との関連で通史的に解き明かした著作．飛行機の発明されるはるか以前から翼に働く揚力と抗力などの検討から説き起こし，戦後のミサイルやロケットの開発において課題とされた超音速の空気の流れの熱的性質に至るまで，飛行機やロケットなど空気中を飛翔する物体の力学的特性を扱っている．

Michael Eckert, *The Dawn of Fluid Dynamics: A Discipline between Science and Technology* (Weinheim: Wiley-VCH, 2006).

プラントルと彼の弟子たちの空気力学・流体力学研究を中心に，流体力学の理論と実験の発展史を描いている．とくに空気力学の発展の重要な鍵となる境界層や乱流などをめぐる理論や概念の発達を追っている．最後の結論で科学と技術の関係を論じる．

David Bloor, *The Enigma of the Aerofoil: Rival Theories in Aerodynamics, 1909-1930* (Chicago: University of Chicago Press, 2011).

翼の揚力に関して循環の理論とともに不連続流の理論が存在していたことに注目し，揚力の原因に関する当時のイギリスとドイツにおける流体力学研究者の見解を徹底的に検討する書である．著者はストロング・プログラムを提唱したエジンバラ大学の科学哲学者の一人であるが，筆者（橋本）の博士研究に触発され，このテーマを10年かけてじっくりと掘り下げる研究を進めた．本書第4章で解説した内容のより深く詳細な分析が展開されている．

Olivier Darrigol, *Worlds of Flow: A History of Hydrodynamics from the Bernoullis to Prandtl* (Oxford: Oxford University Press, 2005).

副題のとおり，流体力学の歴史をより広く追った概説書．航空に限らず造船などさまざまな自然科学・工学分野との関連から流体力学の理論的実験的発展を追うことができる．

Edward W. Constant II, *The Origins of the Turbojet Revolution* (Baltimore: Johns Hopkins University Press, 1980).

ジェットエンジンの登場により飛行機がプロペラ機からジェット機へと発展することによって航空工学に革命的な転換が起こったと論じる．その発展と転換を支えた1つの要因としてプラントルらの空気力学の発展について説明する．

David Edgerton, *England and the Aeroplane: An Essay on a Militant and Technological*

Nation (London: Macmillan, 1991).

技術史家による航空をめぐる社会，経済，文化史的背景を解説した小著．航空工学や空気力学の技術内容にはほとんど触れないが，イギリス社会で航空の担った文化的政治的意義を論じる．同書の論点は，イギリスが軍需産業に依存する国家になっていったと論じる後に出版される著作（*Warfare State: Britain, 1920-1970* (Cambridge: Cambridge University Press, 2006)）に結実した．

Walter Vincenti, *What Engineers Know and How They Know It: Analytical Studies from Aeronautical History* (Baltimore: Johns Hopkins University Press, 1990).

航空工学の歴史事例を素材にして，技術者の思考プロセスの特徴を論じた書．安定性の研究，主翼の設計など，本書と関連する事例も含まれている．

Charles H. Gibbs-Smith, *Aviation: An Historical Survey from Its Origins to the End of World War II* (London: H. M. S. O., 1970).

飛行機の歴史を，ルネサンスのレオナルド・ダ・ヴィンチから説き起こし第2次世界大戦に至るまで通観した古典的著作．飛行機の考案，発明，設計改良に携わった人びとを紹介し，考案された飛行機の姿や背後の思想などにも言及する．

Ronald Miller and David Sawers, *The Technical Development of Modern Aviation* (London: RKP, 1968).

飛行機の登場から出版された1960年代末まで，その技術的発展を追いかけた著作．各時期における主要な技術革新や代表的な新型機について，よくカバーし，懇切丁寧に解説している．

Peter Galison and Alex Roland, eds., *Atmospheric Flight in the Twentieth Century* (London: Kluwer Academic Publishers, 2000).

ディブナー科学史研究所で開催された航空工学史に関するシンポジウムの講演をまとめた論文集．

James R. Hansen, *Engineers in Charge: A History of the Langley Aeronautical Laboratory, 1917-1958* (NASA History Series: SP-4305) (Washington, D. C.: NASA, 1987).

米国航空諮問委員会（NACA）のラングレー研究所における航空工学研究を追いかけた同研究所の歴史．第6章で登場するジェイコブスによる層流翼の発明など，同研究所所員の主要な業績とともに，所員の間での対立などが語られる．

Roger D. Launius and Janet R. Daly Bednarek, *Reconsidering a Century of Flight* (Chapel Hill: University of North Carolina Press, 2003).

主としてアメリカの航空史・航空工学史の研究者による最近の研究動向やそれらの歴史に対する新視点を紹介する論文集．

Ernst-Heinrich Hirschel *et al.*, *Aeronautical Research in Germany: From Lilienthal until Today* (Berlin: Springer, 2004).

ドイツにおける航空研究の歴史を各分野で通史的に追いかけた書．

日本航空学術史編集委員会編『日本航空学術史　1910-1945』(丸善，1990)．

前半は，戦前戦時期に航空工学の研究開発に携わった日本人研究者に，自らの研究内容を短く要約してもらった記事の再録．後半は陸軍，海軍，航空研究所などの機関に着目してそこにおける研究活動の実情を解説する．

鈴木真二『飛行機物語——羽ばたき機からジェット旅客機まで』(中央公論社，2003)．

航空工学の歴史を分かりやすく一般向けに解説した書．

佐貫亦男『流線形の時代——音の速さに追いつき追い越した時代と形』(グリーンアロー出版社，1993)．

本書第5章で論じた流線形の追究について，より広く飛行機以外の技術製品にも目を向けて解説した書．

水沢光「アジア太平洋戦争期における旧日本陸軍の航空研究戦略の転換——応用研究の推進から基礎研究の奨励へ」東京工業大学博士論文（2004）．

戦前日本の航空工学研究の歴史について，利用可能な未公刊1次史料に丹念にあたり，航空研究や政府の研究政策について論じた博士論文．

未公刊史料

イギリス連合王国

英国国立公文書館（National Archives, Kew）
航空評議会議事録．航空諮問委員会，航空研究委員会の議事録と提出された技術報告．また同委員会の下の各小委員会・パネルの議事録と提出された技術報告．
AIR 6. Minutes of the Air Council.
AVIA 2 Air Ministry civil aviation files.
AVIA 6 Technical reports of Royal Aircraft Factory (RAE).
DSIR 22. Minutes of Advisory Committee for Aeronautics (ARC) and its sub-committees and panels.
DSIR 23. Unpublished technical reports of the Advisory Committee for Aeronautics (ARC).
Royal Air Force Museum, Hendon:
B. Melvill Jones Papers.
Coventry (Lanchester) Polytechnic, Coventry:
Frederick W. Lanchester Collection.
Imperial College of Science, Technology and Medicine, London:
Richard T. Glazebrook Papers.
Leonard Bairstow Papers.
Imperial War Museum, London and Duxford:
Henry T. Tizard Papers.
Air Technical Intelligence Group Reports（戦争直後の連合軍技術士官による戦時日本航空研究の調査報告）.
Trinity College, Cambridge:
Geoffrey Ingram Taylor Papers.

アメリカ合衆国

National Archive, Washington National Archive Center, Suitland, Maryland:
Record Group 255. Records of the National Aeronautics and Space Administration. National Advisory Committee for Aeronautics General Correspondence (Numerical File), 1915-42. NACA Classified File, 1915-49.
Smithsonian Institution, Garber Facility, Suitland, Maryland:
Jerome C. Hunsaker Papers.
Massachusetts Institute of Technology, Cambridge, Massachusetts:
Jerome C. Hunsaker Papers.

ドイツ

Max Planck Institut für Strömungsforschung, Göttingen:
Ludwig Prandtl Collection.
Minutes of the Göttinger Vereinigung zur Förderung der angewandte Physik und Mathematik.

日本

防衛省防衛研究所戦史資料室：
陸海軍関係資料.
東京大学先端科学技術センター：
東京帝国大学航空研究所所蔵資料（航空研究所が所蔵していた図書，図書課が発行した『図書報』，風洞関係資料.
日本大学：
谷一郎文書.
谷家所蔵文書：
『谷一郎著作集 1，2』，『谷一郎雑文集』，東レ科学技術賞受賞記念時のスピーチ原稿.
國學院大學図書館：
井上匡四郎文書（国会図書館憲政資料室にマイクロフィルム版が所蔵されている）.

和文一次史料

糸川英夫「表面摩擦について」，『日本航空学会誌』**4**（1937）：491-492.
——「形状抵抗」，『日本航空学会誌』第 4 巻（1937）：1072.
井上栄一「ノースアメリカン P 51 の翼型に就いて」，『調報』7 号(1944 年 4 月 25 日)，陸軍航空本部調査課，日本大学所蔵谷一郎文書.
菊原静男「局地戦闘機『紫電』と『紫電改』」，航空情報別冊編集部編『設計者の証言——日本傑作機開発ドキュメント』（酣燈社，1994），上巻，pp. 344-365.
故友近先生追悼記念事業会編『友近先生の思い出——故友近晋先生追悼文集』（1966）非売品.
谷一郎「境界層の層流剥離と遷移との関係に就いて」，『日本航空学会誌』**6**（1939）：122-134.
——「境界層の剥離に誘はれる遷移に就いて」，『日本航空学会誌』**7**（1940）：229-233.
——・濱良助「1.5 m 風洞に於ける圧力球の実験」，『航空研究所彙報』188 号（1940）：100-103.
——・泰磨増雄「2 m 風洞に於ける圧力球の実験」，『航空研究所彙報』188 号（1940）：104-105.
——・濱良助・三石智・入山富雄・上田政文「1.5 m 風洞に於ける平板の実験」，『航空研究所彙報』189 号（1940）：189-193.
——・野田親則「最低圧力位置の後にある対称翼型の計算」，『航空研究所彙報』190 号（1940）：207-215.
——・野田親則「最低圧力位置の後にある対称翼型の計算，補遺」，『航空研究所彙報』193 号（1940）：348-351.
——・「層流剥離点の簡易計算法に就いて」，『航空研究所彙報』199 号（1941）：62-67.
——・竹田建二・三石智「乱れの減衰に関する予備実験」，『航空研究所彙報』213 号（1942）：135-141.

――「層流翼型に就いて」,『航空知識』8 巻 9 号（1942）：4-7.
――「層流翼型中心線及び対称翼型補遺」,『風洞資料』384 号（1945）：公文書館.
――「戦時研究　境界層に関する研究（課題番号 1-4）　実施報告詳報」1948 年 4 月 14 日提出.
――「対米所感」,『学術月報』第 6 巻 8 号（1953）：546-548.
――「初会の印象」,『友近先生の思い出』, pp. 91-92 所収.
――「研究の回顧」,『東京大学宇宙航空研究所報告』第 4 巻 2 号（1968）, pp. 165-178.
谷一郎先生を偲ぶ会世話人会編『一期一会――谷一郎先生追悼文集』（昭英社, 1991）.
玉木章夫「干渉計による乱流測定の試み」,『航空研究所彙報』222 号（1943）：17-24.
東京帝国大学編『航空研究所一覧』（東京帝国大学, 1936）.
東京帝国大学編・発行『東京帝国大学学術大観　工学部航空研究所』（1942）.
富塚清『航研機――世界記録樹立への軌跡』（三樹書房, 1996）.
友近晋「煙都通信」,『友近先生の思い出』, pp. 132-136 所収.
――「わが国における流体力学の発達」,『友近先生の思い出』, pp. 136-148 所収.
日本帝国陸軍「ヴィーゼルスベルゲル博士に関する件」,『密大日記』第 2 巻.
ニューエル, J. S.『飛行機々体強度計算法講習講義録』海軍航空本部（1933）.
野田親則「吸取翼（Absaugeflugel）に就いて」, 東京帝国大学航空学科卒業論文（1939）.
――「剝離を伴ふ層流境界層の計算法に就て（ポールハウゼンの解法の再検討）」,『航空研究所彙報』178 号（1939）：194-205.
――「谷一郎先生の追憶」,『一期一会』, pp. 145-147 所収.
白鷗會撮影編輯『航空研究所（航空研究所記念写真帳）』東京帝國大學航空研究所（1931）.
濱良助「層流境界層の遷移について」東京帝国大学航空学科卒業論文（1939）.
守屋富次郎「任意の翼型の特性を求める一つの方法」,『日本航空学会誌』**5**（1938）：7-17.
山田照明「谷先生を偲ぶ」,『一期一会』, pp. 188-190 所収.
山下八郎・阿阪三郎・森岡光次・大植正夫「翼型 LB24 の風洞実験」,『川崎航空研究録』第 2 巻（1941）：193-211.

和文二次資料

アンダーソン, ジョン・D・Jr（織田剛訳）『空気力学の歴史』（京都大学出版会, 2009）.
浅沼強編『流れの可視化ハンドブック』（朝倉書店, 1977）.
碇義朗『最後の戦闘機紫電改』（光人社, 1994）
井上栄一「谷一郎先生についての思い出」,『一期一会』, pp. 38-40.
今井功「谷先生を偲ぶ」,『日本物理学会誌』**46**（1991）：235-236.『一期一会』, pp. 40-42 にも掲載.
岡小天「友近先生を想う」,『友近先生の思い出』, pp. 66-70 所収.
カルマン, テオドール・フォン（谷一郎訳）『飛行の理論』（岩波書店, 1956）.
――（野村安正訳）『大空への挑戦――航空学の父カルマン自伝』（森北出版, 1995）.
クーン, トマス・S（中山茂訳）『科学革命の構造』（みすず書房, 1971）.
コリンズ, H, T・ピンチ（福岡伸一訳）『七つの科学事件ファイル――科学論争の顛末』（化学同人, 1997）.
齋藤成文『日本宇宙開発物語――国産衛星にかけた先駆者たちの夢』（三田出版会, 1992）.
佐藤靖『NASA を築いた人と技術――巨大システム開発の技術文化』（東京大学出版会, 2007）.

沢井実「戦時期日本の研究開発体制」,『大阪経済学』第 54 巻（2004）：383-409.
日本航空学術史編集委員会編『日本航空学術史，1910-1945』（丸善，1990）.
――編『わが国航空の軌跡――研三・A-26・ガスタービン』（丸善，1998）.
――編『東大航空研究所試作長距離機　航研機』（丸善，1999）.
日本産業技術史学会編『日本産業技術史事典』（思文閣，2007）.
橋本毅彦「《諮問》から《研究》へ――飛行機の登場と英国政府の科学者たち」,『年報科学・技術・社会』第 1 巻（1992）：91-107.
――「航空研究所と航空評議会」,『先端研探検団　第三回報告』（1997）：22-26.
――「10 年後の飛行機を求めて――戦間期英国における航空機の研究開発」,『技術と文明』第 11 巻 1 号（1998）：13-30.
――『〈標準〉の哲学――スタンダード・テクノロジーの 300 年』（講談社，2002）.
――「金庫から現れた歴史的フィルム」,『學鐙』第 100 巻 6 号，2003 年 6 月：12-15.
――「航研機」，日本産業技術史学会編『日本産業技術史事典』（思文閣，2007）：248-249.
――「谷一郎（1907-1990）の流体力学研究と層流翼の発明」,『学術の動向』第 12 巻 12 号（2007）：102-107.
――『描かれた技術　科学のかたち――サイエンス・イコノロジーの世界』（東京大学出版会，2008）.
――「初期航空工学の安定性研究――科学と技術の仲介者としてのベアストウ」,『哲学・科学史論叢』第 11 号（2009）：47-81.
――「読書する技術者――戦前航空工学の洋雑誌と文献渉猟」,『科哲』第 12 号（2010）：2-7.
広重徹『科学の社会史――近代日本の科学体制』（中央公論社，1973）.
ファーガソン・E・S（藤原良樹・砂田久吉訳）『技術屋の心眼』（平凡社，1995）.
防衛庁防衛研修所戦史室『戦史叢書　陸軍航空兵器の開発・生産・補給』（朝霞新聞社，1975）.
――『戦史叢書　海軍軍戦備（2）開戦以後』（朝霞新聞社，1975）.
水沢光「アジア太平洋戦争期における旧日本陸軍の航空研究戦略の転換――応用研究の推進から基礎研究の奨励へ」東京工業大学博士論文（2004）.
――「アジア太平洋戦争期における旧陸軍の航空研究機関への期待」,『科学史研究』**43**（2004）：22-30.
山澤逸平・山本有造『貿易と国際収支』（『長期経済統計』第 14 巻）（東洋経済新報社，1979）.

欧文一次史料

anon. "Summary of Events in Connection with the Discussion with N. P. L. on the Experimental Determination of the Resistance of Aeroplane Wing Sections," B. A. Report no. 40 (13 February 1917), AVIA 6/1165, NA.
"Full Scale Tests of Wing Sections R. A. F. 15 and 17," B. A. Report 41 (R. & M. 321) (March 1917), AVIA 6/1166, NA.
――. "Correspondence Relating to Future Aircraft Development," T. 1544 (1920), DSIR 23/1558, NA.
――. "Engine Researches," T. 2567, DSIR 23/2581, NA.
――. "Automatic Slot," T. 2526, DSIR 23/2540, NA.
――. "NACA Researches," T. 2570, DSIR 23/2570, NA.
――. "Proposed Programme of New Wind Tunnel Researches on Interference Arising from

Discussion with and Communication from the S. B. A. C.," Int. 93, DSIR 23/3627, NA.

B. L. "George Hartley Bryan. 1864-1928," *Obituary Notices of Fellows of the Royal Society*, vol. 1, no. 2 (1933): 139-142.

Bairstow, Leonard. "The Use of Models in Aeronautics," T. 165 (R. & M. 54) (8 February 1912), DSIR 23/165, NA.

——. "The Experiments on (a) The Variation of the Lift and Drift Coefficients of a Model Aerofoil as the Speed Changes [and on] (b) Small Scale Models of Large Aerofoils Which Have Been Tested at the Aerotechnical Institute of the University of Paris," T. 234 (3 December 1912) (R. & M. 72), DSIR 23/234, NA.

——. "An Examination into the Longitudinal Stability of a Monoplane of Bleriot Type, Based on the Data Furnished by the Model Experiments. Discussion of Lateral Stability in Connection with Experiments on the Same Monoplane Model," R. & M. 79 (March 1913).

——. "Proposals for Experiments on Aeronautics in Flight," T. 558 (R. & M. 216) (September 1915), DSIR 23/558, NA.

——. "Inherent Controllability of Aeroplanes: Notes Arising from Professor Bryan's Wilbur-Wright Memorial Lecture," *Aeronautical Journal*, **20** (1916): 10-17.

——. "Data, Notes, and References on Scale Effect," Sc. E. 4 (April 1917), DSIR 23/10207, NA.

——. "Note Relative to Sc. E. 6," Sc. E. 8 (April 1917), DSIR 23/10211, NA.

——. *Applied Aerodynamics* (London: Longmans, 1920).

——. "The Fundamentals of Fluid Motion in Relation to Aeronautics," in W. Lockwood Marsh, ed., *Report of the International Air Congress, London, 1923* (London: International Air Congress, 1923), pp. 239-245.

——. "Skin Friction," *Journal of the Royal Aeronautical Society*, **29** (1925): 3-23.

——. "Comment on Some of the Items in the Draft Programme of Research in Aerodynamics," T. 2525b (February 1928), DSIR 23/2539, NA.

—— and H. Booth. "The Principle of Dynamical Similarity in Reference to the Results of Experiments on the Resistance of Square Plates Normal to a Current of Air," T. 97 (R. & M. 38) (2 March 1912), DSIR 23/97, NA.

—— and H. Booth. "Investigation into the Steadiness of Wind Channels, as Affected by the Design Both of the Channel and of the Building by Which It Is Enclosed or Shielded," R. & M. 67 (September 1912).

——, J. H. Hyde, and H. Booth. "The New Four-Foot Wind Channel; with a Description of the Weighing Mechanism in the Determination of Forces and Moments," R. & M. 68 (March 1913).

——, B. M. Jones, and A. W. H. Thomson. "Investigation into the Stability of an Aeroplane, with an Examination into the Conditions Necessary in Order that the Symmetric and Asymmetric Oscillations can be Considered Independently," R. & M. 77 (March 1913).

——, and L. A. MacLachlan. "The Experimental Determination of Rotary Coefficients," R. & M. 78 (March 1913).

——*et al.* "Investigation relating to the Stability of the Aeroplane," R. & M. 116 (March 1914).

—— and J. L. Nayler. "Experiments on Models in Free Flight, in Illustration of the Conclusions Arrived at from the Mechanical Investigation of Stability," R. & M. 117 (March 1914).
—— and J. L. Nayler. "The Longitudinal Motion of an Airplane in a Natural Wind," R. & M. 120 (March 1914).
——, J. L. Nayler, and R. Jones. "Investigation of the Stability of an Aeroplane When in Circling Flight," R. & M. 154 (October 1914).
——, B. M. Cave, and E. D. Lang. "The Two-dimensional Slow Motion of Viscous Fluids," *Proceedings of the Royal Society*, ser. A **100** (1922): 394-413.
——, B. M. Cave, and E. D. Lang. "The Resistance of a Cylinder Moving in a Viscous Fluid," *Philosophical Transactions*, ser. A **223** (1923): 383-432.
Betz, Albert. "Beiträge zur Tragflugtheorie," Ph. D. dissertation, Göttingen University (1919).
Blausius, P. R. Heinrich. "Grenzschichten in Flüssigkeiten bei kleiner Reibung," Ph. D. dissertation, University of Göttingen (1907).
——. "Grenzschichten in Flüssigkeiten mit kleiner Reibung," *Zeitschrift für Mathematik und Physik*, **56** (1908): 1-37.
Bolas, H. "Notes on Aerial Propeller," R. & M. 65 (March 1912).
Boltze, Ernst. "Grenzschichten und Rotationskörper in Flüssigkeiten mit kleiner Reibung" Ph. D. diss., University of Göttingen (1908).
Bothezat, George de. "The General Theory of Blade Screws," NACA Technical Report, no. 29.
Brancker, William Sefton. "Commercial Aeroplane of 1935," T. 2559 (1928), DSIR 23/2573, NA.
Bryan, George H. *Stability in Aviation: An Introduction to Dynamical Stability as Applied to the Motions of Aeroplanes* (London: Macmillan, 1911).
——. "The Rigid Dynamics of Circling Flight (Steady Motion in a Circle —— Lateral Steering of Aeroplanes)," *Aeronautical Journal*, **19** (1915): 50-74.
——. "Researches in Aeronautical Mathematics," *Nature*, **96** (1916): 509-510.
——. "Aeronautical Theories," *Nature*, **98** (1917): 465-467.
——. "The Effect of Compressibility on Stream Line Motions," R. & M. 555 (December 1918).
——. "The Effect of Compressibility on High Speed Stream Line Motions," R. & M. 640 (April 1919).
——. "The Canonical Forms of the Equations of Motion of an Aeroplane in Still and Gusty Air," R. & M. 689 (February 1921).
——. "Principles and Problems of Aeronautics," *Nature*, **109** (1922): 296-298.
——. "Recent Contributions to Aviation Problems," *Nature*, **111** (1923): 886-888.
—— and W. E. Williams. "The Longitudinal Stability of Aerial Gliders," *Proceedings of the Royal Society*, **73** (1904): 100-116.
—— and R. Jones. "Discontinuous Fluid Motion past a Bent Plane, with Special Reference to Aeroplane Problems," *Proceedings of the Royal Society*, ser. A **91** (1914): 354-370.
—— and Selig Brodetsky. "The Longitudinal Initial Motion and Forced Oscillations of a Disturbed Aeroplane," *Aeronautical Journal*, **20** (1916): 139-156.

Burgers, J. M. and B. G. van der Hegge Zijnen. *Preliminary Measurements of the Distribution of the Velocity of a Fluid in the Immediate Neighbourhood of a Plane, Smooth Surface* (Amsterdam: Koninklijke Akademie van Wetenschappen, 1924).

Cambridge University Aerodynamics Laboratory. "Measurement of Profile Drag in Pitot-Traverse Method," R. & M. 1688 (1936).

Campbell, A. and T. Smith. "On a Method of Testing Photographic Shutters," Proceedings of the Physical Society of London, **21** (1907-9): 788-794, reprinted in NPL, *Collected Researches*, **6** (1910): 91-97.

Cave-Browne-Cave, Thomas R. "Note on Future Aircraft," T. 1566 (1921), DSIR 23/1570, NA.

Clark, K. W. and C. Callan. "Air Flow over a Biplane Model Demonstrated by the 'Tuft' Method," T. 3344 (R. & M. 1552) (November 1932), NA.

Commission Interalliée de Controle en Allemagne, *Rapport Technique*, n. d.

Cowley, William L. "On the Analysis of the Flow of an Incompressible Viscous Flow," R. & M. 715 (December 1919).

——. "On a Method of Analysis Suitable for the Differential Equations of Mathematical Physics," *Philosophical Magazine*, **41** (1921): 584-607.

—— and Hyman Levy. *Aeronautics in Theory and Experiment* (London, 1918).

—— and Hyman Levy. "On the Analysis and Graphical Solution of the Differential Equation of Mathematical Physics," R. & M. 690 (June 1919).

Crouch, R. J. Goodman. "Notes on a Visit to French Aerodynamic Establishments at Issy-Les-Moulineaux (Service Techniques), Auteuil (Eiffel) and St. Cyr (Service Technique)," Ae. Techl. 146 (March 1923), DSIR 23/8896, PRO.

Dalby, William E. "Note on T. 1542," T. 1542a (1920), DSIR 23/1556, NA.

Dilworth, J. A. "Japanese Experimental High Speed Research Airplane Ki-78" Air Technical Intelligence Group, Report, no. 135 (1945).

Dorand, René. "Special Report on 'the New Aerodynamical Laboratory at Göttingen'," T. 1516 (October 1920), DSIR 23/1530, NA.

Dryden, Hugh L. "Turbulence and the Boundary Layer," *Journal of Aeronautical Society*, **6**, no. 3 (1939): 85-105.

—— and R. H. Heald. "Investigation of Turbulence in Wind Tunnels by a Study of the Flow about Cylinders," *NACA Technical Report*, no. 231 (1926).

—— and A. M. Kuethe. "The Measurement of Fluctuations of Air Speed by the Hot-wire Anemometer," *NACA Technical Report*, no. 320 (1929).

——, Francis D. Murnaghan, and Harry Bateman. "Report of the Committee on Hydrodynamics," *Bulletin of the National Research Council*, no. 84 (1932).

Dyck, Walter, ed. Katalog mathematischer und mathematischen-physikalischer Modelle, Apparate und Instrumente (Munich, 1892).

Edwards, I. A. E. "Aircraft of 1935," T. 2560 (January 1928), DSIR 23/2574, NA.

Eiffel, Gustave. *La résistance de l'air : examen des formules et des expériences* (Paris: Dunod et Pinat, 1910).

——. *La résistance de l'air et l'aviation: expérience effectuées au Laboratoire du Champ-de-Mars*, 2e éd. (Paris: Dunod et Pinat, 1911).

Fage, Arthur. "On the Theory of Tapered Aerofoils," R. & M. 806 (January 1923).

——. "Some Recent Experiments on Fluid Motion," *Journal of the Royal Aeronautical Society*, **32**(1928): 296-330.
——. "The Behaviour of Fluids in Turbulent Motion," *Journal of the Royal Aeronautical Society*, **37**(1933): 573-600.
——. "Experiments on a Sphere at Critical Reynolds Number," R. & M. 1766 (1936).
—— and H. E. Collins. "An Investigation of the Magnitude of the Inflow Velocity of the Air in the Immediate Vicinity of an Airscrew, with a View to an Improvement in the Accuracy of Prediction from Aerofoil Data of the Performance of an Airscrew," R. & M. 328 (May 1917).
—— and R. G. Howard. "A Consideration of Airscrew Theory in the Light of Data Derived from an Experimental Investigation of the Distribution of Pressure over the Entire Surface of an Airscrew Blade, and also over Aerofoils of Appropriate Shapes," R. & M. 681 (March 1921).
—— and L. J. Jones. "On the Drag of an Aerofoil for Two-Dimensional Flow," *Proceedings of the Royal Society*, A **111** (1926): 592-603.
—— and J. H. Warsap. "The Effects of Turbulence and Surface Roughness on the Drag of a Circular Cylinder," R. & M. 1283 (October 1929).
Farren, William S. "The Design of Tapered Wings," R. & M. 833 (July 1922).
——. "Suggestions for Researches," T. 2564 (January 1928), DSIR 23/2578, NA.
Föppl, Otto. "Ergebnisse der aerodynamischen Versuchsanstalt von Eiffel, verglichen mit den Göttinger Resultaten," *Zeitschrift für Flugtechnik und Motorluftschiffahrt*, **3** (1912): 118-121.
Frazer, Robert A. "On the Motion of Circular Cylinder in a Viscous Fluid," *Philosophical Transactions*, A **225** (1925): 93ff.
Gates, S. B. "Control as a Criterion of Longitudinal Stability," R. & M. 636 (June 1919).
Glauert, Hermann. "The Longitudinal Control of an Aeroplane," T. 1140 (R. & M. 470) (May 1918), DSIR 23/1154, NA.
——. "The Investigation of the Spin of an Aeroplane," R. & M. 618 (June 1919).
——. "Notes on the German Aerofoil Theory," Ae. Techl. 51 (February 1920), DSIR 23/8808, PRO.
——. "Summary of Present State of Knowledge with Regard to Stability and Control of Aeroplanes," T. 1537 (R. & M. 710) (December 1920), DSIR 23/1551, NA.
——. "Aerofoil Theory," T. 1563 (R. & M. 723) (February 1921), DSIR 23/1577, NA.
——. "The Calculation of the Characteristics of a Tapered Wing," R. & M. 767 (May 1921).
——. "An Aerodynamic Theory of an Airscrew," T. 1683 (R. & M. 786) (January 1922), DSIR 23/1697, NA.
——. "A Method of Calculating the Characteristics of a Tapered Wing." 1756 (R. & M. 824) (October 1922), DSIR 23/1770, NA.
——. "Some Aspects of Modern Aerofoil Theory," in W. Lockwood Marsh, ed. *Report of the International Air Congress, London, 1923* (London: International Air Congress, 1923): 245-255.
——. "Experimental Tests of the Vortex Theory of Aerofoils," T. 1850 (R. & M. 889) (November 1923), DSIR 23/1864, NA.

——. "Theoretical Relationship for a Biplane," R. & M. 901 (December 1923).
——. "A Theory of Thin Aerofoil," R. & M. 910 (February 1924).
——. "A Generalized Type of Joukowski Aerofoil," R. & M. 911 (January 1924).
——. "The Characteristic of Thick Aerofoil," R. & M. 927 (May 1924).
——. "The Theory of the Design of Aerofoils, with an Analysis of the Experimental Results for the Aerofoils R.A.F. 25, 26, 30 to 33," T.1989 (R. & M. 946) (November 1924), DSIR 23/2003, NA.
——. *The Elements of Aerofoil and Airscrew Theory* (Cambridge, 1926).
Glazebrook, Richard T. "The Development of the Aeroplane (The Second Wilbur Wright Memorial Lecture)," *Aeronautical Journal*, **13** (1914): 272-301.
——. "Notes on an American Visit in March, 1925," T.2073 (May 1925), DSIR 23/2090, PRO.
——. "Report for the Year 1930-1931," in TRARC (1930-31), vol. 1, pp. 1-16.
Goldstein, Sydney. "Turbulence, Dynamical Similarity and Flow in Pipes," 1444 (1935), DSIR 23/4695, NA.
——, ed. *Modern Developments in Fluid Dynamics* (Oxford: Oxford University Press, 1938).
Greenhill, George. *Applications of Elliptic Functions* (London, 1892).
——. *The Dynamics of Mechanical Flight: Lectures Delivered at the Imperial College of Science and Technology, March, 1910 and 1911* (London: Constable, 1912).
——. "Report on Stream Line Motion Past a Plane Barrier," R. & M. 19 (1910).
——. "Theory of a Stream Line Past a Curved Wing," Appendix to R. & M. 19 (April 1916).
Grey, Charles G. "On the Re-Equipment of the R.A.F.," *The Aeroplane*, **23** (1922): 1-2 and 17-19.
Gruschwitz, Eugen. "Die turbulente Reibungsschicht in ebener Stromung bei Drckabfall und Druckanstieg," *Ingenieurarchiv*, **2** (1931): 321-346.
Harris, R.G. "Graphical Solution of Stability of Biquadratic," T.817 (R. & M. 262) (September 1916), DSIR 23/831, NA.
Hele-Shaw, Henry S. "Report on the Development of Graphic Methods in Mechanical Science," *The Report of the British Association for the Advancement of Science* (London, 1890): 322-327; (London, 1893): 373-530; (London, 1894): 573-613.
Helmholtz, Hermann von. "Ueber discontinuirliche Flüssigkeitsbewegungen," Monatsberichte der königslichen Akademie der Wissenschaften zu Berlin (1868): 215-228; reproduced in *Wissenschaftliche Abhandlungen von Hermann von Helmholtz*, vol. 1, (Leipzig, 1882), pp. 146-157.
Henrici, Olaf. "Report on Planimeter," *Report of the British Association for the Advancement of Science, Oxford, 1894* (London, 1895), pp. 496-527.
Hiemenz, Karl. "Die Grenzschicht an einem in den gleichförmigen Flüssigkeitsstrom eingetauchten Kreiszylinder," *Dinglers Polytechnik Journal*, **326** (1911): 321-324, 344-348, 357-362, 372-376, 391-393, and 407-410.
Hill, R.M. and H.L. Stevens. "Notes on Stalled Flying," T.1757 (R. & M. 953) (October 1922), DSIR 23/1771, NA.
Hunsaker, Jerome C. "Europe's Facilities for Aeronautical Research," *Flying*, **3** (1914):

75, 93, and 108-109.
——. *The Reminiscence of Jerome C. Hunsaker*, Aviation Project, the Oral History Office, Columbia University, 1960.
International Congress for Applied Mechanics, ed. *Proceedings of the Fourth International Congress for Applied Mechanics* (Cambridge: Cambridge University Press, 1935).
Jacobs, Eastman N. "Tests of N. A. C. A. Airfoils in the Variable-Density Wind Tunnel. Series 43 and 63," *NACA Technical Note*, no. 391 (1931).
——. "Tests of N. A. C. A. Airfoils in the Variable-Density Wind Tunnel. Series 44 and 64," *NACA Technical Note*, no. 401 (1931).
——. "Tests of N. A. C. A. Airfoils in the Variable-Density Wind Tunnel. Series 24," *NACA Technical Note*, no. 404 (1932).
——. "The Characteristics of 78 Related Airfoil Sections from Tests in the Variable-Density Wind Tunnel," *NACA Technical Report*, no. 460 (1933).
——. "Laminar and Turbulent Boundary Layers as Affecting Practical Aerodynamics," *S. A.E.Journal*, **41**, no. 4 (1937); reprinted as 3309 (1937), DSIR 23/6560, NA.
——. "Preliminary Report on Laminar-Flow Airfoils and New Methods Adopted for Airfoil and Boundary-Layer Investigations," *NACA Advance Confidential Report* (June 1939), declassified as NACA Wartime Report L-345.
Jones, B. Melvill. "Subjects Suitable for Research in Aerodynamics," T. 1543 (December 1920), DSIR 23/1557, NA.
——. "Step-by-step Calculation upon the Asymmetric Movements of Stalled Aeroplanes," T. 2126 (R. & M. 999) (October 1925), DSIR 23/2140, NA.
——. "The Lateral Control of Stalled Aeroplanes: General Report by the Stability and Control Panel," R. & M. 1000, in TRARC (1925-26): 274-316.
——. "The Importance of 'Streamlining' in Relation to Performance" T. 2519 (September 1927), DSIR 23/2533, NA.
——. "The Importance of 'Streamlining' in Relation to Performance," R. & M. 1115 (September 1927), in TRARC (1927-28): 417-431.
——. "Suggestions for Research in Aerodynamics," T. 2557 (January 1928), DSIR 23/2571, NA.
——. "Mutual Interference Effects between Wing Roots and a Streamline Body of 3 to 1 Fineness Ratio," T. 2660 (1928), DSIR 23/2674, NA.
——. "Skin Friction and the Drag of Streamline Bodies," T. 2709 (December 1928), DSIR 23/2723, NA.
——. "Note 2," T. 2709a (December 1929), DSIR 23/2723, NA.
——. "Note 3," T. 2709b (December 1929), DSIR 23/2723, NA.
——. "The Streamline Aeroplane," *Journal of the Royal Aeronautical Society*, **33** (1929): 358-385.
——. "Investigations on Air Flow at Cambridge University," 1546 (November 1934), DSIR 23/4797, NA.
——. "Aerodynamic Research at Cambridge," 1677 (1935), DSIR 23/4928, NA.
——. "The Measurement of Profile Drag by the Pitot-traverse Method," 2202, R. & M. 1688 (January 1936), DSIR 23/5453, NA.
——. "The Latest about Skin Friction," *Aeroplane*, **51** (1936): 805-807.

——. "Profile Drag," *Journal of the Royal Aeronautical Society*, **41** (1937): 339-368.

——. "Flight Experiments on the Boundary Layer," *Journal of the Aeronautical Sciences*," **5**, no. 3 (1938): 81-101.

Joukowski, Nikolai J. "De la chute dans l'air de corps légers de forme allongée animés d'un mouvement rotatoire," *Bulletin de l'Institut Aerodynamique de Koutchino*, **1** (1906): 51-65.

——, trans. by S. Drzeviecki. *Aérodynamique* (Paris, 1916)

Kármán, Theodore von. "Über den Mechanismus des Widerstandes, den ein Bewegten Körper in einer Flüssigkeit erfährt," *Nachrichten von der Königlichen Gesellschaft der Wissenschaften zu Göttingen, Mathematisch-physikalische Klasse* (1911): 509-517, and (1912): 547-556; reproduced in *Collected Works of Theodore von Karman*, vol. 1 (1956), pp. 324-538.

——. *Aerodynamics: Selected Topics in the Light of Their Historical Development* (Ithaca: Cornell University Press, 1952). 邦訳：カルマン（谷一郎訳）『飛行の理論』（岩波書店，*1956*）.

——. *The Wind and Beyond: Theodore von Kármán, Pioneer in Aviation and Pathfinder in Space* (Boston: Little Brown, 1967). 邦訳：カルマン（野村安正訳），『大空への挑戦——航空学の父カルマン自伝』（森北出版，1995）. 同訳書は最終 6 章が欠けているが，それらを含む全章邦訳が森北出版ホームページで閲覧可能である. 〈http://www.morikita.co.jp/cgi-bin/9451/oozora.cgi〉.

Kawada, Sandi. "The Theory of Airscrews," *Report of the Aeronautical Research Institute*, no. 14 (1926).

Kirchhoff, Gustav R. "Zur Theorie freier Flüssigkeitsstrahlen," *Crelles Journal für die reine und angewandte Mathematik*, **70** (1869): 289-298.

Klein, C. Felix. "Aeronautics at Göttingen University: Some Fields of Research Which Are to Be Explored," *Scientific American Supplement*, **67** (1909): 287.

Klemin, Alexander, Edward P. Warner, and George D. Denkinger. "An Investigation of the Elements which Contributed to Statical and Dynamical Stability, and of the Effects of Variation in those Elements," *NACA Technical Report*, no. 17.

Lamb, Horace. *Hydrodynamics*, 4th ed. (Cambridge, 1916).

Lanchester, Frederick W. *Aerodynamics* (London: Constable, 1907).

——. *Aerodonetics* (London: Constable, 1908).

Lang, E. D. "German Aerofoil Tests," R. & M. 695 (May 1920).

Levy, Hyman. "Discontinuous Fluid Motion past a Curved Boundary," *Proceedings of the Royal Society*, ser. A **92** (1916): 285-304.

Lewis, George. W. "Some Modern Methods of Research in the Problem of Flight," *Journal of the Royal Aeronautical Society*, **43** (1939): 771-798.

Mallock, Henry R. A. "On the Resistance of Air," *Proceedings of the Royal Society*, **79** (1907): 262-273.

——. "Influence of Viscosity on the Stability of the Flow of Fluids," *Proceedings of the Royal Society*, **84** (1911): 482-491.

——. "Mr. Mallock's Memorandum on Proposed Experiments with Flying Machines," T. 100 (11 March 1911), DSIR 23/100, NA.

Marchis, Lucien R. A. E. *Cours d'aeronautique* (Paris, 1910-1912).

Moon, P.B. "George Paget Thomson," *Biographical Memoirs of Fellows of the Royal Society*, **23** (1977): 529-556.

Moriya, Tomijirow. "Die Tragflügeltheorie," graduation thesis, Aeronautics Department, Tokyo Imperial University, 1923.

Munk, Max M. "Isoperimetrische Aufgaben aus der Theorie des Fluges," Ph.D. dissertation, Göttingen University (1919).

——. "The Minimum Induced Drag of Aerofoils," *NACA Technical Report*, no. 121 (1921).

NACA. "Notes on the Proceedings of the 1939 Meeting of the Aircraft Industry with the National Advisory Committee for Aeronautics," *Journal of Aeronautical Science*, **6** (1939): 299-301.

Nayler, Joseph L. "Report on Paris Visit, Concerning International Trials on R.A.F. 15 Aerofoil," Ae. Tech. 145 (March 1923), DSIR 23/8895, NA.

NPL, the Aeronautics Staff in the Engineering Department. "Method of Experimental Determination of the Forces and Moments on a Model of a Complete Aeroplane: With the Results of Measurements on a Model of a Monoplane of a Bleriot Type," R. & M. 75 (March 1913).

O'Gorman, Mervyn, Oswatitsch K. and K. Wieghardt. "Ludwig Prandtl and His Kaiser-Wilhelm-Institut," *Annual Review of Fluid Mechanics*, **19** (1987): 1-25.

Ower, E., H.C.H. Townend, and C.T. Hutton. "Interference Effects between Streamlined Body and Certain Objects Placed near or Attached to It," T. 2658 (September 1928), DSIR 23/2672, NA.

Page, F. Handley. "The Handley Page Wing," *Aeronautical Journal*, (1921): 263-289.

Perring, W.G.A. "Cowling of Air-Cooled Engines: Wind Tunnel Experiments, T. 2986 (April 1930), DSIR 23/3000, NA.

——. "Some Wind Tunnel Experiments on the Cowling of Air-Cooled Engines," R. & M. 1413 (April 1930).

——. "The Cowling of Air-Cooled Engines," *Aircraft Engineering*, **4** (1932): 123-126.

——. "The Cowling of Air-Cooled Engines: A Note from Messrs. Boulton and Paul Shows the Townend Ring in a Favorouble Light," *Aircraft Engineering*, **4** (1932): 157-158.

Petavel, J.E. "Preliminary Notes on Scale Effect," Sc.E.1 (10 April 1917), DSIR 23/10204, NA.

Prandtl, Ludwig. "Über Flüssigkeitsbewegung bei sehr kleiner Reibung," in A. Krazer, ed. *Verhandlungen des III. Internationalen Mathematiker-Kongress, Heidelberg, 1904* (Leipzig, 1905), pp. 484-491; reprinted in Walter Tollmien *et al*., eds. *Ludwig Prandtl Gesammelte Abhandlungen zur angewandten Mechanik, Hydro- und Aerodynamik* (Berlin: Springer-Verlag, 1961), vol. 2, pp. 575-584.

——. "Ergebnisse und Ziele der Göttinger Modellversuchsanstalt," *Verhandlungen der Versammlung von Vertreten der Flugwissenschaft am 3 bis 5 November 1911 zu Göttingen*; reprinted in *Prandtl Gesammelte Abhandlungen*, vol. 3, pp. 1256-1262.

——. "Tragflächen-Auftrieb und -Wiederstand in der Theorie," *Jahrbuch der Wissenschaftlichen Gesellschaft für Luftfahrt*, **5** (1920): 37-65; reprtinted in *Prandtl Gesammelte Abhandlungen*, vol. 1, pp. 377-406.

——. "Geschichtliche Vorbemerkungen," in L. Prandtl ed. *Ergebnisse der Aerodynamis-*

chen Versuchsanstalt zu Göttingen, vol. 1 (1921), pp. 1-7.
——. "Berichte über Untersuchungen zur ausgebildeten Turbulenz," *Zeitschrift fur Angewandte Mechanik und Mathematik*, **5** (1925): 136-139; reprinted in *Prandtl Gesammelte Abhandlungen*, vol. 2, pp. 714-718.
——. "Über die ausgebildete Turbulenz," *Verhandlungen des II. Internationalen Kongress für Technische Mechanik, 1926* (Zürich: Füßli, 1927), pp. 62-75; reprinted in *Prandtl Gesammelte Abhandlungen*, vol. 2, pp. 736-751.
——. "The Generation of Vortices in Fluids of Small Viscosity," *Journal of the Royal Aeronautical Society*, **31** (1927): 720-743; reprinted in *Prandtl Gesammelte Abhandlungen*, vol. 2, pp. 752-777.
——. Walter Tollmien *et al.*, eds. *Ludwig Prandtl Gesammelte Abhandlungen zur angewandten Mechanik, Hydro- und Aerodynamik* (Berlin, 1961).
RAE Staff. "Scale Effect Research at R. A. E.," Ae. Techl 71 (December 1920), DSIR 23/8828, NA.
——. "Lift and Drag of the Bristol Fighter with Wings of Three Aspect Ratio," T. 1789 (February 1923), DSIR 23/1803, NA.
RAF Staff, "Report on Full Scale Work," R. & M. 86 (1913).
——. "Comparison of Lift Coefficients of Full Size and Model Aerofoils," T. 629 (January 1916), DSIR 23/629, NA.
——. "The Application of Model Results to Full Scale Aeroplanes," T. 732 (May 1916), DSIR 23/746, NA.
——. "Experimental Determination of Full Scale Drag Curve," T. 733 (May 1916), DSIR 23/747, NA.
——. "Full Scale Experiments (Climbs & Glides) on B. E. 2c No. 2029 with Method of Reduction of Results," H. 166 (20 June 1916), AVIA 6/2728, NA.
——. "Note on Empirical Correction to Model Prediction of Aeroplane Resistance (Tractor Biplane), for issue to Firms designing Aeroplanes for the War Department," T. 764 (July 1916), DSIR 23/778, NA.
——. "Full Scale Test of Wing Sections R. A. F. 15 and R. A. F. 17," B. A. 41 (R. & M. 321) (February 1917), AVIA 6/1166, NA.
——. "Collection of Data for Prediction of Performance of Aeroplanes," Sc. E. 25 (November 1917), DSIR 23/10228, PRO.
——. "Full Scale Test of Wing Sections R. A. F. 15 and R. A. F. 17," B. A. 41 (R. & M. 321), AVIA 6/1166, NA.
——. "Notes C: Analysis of Notes B on Full Scale Experiments and Their Relation to Prediction from Models," H. 260, AVIA 6/2742, NA.
——. "Experimental Determination of the Resistance of Full Scale Aeroplanes," T. 816, DSIR 23/830, NA.
——. "Collection of Data for the Prediction of Performance of Aeroplanes," B. A. 24 (3 February 1917), AVIA 6/1152, NA.
——. "Full Scale Test of Wing Sections R. A. F. 15 & R. A. F. 17," B. A. 41 (R & M. 321), n. d. AVIA 6/1166, NA.
——. "Reply to Sc. E. 4," Sc. E. 6 (April 1917), DSIR 23/10209, NA.
——. "Engine Tests under Conditions of Reduced Density," Sc. E. 7 (1917), DSIR 23/

10210, NA.
——. "Preliminary Drag Curves of R. A. F. 14 and R. A. F. 18 Wing Sections Determined by Means of the Thrustmeter," Sc. E. 21 (October 1917), DSIR 23/10224, NA.
Rayleigh (John William Strutt). "On the Resistance of the Flow of Fluids," *Philosophical Magazine*, ser. 5, **2** (1876): 430-441.
——. "The Principle of Dynamical Similarity in Reference to the Results of Experiments on the Resistance of Square Plates Normal to a Current of Air," T. 99 (R. & M. 39) (13 March 1911), DSIR 23/99, NA.
—— and F. J. Selby. "Richard Tetley Glazebrook. 1854-1935," *Obituary Notices of Fellows of the Royal Society*, **2**, no. 5 (1936): 28-56.
Reissner, Hans. "Die Seitensteuerung der Flugmachinen," *Zeitschrift für Flugtechnik und Motorluftschiffahrt*, **1** (1910): 101-106 and 117-123.
Relf, Ernest. "Note on the Drag of the D. H. Comet and the Douglas Air Liner," 1529 (December 1934), DSIR 23/4780, NA.
——. "Modern Developments in the Design of Aeroplanes," *Journal of the Institution of Civil Engineers*, **3** (1935-36): 523-566.
——. "Recent Aerodynamic Developments," *Journal of the Royal Aeronautical Society*, **50** (1946): 421-449.
—— and R. Jones. "Effect of Propeller on Pressures round a Section of R. A. F. 14 on B. E. 2c Machine," Sc. E. 17 (September 1917), DSIR 23/10220, NA.
Reynolds, Osborne. "An Experimental Investigation of the Circumstances Which Determine Whether the Motion of Water Shall be Direct or Sinuous, and of the Law of Resistance in Parallel Channels," *Philosophical Transactions*, **174** (1883): 935-982.
Riach, M. A. S. *Air-screw: An Introduction to the Aerofoil Theory of Screw Propulsion* (London, 1916).
Runge, Carl. "Separation und Approximation der Wurzern," in *Encyklopädie der Mathematischen Wissenschaften mit Einschluss ihrer Anwendungen*, vol. 1, part 1.
Simmons, L. F. G. "Photographic Records of Flow in the Boundary Layer," R. & M. 1335 (May 1930).
—— and C. Salter. "Experiments Relating to Steady Air Flow," T. 3046 (1931), DSIR 23/3060, NA.
—— and C. Salter. "Experimental Investigation and Analysis of the Velocity Variations in Turbulent Flow," 689 (1933), DSIR 23/3940, NA.
—— and C. Salter. "Turbulence Measurements in Two Wind Tunnels," 1751 (1935), DSIR 23/5002, NA.
Stanton, Thomas E. "On the Resistance of Plane Surfaces in a Uniform Current of Air," Minutes of Proceedings of the Institution of Civil Engineers, **156** (1903): 78-139, reprinted in the NPL, *Collected Researches*, vol. 1 (1904), pp. 245-279.
——. "Experiments on Wind Pressure," *Minutes of Proceedings of the Institution of Civil Engineers*, **171** (1907-8): 175-226, reprinted in the NPL, *Collected Researches*, vol. 5 (1909), pp. 167-202.
——. "Report on the Experimental Equipment of the Aeronautical Department of the National Physical Laboratory," R. & M. 25 (April 1910).
Stephens, A. V. and J. A. G. Haslam. "Flight Experiments on Boundary Layer Transition

in Relation to Profile Drag," 3413 (R. & M. 1800) (August 1938), DSIR 23/6664, NA.

Stüper, J. "Untersuchung von Reibungsschichten am fliegenden Flugzeug," *Luftfahrtforschung*, **11**, no. 1 (May 1934): 26-32.

——, trans. by J. Vanier. "Investigation of Boundary Layers on an Airplane Wing in Free Flight," NACA Technical Memorandum, 751 (August 1934).

Tani, Itirô. "Ueber die gegenseitige Beeinflussung mehrerer Tragflächen," graduation thesis, Aeronautics Department, Tokyo Imperial University (1930).

——. "A Simple Method of Calculating the Induced Velocity of a Monoplane Wing," *Report of the Aeronautical Research Institute*, no. 111 (1934).

——. "A Simple Method of Calculating the Aerodynamic Characteristics of a Monoplane Wing," *Report of the Aeronautical Research Institute*, no. 197 (1940).

—— and Mituisi, Satosi. "Contributions to the Design of Aerofoils Suitable for High Speeds," *Report of the Aeronautical Research Institute*, no. 198 (1940).

——, Hama, Ryôsuke, and Mituisi, Satosi. "On the Permissible Roughness of the Laminar Boundary Layer," *Report of the Aeronautical Research Institute*, no. 199 (1940).

——. "On the Design of Aerofoils in which the Transition of the Boundary Layer Is Delayed," *Report of the Aeronautical Research Institute*, no. 250 (1943).

——. "Airfoil Sections and Allied Problems," a paper presented to S. W. Brown, Commander USN, together with ARI Rep. 198, 199, 250, 251, 322, on 31 October 1945. 谷一郎文書, 日本大学.

——. "Aerodynamic Research in Japan," a lecture delivered at Cornell University, 8 April 1952, 谷一郎文書, 日本大学.

——. "The Development of Laminar Airfoils in Japan," a lecture delivered at the Institute of the Aeronautical Sciences, 13 April 1953. 谷一郎文書, 日本大学.

Taylor, Geoffrey I. "Turbulent Motion in Fluids," the essay submitted to the Adams Prize, GCI C 2/1 - C 2/11, G. I. Taylor Collection, Trinity College, Cambridge University.

——. "Eddy Motion in the Atmosphere," *Philosophical Transactions*, ser. A, **215** (1915): 1-26.

——. "Diffusion by Continuous Movements," *Proceeding of London Mathematical Society*, **20** (1921): 196-212.

——. "Scientific Methods in Aeronautics," *Aeronautical Journal*, **25** (1921): 474-491, reprinted in *The Scientific Papers of Geoffrey Ingram Taylor*, vol. 2, pp. 38-58.

——. "The 'Rotational Inflow Factor' in Propeller Theory," R. & M. 765 (May 1921), reprinted in G. K. Batchelor, ed. *The Scientific Papers of Sir Geoffrey Ingram Taylor*, vol. 3 (Cambridge, 1963), pp. 59-65.

——. "Notes on T. 1478," T. 1478a (1920), DSIR 23/1492, NA.

——. "Note on the Prandtl Theory," T. 1875 (January 1924), DSIR 23/1889, PRO.

——. "Note on the Connection between the Lift on an Aerofoil in a Wind and the Circulation round It," *Philosophicol Transactions* ser. A **225** (1925). A slightly modified version is reprinted in Scientific Papers of Taylor, pp. 70-76.

——. "The Principles Available for the Design of a Turbulent-free Wind Tunnel," T. 3009 (1930), DSIR 23/3023, NA.

——. "The Formation of Emulsion in Definable Fields of Flow," *Proceedings of the Royal*

Society of London, ser. A, **146** (1934): 501-523.
——. "Notes on Turbulence," 1502 (1934), DSIR 23/4753, NA.
——. "Turbulence in a Converging Stream of Fluid," 1511 (1934), DSIR 23/4762, NA.
——. "Turbulence in a Contracting Stream," *Zeitschrift für Angewandte Mathematik und Mechanik*, **15** (1935): 91-96.
——. "Statistical Theory of Turbulence, Part I," *Proceedings of the Royal Society*, A **151** (1935): 421-444, reproduced in G. K. Batchelor, ed. *The Scientific Papers of Sir Geoffrey Ingram Taylor*, vol. 2 (Cambridge: Cambridge University Press, 1960), pp. 288-306.
——. "Notes on Turbulence. II. Diffusion of Particles from a Connected Cluster," 1656 (1935), DSIR 23/4907, NA.
——. "Notes on Turbulence. III. The Dissipation of Energy in Turbulent Flow," 1686 (1935), DSIR 23/4937, NA.
——. "Notes on Turbulence. IV. Effect of Turbulence on Boundary Layer. Theoretical Discussion of Relationship between Scale of Turbulence and Critical Resistance of Spheres," 1696 (1935), DSIR 23/4947, NA.
——. "Notes on Turbulence. V. Dissipation of Energy in Turbulent Flow," 1785 (1935), DSIR 23/5036, NA.
——. "Memorial Note," in Ko Tomotika Sensei Tsuitō Kinen Jigyōkai, edited and published, *Tomotika Sensei no Omoide: Ko Tomotika Sensei Tsuitō Ronbun Shū* (*Recollections about Professor Tomotika: Papers Memorial of Late Professor Tomotika*) (1966).
——. G. K. Batchelor, ed. *The Scientific Papers of Sir Geoffrey Ingram Taylor* (Cambridge, 1958-71).
Terada, Torahiko. *Scientific Papers* (Tokyo: Iwanami Shoten, 1938).
Terazawa, Kwan-ichi. "On Deep-Sea Water Waves Caused by a Local Disturbance on or beneath the Surface," *Proceedings of the Royal Society of London*, ser. A **92** (1915): 57-81.
——. "On Periodic Disturbance of Level Arising from the Load of Neighbouring Oceanic Tides," *Philosophical Transactions of the Royal Society of London*, ser. A **217** (1918): 35-50.
——. "On the Decay of Vortical Motion in a Viscous Fluid," *Report of the Aeronautical Research Institute*, no. 4 (1922).
——. "On the Interference of Wind Tunnel Walls of Rectangular Cross-Section on the Aerodynamic Characteristics of a Wing," *Report of the Aeronautical Research Institute*, no. 44 (1928).
Thompson, Sylvanus P. "Notes on a Rapid Approximate Method of Harmonic Analysis," *Proceedings of the Physical Society of London*, **19** (1903): 443-453.
Thomson, George P. *Applied Aerodynamics* (London, 1920).
Thomson, William (Lord Kelvin). "Toward the Efficiency of Sails, Windmills, Screw-Propellers, in Water and Air, and Aeroplanes," *Nature*, **50** (1894): 425-426.
——. "On the Doctrine of Discontinuity of Fluid Motion, in Connection with the Resistance against a Solid Moving through a Fluid," *Nature*, **50** (1894): 524-525, 549, 573-575, and 597-598.
Tizard, Henry. "Carburation of Stationary Engines at Great Heights," I. C. E. 82 (April

1917), DSIR 23/7971, NA.
——. "Possible Developments of Aircraft Engines for Civil Aviation in the Next Ten Years," T. 1542 (1920), DSIR 23/1556, NA.
Tomotika, Susumu. "The Lift on a Flat Plate Placed near a Plane Wall, with Special Reference to the Effect of the Ground upon the Lift of a Monoplane Aerofoil," ***Report of Aeronautical Research Institute***, no. 97 (1933).
——. "The Lift on a Flat Plate Placed in a Stream between Two Parallel Walls and Some Allied Problems," ***Report of Aeronautical Research Institute***, no. 101 (1934).
——. "Further Studies on the Effect of the Ground upon the Lift of a Monoplane Aerofoil," ***Report of Aeronautical Research Institute***, no. 120 (April 1935).
——. "On an Instability of a Cylindrical Thread of a Viscous Liquid Surrounded by another Viscous Liquid," ***Proceedings of the Royal Society of London***, ser. A, **147** (1935): 322-337.
——. "The Laminar Boundary Layer on the Surface of a Sphere in Uniform Stream," R. & M. 1678 (1935).
——. "Breaking up of a Drop of Viscous Liquid Immersed in Another Viscous Fluid Which is Extending at a Uniform Rate," ***Proceedings of the Royal Society of London***, ser. A, **153** (1936): 302-318.
—— and Isao Imai. "On the Transition of Laminar to Turbulent Boundary Layer in the Boundary Layer of a Sphere," ***Report of the Aeronautical Research Institute***, no. 167 (1938): 387-423.
Townend, H. C. H. "Note on a Method of Reducing the Drag of Radial Engines by the Addition of Rings of Aerofoil Section," T. 2672 (October 1928), DSIR 23/2686, NA.
——. "Reduction of Drag of Radial Engines by the Attachment of Rings of Aerofoil Section, Including Interference Experiments of an Allied Nature, with Some Further Applications," T. 2819 (R. & M. 1267) (July 1929), DSIR 23/2913, NA.
——. "Statistical Measurements of Turbulence in the Flow of Air through Pipe," 690 (1933), DSIR 23/3941, NA.
——. "Further Experiments on Statistical Measurements of Turbulence," 1531 (1934), DSIR 23/4782, NA.
Trefftz, Erwin. "Zur Prandtlschen Tragflügeltheorie," ***Mathematische Annalen***, **82** (1921): 306-319.
——. "Prandtlsche Tragflächen- und Propeller-Theorie," ***Zeitschrift für angewandte Mathematik und Mechanik***, **1** (1921): 206-218.
Wieselsberger, Carl. "Der Luftwiderstand von Kugeln," ***Zeitschrift für Flugtechnik und Motorluftschiffahrt***, **5** (1914): 140-145.
Wilson, Edwin B. "Theory of an Airplane Encountering Gusts," ***NACA Technical Report***, no. 1, part 2 (1915).
——. "Theory of an Airplane Encountering Gusts, II," ***NACA Report***, no. 21 (1917). Originally published in The Transactions of the American Philosophical Society.
——. ***Aeronautics: A Class Text*** (New York, 1920).
Wood, Robert McKinnon. "Summary of Present State of Knowledge with Regard to Airscrews," R. & M. 594 (February 1919).
——. "The Aerodynamic Laboratory at Göttingen with an Appendix on the Wind Tunnel

of the Zeppelin Works at Friedrichshaven [sic]," T. 1566 (February 1921), DSIR 23/1580, NA.
——, F. B. Bradfield, and M. Barker. "Multiple Interference Applied to Airscrew Theory," R. & M. 639 (September 1919).
Zahm, A. F. "Report on European Aerodynamic Laboratories," *Smithsonian Miscellaneous Collections*, vol. 62, no. 3 (1914).

欧文二次史料

Aitken, Hugh G. J. *Syntony and Spark: The Origins of Radio* (New York: Wiley, 1976).
Alberts, Gerard. "On Connecting Socialism and Mathematics: Dirk Struik, Jan Burgers, and Jan Tinbergen," *Historia Mathematica*, **21** (1994): 280-305, on pp. 293-298.
Anderson, John D. Jr. *A History of Aerodynamics and Its Impact on Flying Machines* (Cambridge: Cambridge University Press, 1997). 邦訳：ジョン・D・アンダーソン Jr.(織田剛訳)『空気力学の歴史』(京都大学学術出版会, 2009).
Aspray, William, ed. *Computing before Computers* (Ames: Iowa State University Press, 1990).
Batchelor, George. *The Life and Legacy of G. I. Taylor* (Cambridge: Cambridge University Press, 1996).
Bloor, David. *The Enigma of the Aerofoil: Rival Theories in Aerodynamics, 1909-1930* (Chicago: University of Chicago Press, 2011).
Boys, C. V. "Henry Reginald Arnulph Mallock, 1851-1933," *Obituary Notices of Fellows of the Royal Society*, **1** (1932-1935): 95-100.
Brock, William H. "The Japanese Connexion: Engineering in Tokyo, London, and Glasgow at the End of the 19th Century," *British Journal for the History of Science*, **14** (1981): 227-243.
—— and Michael H. Price. "Squared Paper in the Nineteenth Century: Instrument of Science and Engineering, and Symbol of Reform in Mathematical Education," *Educational Studies in Mathematics*, **11** (1980): 365-381.
Brown, David K. *The Way of the Ship in the Midst of the Sea: The Life and Work of William Froude* (Penzance: Periscope, 2006).
Burckhardt, J. J. "Gräffe, Karl Heinrich," in *Dictionary of Scientific Biography*, vol. 4, p. 490.
Cattermole, M. J. G. and A. F. Wolfe. *Horace Darwin's Shop: A History of the Cambridge Scientific Instrument Company, 1878-1968* (Bristol: Adam Hilger, 1987).
Caunter, C. F. "A Historical Summary of the Royal Aircraft Establishment: 1918 -1948," Aero 2150A (November 1949), RAE.
Child, S. and C. F. Caunter. "A Historical Summary of the Royal Aircraft Establishment and Its Antecedents: 1878-1918," Aero 2150 (March 1947), RAE.
Collar, A. R. "Arthur Fage," *Biographical Memoirs of Fellows of the Royal Society*, **24** (1978): 33-53.
Collins, Harry and Trevor J. Pinch. *The Golem: What Everyone Should Know about Science* (Cambridge: Cambridge University Press, 1993). 邦訳：H・コリンズ, T・ピンチ(福岡伸一訳)『七つの科学事件ファイル――科学論争の顚末』(化学同人, 1997).

Constant, Edward W. II. *The Origins of the Turbojet Revolution* (Baltimore: Johns Hopkins University Press, 1980).
Cotton, J. S. and Rosemary T. Van Arsdel. "Allen, (Charles) Grant Blairfindie (1848-1899)," in *Oxford Dictionary of National Biography* (Oxford: Oxford University Press, 2004).
Croarken, Mary G. *Early Scientific Computing in Britain* (Oxford: Clarendon Press, 1990).
Crouch, Tom D. "How the Bicycle Took Wing," *American Heritage of Inventions and Technology*, **2** (1986): 10-16.
Darrigol, Olivier. *Worlds of Flow: A History of Hydrodynamics from the Bernoullis to Prandtl* (Oxford: Oxford University Press, 2005).
Douglas, Deborah G. "The Invention of Airports: A Political, Economic and Technological History of Airports in the United States, 1919-1939," Ph. D. dissertation, University of Pennsylvania, 1996.
Driver, Hugh. *The Birth of Military Aviation in Britain, 1903-1914* (Sulfolk: Boydell, 1997).
Dupree, A. Hunter. *Science in the Federal Government: A History of Policies and Activities* (Cambridge, Mass.: Belknap Press of Harvard University Press, 1957).
Duz, Peter D. "History of Aeronautics and Aviation in USSR: First World War Period (1914-1918)," a translation from the Russian original, *NASA Technical Papers*, HTT 70-53087.
Eckert, Michael. *The Dawn of Fluid Dynamics: A Discipline between Science and Technology* (Weinheim: Wiley-VCH, 2006).
Farren, William S. and H. T. Tizard. "Hermann Glauert, 1892-1934," *Obituary Notices of Fellows of the Royal Society*, **1** (1932-1935): 607-610.
Ferguson, Eugene S. *Engineering and the Mind's Eye* (Cambridge, Mass.: MIT Press, 1992) 邦訳：E・S・ファーガソン（藤原良樹・砂田久吉訳）『技術屋の心眼』(平凡社, 1995).
Ferrari, Carlo. "Recalling the Vth Volta Congress: High Speeds in Aviation," *Annual Review of Fluid Mechanics*, **28** (1996): 1-9.
Fletcher, John, ed. *The Lanchester Legacy: A Trilogy of Lanchester Works*, vol. 3: A Celebration of a Genius (Coventry: Coventry University, 1996).
Forman, Paul. "Runge, Carl David Tolmé," in *Complete Dictionary of Scientific Biography*, vol. 11 (Detroit: Scribner, 2008).
Fox, Robert, and Graeme Gooday. *Physics at Oxford, 1839-1939: Laboratories, Learning, and College Life* (Oxford: Oxford University Press, 2005).
Francillon, René J. *McDonnell Douglas Aircraft since 1920*, vol. 1 (London: Putnam, 1979).
Giacomelli, R. and E. Pistolesi. "Historical Sketch" in William F. Durand, ed. *Aerodynamic Theory*, vol. 1 (Berlin: Springer, 1934), pp. 305-394.
Gibbs-Smith, Charles H. *Aviation: an Historical Survey from Its Origins to the End of World War II* (London: H. M. S. O., 1970).
Gollin, Alfred. *No Longer an Island: Britain and the Wright Brothers, 1902-1909* (London: Heinemann, 1984).

Die Göttinger Vereinigung zur Förderung der angewandten Physik und Mathematik. *Die Physikalischen Institute der Universität Göttingen: Festschrift* (Leipzig, 1906).

Graham, Margaret B. W. "R&D and Competition in England and the United States: The Case of the Aluminum Dirigible," *Business History Review*, **62** (1988): 261-285.

Greenslade, William and Terence Rodgers, eds. *Grant Allen: Literature and Cultural Politics at the Fin de Siècle* (Aldershot: Ashgate, 2005).

Grey, Charles G. *A History of the Air Ministry* (London: Allen, 1940).

Gridgeman, Norman T. and Saunders MacLane. "Wilson, Edwin Biddell," *Dictionary of Scientific Biography*, vol. 14, pp. 436-438.

Grigorjan, A. T. "Die Entwicklung der Hydrodynamik in der Arbeiten von N. J. Shukowski und S. A. Tschaplygin," *NTM*, **2**, no. 1 (1965): 39-62.

Hall, A. Rupert. *Science for Industry: A Short History of the Imperial College of Science and Technology and Its Antecedents* (London: Imperial College, 1982).

Hall, Arnold and Morien Morgan. "Bennett Melvill Jones. 28 January 1887 - 31 October 1975," *Biographical Memoirs of Fellows of the Royal Society*, **23** (1977): 253-282.

Hanle, Paul. *Bringing Aerodynamics to America* (Cambridge, Mass.: MIT Press, 1982).

Hansen, James R. *Engineers in Charge: A History of the Langley Aeronautical Laboratory, 1917-1958* (NASA History Series: SP-4305) (Washington, D. C.: NASA, 1987).

Hashimoto, Takehiko. "Theory, Experiment, and Design Practice: The Formation of Aeronautical Research, 1909-1930," Ph. D. dissertation, Johns Hopkins University (1991).

——. "Graphical Calculation and Early Aeronautical Engineers," *Historia Scientiarum*, **3**, no. 3 (1993-1994): 159-183.

——. "The Wind Tunnel and the Emergence of Aeronautical Research in Britain," in Peter Galison and Alex Roland, eds. *Atmospheric Flight in the Twentieth Century* (London: Kluwer Academic Publishers, 2000), pp. 223-239.

——. "The Contest over the Standard: The Project of the Transpacific Flight and Aeronautical Research in Interwar Japan," *Historia Scientiarum*, **11** (2001-2): 226-244.

——. "Leonard Bairstow as a Scientific Middleman: Early Aerodynamic Research on Airplane Stability in Britain, 1909-1920," *Historia Scientiarum*, **17** (2007-8): 101-120.

——. *Historical Essays on Japanese Technology*, UTCP Collection, vol. 6 (2010).

——. "'How Far Do Experiments on Models Represent Experiments on Full Sized Machines?': The Examination and Dispute on the Reliability of the Wind Tunnels in Britain, 1909-1917," *Historia Scientiarum*, **20** (2010-11): 96-122.

Hills, R. and E. J. MacAdam. "Aircraft Research Association Limited," *Journal of the Royal Aeronautical Society*, **70** (1966): 101-102.

Hirschel, Ernst-Heinrich *et al. Aeronautical Research in Germany: From Lilienthal until Today* (Berlin: Springer, 2004).

Hughes, Thomas P. "Model Builders and Instrument Makers," *Science in Context*, **2**, no. 1 (1988): 59-75.

Jackson, A. S. *Imperial Airways and the first British Airlines, 1919-1940* (Lavenham: Terence Dalton, 1995).

Jones, H. A. *The War in the Air*, vol. 2 (Oxford, 1928).

Jones, R. T. "Recollections from an Earlier Period in American Aeronautics," *Annual Review of Fluid Mechanics*, **9** (1977): 1-11.

Kármán, Theodore von, and Lee Edson. *The Wind and Beyond: Theodore von Kármán, Pioneer in Aviation and Pathfinder in Space* (Boston: Little, Brown, 1967). 邦訳：テオドール・フォン・カルマン（野村安正訳）『大空への挑戦——航空工学の父カルマン自伝』（森北出版, 2010).

Kevles, Daniel J. *The Physicists: The History of Scientific Community in Modern America* (New York: Knopf, 1971).

Kingsford, Peter W. *F.W.Lanchester: A Life of an Engineer* (London: Edward Arnold, 1960).

Kuhn, Thomas S. *The Structure of Scientific Revolutions* (Chicago: University of Chicago Press, 1962) 邦訳：トーマス・S・クーン（中山茂訳）『科学革命の構造』（みすず書房, 1971).

Loftin, Laurence K. Jr. *Quest for Performance: The Evolution of Modern Aircraft* (Washington, D.C.: NASA, 1985).

Manegold, Karl Heinz. *Universität, Technische Hochschule und Industrie: Ein Beitrag zur Emanzipation der Technik in 19. Jahrhundert unter besonderer Berücksichtigung der Bestrebungen Felix Kleins* (Berlin: Dunckev & Humblot, 1970).

McDowell, D.M. and J.D.Jackson, eds. *Osborne Reynolds and Engineering Science Today* (Manchester: Manchester University Press, 1970).

Meier, Gerd E.A., ed. *Ludwig Prandtl, ein Fürer in der Strömungslehre: Biographische Artikel zum Werk Ludwig Prandtls* (Braunschweig: Vieweg, 2000).

Miller, Ronald and David Sawers. *The Technical Development of Modern Aviation* (London: RKP, 1968).

Mondey, David. *The Schneider Trophy: A History of the Contests for* La Coupe d'Aviation Maritime Jacques Schneider (London: Robert Hale, 1975).

Moseley, Russell. "The Origins and Early Years of the National Physical Laboratory: A Chapter in the Pre-history of British Science Policy," *Minerva*, **16** (1978): 222-250.

Nayler, John L. "The Aeronautical Research Council," *Journal of the Royal Aeronautical Society*, **70** (1966): 79-82.

——. "Aeronautical Research at the NPL," *Journal of the Royal Aeronautical Society*, **70** (1966): 82-84.

Oswatitsch, K. and K.Wieghardt. "Ludwig Prandtl and His Kaiser-Wilhelm-Institut," *Annual Review of Fluid Mechanics*, **19** (1987): 1-25.

Penrose, Harald. *British Aviation: The Great War and Armistice, 1915-1919* (London, 1969).

Pugsley, A.G. "Robert Alexander Frazer, 1891-1959," *Biographical Memoirs of Fellows of the Royal Society*, **7** (1961): 75-84.

Pyatt, Edward. *The National Physical Laboratory: A History* (Bristol: Adam Hilger, 1983).

Rae, John B. *Climb to Greatness: The American Aircraft Industry, 1920-1960* (Cambridge, Mass.: MIT Press, 1968).

Raleigh, Walter A. *The War in the Air*, vol.1 (Oxford, 1922).

Ricardo, H.R. "Frederick William Lanchester, 1868-1946," *Obituary Notices of Fellows of the Royal Society*, **5** (1948): 756-766.

Richenhagen, Gottfried. *Carl Runge (1856-1927): Von der reinen Mathematik zur Nu-*

merik (Göttingen, 1985).
Robertson, Robert. "Petavel, Joseph Ernest," *Obituary Notices of Fellows of the Royal Society*, **2** (1936-1938): 183-203.
Roland, Alex. *Model Research: The National Advisory Committee for Aeronautics, 1915-1958* (Washington, D. C.: NASA, 1985).
Roseberry, Cecil R. *The Challenging Skies: The Colorful Story of Aviation's Most Exciting Years, 1919-1939* (New York: Doubleday, 1966).
Rotta, Julius C. *Die Aerodynamische Versuchsanstalt in Göttingen, ein Werk Ludwig Prandtls: Ihre Geschichte von den Anfängen bis 1925* (Göttingen: Vandenhoeck & Ruprecht, 1990).
Runge, Iris. *Carl Runge und sein wissenschaftliches Werk* (Göttingen: Vandenhoeck & Ruprecht, 1949).
Smith, Jonathan. "Grant Allen, Physiological Aesthetics, and the Dissemination of Darwin's Botany," in Geoffrey N. Cantor and Sally Shuttleworth. *Science Serialized: Representations of the Sciences in Nineteenth-Century Periodicals* (Cambridge, Mass.: MIT Press, 2004).
Staudenmeier, John M. *Technology's Storytellers: Reweaving the Human Fabric* (Cambridge, Mass.: MIT Press, 1984).
Stephens, A. V. "Some British Contributions to Aerodynamics," *Journal of the Royal Aeronautical Society*, **70** (1966): 71-78.
Strutt, Robert John. *Life of John William Strutt: Third Baron Rayleigh, O.M., F.R.S.* (Madison : University of Wisconsin Press, 1968).
Temple, G. *et al.* "Leonard Bairstow," *Biographical Memoirs of Fellows of the Royal Society*, **11** (1965): 23-40.
Thomson, George P. "William Scott Farren, 1892-1970," *Biographical Memoirs of Fellows of the Royal Society*, **17** (1971): 215-241.
Tilling, Laura. "Early Experimental Graphs," *British Journal of the History of Science*, **8** (1975): 193-213.
Vincenti, Walter. "The Air-propeller Tests of W. F. Durand and E. P. Lesley: A Case Study in Technological Methodology," *Technology and Culture*, **20** (1979): 712-751.
——. "Technological Knowledge without Science: The Innovation of Flush Riveting in American Airplanes, ca. 1930-ca. 1950," *Technology and Culture*, **25** (1984): 540-576.
——. "The Davis Wing and the Problem of Airfoil Design: Uncertainty and Growth in Engineering Knowledge," *Technology and Culture*, **27** (1986): 717-758.
——. "How Did It Become 'Obvious' That an Airplane Should be Inherently Stable," *American Heritage of Invention and Technology*, **4** (1988): 50-56.
——. *What Engineers Know and How They Know It: Analytical Studies from Aeronautical History* (Baltimore: Johns Hopkins University Press, 1990).
Walker, Percy B. *Early Aviation at Farnborough: The History of the Royal Aircraft Establishment* vol. 1: "Balloons, Kites, and Airships" (London: Macdonald, 1971), and vol. 2: "The First Aeroplanes" (London: Macdonald, 1974).
Whitworth, Adrian, ed. *A Centenary History: A History of the City and Guilds College, 1885 to 1985* (London: City and Guilds College of Imperial College of Science and Technology, 1985).

Wood, Robert McKinnon. "Recollections 1914-1934," *Journal of the Royal Aeronautical Society*, **70** (1966): 89-90.

Wright, Thomas. "Scale Models, Similitude and Dimensions: Aspects of Mid-Nineteenth-Century Engineering Science," *Annals of Science*, **49** (1992): 233-254.

Yeang, Chen-Pang. "Scientific Fact or Engineering Specification? The U.S. Navy's Experiments on Wireless Telegraphy circa 1910," *Technology and Culture*, **45** (2004): 1-29.

註

はじめに

(1) B. M. Jones to his father, not dated (c. 1910), in B. M. Jones Collection, The Royal Air Force Museum, Hendon.

第1章

(1) Minutes of the Advisory Committee for Aeronautics, 12 May 1909, DSIR 22/1, National Archives, Kew, England. このイギリスのNational ArchivesをNAと略す.
(2) 航空諮問委員会の成立については, Hugh Driver, *The Birth of Military Aviation in Britain, 1903-1914* (Sulfork: Boydell, 1997), pp. 207ff. を参照.
(3) Minutes of the Advisory Committee for Aeronautics, 3 June 1909, DSIR 22/1, NA. グレーズブルックの履歴と業績については, Rayleigh (Robert John Strutt) and F. J. Selby, "Richard Tetley Glazebrook. 1854-1935," *Obituary Notices of Fellows of the Royal Society*, **2**, no. 5 (1936): 28-56を参照.
(4) 発明家からは, 数多くの新発明のアイデアが航空諮問委員会に寄せられた. 同委員会は, 発足時からそのような発明のアイデアをスクリーニングし, 重要なものをNPL, 国防省, あるいは海軍に通報する課題が課せられていた. 科学史家ダニエル・ケブレスは第一次世界大戦中, アメリカの海軍諮問評議会が同様の義務を負わされて, 発明家のアイデアのスクリーニング業務に追われ, しかもそこからは実りある技術は何も生まれなかったことを指摘している. Daniel Kevles, *The Physicists: The History of Scientific Community in Modern America* (New York: Knopf, 1971), p. 138. 第一次世界大戦中, 同評議会はトマス・エジソンの指揮の下で10万にのぼる発明のアイデアを受け取り, 米国航空諮問委員会(NACA)は16000以上のアイデアを受け取った.
(5) Minutes of the Advisory Committee for Aeronautics, 12 May 1909, DSIR 22/1, NA.
(6) George H. Bryan and W. E. Williams, "The Longitudinal Stability of Aerial Gliders," *Proceedings of the Royal Society*, **73** (1904): 100-116. ブライアンの履歴については, 著者名がイニシャルのみで記されている次の伝記記事を参照. L. B., "George Hartley Bryan. 1864-1928," *Obituary Notices of Fellows of the Royal Society*, **1**, no. 2 (1933): 139-142.
(7) ランチェスターはこのときすでに空気力学に関して2冊の本を出版していた. Frederick W. Lanchester, *Aerodynamics* (London: Constable, 1907); Frederick W. Lanchester, *Aerodonetics* (London: Constable, 1908). ランチェスターの空気力学理論については第3章参照.
(8) Minutes of the Advisory Committee for Aeronautics, 3 June 1909, DSIR 22/1, NA.
(9) Minutes of the Advisory Committee for Aeronautics, 18 October 1909, DSIR 22/1, NA.
(10) George H. Bryan, *Stability in Aviation: An Introduction to Dynamical Stability as Applied to the Motions of Aeroplanes* (London: Macmillan, 1911).
(11) ブライアンは安定的な平衡関係とブリルアンの議論について, 同書, p. 70で論じてい

る.

(12) ブライアンは彼の論考で，これらの安定性に対して，対称的（symmetric）安定性と非対称的（asymmetric）安定性という名称を与えている．飛行機の形状の対称性からそのように呼称したのであるが，彼の継承者にその用語は使われなかった.

(13) ブライアンの理論研究の歴史的背景となる調速装置の安定性の力学的研究については，Otto Mayr，"Maxwell and the Origins of Cybernetics，" *Isis*，**62**（1971）：425-444 を参照．またケンブリッジ大学で数学のチューターとしても名高かったルースについては，Andrew Warwick，***Masters of Theory: Cambridge and the Rise of Mathematical Physics***（Chicago：University of Chicago Press，2003），chapter 5："Routh's Men：Coaching，Research，and the Reform of Public Teaching" を参照.

(14) マクスウェルは主要業績である電磁気学理論を発展させるにあたって，電磁気現象を表現するような機械モデルを考察しており，そのような力学的モデルの考察にあたって調速装置の研究成果も参考にした.

(15) Rayleigh，"Report for the Year 1909-10，" Technical Reports of the Advisory Committee for Aeronautics（以下 TRACA と略），**1**（1909-10），p. 4 を参照.

(16) 技術部は Department of Engineering，空気力学課は Division of Aerodynamics の訳である．両者の階層関係を分かりやすくするために，そのように訳した.

(17) NPL の設立と初期の歴史に関しては次の文献を参照．Russell Moseley，"The Origins and Early Years of the National Physical Laboratory：A Chapter in the Pre-history of British Science Policy，" *Minerva*，**16**（1978）：222-250；Edward Pyatt，*The National Physical Laboratory: A History*（Bristol：Adam Hilger，1983）.

(18) 空気力学課の風洞と他の新しい設備は技術部主任のスタントンの航空諮問委員会技術報告に説明されている．T. E. Stanton，"Report on the Experimental Equipment of the Aeronautical Department of the National Physical Laboratory，" Reports and Memoranda of the Advisory Committee for Aeronautics（以下 R. & M. と略）25（April 1910）．その中で，彼は旋回腕，風塔，モーターの検査装置などについて述べている．航空諮問委員会に提出された技術報告は，最初内部資料として T などの番号が振られ，より広く回覧されることが決定されると，この R. & M. の番号が割り振られた上で，その多くが外部に公開された.

(19) ベアストウの伝記事項については G. Temple *et al.*，"Leonard Bairstow，" ***Biographical Memoirs of Fellows of the Royal Society***，**11**（1965）：23-40 を参照.

(20) アメリカの技術者ジェローム・ハンセーカーは，翌 1913 年に NPL の実験研究に訪問者として参加することになるが，当初はランチェスターの著作がまったく顧みられないことに驚いたという．それに対して，ブライアンについてはウェールズの「あまりよく知られない教授（somewhat obscure professor）」という印象であったという．*The Reminiscence of Jerome C. Hunsaker*，Aviation Project，the Oral History Office，Columbia University，1960.

(21) 1912 年から 13 年にかけてベアストウと彼のグループは多くの成果報告を出している．Leonard Bairstow，J. H. Hyde，and H. Booth，"The New Four-Foot Wind Channel；with a Description of the Weighing Mechanism in the Determination of Forces and Moments，" R. & M. 68，TRACA（1912-13）：59-71；The Aeronautics Staff in the Engineering Department of the National Physical Laboratory，"Method of Experimental Determination of the Forces and Moments on a Model of Complete Aeroplane；With the Results of Measurements on a Model of a Monoplane of Blériot Type，" R. & M. 75，ibid.：128-132；

Bairstow, B. M. Jones, A. W. H. Thomson, "Investigation into the Stability of an Aeroplane, with an Examination into the Conditions Necessary in Order that the Symmetric and Asymmetric Oscillations can be Considered Independently," R. & M. 77, ibid.: 135-171; Bairstow and L. A. MacLachlan, "The Experimental Determination of Rotary Coefficients," R. & M. 78, ibid.: 172-179. このうちもっとも重要な成果は R. & M. 77 である.

(22) L. Bairstow and H. Booth, "Investigation into the Steadiness of Wind Channels, as Affected by the Design Both of the Channel and of the Building by Which It is Enclosed or Shielded," R. & M. 67 (September 1912).

(23) Ibid., p. 65.

(24) M. J. G. Cattermole and A. F. Wolfe, ***Horace Darwin's Shop: A History of the Cambridge Scientific Instrument Company, 1878-1968*** (Bristol: Adam Hilger, 1987), p. 88.

(25) The Aeronautics Staff in the Engineering Department, the National Physical Laboratory, "Method of Experimental Determination of the Forces and Moments on a Model of a Complete Aeroplane: With the Results of Measurements on a Model of a Monoplane of a Blériot Type," R. & M. 75 (March 1913).

(26) A. Campbell and T. Smith, "On a Method of Testing Photographic Shutters," ***Proceedings of the Physical Society of London***, **21** (1907-9): 788-794, reprinted in The National Physical Laboratory, ***Collected Researches***, **6** (1910): 91-97.

(27) R. & M. 77, op. cit., p. 163.

(28) Ibid., p. 216.

(29) ベアストウらのグラフの利用と，技術活動における表現方法と計算方法としてのグラフの活用の歴史については，Takehiko Hashimoto, "Graphical Calculation and Early Aeronautical Engineers," ***Historia Scientiarum***, **3**, no. 3 (1994): 159-183 を参照.

(30) William H. Brock "The Japanese Connexion: Engineering in Tokyo, London, and Glasgow at the End of the 19th Century," ***British Journal for the History of Science***, **14** (1981): 227-243; Brock and Michael H. Price, "Squared Paper in the Nineteenth Century: Instrument of Science and Engineering, and Symbol of Reform in Mathematical Education," ***Educational Studies in Mathematics***, **11** (1980): 365-381. 19 世紀初頭からの科学者によるグラフの利用については，Laura Tilling, "Early Experimental Graphs," ***British Journal of the History of Science***, **8** (1975): 193-213 を参照.

(31) Henry S. Hele-Shaw, "Report on the Development of Graphic Methods in Mechanical Science," ***Report of the British Association for the Advancement of Science*** (1890): 322-327; ibid. (1893): 373-530; ibid. (1894): 573-613.

(32) プラニメータについては，William Aspray, ed., ***Computing before Computers*** (Ames: Iowa State University Press, 1990)，またその構造については，Olaf Henrici, "Report on the Planimeter," ***Report of the British Association for the Advancement of Science, Oxford, 1894*** (1895): 496-527 を参照.

(33) イギリスにおけるコンピュータ導入以前の計算処理の歴史については，次の書を参照. Mary G. Croarken, ***Early Scientific Computing in Britain*** (Oxford: Clarendon Press, 1990).

(34) L. Bairstow and J. L. Nayler, "Investigation of Lateral Stability, Indicating the Conditions Applicable in Design for Securing Maximum Lateral Stability," R. & M. 116 (March 1914).

(35) R. G. Harris, "Graphical Solution of Stability Biquadratic," R. & M. 262 (September

1916). 同報告はT.817, DSIR 23/831, NAとして提出されたものであるが, 後出の図1.11はT.817からとったものである.

(36) Ibid., p.230.

(37) Minutes of the Advisory Committee for Aeronautics, 10 October 1916, DSIR 22/1, NA.

(38) Bryan, ***Stability in Aviation***, op. cit., pp.178-180.

(39) George Bryan, "The Rigid Dynamics of Circling Flight (Steady Motion in a Circle-Lateral Steering of Aeroplanes)," ***Aeronautical Journal***, **19** (1915): 50-74. ブライアンの研究は基本的にドイツのアーヘン工科大学の技術者ハンス・リースナーと彼の学生による研究と同じものであった. Hans Reissner, "Die Seitensteuerung der Flugmachinen," ***Zeitschrift für Flugtechnik und Motorluftschiffahrt***, **1** (1910): 101-106 and 117-123. リースナーの学生であるカール・ゲーレンはこの課題で博士論文を執筆した.

(40) Frederick W. Lanchester, "The Rigid Dynamics of Circling Flight," ***Aeronautical Journal***, **19** (1915): 107-108, on p.108.

(41) George Bryan, "Reply," ***Aeronautical Journal***, **19** (1915): 108-111, on p.110.

(42) L. Bairstow, "Inherent Controllability of Aeroplanes: Notes Arising from Professor Bryan's Wilbur Wright Memorial lecture," ***Aeronautical Journal***, **20** (1916): 10-17.

(43) Ibid., p.11.

(44) Ibid., p.11.

(45) アレンの生涯と業績については, J.S. Cotton and Rosemary T. Van Arscel, "Allen, Grant," ***Dictionary of National Biography***を参照. また最近の研究書としては, 以下を参照. William Greenslade and Terence Rodgers, eds., ***Grant Allen: Literature and Cultural Politics at the Fin de Siècle*** (Aldershot: Ashgate, 2005); Jonathan Smith, "Grant Allen, Physiological Aesthetics, and the Dissemination of Darwin's Botany," in Geoffrey N. Cantor and Sally Shuttleworth, eds., ***Science Serialized: Representations of the Sciences in Nineteenth-Century Periodicals*** (Cambridge, Mass.: MIT Press, 2004). アレンの動植物学を参考にして書かれた著作に対する書評において, アレンは次のように評されている.「近代科学の事実と理論を一般大衆に魅力的に伝えようとする我が国のすべての作家の中で, 我々の意見では, グラント・アレン氏がもっとも成功している. ……彼のほとんどの著述は特徴的な巧みな思考と優雅なスタイルを備え, エッセイは群を抜いて楽しめる作品となっている」. George J. Romanes, Review on Grant Allen, ***Colin Clout's Calendar*** (London: Chatto & Windus, 1883), in ***Nature***, **28** (1983): 194-195, on p.194

(46) Bryan to Bairstow, 21 February 1916, reproduced in ***Aeronautical Journal***, **20** (1916): 17-19, on p.18.

(47) G.H. Bryan, "Researches in Aeronautical Mathematics," ***Nature***, **96** (1915-16): 309-310, on p.310.

(48) Minutes of GöttingenVereinigung zur Förderung der Angewandten Physik und Mathematik, Ostern 1915, in the Prandtl Collection at Max Planck Institut für Strömungsforschung, Göttingen.「ジェットあるいは風洞内のアーチ状の板のまわりの空気の流れの理論」と題された学生の研究計画が戦争のために中止された, と記述されており, これがジョーンズの研究であっただろうと思われる.

(49) Bryan, "Researches in Aeronautical Mathematics," op. cit., p.510.

(50) Julius Rotta, ***Die Aerodynamische Versuchsanstalt in Göttingen, ein Werk Ludwig Prandtls: Ihre Geschichte von den Anfängen bis 1925*** (Göttingen: Vandenhoeck &

Ruprecht, 1990), pp. 189-190 and note 8 on p. 313. ロタはプラントルの回想として3つの文献を引用しているが，その中でとくにプラントルのイギリスの王立航空協会でのウィルバー・ライト記念講演を参考にしている．Ludwig Prandtl, "The Generation of Vortices in Fluids of Small Viscosity," *Journal of the Royal Aeronautical Society*, **31** (1927): 720-743.

(51) L. Bairstow, "The Solution of Algebraic Equations with Numerical Coefficients in the Case Where Several Pairs of Complex Roots Exist," an appendix to L. Bairstow, J. L. Nayler, and R. Jones, "Investigation of the Stability of an Aeroplane When in Circling Flight," R. & M. 154, TRACA (1914-15): 189-252, on p. 251.

(52) Carl Runge, "Separation und Approximation der Wurzern," in *Encyclopädie der Mathematischen Wissenschaften mit Einschluss ihrer Anwendungen*, 1B3a. グレッフェと彼の方法については，J. J. Burckhardt, "Gräffe, Karl Heinrich," in *Dictionary of Scientific Biography*, vol. 4, p. 490 を参照．

(53) アメリカでの初期の航空工学の発達に携わったザームは，イギリスの航空諮問委員会にNACAが設立される2年前の1913年に委員会の財政と経営に関して質問を送っている．Minutes of the Advisory Committee for Aeronautics, 21 January 1913, DSIR 22/1, NA. NACAの歴史については以下を参照．Alex Roland, *Model Research: The National Advisory Committee for Aeronautics, 1915-1958* (Washington, D.C.: NASA, 1985).

(54) A. F. Zahm, "Report on European Aeronautical Laboratories," *Smithsonian Miscellaneous Collection*, vol. 62 no. 3 (1914); Jerome C. Hunsaker, "Europe's Facilities for Aeronautical Research," *Flying*, **3** (1914): 75, 93, and 108-109.

(55) *The Reminiscence of Jerome C. Hunsaker,* Aviation Project, the Oral History Office, Columbia University, 1960, pp. 22ff.

(56) ダグラスの初期の活動については，René J. Francillon, *McDonnell Douglas Aircraft since 1920*, vol. 1 (London: Putnam, 1979), pp. 2ff. を参照．

(57) Edwin B. Wilson, "Theory of an Airplane Encountering Gusts," *NACA Technical Report*, no. 1, part 2 (1915).

(58) Edwin B. Wilson, "Theory of an Airplane Encountering Gusts, II," *NACA Technical Report*, no. 21 (1917). この論文は最初 *Transactions of the American Philosophical Society* に掲載された．

(59) ウィルソンが引用している文献は次の2本の論文である．George H. Bryan and Selig Brodetsky, "The Longitudinal Initial Motion and Forced Oscillations of a Disturbed Aeroplane," *Aeronautical Journal*, **20** (1916): 139-156; Thomas J. I'A. Bromwich, "Normal Coordinates in Dynamical Systems," *Proceedings of the London Mathematical Society*, **15** (1917): 401-448.

(60) " An Investigation of the Elements which Contributed to Statical and Dynamical Stability, and of the Effects of Variation in those Elements," *NACA Technical Report* no. 17. クレミンはMIT航空学プログラムの講師 (instructor) であり，ワーナーとデンキンジャーは助手であった．

(61) Minutes of the Advisory Committee for Aeronautics, 8 May 1917, DSIR 22/1, NA. 会議に際して，イギリスの技術報告はイタリアには送られていないことが言及され，結局イタリアとアメリカに外務省を通じて送付されることが決定された．

(62) Wilson to Henry A. Bumstead, October 6, 1919. Hunsaker Papers, Box 1, File B, Smithsonian Institution.

(63) Edwin B. Wilson, *Aeronautics: A Class Text* (New York: John Wiley and Sons, 1920), p.v. 序文は 1919 年 7 月に書かれ，ドイツの戦時期の研究成果はまだアメリカに伝わっていなかった.

(64) McLaurin to Hunsaker, 28 January 1919, Hunsaker Papers, File B. 休戦後のハンセーカーのヨーロッパ派遣の任務については次を参照. *The Reminiscence of Jerome C. Hunsaker*, op. cit.

(65) McLaurin to Hunsaker, 9 May 1919, Hunsaker Papers, Box B.

(66) Hunsaker to McLaurin, 16 May 1919, Hunsaker Papers, File B.

(67) Hunsaker to Ames, 8 April 1919, Hunsaker Papers, File A; Hunsaker to Bane, 16 May 1919, Hunsaker Papers, File B.

(68) Paul Hanle, *Bringing Aerodynamics to America* (Cambridge, Mass.: MIT Press, 1982).

(69) 技術史家のスタウデンマイアーは，『技術と文化』(*Technology and Culture*) 誌に掲載された論文のテーマを総括し，その中で科学と技術の関係を論じた論文についても概括している. John M. Staudenmaier, *Technology's Storytellers: Reweaving the Human Fabric* (Cambridge, Mass.: MIT Press, 1984), chapter 3. 最近の論文としては，技術上の概念の科学的概念への発展を論じた次の論文を参照. Chen-Pang Yeang, "Scientific Fact or Engineering Specification? The U.S. Navy's Experiments on Wireless Telegraphy circa 1910," *Technology and Culture*, **45** (2004): 1-29.

(70) Hugh G.J. Aitken, *Syntony and Spark: The Origins of Radio* (New York: Wiley, 1976).

(71) 技術者がグラフやモデルなどの視覚的表象を利用したことについては，Eugene S. Ferguson, *Engineering and the Mind's Eye* (Cambridge, Mass.: MIT Press, 1992) ((藤原良樹・砂田久吉訳)『技術屋の心眼』(平凡社，1995)) を参照. また橋本毅彦『描かれた技術　科学のかたち——サイエンス・イコノロジーの世界』(東京大学出版会，2008)「おわりに」も参照.

第 2 章

(1) Walter Vincenti, "The Air-Propeller Tests of W.F. Durand and E.P. Lesley: A Case Study in Technological Methodology," *Technology and Culture*, **20** (1979): 712-751; Thomas Wright, "Scale Models, Similitude and Dimensions: Aspects of Mid-Nineteenth-Century Engineering Science," *Annals of Science*, **49** (1992): 233-254.

(2) レイノルズの業績については，D.M. McDowell and J.D. Jackson, eds., *Osborne Reynolds and Engineering Science Today* (Manchester: Manchester University Press, 1970) を参照.

(3) NPL におけるスタントンの初期の空気力学研究については，Thomas Stanton, "On the Resistance of Plane Surfaces in a Uniform Current of Air," *Minutes of Proceedings of the Institution of Civil Engineers*, **156** (1903): 78-139, reprinted in the National Physical Laboratory, *Collected Researches*, **1** (1904): 245-279, また NPL の年次報告を参照. 航空諮問委員会発足に伴う NPL の航空部設置とその設備については，T.E. Stanton, "Report on the Experimental Equipment of the Aeronautical Department of the National Physical Laboratory," R. & M. 25 (April 1910).

(4) L. Bairstow and H. Booth, "The Principle of Dynamical Similarity in Reference to the

Results of Experiments on the Resistance of Square Plates Normal to a Current of Air," T. 97 (R. & M. 38) (2 March 1912), DSIR 23/97, NA. エッフェルの実験データとして参照されているのは，Gustave Effel, *La résistance de l'air: examen des formules et des expériences* (Paris: Dunod et Pinat, 1910).

(5) Rayleigh, "The Principle of Dynamical Similarity in Reference to the Results of Experiments on the Resistance of Square Plates Normal to a Current of Air," T. 99 (R. & M. 39) (13 March 1911), DSIR 23/99, NA.

(6) L. Bairstow, "The Use of Models in Aeronautics," T. 165 (R. & M. 54) (8 February 1912), DSIR 23/165, NA.

(7) Bairstow and Booth, op. cit. (R. & M. 67).

(8) L. Bairstow, "The Experiments on (a) The Variation of the Lift and Drift Coefficients of a Model Aerofoil as the Speed Changes [and on] (b) Small Scale Models of Large Aerofoils Which Have Been Tested at the Aerotechnical Institute of the University of Paris," T. 234 (R. & M. 72) (3 December 1912), DSIR 23/234, NA. 仏航空工学研究所については，同研究所の機関誌 ***Bulletin de l'Institut Aérotechnique de l'Université de Paris*** を参照．1911 年の創刊号に創設の経緯ならびに施設の概要が記されている．

(9) Temple *et al.*, "Leonard Bairstow," op. cit. を参照．ベアストウが王立協会会員に推挙されたのは，1913 年 11 月のことである．その後，4 年間の保留の期間を経て，1917 年に会員に選ばれた．"Bairstow, Sir Leonard," EC/1917/02, Royal Society. 推薦者は，レイリー卿をはじめとする航空諮問委員会の会員が大半を占めている．

(10) RAF，その前身の陸軍気球工場，陸軍航空機工場，1920 年に改名した王立航空機研究所の歴史については，Percy B. Walker, ***Early Aviation at Farnborough: The History of the Royal Aircraft Establishment***, vol. 1: "Balloons, Kites, and Airships" (London: Macdonald, 1971), vol. 2: "The First Aeroplanes" (London: Macdonald, 1974) を参照．気球工場の設立から第一次世界大戦終了までの同工場の歴史についてのデータなどが，次の報告に記されている．S. Child and C. F. Caunter, "A Historical Summary of the Royal Aircraft Establishment and Its Antecedents: 1878-1918," Aero 2150 (March 1947) (London: Ministry of Supply, 1949).

(11) Minutes of the Advisory Committee for Aeronautics, 7 March 1911, DSIR 22/1, NA.

(12) Minutes of the Advisory Committee for Aeronautics, 18 October 1909, DSIR 22/1, NA. マロックについては，C. V. Boys, "Henry Reginald Arnulph Mallock," ***Obituary Notices of Fellows of the Royal Society***, **1** (1933): 95-100; David K. Brown, ***The Way of the Ship in the Midst of the Sea: The Life and Work of William Froude*** (Penzance: Periscope, 2006), p. 14; Robert Fox and Graeme Gooday, ***Physics at Oxford, 1839-1939: Laboratories, Learning, and College Life*** (Oxford: Oxford University Press, 2005), pp. 175-176 を参照．

(13) Minutes of the Advisory Committee for Aeronautics, 7 March 1911, DSIR 22/1, NA.

(14) 3 月付けで提出されたマロックのメモには，旋回などをすることによる操作性に関して，熟練パイロットの操作を定量的に記録すること，飛行方向を変えるときの速度や高度の測定，旋回の最小半径を各機種に対して決定することなどが提案されている．"Mr. Mallock's Memorandum on Proposed Experiments with Flying Machines," T. 100 (11 March 1911), DSIR 23/100, NA.

(15) Ibid., 9 May 1911.

(16) 1914 年から 1916 年までに RAF 物理部に所属した 18 人の人物は以下のとおり．E. T. バ

スク，R. H. メイヨ，W. S. ファレン，H. L. スティーブンス，B. M. ジョーンズ，G. P. トムソン，G. I. テイラー，F. リンデマン，G. ヒル，R. マッキノン・ウッド，G. P. ダグラス，H. M. ガーナー，G. E. ベアスト，F. W. アストン，A. A. グリフィス，ギブソン教授，ランプラウ博士，A. J. エリオット． Child and Caunter, "Historical Summary," op. cit., p. 19.

(17) L. Bairstow, "Proposals for Experiments on Aeronautics in Flight," T. 558 (R. & M. 216) (September 1915), DSIR 23/558, NA. 英国立公文書館に所蔵されている T. 558 のファイルは，第 1 ページが重複し，第 2 ページが欠落している．

(18) RAF Staff, "Comparison of Lift Coefficients of Full Size and Model Aerofoils," T. 629 (January 1916), DSIR 23/629, NA. Minutes of Advisory Committee for Aeronautics, 11 January 1916, DSIR 22/1, NA.

(19) Minutes of Advisory Committee for Aeronautics, 8 February 1916, DSIR 22/1, NA.

(20) RAF Staff, "Comparison of Lift Coefficients," op. cit., p. 2.

(21) RAF Staff, "The Application of Model Results to Full Scale Aeroplanes," T. 732 (May 1916), DSIR 23/746, NA; RAF Staff, "Experimental Determination of Full Scale Drag Curve," T. 733 (May 1916), DSIR 23/747, NA.

(22) Ibid. この報告書 T. 733 は，最初のページだけが公文書館に残されており，2 ページ以降が紛失している．そのため，エンジン出力，プロペラの効率性，実験誤差が検討され，その結果としてどれがその決定的な要因であると結論されたのか，残念ながら読みとれない．おそらくモデル実験の誤差に問題の原因を帰しているものと思われる．

(23) RAF Staff, "Application," T. 732, op. cit., p. 2.

(24) Ibid., p. 3.

(25) Minutes of the Advisory Committee for Aeronautics, 6 June 1916, DSIR 22/1, NA. 会合では RAF から 5 つの報告が提出されたが，そのうちこの 2 本の報告だけが議論された．

(26) "Summary of Events in Connection with the Discussion with N. P. L. on the Experimental Determination of the Resistance of Aeroplane Wing Sections," B. A. Report no. 40 (13 February 1917), AVIA 6/1165, NA. 同報告の著者は，しばしば「筆者（I）」を主語としているが，報告に著者名が記されておらず，筆者の名前が特定できない．しかしその報告の最後に付録したとされる報告が，後に設置される寸法効果小委員会で検討される際に，ファレンがその執筆者として同報告の内容を説明していることから，それらの報告の執筆者がファレンであると推測される．報告書を付録したことについては，ibid., p. 4. 付録したとされる報告は，anon., "Full Scale Test of Wing Sections R. A. F. 15 and R. A. F. 17," B. A. 41 (R. & M. 321) (n. d.), AVIA 6/1166, NA, 寸法効果小委員会におけるファレンによる発言は，Minutes of "Scale Effect" Subcommittee, 3 April 1917, DSIR 22/16, NA をそれぞれ参照．

(27) "Summary of Events," op. cit., p. 1.

(28) ピタヴェルの伝記的背景については，Robert Robertson, "Petavel, Joseph Ernest," *Obituary Notices of Fellows of the Royal Society*, **2** (1936-1938): 183-203 を参照．

(29) Ibid., p. 2.

(30) "Full Scale Experiments (Climbs & Glides) on B. E. 2c No. 2029 with Method of Reduction of Results," H. 166 (20 June 1916), AVIA 6/2728, NA.

(31) RAF Staff, "Note on Empirical Correction to Model Prediction of Aeroplane Resistance, (Tractor Biplane), for issue to Firms designing Aeroplanes for the War Depart-

ment," T. 764 (July 1916), DSIR 23/778, NA.
(32) Minutes of Advisory Comittee for Aeronautics, 4 July 1916, DSIR 22/1, NA.
(33) "Summary of Events," op. cit., p. 2. "Notes C: Analysis of Notes B on Full Scale Experiments and Their Relation to Prediction from Models," H. 260, AVIA 6/2742, NA.
(34) RAF Staff, "Experimental Determination of the Resistance of Full Scale Aeroplanes," T. 816, DSIR 23/830, NA. "Summary of Events," op. cit., p. 2.
(35) RAF Staff, "The Prediction and Experimental Investigation of Aeroplane Performance: Illustrations," B. A. 133 (1 September 1917), AVIA 6/1230, NA.
(36) "Summary of Events," op. cit., p. 3.
(37) RAF Staff, "Collection of Data for the Prediction of Performance of Aeroplanes," B. A. 24 (3 February 1917), AVIA 6/1152, NA.
(38) "Summary of Events," op. cit., p. 4.
(39) RAF Staff, "Full Scale Test of Wing Sections R. A. F. 15 & R. A. F. 17," B. A. 41 (R. & M. 321), n. d. AVIA 6/1166, NA.
(40) Minutes of the Advisory Committee for Aeronautics, 3 April 1917, DSIR 22/1, NA.
(41) 主委員会は航空評議会の会議室で4月3日の午後3時から開催され，「寸法効果」小委員会の第1回会合は同日の午後5時から同じく航空評議会の会議室で開催された. Minutes of "Scale Effect" Subcommittee, 3 April 1917, DSIR 22/16, NA.
(42) "Terms of Reference," attached to the end of the Minutes of Scale Effect Subcommittee, DSIR 22/16, NA.
(43) トムソンは第4，5，6回の3回会合に出席した. トムソンの伝記的事項については，P. B. Moon, "George Paget Thomson," *Biographical Memoirs of Fellows of the Royal Society*, **23** (1977): 529-556, とくに第1次世界大戦中の経歴については同記事のp. 533を参照.
(44) Leonard Bairstow, "Data, Notes and References on Scale Effect," Sc. E. 4 (April 1917), DSIR 23/10207, NA.
(45) Ibid., p. 1
(46) Ibid., p. 3.
(47) RAF Staff, "Reply to Sc. E. 4," Sc. E. 6 (April 1917), DSIR 23/10209, NA.
(48) L. Bairstow, "Note Relative to Sc. E. 6," Sc. E. 8 (April 1917), DSIR 23/10211, NA.
(49) RAF Staff, "Reply to Sc. E. 4," Sc. E. 6 (April 1917), DSIR 23/10209, NA, p. 1.
(50) 寸法効果が完全に無視しうると委員全員に了解されてはいないようである. 他の委員で寸法効果に言及する者も現れている.
(51) J. E. Petavel, "Preliminary Notes on Scale Effect," Sc. E. 1 (10 April 1917), DSIR 23/10204, NA.
(52) RAF Staff, "Engine Tests under Conditions of Reduced Density," Sc. E. 7 (1917), DSIR 23/10210, NA. Minutes of Scale Effect Subcommittee, 1 May 1917, DSIR 22/16, NA.
(53) Minutes of Scale Effect Subcommittee, 24 October 1917, DSIR 22/16, NA.
(54) RAF Staff, "Preliminary Drag Curves of R. A. F. 14 and R. A. F. 18 Wing Sections Determined by Means of the Thrustmeter," Sc. E. 21 (October 1917), DSIR 23/10224, NA, p. 2.
(55) Minutes of Scale Effect Subcommittee, 14 November 1917, DSIR 22/16, NA.
(56) Minutes of Scale Effect Subcommittee, 1 May 1917, DSIR 22/16, NA.

(57) G. I. Taylor, "Pressure Distribution over the Wing of an Aeroplane in Flight," T. 839 (October 1916), DSIR 23/853, NA.

(58) Minutes of Scale Effect Subcommittee, 11 July 1917, DSIR 22/16, NA.

(59) Ibid., 8 August 1917; RAF Staff, "R. A. F. 14 Wing Section: Measurement of the Pressure Distribution round Sections of the Top and Bottom Wings of an Aeroplane in Flight," T. 979 (August 1917), DSIR 23/993, NA; NPL, "Pressure Plotting on Sections of the Upper and Lower Wings of a Biplane with R. A. F. 14 Wings," Sc. E. 16 (August 1917), DSIR 23/10219, NA.

(60) Minutes of Scale Effect Subcommittee, 11 July 1917, DSIR 22/16, NA.

(61) E. F. Relf and R. Jones, "Effect of Propeller on Pressures round a Section of R. A. F. 14 on B. E. 2c Machine," Sc. E. 17 (September 1917), DSIR 23/10220, NA.

(62) Minutes of Scale Effect Subcommittee, 11 September 1917, DSIR 22/16, NA.

(63) Minutes of Scale Effect Subcommittee, 14 November 1917, DSIR 22/16, NA.

(64) Minutes of the Advisory Committee for Aeronautics, 11 December 1917, DSIR 22/1, NA; Minutes of Aerodynamics Subcommittee, DSIR 22/38, NA. 空気力学小委員会の議事録は第1回の議事録が欠落しているが，表紙に1917年12月19日に第1回会合が開催されたことが記されている．

第3章

(1) プラントルの空気力学研究の業績については，以下の文献を参照．ジョン・D・アンダーソン Jr.（織田剛訳）『空気力学の歴史』（京都大学学術出版会，2009）；Michael Eckert, *The Dawn of Fluid Dynamics: A Discipline between Science and Technology* (Weinheim: Wiley-VCH, 2006); Paul Hanle, *Bringing Aerodynamics to America* (Cambridge, Mass.: MIT Press, 1982); Julius C. Rotta, *Die Aerodynamische Versuchsanstalt in Göttingen, ein Werk Ludwig Prandtls: Ihre Geschichte von den Anfängen bis 1925* (Göttingen: Vandenhoeck & Ruprecht, 1990).

(2) ニュートン以来の流れの中の抵抗力の問題を含む流体力学の歴史については，以下の文献を参照．Olivier Darrigol, *Worlds of Flow: A History of Hydrodynamics from the Bernoullis to Prandtl* (Oxford: Oxford University Press, 2005); R. Giacomelli and E. Pistolesi, "Historical Sketch," in William F. Durand, ed., *Aerodynamic Theory*, vol. 1 (Berlin: Springer, 1934), pp. 305-394.

(3) プラントルの生涯と科学的業績については，Gerd E. A. Meier, ed., *Ludwig Prandtl, ein Fürer in der Strömungslehre: Biographische Artikel zum Werk Ludwig Prandtls* (Braunschweig: Vieweg, 2000); Rotta, *Aerodynamische Versuchsanstalt in Göttingen,* op. cit. などを参照．

(4) Ludwig Prandtl, "Über Flüssigkeitsbewegung bei sehr kleiner Reibung," in A. Krazer, ed., *Verhandlungen des III. Internationalen Mathematiker-Kongress, Heidelberg, 1904* (Leipzig, 1905), pp. 484-491; reprinted in Walter Tollmien *et al.*, eds., *Ludwig Prandtl Gesammelte Abhandlungen zur angewandten Mechanik, Hydro-und Aerodynamik* (Berlin: Springer-Verlag, 1961), vol. 2, pp. 575-584.

(5) プラントルが提唱し始めた「Grenzschicht」は英語では「boundary layer」，日本語では「境界層」あるいは「限界層」と訳語が当てられた．戦前には「限界層」という語も使用されたが，現在に至るまで「境界層」が一般的である．

(6) プラントルは後年，このような単純な境界層だけでなく，乱流を内に含む「乱流境界層」なるものも見いだした．それに対し，ここで論じられる境界層は「層流境界層」と呼ばれることになる．

(7) 19世紀のドイツにおける大学と工科大学（technische hochschule）の関係については次の文献が古典的である．Karl H. Manegold, *Universität, Technische Hochschule und Industrie: Ein Beitrag zur Emanzipation der Technik in 19. Jahrhundert unter besonderer Berücksichtigung der Bestrebungen Felix Kleins* (Berlin, 1970).

(8) プラントルのゲッチンゲン大学在任中に指導した博士研究については，*Prandtl Gesammelte Abhandlungen*, op. cit., vol. 3, pp. 1612-1617 に81人の博士号取得者の氏名がアルファベット順にリストされ，彼らの論文タイトル，博士号取得年，成果発表論文の書誌情報が記載されている．

(9) Heinrich Blasius, "Grenzschichten in Flüssigkeiten bei kleiner Reibung," Ph. D. dissertation, University of Göttingen, 1907. その後，同タイトルの論文として以下の雑誌に掲載された．*Zeitschrift für Mathematik und Physik*, **56** (1908): 1-37.

(10) Ernst Boltze, "Grenzschichten und Rotationskörper in Flüssigkeiten mit kleiner Reibung," Ph. D. diss., University of Göttingen, 1908.

(11) K. Hiemenz, "Die Grenzschicht an einem in den gleichförmigen Flüssigkeitsstrom eingetauchten Kreiszylinder," *Dinglers Polytechnik Journal*, **326** (1911): 321-324, 344-348, 357-362, 372-376, 391-393, and 407-410.

(12) Theodore von Kármán, "Über den Mechanismus des Widerstandes, den ein Bewegten Körper in einer Flüssigkeit erfährt," *Nachrichten von der Königlichen Gesellschaft der Wissenschaften zu Göttingen, Mathematisch-physikalische Klasse*, (1911): 509-517, and (1912): 547-556. 同論文は *Collected Works of Theodore von Kármán*, vol. 1 (1956): 324-338 に再掲．カルマンがヒーメンツの実験に触発されいわゆる「カルマン渦」を発見するに至った経緯については，彼の自伝，Theodore von Kármán, *The Wind and Beyond: Theodore von Kármán, Pioneer in Aviation and Pathfinder in Space* (Boston: Little Brown, 1967), Chapter 17: "Turbulence."; 邦訳カルマン（野村安正訳）『大空への挑戦――航空学の父カルマン自伝』（森北出版，1995），pp. 75-77 に語られている．本書の邦訳は，出版社と訳者の好意により出版社ホームページで，邦訳未掲載の最後の6章も含めて閲覧可能である．2011年9月の時点で掲載サイトのアドレスは，〈http://www.morikita.co.jp/cgi-bin/9451/oozora.cgi〉.

(13) プラントルの研究所の制度的背景に関しては，以下の文献を参照．Rotta, op. cit.; Paul Hanle, *Bringing Aerodynamics to America* (Cambridge, Mass.: MIT Press, 1982), esp. chapters 3-5; K. Oswatitsch and K. Wieghardt, "Ludwig Prandtl and His Kaiser-Wilhelm-Institut," *Annual Review of Fluid Mechanics*, **19** (1987): 1-25.

(14) Hanle, op. cit., chapter 3: "Applied Science" 参照.

(15) Ibid., chapter 4: "Aerodynamics as an Applied Science" 参照.

(16) Ludwig Prandtl, "Die Bedeutung von Modellversuchen für die Luftschffahrt und Flugtechnik und die Einrichtungen für solche Versuche in Göttingen," *Zeitschrift des Vereins Deutscher Ingenieure*, **53** (1909): 1711-1719, reprinted in *Prandtl Gesammelte Abhandlungen*, vol. 3, pp. 1212-1233, on p. 1218.

(17) このとき考案された閉鎖型風洞と6次元計測天秤は，東京帝国大学航空研究所に同じ設計により建設され，現在も保存され使用されている．

(18) エッフェルは晩年の空気力学研究の成果を著作として出版した．Gustave Eiffel, *La ré-*

sistance de l'air: examen des formules et des expériences (Paris: H. Dunod et E. Pinat, 1910).

(19) Otto Föppl, "Ergebnisse der aerodynamischen Versuchsanstalt von Eiffel, verglichen mit den Göttinger Resultaten," *Zeitschrift für Flugtechnik und Motorluftschiffahrt*, **3** (1912): 118-121.

(20) フェップルの結果がエッフェルを怒らし，その後両風洞間の差から境界層における乱流現象が発見されていく経緯については，Eckert, *Dawn of Fluid Dynamics*, op. cit., pp. 49-52 を参照.

(21) レイノルズと彼の実験については，以下の文献を参照. D. M. McDowell and J. D. Jackson, eds., *Osborne Reynolds and Engineering Science Today* (Manchester: Manchester University Press, 1970); Darrigol, *The World of Flow*, op. cit.

(22) Osborne Reynolds, "An Experimental Investigation of the Circumstances Which Determine Whether the Motion of Water Shall be Direct or Sinuous, and of the Law of Resistance in Parallel Channels," *Philosophical Transactions*, **174** (1883): 935-982.

(23) Carl Wieselsberger, "Mitteilungen aus der Göttinger Modellversuchsanstalt. 16. Der Luftwiderstand von Kugeln," *Zeitschrift für Flugtechnik und Motorluftschiffahrt*, **5** (1914): 140-145.

(24) 不連続流（不連続面）の理論については，Giacomelli and Pistolesi, "Historical Sketch," op. cit. 参照. 不連続流の理論を掘り下げて歴史的に解説した最近の著作として，David Bloor, *The Enigma of the Aerofoil: Rival Theories in Aerodynamics, 1909-1930* (Chicago: University of Chicago Press, 2011) がある.

(25) Leonard Bairstow, *Applied Aerodynamics* (London: Longmans, 1920).

(26) Ibid., p. 361.

(27) John Strutt, "On the Resistance of the Flow of Fluids," *Philosophical Magazine*, ser. 5, vol. 2 (1876): 430-441, reproduced in John William Strutt, *Scientific Papers* (Cambridge: Cambridge University Press, 1899), vol. 1, pp. 287-296, on p. 287.

(28) Ibid., p. 287.

(29) Hermann von Hermholtz, "Ueber discontinuirliche Flüssigkietsbewegungen," *Monatsberichte der königslischen Akademie der Wissenschften ze Berlin* (1868): 215-228; reproduced in *Wissenschftliche Abhandlungen von Hermann von Helmholtz*, vol. 1 (Leipzig, 1882), pp. 146-157.

(30) Strutt, "On the Resistance of the Flow of Fluids," in *Scientific Papers*, op. cit., p. 290.

(31) Ibid., p. 291.

(32) Ibid., p. 294.

(33) 不連続流の理論に関する問題は試験問題にもなったりした. ロンドンの王立科学学校の試験にそのような問題が出されている. *History of the Mathematics Department* (1931), in the Imperial College Archive.

(34) G. Greenhill, "Report on Stream Line Motion Past a Plane Barrier," R. & M. 19. (1910). この長大な報告は，通常のR. & M. として綴じられた冊子体の報告集には含まれず，独立に印刷され，現在入手困難である. 著者はこの報告をロンドンのサイエンス・ミュージアムの故ジョン・バグレー氏に閲覧させていただいた. 同報告の Appendix は，東京大学経済学部図書室に所蔵されている.

(35) その後，講義録は著書として出版された. George Greenhill, *The Dynamics of Me-*

chanical Flight: Lectures Delivered at the Imperial College of Science and Technology, March, 1910 and 1911 (London: Constable, 1912).

(36) Ibid., p. 29.

(37) George Greenhill, *The Apllications of Elliptic Functions* (London: Macmillan, 1892).

(38) Ibid., p. x.

(39) グリーンヒルは,「この主題の学生が習熟すべきは」積分の諸定理であると述べている. Ibid., p. 36.

(40) 前掲のブルーア氏の著作は,この不連続流の理論へのイギリス人科学者の肩入れと関わりを歴史的・哲学的に論じたものである.

(41) インペリアル・カレッジの講義中に語られた回想である. Greenhill, *Dynamics of Mechanical Flight*, op. cit., p. 69. グリーンヒルはパリで出席した授業の講演者はルシアン・マルシであったと記している. だがマルシは航空工学の教科書を出版しているものの,その中には不連続流の数学的理論は展開されていない. Lucien R. A. E. Marchis, *Cours d' aeronautique* (Paris, 1910-12).

(42) Stefan Drzeviecki, "Préface du traducteur," in N. Joukowski, trans. by S. Drzeviecki, *Aérodynamique* (Paris, 1916), p. xi. ジェヴィエツキはポーランド出身で,ロシア,フランスで活動した技術者.

(43) Ibid., p. xi.

(44) George H. Bryan and Robert Jones, "Discontinuous Fluid Motion Past a Bent Plane, with Special Reference to Aeroplane Problems," *Proceedings of the Royal Society*, ser. A, **91** (1914): 354-370.

(45) H. Levy, "Discontinuous Fluid Motion Past a Curved Boundary," *Proceedings of the Royal Society*, ser. A, **92** (1916): 285-304.

(46) G. Greenhill, "Theory of a Stream Line Past a Curved Wing," Appendix to R. & M. 19 (April 1916). NPL のロバート・フレーザーもこの問題の数学的検討を行った. Ibid., pp. 29ff.

(47) William Thomson, "Toward the Efficiency of Sails, Windmills, Screw-Propellers, in Water and Air, and Aeroplanes," *Nature*, **50** (1894): 425-426.

(48) Ibid., p. 426.

(49) William Thomson, "On the Doctrine of Discontinuity of Fluid Motion, in Connection with the Resistance against a Solid Moving through a Fluid," *Nature*, **50** (1894): 524-525, 549, 573-575, and 597-598.

(50) H. R. A. Mallock, "Influence of Viscosity on the Stability of the Flow of Fluids," *Proceedings of the Royal Society*, **84** (1911): 482-491, on p. 483. マロックの伝記については次を参照. C. V. Boys, "Henry Reginald Arnulph Mallock, 1851-1933," *Obituary Notices of Fellows of the Royal Society*, **1** (1932-35): 95-100.

(51) H. R. A. Mallock, "On the Resistance of Air," *Proceedings of the Royal Society*, **79** (1907): 262-273, on p. 265.

(52) Thomas E. Stanton, "On the Resistance of Plane Surfaces in a Uniform Current of Air," *Minutes of Proceedings of the Institution of Civil Engineers*, **156** (1904): 78-126, on p. 78.

(53) *Prandtl Gesammelte Abhandlungen*, op. cit., p. 578.

(54) Heinrich Blasius, "Grenzschichten in Flüssigkeiten mit kleiner Reibung," *Zeitschrift für Mathematik und Physik*, **56** (1908): 1-37.

(55) リリエンタールの研究とその業績については，アンダーソン，前掲書，pp. 198-210 参照.

(56) Giacomelli and Pistolesi, "Historical Sketch," op. cit., p. 345.

(57) N. J. Joukowski, "De la chute dans l'air de corps légers de forme allongé, animé d' un mouvement rotatoire," *Bulletin de l'Institut Aérodynamique de Kutchino* (1906). 機関誌はサンクト・ペテルブルグで出版されたものである.

(58) ジューコフスキーとチャプリギンの業績については次を参照. A. T. Grigorjan, "Die Entwicklung der Hydrodynamik in der Arbeiten von N. J. Shukowski und S. A. Tschaplygin," *NTM: Zeitschrift für Geschichte der Naturwissenschaften, Technik und Medizin*, **2**, no. 1 (1965): 39-62. ジューコフスキーとチャプリギンの綴りはドイツ式では同論文の題名に含まれるように綴られるが，フランス語では Joukowski と Tchaplguine と綴られ，アメリカでは Zhukowskii と Chapligyn と綴られたりする. National Union Catalogue 参照. ロシアの科学者たちの航空研究の社会的，制度的背景については，ロシア語の報告を英語に訳した Peter D. Duz, "History of Aeronautics and Aviation in USSR: First World War Period (1914-1918)," *NASA Technical Papers*, HTT 70-53087 がある.

(59) N. Joukowski, trans. by Drzeviecki, *Aérodynamiques*, op. cit.

(60) H. Villat, review of ibid., in *Bulletin des Sciences Mathematiques*, ser. 2, **41** (1917): 321-331.

(61) ヴィラは同書評で次のように述べている.「流れの障害物の表面でゼロではない循環の存在は，流体の状態について無限遠についても深遠な修正を促すことになる. なぜなら循環は物体からの任意の距離での閉じた周囲に沿って同一の〔循環の値〕をもつことになるからである」(下線箇所は原著者による強調).

(62) ランチェスターの伝記については，以下を参照. H. R. Ricardo, "Frederick William Lanchester, 1868-1946," *Obituary Notices of Fellows of the Royal Society*, **5** (1948): 756-766; Peter W. Kingsford, *F. W. Lanchester: A Life of an Engineer* (London: Edward Arnold, 1960); John Fletcher, ed., *The Lanchester Legacy: A Trilogy of Lanchester Works*, vol. 3: A Celebration of a Genius (Coventry: Coventry University, 1996).

(63) Frederick W. Lanchester, *Aerial Flight*, vol. 1: "*Aerodynamics*" (London, 1907), vol. 2: "*Aerodonetics*" (London, 1908). 第 1 巻は空気力学理論を展開するもので，第 2 巻では飛行機の安定性について論じている.

(64) Ibid., p. 158.

(65) Kingsford, *Lanchester*, op. cit., pp. 98-102. ランチェスターのゲッチンゲンへの訪問に関しては，キングスフォードはルンゲ夫人の回想を引用している. Iris Runge, *Carl Runge und sein wissenschaftliches Werk* (Göttingen: Vandenhoeck & Ruprecht, 1949).

(66) プラントルの回想によれば，ランチェスターからの影響はほとんどないとしている. 次の文献を参照. Rotta, *Aerodynamische Versuchsanstalt in Göttingen*, op. cit., pp. 189-190 and note 8 on p. 313. ロタはプラントルの 3 つの回想を引用しているが，とくにプラントルのイギリス王立航空協会でのウィルバー・ライト記念講演での回想を参考にしている. Ludwig Prandtl, "The Generation of Vortices in Fluids of Small Viscosity," *Journal of the Royal Aeronautical Society*, **31** (1927): 720-743.

(67) ランチェスターとグリーンヒルの間の 1909 年 7 月付および 8 月付書簡. コベントリー工科大学，ランチェスター・コレクション所収. 彼らはその中でランチェスターの安定性の理論についても論じている. ランチェスターは 1913 年に航空諮問委員会の会長を務めていたレイリー卿とも数回書簡を交わしている.

(68) Geoffrey I. Taylor, "Turbulent Motion in Fluids," the essay submitted to the Adams Prize, GCI C2/1-C2/11, G. I. Taylor Collection, Trinity College, Cambridge University. このアダムス賞応募論文の存在とその重要性については，デヴィド・ブルーア教授から教示された．

(69) G. I. Taylor, "Eddy Motion in the Atmosphere," *Philosophical Transactions*, ser. A, **215** (1915): 1-26.

(70) Ibid., p. 1.

(71) Kingsford, *Lanchester*, op. cit., p. 100.

(72) Ibid., pp. 101-105.

(73) Rotta, *Aerodynamische Versuchsanstalt in Göttingen*, op. cit., p. 190.

(74) Giacomelli and Pistolesi, "Historical Sketch," op. cit., p. 372.

(75) Ludwig Prandtl, "Ergebnisse und Ziele der Göttinger Modellversuchsanstalt," *Zeitschrift für Flugtechnik und Motorluftschiffahrt*, **3** (1912): 33-36, in *Prandtl Gesammelte Abhandlungen*, vol. 3, pp. 1256-1262, on p. 1260.

(76) Carl Wieselsberger, "Beitrag zur Erklärung des Winkelfluges einiger Zugvögel," *Zeitschrift für Flugtechnik und Motorluftschiffahrt*, **5** (1914): 225-229.

(77) Eckert, *Dawn of Fluid Dynamimcs*, op. cit., p. 55.

(78) Max Munk, "Isoperimetrische Aufgaben aus der Theorie des Fluges," Ph. D. dissertation, Göttingen University, 1919.

(79) Munk, "Minimum Induced Drag," NACA Technical Report, no. 121 (1922).

第4章

(1) William Knight, "Visit to Germany," Box 14, Classical File, NACA Archive, National Archive, Suitland, USA.

(2) Hans Fabian, "Difficult Situation in Aeronautical Research and the Aeronautical Industry during the Weimar Republic, 1919-1932," in Ernst-Heinrich Hirschel *et al.*, *Aeronautical Research in Germany: From Lilienthal until Today* (Berlin: Springer, 2004), pp. 52-70, on pp. 55-57.

(3) 連合国によるドイツの航空の兵力の調査については，*Report of the Inter-allied Commissions*を参照．

(4) Joseph Ames to George Lewis, 14 June 1922, Box 34, Numerical File, NACA Archive, National Archive, USA.

(5) Knight, "Visit to Germany," op. cit., p. 26.

(6) Jerome C. Hunsaker, "Europe's Facilities for Aeronautical Research," *Flying*, **3** (1914): 75, 93, 108-109.

(7) Prandtl to Hunsaker, 30 March 1916, File P, Hunsaker Papers, MIT Archives.

(8) NACAの同僚であったエームズに宛てた書簡で，イギリスと大陸とで流体力学の扱われ方が異なるようだが，「現時点でどちらかに標準化しようとすることは小事にこだわることのように思う」と述べている．Hunsaker to Amers, 19 September 1919, File A, Hunsaker Papers, MIT Archives.

(9) Minutes of the Aerodynamics Subcommittee, 12 October 1920, Box 9, Numerical File, NACA Archive.

(10) Minutes of the Aerodynamics Subcommittee, 2 March 1920, DSIR 22/39, NA. 会合

では以下の 3 本の報告が提出された．“Comparison between Trial Flights made in France on the GIII Friedrischshafen [sic] Aeroplane and Wind Tunnel tests made at Göttingen on models of the wing of this machine,” Ae. Techl. 49 (February 1920), DSIR 23/8806, NA; H. Kumbruch, “Tests for the Establishment of Laws of Similitude with Respect to Airfoils,” Ae. Techl. 47 (February 1920), DSIR 23/8804, NA; A. Toussaint, “Résumé of Theoretical Works on Aerodynamics at the Göttingen Laboratory, Published in the ‘Technische Berichte’,” Ae. Techl. 48 (February 1920), DSIR 23/8805, NA.

(11) Ibid.

(12) Minutes of the Aerodynamics Subcommittee, 2 March 1920, DSIR 22/39, NA.

(13) H. Glauert, “Notes on the German Aerofoil Theory,” Ae. Techl. 51 (February 1920), DSIR 23/8808, NA. この報告でグロワートは複葉機に対するムンクによる公式とプラントルによる公式とを比較勘案し，後者が前者よりも優れていることを指摘した．

(14) Minutes of the Aerodynamics Subcommittee, 30 March 1920, DSIR 22/39, NA.

(15) Commission Interallié de Contrôle aeronautique en Allemagne, ***Rapport***, 2 part, vol. 2, pp. 229-248. C. Dorand, “Special Report on ‘the New Aerodynamic Laboratory at Göttingen’,” T. 1516 (October 1920), DSIR 23/1530, NA. 連合国報告書は 1920 年 5 月に刊行された．プラントルの名前は同報告書では「Prandlt」と誤記され，ドランの報告書では「Proudet」と誤記されている．それらの報告書を参照したイギリスの委員はプラントルとして同定した．

(16) The Aeronautics Department of the NPL, “Notes on T. 1516,” T. 1516a (October 1920), DSIR 23/1530, NA.

(17) Robert McKinnon Wood, “The Aerodynamic Laboratory at Göttingen with an Appendix on the Wind Tunnel of the Zeppelin Works at Friedrichshaven [sic],” T. 1566 (February 1921), DSIR 23/1580; H. Glauert, “Aerofoil Theory,” R. & M. 723 (February 1921). 同報告書で，ウッドはしばしばプラントルから直接に技術的詳細を学ぶことができたことを述べている．またグロワートがプラントルと空気力学理論について議論し，技術報告を受領したこともそこで言及されている．彼らの訪問については，ウッドの回想にも述べられている．Robert McKinnon Wood, “Recollections 1914-1934,” *Journal of the Royal Aeronautical Society*, **70** (1966): 89-90, on p. 89. ウッドとグロワートの報告書にはいずれも両者のゲッチンゲン訪問の期日が記されていない．航空研究委員会で NPL のスタッフがゲッチンゲンの風洞データの必要性を要望したのが 1920 年 11 月，両者の報告書が提出されたのが翌年 2 月であり，訪問はその間になされたと考えられる．

(18) Wood, T. 1566, op. cit.; H. Glauert, “Aerofoil Theory,” T. 1563 (R. & M. 723) (February 1921), DSIR 23/1577, NA.

(19) W. S. Farren and T. S. Tizard, “Hermann Glauert, 1892-1934,” *Obituary Notices of Fellows of the Royal Society*, **1** (1935): 607-610.

(20) Minutes of Design Panel, 1 April 1921, DSIR 23/53, NA.

(21) ランチェスターの著作の図に言及したのは，J. D. ノースである．

(22) ランチェスターの著作に学生時代に親しんだ航空技術者の一人として B. M. ジョーンズをあげることができる．

(23) ベッツの方法は，彼の博士論文で提案されたものである．A. Betz, “Beiträge zur Tragflugeltheorie,” Ph. D. dissertation, Göttingen Universität, 1919.

(24) H. Glauert, “The Calculation of the Characteristics of a Tapered Wing,” R. & M. 767 in TRARC (1921-22) (London: HMSO, 1922): 76-79.

(25) Ibid., p. 78.

(26) Ibid., p. 76. グロワートがそこで引用するのはフェージの報告 R. & M. 833 であるが，それは R. & M. 806 の誤りだと思われる.

(27) A. Fage, "On the Theory of Tapered Aerofoils," R. & M. 806 in TRARC (1922-23): 60-73, on p. 60.

(28) Minutes of Design Panel, 20 October 1922, DSIR 23/53, NA. H. Glauert, "A Method of Calculating the Characteristics of a Tapered Wing," R. & M. 824 (October 1922). トレフツがその解析的方法を説明したのは次の論文である. E. Trefftz, "Zur Prandtlschen Tragflügeltheorie," *Math. Ann.*, **82** (1920-21): 306-319; Trefftz, "Prandtlsche Tragflächen-und Propeller-Theorie," *Zeitschrift für angewandte Mathematik unde Mechanik*, **1** (1921): 206-218. トレフツはシュトラスブルク大学でフォン・ミーゼスの下で博士号を取得，その後アーヘン工科大学で数学を教えた. 彼はプラントルの同僚であるルンゲの甥でもある.

(29) この理論はジェヴィエツキの理論，あるいはプロペラの羽根を翼の集合とみなすためにプロペラの翼理論とも呼称された. ここでは翼素理論と呼ぶことにする.

(30) ジェヴィエツキはこの理論を 1882 年に考案したとしている. プロペラに関する以下の書を参照. M. A. S. Riach, *Air-screw: An Introduction to the Aerofoil Theory of Screw propulsion* (London, 1916), p. iii.

(31) この理論は造船技術のために開発され，フラウド-ランキン理論などとも呼ばれる. このフラウドは，有名なウィリアム・フラウドの子のロバート・E・フラウドである. 当時，造船技術者の間でこの理論に関する議論や論争がロバート・フラウドと他の技術者との間で繰り広げられていた.

(32) この 5 項目のリストに，フェージはさらに 2 つのファクターを付け加えた. それはアスペクト比と回転するプロペラの遠心方向の流れである. A. Fage and H. E. Collins, "An Investigation of the Magnitude of the Inflow Velocity of the Air in the Immediate Vicinity of an Airscrew, with a View to an Improvement of in the Accuracy of Prediction from Aerofoil Data of the Performance of an Airscrew," R. & M. 328, in TRACA (1917-18), pp. 350-363. 多くの技術者はこの 2 つのファクターについては考慮しなかった.

(33) R. M. Wood, F. B. Bradfield, and M. Barker, "Multiple Interference Applied to Airscrew Theory," T. 1388 (September 1919), DSIR 23/1402, NA.

(34) Minutes of Aerodynamics Subcommittee, 14 October 1919, DSIR 22/39, NA.

(35) R. M. Wood, "Summary of Present State of Knowledge with Regard to Airscrews," R. & M. 594 (February 1919), in TRACA (1918-19): 549-562.

(36) ウッドはこの研究報告でボセザの 1917 年のロシア語の論文を引用し，ボセザの職をペトログラードの陸軍航空学校の教授と紹介している. Ibid., p. 52. 第 1 次世界大戦中のロシアの航空工学の発展については，Duz, "History of Aeronautics and Aviation in USSR," op. cit. の第 7 章「戦時中の科学的研究」を参照. しかしそれはボセザの研究についてはまったく言及がない.

(37) Fage, op. cit., R. & M. 328, in TRACA (1917-18), p. 354; Fage, op. cit, R. & M. 681 in TRACA (1920-21), p. 288.

(38) A. Fage, "A Consideration of Airscrew Theory in the Light of Data Derived from an Experimental Investigation of the Distribution of Pressure over the Entire Surface of an Airscrew Blade, and also over Aerofoils of Appropriate Shapes," R. & M. 681, in TRACA (1920-21): 264-293 (T. 1478, DSIR 23/1492, NA); H. Glauert, "An Aerodynamic

Theory of the Airscrew," R. & M. 786, in ibid., pp. 238-255; G. I. Taylor, "The 'Rotary Inflow Factor' in Propeller Theory," R. & M. 765, in ibid., pp. 256-263. 最後のテイラーの論文は，テイラーの著作集第3巻に復刻されている．G. K. Batchelor, ed., *The Scientific Papers of Sir Geoffrey Ingram Taylor*, vol. 3 (Cambridge: Cambridge University Press, 1963), pp. 59-65.

(39) Minutes of Aerodynamics Subcommittee, 7 June 1921, DSIR 22/40, NA. G. I. Taylor, "Notes on T. 1478," T. 1478a, DSIR 23/1492, NA; Minutes of Aerodynamics Subcommittee, "The 'Rotational Inflow Factor' in Propeller Theory," T. 1590, DSIR 23/1604, NA.

(40) Taylor, "The 'Rotational Inflow Factor' op. cit.

(41) Ibid.

(42) Ibid., p. 63. 本報告内でテイラーは l, v, ν の意味を定義していないが，羽根の幅，羽根の流体に対する相対速度，流体の粘性を意味している．

(43) Fage, op. cit., R. & M. 681, p. 283.

(44) Ibid., p. 264. 強調は原著者フェージによる．

(45) Glauert, op. cit., R. & M. 786, p. 240.

(46) Ibid., p. 238.

(47) Minutes of Aerodynamics Subcommittee, 7 March 1922, DSIR 22/40, NA.

(48) Minutes of Aerodynamics Subcommittee, 4 April 1922, DSIR 22/40, NA

(49) G. I. Taylor, "Notes on Mr. Glauert's paper, 'Aerodynamic Theory of Airscrew'," reproduced in *Scientific Papers of Taylor*, vol. 4, pp. 66-68, on p. 66.

(50) Minutes of Aerodynamics Subcommittee, 2 March 1920, DSIR 22/39, NA. この研究主任からの書簡の日付については，次の報告で言及されている．"Interim Report on Aerofoil Tests at National Physical Laboratory and Royal Aircraft Establishment," T. 1698 (March 1922), DSIR 23/1712, NA.

(51) Minutes of Advisory Committee for Aeronautics, 9 March 1920, DSIR 22/1, NA.

(52) Minutes of Advisory Committee for Aeronautics, 13 April 1920, DSIR 22/1, NA; Minutes of Aerodynamics Subcommittee, 1 June 1920, DSIR 22/39, NA.

(53) Minutes of Aeronautical Research Committee, 11 October and 9 November 1920, DSIR 22/2, NA. 1909年に創設された航空諮問委員会は，1920年5月に航空研究委員会 (Aeronautical Research Committee) と名称を改めた．

(54) Minutes of Aeronautical Research Committee, 11 October and 8 November 1921, DSIR 22/2, NA. これら3国からの要請の日付は，前掲 T. 1696 に記録されている．

(55) William Knight to NACA, 27 May 1920, Box 14, Classified File, NACA Archive, Suitland, MA, USA.

(56) Minutes of Aeronautical Research Committee, 11 January 1921, DSIR 22/2, NA. 会合の席上，この国際風洞試験の参加機関の他の候補としてツェッペリン社も言及された．しかし私企業の研究を公開する．

(57) R. M. Wood, "The Aerodynamics Laboratory at Göttingen," T. 1566, p. 10. ドイツの戦時期の機密報告 *Technisch Berichte* に所収されるデータを利用し，イギリスとドイツの測定結果が，次の報告において比較検討されている．E. D. Lang, "German Aerofoil Tests," R. & M. 695 (May 1920).

(58) Minutes of Aeronautical Research Committee, 12 April 1921, DSIR 22/2, NA. グレーズブルックによって言及された報告はウッドの次の報告である．R. M. Wood "The Aero-

dynamic Laboratory at Göttingen with an Appendix on the Wind Tunnel of the Zeppelin Works at Friedrichshaven [sic]," T. 1566 (February 1921), DSIR 23/1580.

(59) Minutes of Aeronautical Research Committee, 12 December 1922, DSIR 22/3, NA.

(60) Minutes of the Air Council, 10 March 1921, AIR 6/15, NA.

(61) ゲッチンゲンの研究所が風洞試験計画に参加してもらう認可を受けるのは，フランスの研究機関が同研究所と共同研究を進めていることを知ってからのことである．Minutes of the Aeronautical Research Committee, 12 December 1922, DSIR 22/3, NA.

(62) Minutes of the Aerodynamics Subcommittee, 6 July 1920, DSIR 22/39, NA.

(63) "Interim Report of the International Trials," T. 1698, DSIR 23/1712, NA.

(64) "International Trials: Interim Report on Aerofoil Tests Carried out in France," T. 1794 (March 1924), DSIR 23/1808, NA. Minutes of the Aerodynamics Subcommittee, 6 March 1923, DSIR 22/40, NA.

(65) "International Trials," op. cit., T. 1794.

(66) J. L. Nayler, "Report on Paris Visit, Concerning International Trials on R. A. F. 15 Aerofoil," Ae. Techl. 145 (March 1923), DSIR 23/8895, NA. Minutes of the Aerodynamics Subcommittee, 1 May 1923, DSIR 22/40, NA.

(67) R. J. Goodman Crouch, "Notes on a Visit to French Aerodynamics Establishments at Issy-Les-Moulineaux (Service Technique), Auteuil (Eiffel) and St. Cyr (Service Technique)," Ae. Techl. 146 (March 1923), DIR 23/8896, NA.

(68) Minutes of Design Panel, 15 October 1920, DSIR 22/53, NA.

(69) 他の委員は，NPL からサウスウェル，前王立航空機工場長のオゴーマン，ウッド，レルフらが参加した．

(70) Minutes of Design Panel, 19 November 1920, DSIR 22/53, NA.

(71) RAE Staff, "Scale Effect Research at R. A. E.," Ae. Techl. 71 (December 1920), DSIR 23/8828, NA.

(72) Minutes of Design Panel, 3 February 1923, DSIR 22/53, NA. Aerodynamics Staff of RAE, "Lift and Drag of the Bristol Fighter with Wings of Three Aspect Ratio," T. 1789 (R. & M. 859) (February 1923), DSIR 23/1803, NA.

(73) Minutes of Design Panel, 3 February 1923, DSIR 22/53, NA. ファレンが相談した 2 人の委員について，議事録は名前を記していない．

(74) Ibid.

(75) Minutes of Aerodynamics Subcommittee, 6 March 1923, DSIR 22/40, NA.

(76) Minutes of Aerodynamics Subcommittee, 3 July 1923, DSIR 22/40, NA.

(77) サウスウェルが書簡で示唆している「可視化」について，いかなる可視化の方法を具体的に念頭に置いていたかは定かでない．1 つの有力な候補として，石鹼膜を利用した方法が考えられる．それより数カ月前に彼が所長を務める NPL のスタッフは，風洞内の翼の周囲の理論的な流線を可視化する石鹼膜を使った手法を論じる報告書を提出している．この方法では，石鹼膜の枠を風洞の断面の形にし，枠内にできる膜の形状を調べる．サウスウェルはこの方法をプラントルの理論をチェックするために利用しようとした．それに対してグロワートは，石鹼膜の方法は 2 次元の流れを対象とするがプラントル理論の特徴は 3 次元の流れをカバーしているところにあると指摘．さらにそれに対してテイラーは，それにもかかわらず，サウスウェルの石鹼膜の方法はプラントル理論の重要な前提となっていること，すなわち翼のまわりの空気の流れが渦なし (irrotational) であることをチェックすることに役に立つと論じた．テイラーが報告書を提出すると空気力学委員会の委員長ピパードは，グロワー

トとその点を検討するよう促した．Minutes of Aerodynamics Subcommittee, 7 April and 2 May 1923, DSIR 22/40, NA；R. V. Southwell, "On the Use of Soap-Films for Determining Theoretical Stream Lines round an Aerofoil in a Wind Tunnel," T. 1696, DSIR 23/1710, NA；G. I. Taylor, "Note on T. 1696," T. 1696a, DSIR 23/1710, NA；H. Glauert, "Notes on the Flow Pattern round an Aerofoil," T. 1696b, DSIR 23/1710, NA；G. I. Taylor, "Remarks on T. 1696b," T. 1696c, DSIR 23/1710, NA. 空気力学小委員会の4月の会合で，サウスウェルらの石鹸膜の論文が提出されると，別の方法として電気を用いる方法，精密な計算によって流線を求める方法，ヘレ・ショーによる2つの板の間で流れを観測する方法などが検討された．

(78) H. Glauert, "Vortex Theory of Aerofoils: Experimental Tests," T. 1850 (R. & M. 889) (November 1923), DSIR 23/1864, NA.

(79) Minutes of Aerodynamics Subcommittee, 4 December 1923, DSIR 22/40, NA.

(80) G. I. Taylor, "Note on the Prandtl Theory," T. 1875 (January 1924), DSIR 23/1889, NA. この報告はR. & M. シリーズとしてではなく，加筆された上でNPLの研究者の論文への付録として，『フィロソフィカル・トランザクションズ』誌に掲載された．L. W. Bryant and D. H. Williams, "An Investigation of the Flow of Air around Aerofoil of Infinite Span," ***Philosophical Transactions***, ser. A, **225** (1925)；G. I. Taylor, "Note on the Connection between the Lift on an Aerofoil in a Wind and the Circulation round It," ibid. この加筆されたバージョンの論文はテイラーの著作集に再掲されている．***Scientific Papers of G. I. Taylor***, pp. 70-76. NPLスタッフの論文はプラントル理論の理論的前提の検証を念頭に置くものである．

(81) G. I. Taylor, "Note on the Prandtl Theory," T. 1875, p. 1. 会議席上で述べられたコメントは，『フィロソフィカル・トランザクションズ』誌に出版された論文からは削除された．

(82) Minutes of Aerodynamics Subcommittee, 4 December 1923, DSIR 22/40, NA.

(83) Ibid.

(84) Minutes of Design Panel, 21 December 1923, DSIR 22/53, NA.

(85) "Scale Effect on Lift, Drag and Centre of Pressure of Complete Aeroplanes," T. 1888 (R. & M. 900) (March 1924), DSIR 23/1902, NA.

(86) Minutes of the Scale Effect Panel, 25 May 1926 and 16 May 1927, DSIR 22/55, NA.

(87) ベアストウは1920年に航空学科に空気力学の教授として赴任し，1923年にグレーズブルックの後を襲いザハロフ航空教授職に就任し，航空学科の学科長を務めた．G. Temple ***et al.***, " Leonard Bairstow," op. cit.: 23-40, on pp. 23-24.

(88) イギリスにおける航空研究は，航空研究委員会（航空諮問委員会）があるために科学産業研究局から支援を受けることは少なかった．また研究実行にあたっては所属大学の数学科の部屋を借り受けている．Bairstow Papers, the Imperial College Archives. L. Bairstow, B. M. Cave, and E. D. Lang, "The Two-dimensional Slow Motion of Viscous Fluids," ***Proceedings of the Royal Society***, ser. A, **100** (1922): 394-413, on p. 394.

(89) L. Bairstow, B. M. Cave, and E. D. Lang, " The Resistance of a Cylinder Moving in a Viscous Fluid," ***Philosophical Transactions***, ser. A **223** (1923): 383-432.

(90) Leonard Bairstow, "The Fundamentals of Fluid Motion in Relation to Aeronautics," in W. Lockwood Marsh, ed., ***Report of the International Air Congress, London, 1923*** (London: International Air Congress, 1923), pp. 239-245; Hermann Glauert, "Some Aspects of Modern Aerofoil Theory," in ibid., pp. 245-255.

(91) デルフト工科大学におけるブルヘルスの研究については，以下の文献を参照．Gerard

Alberts, " On Connecting Socialism and Mathematics: Dirk Struik, Jan Burgers, and Jan Tinbergen, " ***Historia Mathematica*, 21** (1994): 280-305, on pp. 293-298.

(92) Leonard Bairstow, "Skin Friction," ***Journal of the Royal Aeronautical Society*, 29** (1925): 3-23.

(93) ベアストウの実験結果の紹介と利用については，その後ゼイネンから書簡が寄せられ訂正が申し入れられた．Ibid., pp. 20-21.

(94) Ibid., pp. 15-17. 発言者はロウ少佐（Major Low）と呼ばれており，第1次世界大戦中は陸軍航空隊に従軍した技術者アーチボルド・R・ロウであったと思われる．

第5章

(1) ターボジェットエンジンによる飛行機と航空工学の発展の革命性を論じた著作に，Edward Constant, ***The Origins of the Turbojet Revolution*** (Baltimore: Johns Hopkins University Press, 1980) がある．

(2) 歴史家ジョン・B・ラーは一連の構造上の技術革新を「機体革命」と呼んでいる．John B. Rae, ***Climb to Greatness: The American Aircraft Industry, 1920-1960*** (Cambridge, Mass.: MIT Press, 1968). 可変ピッチ・プロペラとフラップの発展については，Ronald Miller and David Sawers, ***Technical Development of Modern Aviation*** (London: RKP, 1968) を参照．

(3) Minutes of the Aeronautical Research Committee, 11 October 1920, DSIR 22/2, NA. ポファムについては，以下の伝記を参照．Peter Wykeham and Thomas Paul Ofcansky, "Popham, Sir (Henry) Robert Moore Brooke," ***Oxford Dictionary of National Biography***.

(4) " Correspondence Relating to Future Aircraft Development, " T. 1544.

(5) Arnold Hall and Morien Morgan, " Bennett Melvill Jones. 28 January 1887-31 October 1975, " ***Biographical Memoirs of Fellows of the Royal Society*, 23** (1977): 253-282.

(6) ランチェスターの2著作は，Frederick W. Lanchester, ***Aerodynamics***, op. cit.; Lanchester, ***Aerodonetics***, op. cit. 学生クラブで知り合ったエドワード・T・バスクとランチェスターの著作にあるとおりにグライダーを作製すると期待どおりに滑空し，ランチェスターの理論に感銘するとともに，友人バスクと飛行機の研究に打ち込むことになったという．Hall and Morgan, op. cit., p. 254.

(7) B. M. Jones to his father, in B. M. Jones Collection, The Royal Air Force Museum, Hendon. 書簡に日付はないが，1910年頃と思われる．

(8) Minutes of Aeronautical Research Committee, 11 May 1920, DSIR 22/2, NA; Minutes of Aerodynamics Subcommittee, 1 June 1920, DSIR 22/39, NA.

(9) Minutes of Aeronautical Research Committee, 12 April 1921, DSIR 22/2, NA. 航空省の判断によりジョーンズは流体力学者ラムとともに，さらに3年間親委員会委員に再任されることになった．

(10) Sutton Pippard to ARC Secretary, 10 November 1920, DSIR 24/5, NA.

(11) Ibid., p. 6.

(12) ジョーンズが副次的重要性を有するとしたのは，次の4項目である．(1)出力制御の開発，(2)高速でも安定な完全に釣り合いのとれた飛行機の開発（ジャイロ制御を含む），(3)内部の支持に適した肉厚翼の研究，(4)とくにスタート時の高推進力に配慮した可変ピッチ・プロペラの研究．

(13) 会合に先立って回覧された予備報告は以下の報告である．H. T. Tizard, “Possible Developments of Aircraft Engines for Civil Aviation in the Next Ten Years,” T. 1542 (1920), DSIR 23/1556, NA; W. E. Dalby, “Note on T. 1542,” T. 1542a (1920), DSIR 23/1556, NA; B. M. Jones, “Subjects Suitable for Research in Aerodynamics,” T. 1543 (1920), DSIR 23/1557, NA; “Correspondence Relating to Future Aircraft Development,” T. 1544 (1920), DSIR 23/1558, NA; Thomas R. Cave-Browne-Cave, “Note on Future Aircraft,” T. 1556 (1921), DSIR 23/1570, NA.

(14) “The Aeroplane of 1930,” T. 1559 (1921), DSIR 23/1573, NA. 同記録は同日の委員会議事録の付録としても残されている．“The Aeroplane of 1930,” Appendix to Minutes of the Aeronautical Research Committee, 8 February 1921, DSIR 22/2, NA. 会合に出席したのは以下の人物である．グレーズブルック（委員長），ピタヴェル（副委員長），ベアストウ，W. D. ベティ（空軍），ブルック・ポファム（空軍），ケーブ・ブラウン・ケーブ（空軍），ダルビー（インペリアル・カレッジ教授），E. ゴールド（陸軍），メルヴィル・ジョーンズ（ケンブリッジ大学教授），ラム（マンチェスター大学），A. オギルビー，J. D. シドリー，テイラー（ケンブリッジ大学），ティザード（オックスフォード大学），H. ホワイト・スミス，J. L. ネイラー，H. B. アーヴィング，J. G. ギブソン（航空省），サウスウェル（NPL），オゴーマン（元 RAF 工場長），W. フォーブス＝センピル（空軍），ノーマン（空軍），ウッド（RAF）．他の委員会や小委員会の議事録と異なり，この「1930 年の飛行機」の会議に関しては，会議における発言者の発言内容がすべて完全な文章として記録されている．記録は会議後に発言者によって加筆修正されたものであるが，基本的に会議において発言された内容とほぼ同一のものであると考えてよいと思われる．

(15) 前注で述べたとおり，「1930 年の飛行機の議論」の議事録は，会合後に発言者自身の加筆が施されたものである．ベアストウの長いコメントは，その多くが実質的にこの加筆によるものかもしれない．しかしここでは，記録される批判のポイントがその場で発言されたものとして議論の経緯を叙述しておくことにする．

(16) Ibid., p. 2.

(17) Ibid., p. 3.

(18) 発言者は，A. オギルビーである．“The Aeroplane of 1930,” op. cit., p. 6.

(19) Ibid., p. 8.

(20) Ibid., p. 9.

(21) Minutes of Aerodynamics Subcommittee, 4 April 1922, DSIR 22/40, NA.

(22) “The Lateral Control of Stalled Aeroplanes: General Report by the Stability and Control Panel,” R. & M. 1000, in TRARC (1925-26): 274-316, on p. 279.

(23) R. M. Hill and H. L. Stevens, “Notes on Stalled Flying,” T. 1757 (R. & M. 963) (October 1922), DSIR 23/1771, NA.

(24) Benedict Jones to B. Melvill Jones, 21 October 1923, AC 76/6/124, B. Melvill Jones papers, Royal Air Force Museum, Hendon, England.

(25) Minutes of Aerodynamics Subcommittee, 6 October 1925, DSIR 22/40, NA. 報告は以下の論文として出版された．“The Lateral Control of Stalled Aeroplanes: General Report by the Stability and Control Panel,” R. & M. 1000, in TRARC (1925-26): 274-316.

(26) B. Melvill Jones, “Step-by-step Calculation upon the Asymmetric Movements of Stalled Aeroplanes,” R. & M. 999 (October 1925), in TRARC (1925-26): 317-338, on p. 322.

(27) Ibid., p. 6.

(28) Minutes of Aerodynamics Subcommittee, 1 December 1925, DSIR 22/40, NA.
(29) A.S. Jackson, ***Imperial Airways and the first British Airlines, 1919-1940*** (Lavenham: Terence Dalton, 1995).
(30) Cecil R. Roseberry, ***The Challenging Skies: The Colorful Story of Aviation's Most Exciting Years, 1919-1939*** (New York: Doubleday, 1966).
(31) 『東京朝日新聞』1927年5月27日.
(32) 『東京朝日新聞』他各紙, 1927年5月28日, 29日.
(33) この民間主導で進められた太平洋横断計画は結局失敗に終わった. その顚末とその後の経緯については, 次の拙著論文を参照. Takehiko Hashimoto, "The Contest over the Standard: The Project of the Transpacific Flight and Aeronautical Research in Interwar Japan," ***Historia Scientiarum***, **11** (2001-2): 226-244; reproduced in idem, ***Historical Essays on Japanese Technology***, UTCP Collection vol.6 (2010). またその論点の要約を次に記した. 橋本毅彦『〈標準〉の哲学——スタンダード・テクノロジーの300年』(講談社, 2002), pp.170-177.
(34)『全国新聞切抜 (航空)』全6巻, 東京大学先端科学技術研究センター図書室所蔵.
(35) Laurence K. Loftin, Jr., ***Quest for Performance: The Evolution of Modern Aircraft*** (Washington, D.C.: NASA, 1985).
(36) シュナイダー杯レースは, 飛行艇の速度を競う国際大会で, 1913年から1931年まで12回開催された. シュナイダー杯レースについては次の書を参照. David Mondey, ***The Schneider Trophy: A History of the Contests for La Coupe d'Aviation Maritime Jacques Schneider*** (London: Robert Hale, 1975).
(37) B.M. Jones, "The Importance of 'Streamlining' in Relation to Performance" (September 1927), T.2519, DSIR 23/2533, NA; R. & M.1115, in TRARC (1927-28): 417-431. T版とR. & M. 版では文言や提示されるデータにおいて若干の差がある. とくにR. & M. 版では, T版で言及されていた飛行機のモデルが省略されている.
(38) R. & M.1115, p.417.
(39) 飛行機の重量を翼長の2乗で割った商を「翼長負荷 (span loading)」と呼びLで表すと, 誘導抗力の近似値は, 複葉機に対しては$280\,L/\sigma V_m$, 単葉機に対しては$350\,L/\sigma V_m$が与えられる. ここでσは飛行する上空の空気密度と地上の通常の空気密度の比, V_mは速度である. ここで単位は速度についてはマイル/時, 求める出力については1000ポンド単位である. Ibid., p.423.
(40) Ibid.
(41) 以下の論文が提出された. "Program of Researches," (November 1927) T.2525, L. Bairstow, "Comment on some of the items in the draft programme of research in aerodynamics," (February 1928) T.2525b, DSIR 23/2539, NA; B.M. Jones, "The Importance of 'Streamlining' in Relation to Performance," (September 1927) T.2519, R. & M.1115; Jones, "Suggestions for Research in Aerodynamics," (January 1928) T.2557, DSIR 23/2571, NA; W.S. Farren, "Suggestions for Researches," (January 1928) T.2564, DSIR 23/2578, NA; I.A.E. Edwards, "Aircraft of 1935," (January 1928) T.2560, DSIR 23/2574, NA; Brancker, "Commercial Aeroplane of 1935," T.2559, DSIR 23/2573, NA; "Engine Researches," T.2567, DSIR 23/2581, NA; " Automatic Slot," T.2526, DSIR 23/2540, NA; " NACA Researches," T.2570, DSIR 23/2570, NA.
(42) B.M. Jones, "Suggestions for Research in Aerodynamics" (January 1928), T.2557, DSIR 23/2571, NA.

(43) Minutes of the Aeronautical Research Committee, 13 March 1928, DSIR 22/4, NA.

(44) ジョーンズのグラフと王立航空協会講演については，アンダーソン，前掲書，pp. 419-425 参照.

(45) Jones, "The Streamline Aeroplane," op. cit. (note 6), pp. 308-309.「より興味深い飛行機」の削除については，同論文の p. 308, 注 10 をみよ.

(46) Ibid., p. 376.

(47) Ibid., p. 383.

(48) Ibid., p. 378.

(49) "Comments of the Aeronautical Research Committee on the Programme of Research in Aerodynamics at their meeting on 14th February, 1928," T. 2525c, DSIR 23/2539, NA.

(50) "Report of the Interference Subcommittee," T. 2679, DSIR 23/2693, NA.

(51) 橋本「〈諮問〉から〈研究〉へ」，前掲論文参照．SBAC は 1916 年に設立された航空機製造企業の同業者組合である．その航空省との対立の経緯などについては，Edgerton, ***England and the Aeroplane***, op. cit. 参照.

(52) "Proposed Programme of New Wind Tunnel Researches on Interference Arising from Discussion with and Communication from the S. B. A. C.," Int. 93, DSIR 23/3627, NA.

(53) E. Ower, H. C. H. Townend, and C. T. Hutton, "Interference Effects between Streamlined Body and Certain Objects Placed near or Attached to It," (September 1928) T. 2658, DSIR 23/2672, NA.

(54) 研究のきっかけと起源については，H. C. H. Townend, "Reduction of Drag of Radial Engines by the Attachment of Rings of Aerofoil Section, Including Interference Experiments of an Allied Nature, with Some Further Applications," T. 2819 (R. & M. 1267) (July 1929), DSIR 23/2913, NA の冒頭部分に簡単に記されている.

(55) H. C. H. Townend, "Note on a Method of Reducing the Drag of Radial Engines by the Addition of Rings of Aerofoil Section," (October 1928) T. 2672, DSIR 23/2686, NA.

(56) Minutes of the Aeronautical Research Committee, 9 October 1928, 13 October 1931, DSIR 23/5, NA.

(57) James R. Hansen, ***Engineers in Charge: A History of the Langley Aeronautical Laboratory, 1917-1958*** (NASA History Series, NASA SP-43-5) (Washington, D. C.: NASA, 1987), chapter 5: "The Cowling Program: Experimental Impasse and Beyond."

(58) 初期の NACA の研究として，スタンフォード大学のデュランドとレスリーのプロペラの性能実験においてこの手法が利用されている．造船技術者としてスクリューの開発経験をもつデュランドは，プロペラの形状とサイズについていくつかのファクターを選定し，それらを系統的に変えていくことで性能的に優れた形状のプロペラを開発した．デュランドとレスリーのプロペラの研究に関しては，Walter Vincenti, "The Air-Propeller Tests of W. F. Durand and E. P. Lesley: A Case Study in Technological Methodology," ***Technology and Culture***, **20** (1979): 712-751 を参照．同論文は Walter Vincenti, ***What Engineers Know and How They Know It: Analytical Studies from Aeronautical History*** (Baltimore: Johns Hopkins University Press, 1990) に収録されている．パラメータ変化法の利用例としては，より有名な例として，テイラー主義と科学的管理法で著名なフレデリック・テイラーのライフワークとしての工作機械の効率的利用法の探究での同法の活用をあげることができる．橋本，『〈標準〉の哲学』，前掲書，第 5 章参照.

(59) NACA はそれらの成果を軍や産業界に，当初は機密事項として通達した．その後さらに

検討が続けられたが，1930年代の半ばからより理論的で体系的なアプローチの必要性が痛感されるようになり，理論的研究も取り組まれるようになった．

(60) W.G.A. Perring, "Cowling of Air-Cooled Engines: Wind Tunnel Experiments, T. 2986 (R. & M.1413) (April 1930), DSIR 23/3000, NA; W.G.A. Perring, "The Cowling of Air-Cooled Engines," ***Aircraft Engineering***, **4** (1932): 123-126; W.G.A. Perring, "The Cowling of Air-Cooled Engines: A Note from Messrs. Boulton and Paul Shows the Townend Ring in a Favourable Light," ibid.: 157-158.

(61) B.M. Jones, "Skin Friction and the Drag of Streamline Bodies," T.2709 (December 1928), and "Note 2," T.2709a, and "Note 3," T.2709b (December 1929), DSIR 23/2723, NA.

(62) Jones, "Note 3," op. cit.

(63) Minutes of Aerodynamics Subcommittee, 4 October 1932, DSIR 22/43, NA.

(64) K.W. Clark and C. Callan, "Air Flow over a Biplane Model Demonstrated by the 'Tuft' Method," (November 1932) T.3344 (R. & M.1552), NA. 流体の可視化の方法はその後も現在に至るまで大きく発展してきている．各種の方法の発展をまとめた比較的新しい文献として，浅沼強編『流れの可視化ハンドブック』(朝倉書店，1977) などがある．

(65) 各公式中のRはレイノルズ数である．

(66) トマス・P・ヒューズ (市場泰男訳)『電力の歴史』(平凡社，1996)．

(67) 飛行機の歴史には，航空機自身の発達やその利用の歴史とともに，飛行場や管制システムなどの航空機の運行を可能にさせたインフラ技術の歴史が存在する．アメリカにおける飛行場の発達については，Deborah G. Douglas, "The Invention of Airports: A Political, Economic and Technological History of Airports in the United States, 1919-1939," Ph.D. dissertation, University of Pennsylvania, 1996 などを参照．

(68) Minutes of the Aeronautical Research Committee, 11 February 1930, DSIR 22/5, NA.

第6章

(1) 谷一郎「研究の回顧」，『東京大学宇宙航空研究所報告』第4巻2号 (1968), p.168.

(2) Minutes of Fluid Motion Panel, 30 June 1933, DSIR 22/49, NA.

(3) Minutes of Aerodynamics Subcommittee, 3 June 1930, DSIR 22/42, NA.

(4) フェージは第2回会合から委員に加わることになった．

(5) Minutes of Fluid Motion Panel, 20 June 1930, DSIR 22/49, NA.

(6) G.I. Taylor, "The Principles Available for the Design of a Turbulent-free Wind Tunnel," T.3009 (1930), DSIR 23/3023, NA.

(7) Minutes of Fluid Motion Panel, 31 October 1931, DSIR 22/49, NA.

(8) L.F.G. Simmons and C. Salter, "Experiments Relating to Steady Air Flow," T.3046 (1931), DSIR 23/3060, NA.

(9) Minutes of Fluid Motion Panel, 20 January 1931, DSIR 23/49, NA.

(10) Minutes of Fluid Motion Panel, 20 February 1931, DSIR 23/49, NA.

(11) Minutes of Fluid Motion Panel, 10 June 1931 (the 7th meeting), DSIR 23/49, NA.

(12) R.T. Glazebrook, "Report for the Year 1930-1931," in TRARC (1930-31), vol.1, pp.1-16, on p.9.

(13) Dryden to Prandtl, 1 March 1921, cited in Eckert, *Dawn of Fluid Dynamics*, op.

cit., p. 310.

(14) Hugh L. Dryden and R. H. Heald, "Investigation of Turbulence in Wind Tunnels by a Study of the Flow about Cylinders," NACA Technical Report, no. 231 (1926).

(15) 原文では，0.0085インチから3インチまでである．

(16) Hugh L. Dryden and A. M. Kuethe, "The Measurement of Fluctuations of Air Speed by the Hot-wire Anemometer," NACA Technical Report, no. 320 (1929).

(17) Eckert, *Dawn of Fluid Dynamics*, op. cit., p. 126.

(18) Minutes of Fluid Motion Panel, 23 October 1931, DSIR 23/49, NA.

(19) Minutes of Fluid Motion Panel, 26 February 1932, DSIR 22/49, NA.

(20) ゼイネンの論文は要約されて委員会報告として回覧された．B. G. Van Der Hegge Zijnen, "Measurement on the Distribution of the Velocity, the Shearing Stress and the Characteristic Length in the Boundary Layer along a Series of Bars (Grating)," F. M. 56.

(21) Minutes of Fluid Motion Panel, 26 February 1932, DSIR 22/49, NA, p. 7. 会合でフェージは「混合距離」概念を誤ってカルマンによるものとしている．

(22) Minutes of Fluid Motion Panel, 10 February 1933, DSIR 22/49, NA.

(23) Minutes of Fluid Motion Panel, 30 June 1933, DSIR 22/49, NA; L. F. G. Simmons and C. Salter, "Experimental Investigation and Analysis of the Velocity Variations in Turbulent Flow," 689, DSIR 23/3940, NA; H. C. H. Townend, "Statistical Measurements of Turbulence in the Flow of Air through Pipe," 690, DSIR 23/3941, NA.

(24) Arthur Fage, "Photographs of Fluid Flow Revealed with an Ultramicroscope," 810 (October 1933), DSIR 23/4061, NA.

(25) Minutes of Fluid Motion Panel, 3 October 1933, DSIR 22/49, NA.

(26) Minutes of Fluid Motion Panel, 2 November 1934, DSIR 22/49, NA; Staff of the Aerodynamics Department of NPL, "Comparative Measurements of Turbulence by Three Methods," 1487 and 1487a (R. & M. 1651) (October 1934), DSIR 23/4738, NA.

(27) Minutes of Fluid Motion Panel, 2 November 1934, DSIR 22/49, NA.

(28) Minutes of Fluid Motion Panel, 20 February 1931, DSIR 22/49, NA.

(29) Minutes of Fluid Motion Panel, 24 June 1932 and 10 February 1933, DSIR 22/49, NA.

(30) Minutes of Fluid Motion Panel, 30 June 1933, DSIR 22/49, NA.

(31) Minutes of Fluid Motion Panel, 26 March 1934, DSIR 22/49, NA.

(32) Minutes of Fluid Motion Panel, 10 September 1935, DSIR 22/49, NA.

(33) Sydney Goldstein, ed., ***Modern Developments in Fluid Dynamics*** (Oxford: Oxford University Press, 1938).

(34) Minutes of Fluid Motion Panel, 10 June 1931 (the 6th meeting), DSIR 22/49, NA.

(35) Goldstein, ed., *Modern Developments in Fluid Dynamics*, op. cit., Chapter 5: "Turbulence."

(36) Geoffrey I. Taylor, "Note on Turbulence," 1502, DSIR 23/4753, NA; G. I. Taylor, "Statistical Theory of Turbulence, Part I," *Proceedings of the Royal Society*, A, **151** (1935): 421-444, reproduced in G. K. Batchelor, ed., *The Scientific Papers of G. I. Taylor*, vol. 2 (Cambridge: Cambridge University Press, 1960), pp. 288-306.

(37) Eckert, *Dawn of Fluid Dynamics*, op. cit., pp. 112-113に草稿の写真とともに引用されている．

(38) Prandtl to Kármán, 10 October 1924. Eckert, *Dawn of Fluid Dynamics*, op. cit., p.

117 に引用.

(39) Ludwig Prandtl, "Berichte über Untersuchungen zur ausgebildeten Turbulenz," *Zeitschrift fur Angewandte Mechanik und Mathematik*, **5** (1925): 136-139, reproduced in Prandtl Gesammelte Abhandlungen, vol. 2, 714-718. Eckert, *Dawn of Fluid Dynamics*, op. cit. p. 117 に引用.

(40) *Prandtl Gesammelte Abhandlungen*, op. cit., vol. 2, p. 716.

(41) Ludwig Prandtl, "Über die ausgebildete Turbulenz," *Verhandlungen des II. Internationalen Kongress für Technische Mechanik, 1926* (Zürich: Füßli, 1927), pp. 62-75; reprinted in *Prandtl Gesammelte Abhandlungen*, op. cit., vol. 2, pp. 736-751.

(42) Ibid., p. 736.

(43) カルマン『大空への挑戦』, 前掲書, 第 17 章「乱流」.

(44) テイラーの乱流研究について, 彼の学生であったバチラーはテイラー伝において, 彼の 1915 年のアダムズ賞論文に遡って説明している. George Batchelor, *The Life and Legacy of G. I. Taylor* (Cambridge: Cambridge University Press, 1996), Chapter 12: "Turbulence: A Challenge."

(45) G. I. Taylor, "Diffusion by Continuous Movements," *Proceeding of London Mathematical Society*, **20** (1921): 196-212.

(46) Ludwig Prandtl, "On the Generation of Vortices," *Journal of the Royal Aeronautical Society*, **31** (1927): 720-743. プラントルは翌々年来日し, 東京帝国大学の航空研究所でも 3 回にわたり講演を行った. その際に第 3 回の講演でこの動画を披露した. 動画のフィルムは東京大学先端科学技術研究センターに保存されている. 動画は約 10 分の長さの内容である. 橋本毅彦「金庫から現れた歴史的フィルム」,『學鐙』100 巻 6 号, 2003 年 6 月, pp. 12-15 参照.

(47) G. I. Taylor, "The Transport of Vorticity and Heat through Fluids in Turbulent Motion," *Proceedings of the Royal Society*, A **135** (1932): 685-705.

(48) 講演集は, *Proceedings of the fourth International Congress for Applied Mechanics* (Cambridge: Cambridge University Press, 1935) として出版された.

(49) G. I. Taylor, "Turbulence in a Contracting Stream," *Zeitschrift für Angewandte Mathematik und Mechanik*, **15** (1935): 91-96.

(50) G. I. Taylor to Ludwig Prandtl, 15 November 1935, Taylor Collection, D65[60], Trinity College Library, Cambridge University.

(51) Ludwig Prandtl to G. I. Taylor, 30 November 1935, Taylor Collection, D65[61], Trinity College Library, Cambridge University. プラントルはそこで, 当時のノーベル物理学賞は原子物理学の研究に限られ, 自分の研究は数学と工学の折衷のように思われていると伝えた.

(52) Minutes of Fuild Motion Panel, 18 December 1934 (23rd meeting), DISR 22/49, NA. 当日は午前午後 2 回の会議を行っている. 第 23 回の会議は, 午後 2 時から行われた.

(53) 委員会報告：G. I. Taylor, "Note on Turbulence," 1502, DSIR 23/4753, NA. 紀要論文：Taylor, "Statistical Theory of Turbulence, Part I," *Proceedings of the Royal Society*, A, **151** (1935): 421-444. 以下で述べる顕著な差異が両者のバージョンに認められるため, 巻末参考文献では両者を別個の論文として掲載した.

(54) Minutes of Fuild Motion Panel, 18 December 1934 (23rd meeting), DISR 22/49, NA. 乱流の議論は 139 番の議事録に記されている. 提出された 4 本の論文は以下のとおり. G. I. Taylor, "Note on Turbulence," F. M. 188 (1502), DSIR 23/4753, NA; Taylor, "Tur-

bulence in a Converging Stream of Fluid," F. M. 190 (1511), DSIR 23/4762, NA; S. Goldstein, "Turbulence, Dynamical Similarity and Flow in Pipes," F. M 181 (1444), DSIR 23/4695, NA; H. C. H. Townend, "Further Experiments on Statistical Measurements of Turbulence," F. M. 194 (1531), DSIR 23/4782, NA.

(55) シモンズらの実験結果は翌年4月の次回会合で報告され，テイラーの理論がおおむね満足されたことが確認された．L. F. G. Simmons and C. Salter, "Turbulence Measurements in Two Wind Tunnels," 1751 (1935), DSIR 23/5002, NA.

(56) Minutes of Fuild Motion Panel, 18 December 1934 (23rd meeting), DISR 22/49, NA.

(57) ただし両者の所属する学科とカレッジが違う．ジョーンズはエマニュエル・カレッジ，テイラーはトリニティ・カレッジに所属した．

(58) Minutes of Aerodynamics Subcommittee, 4 December 1934, DSIR 22/43, NA.

(59) E. Relf, "Note on the Drag of the D. H. Comet and the Douglas Air Liner," 1529 (December 1934), DSIR 23/4780, NA.

(60) Minutes of Aerodynamics Subcommittee, 4 December 1934, DSIR 22/49, NA.

(61) J. Stüper, "Untersuchung von Reibungsschichten am fliegenden Flugzeug," ***Luftfahrtforschung***, **11**, no. 1 (May 1934): 26-32; J. Stüper, trans. by J. Vanier, "Investigation of Boundary Layers on an Airplane Wing in Free Flight," NACA Technical Memorandum, 751 (August 1934).

(62) グルシュヴィッツの論文は，E. Gruschwitz, "Die turbulente Reibungsschicht in ebener Strömung bei Druckabfall und Druckanstieg," ***Ingenieurarchiv***, **2** (1931): 321-346. グルシュヴィッツの研究については，Eckert, ***Dawn of Fluid Dynamics***, op. cit., pp. 221-222 を参照．

(63) Minutes of Aerodynamics Subcommittee, 5 February 1935, DSIR 22/44, NA.

(64) 議事録には，研究計画の同課題について「長い議論があった」と記している．Ibid., p. 10.

(65) Minutes of Fluid Motion Panel, 30 April 1935, DSIR 22/44, NA; Geoffrey I. Taylor, "Notes on Turbulence II. Diffusion of Particles from a Connected Cluster," 1656 (1935), DSIR 23/4907, NA; Taylor, "Notes on Turbulence. III. The Dissipation of Energy in Turbulent Flow," 1686 (1935), DSIR 23/4937, NA; Taylor, "Notes on Turbulence. IV. Effect of Turbulence on Boundary Layer. Theoretical Discussion of Relationship between Scale of Turbulence and Critical Resistance of Spheres," 1696 (1935), DSIR 23/4947, NA.

(66) Taylor, "Notes on Turbulence, IV", op. cit.

(67) Minutes of Fluid Motion Panel, 30 April 1935, DSIR 22/44, NA, p. 7.

(68) G. I. Taylor, "Notes on Turbulence. V. Dissipation of Energy in Turbulent Flow," 1785 (1935), DSIR 23/5036, NA.

(69) Minutes of Fluid Motion Panel, 4 June 1935, DSIR 22/49, NA.

(70) Minutes of Aerodynamics Subcommittee, 4 June 1935, DSIR 22/44, NA.

(71) 風洞パネルの議事録は，Minutes of Wind Tunnel Panel, DSIR 22/11, NA，に収録されている．第1回会合では，4種類の非乱流，フルスケールの風洞について検討されている．Ibid., 20 June 1935.

(72) B. M. Jones, "Investigations on Air Flow at Cambridge University" (November 1934) (Copy of a letter from Jones to Chairman of Aeronautical Research Committee dated on 29 November 1934), DSIR 23/4797, NA.

(73) B. M. Jones, "Aerodynamic Research at Cambridge," T. 3641 (March 1935), DSIR 23/4928, NA.

(74) Arthur Fage and L. J. Jones, "On the Drag of an Aerofoil for Two-Dimensional Flow," ***Proceedings of the Royal Society***, A, **111** (1926): 592-603.

(75) B. M. Jones, "The Measurement of Profile Drag by the Pitot-traverse Method," 2202 (R. & M. 1688) (January 1936), DSIR 23/5453, NA, Section 1: "Introduction", Paragraph 6.

(76) A. V. Stephens and J. A. G. Haslam, "Flight Experiments on Boundary Layer Transition in Relation to Profile Drag," 3413 (R. & M. 1800) (August 1938), DSIR 23/6664, NA.

(77) Ibid.

(78) B. M. Jones, "The Latest about Skin Friction," ***Aeroplane***, **51** (1936): 805-807. 講演の正式の記録は翌年『王立航空協会誌』に掲載された. Jones, "Profile Drag," ***Journal of the Royal Aeronautical Society***, **41** (1937): 339-368.

(79) B. M. Jones, "Flight Experiments on the Boundary Layer," ***Journal of the Aeronautical Sciences***, **5**, no. 3 (1938): 81-101. 講演録は, イギリスの航空研究委員会においても技術報告として回覧された.

(80) 1935年のヴォルタ会議については, 以下の文献を参照. Eckert, ***Dawn of Fluid Dynamics***, op. cit., pp. 229-232; Carlo Ferrari, "Recalling the Vth Volta Congress: High Speeds in Aviation," ***Annual Review of Fluid Mechanics***, **28** (1996): 1-9; カルマン, 『大空への挑戦』, 前掲書, 第28章.

(81) James Hansen, ***Engineer in Charge*** (Washington, D. C.: NASA, 1987).

(82) 次章で述べるように, その頃テイラーの下に滞在していた友近には, テイラーの研究成果とジョーンズのその技術的意味の認識がまったく伝わっていないようなのである.

(83) Ibid., appendix personnel 参照. ジェーコブスのNACAにおける研究活動については前掲ハンセンの著作 (Hansen, ***Engineer in Charge***) とともに, R. T. Jones, "Recollections from an Earlier Period in American Aeronautics," ***Annual Review of Fluid Mechanics***, **9** (1977): 1-11, on pp. 9-11 を参照.

(84) Eastman N. Jacobs, "Tests of N. A. C. A. Airfoils in the Variable-Density Wind Tunnel. Series 43 and 63," NACA Technical Note, no. 391 (1931); Jacobs, "Tests of N. A. C. A. Airfoils in the Variable Density Wind Tunnel. Series 44 and 64," NACA Technical Note, no. 401 (1931); Jacobs, "Tests of N. A. C. A. Airfoils in the Variable-Density Wind Tunnel. Series 24," NACA Technical Note, no. 404 (1932); Jacobs, "The Characteristics of 78 Related Airfoil Sections from Tests in the Variable-Density Wind Tunnel," NACA Technical Report, no. 460 (1933).

(85) Eastman N. Jacobs, "Laminar and Turbulent Boundary Layers as Affecting Practical Aerodynamics," ***S. A. E. Journal***, **41**, no. 4 (1937); reprinted as 3309 (1937), DSIR 23/6560, NA.

(86) Hansen, ***Engineer in Charge***, op. cit., p. 114.

(87) Eastman N. Jacobs, "Preliminary Report on Laminar-Flow Airfoils and New Methods Adopted for Airfoil and Boundary-Layer Investigations," ***NACA Advance Confidential Report*** (June 1939), declassified as NACA Wartime Report L-345.

(88) Ernest Relf, "Recent Aerodynamic Developments," ***Journal of the Royal Aeronautical Society***, **50** (1946): 421-449, on p. 425.

(89) Ibid., p. 424; Relf, "Modern Developments in the Design of Aeroplanes," *Journal of the Institution of Civil Engineers*, **3** (1935-36): 523-566, on p. 564.

第7章

(1) 防衛庁防衛研究所戦史室『戦史叢書　陸軍航空兵器の開発・生産・補給』(朝雲新聞社, 1975), pp. 7-14.
(2) 航空研究所の歴史については, 日本航空学術史編集委員会編『日本航空学術史 1910-1945』(丸善, 1990), pp. 259-290 に簡潔な解説がある. また東京帝国大学編・発行『東京帝国大学学術大観　工学部航空研究所』(以下,『学術大観』) (1942), pp. 395-408 参照.
(3)『東京帝国大学航空研究所要覧』(1936), pp. 7-8.
(4) 航空研究所図書課『図書報』第 1-4 号合冊本の付録. 同誌誌名の「図書」は国がまえに漢字の書を書き入れた独特の漢字をタイトルにしており, ここでは便宜上「図書報」と称しておいた (後出図 7.5 参照).
(5) 寺田の航空に関わる流体力学研究は, Torahiko Terada, *Scientific Papers* (Tokyo: Iwanami Shoten, 1938) に収録されている.
(6) Kwan-ichi Terazawa, "On the Decay of Vortical Motion in a Viscous Fluid," *Report of the Aeronautical Research Institute*, no. 4 (1922).
(7)『学術大観』, 前掲書, p. 454.
(8) Ernst-Heinrich Hirschel *et al.*, *Aeronautical Research in Germany: From Lilienthal until Today* (Berlin: Springer, 2004), p. 191.
(9) 日本帝国陸軍航空隊「ヴィーゼルベルゲル博士派遣に関する件」,『密大日記』第 2 巻 (1925), 防衛研究所戦史資料室所蔵.
(10)『学術大観』, 前掲書, p. 459.
(11) Tomijirow Moriya, "Tragflügeltheorie," graduation thesis, Aeronautics Department, Tokyo Imperial Unviersity, 1923.
(12) 守屋が言及している文献は, 次の航空工学者の論文や著作が含まれている. A. ベッツ, H. ブラジウス, H. グロワート, R. フォン・ミーゼス, M. ムンク, L. プラントル, H. フォン・ザンデン, E. トレフツ.
(13)『学術大観』, 前掲書, p. 454.
(14) 河田三治「プロペラの理論」,『航空研究所彙報』10 号 (1925): 137-157. Sandi Kawada, "Helicopters,"『航空研究所彙報』13-15 号 (1925); Sandi Kawada, "Theory of Airscrews," *Reports of the Aeronautical Research Institute*, no. 14 (1926): 361-401.
(15) Kwan-ichi Terazawa, "On the Interference of Wind Tunnel Walls of Rectangular Cross-Section on the Aerodynamic Characteristics of a Wing," *Report of the Aeronautical Research Institute*, no. 44 (1928): 60-82, on p. 74.
(16) J. T. Stuart, "Louis Rosenhead, 1 January 1906-10 November 1984," *Biographical Memoirs of Fellows of the Royal Society*, **32** (1986): 407-420.
(17) 友近晋「わが国における流体力学の発達」, 故友近晋先生追悼記念事業会編・発行『友近先生の思い出——故友近晋先生追悼文集』(以下,『故友近晋先生追悼文集』) (1966), pp. 136-148 所収, p. 141.
(18) 同書, pp. 140-142.
(19) 同書, p. 15.
(20) Geoffrey I. Taylor, "Memorial Note," 同書, pp. 86-87 所収, p. 87. テイラーの追悼文

と追悼文集の編集者（巽知正）からの依頼の手紙は，ケンブリッジ大学トリニティ・カレッジのテイラー・コレクションに収められている．編集の依頼文には「長くても短くても，学問的でも学問的でなくとも，エッセイでも，詩でも，思い出でも，短い手紙でも，どのような形でも結構です」との依頼が述べられている．T. Tatsumi to G.I. Taylor, 12 January 1966, C. 67, G.I. Taylor Papers, Trinity College, Cambridge, UK. テイラーはロンドンの王立協会に自分の研究室をもっていたが，キャベンディッシュ研究所には正式には所属しておらず正式な研究室をもっていなかった．

(21) 友近晋「煙都通信」(1942),『故友近晋先生追悼文集』, pp. 132-136 所収, p. 135.

(22) Susumu Tomotika, "The Lift on a Flat Plate Placed near a Plane Wall, with Special Reference to the Effect of the Ground upon the Lift of a Monoplane Aerofoil," *Report of Aeronautical Research Institute*, no. 97 (1933)；Tomotika, "The Lift on a Flat Plate Placed in a Stream between Two Parallel Walls and Some Allied Problems," *Report of Aeronautical Research Institute*, no. 101 (1934).

(23) Susumu Tomotika, "Further Studies on the Effect of the Ground upon the Lift of a Monoplane Aerofoil," *Report of Aeronautical Research Institute*, no. 120 (April 1935): 38.

(24) Minutes of Aerodynamics Subcommittee, 6 November 1934, DSIR 22/43, NA, p. 17. そこでテイラーによって言及された日本の研究とはおそらく次の友近の論文と思われる. Susumu Tomotika, "Further Studies on the Effect of the Ground upon the Lift of a Monoplane Aerofoil," *Report of Aeronautical Research Institute*, no. 120 (April 1935).

(25) Taylor, "Memorial Note," op. cit., pp. 86-87.

(26) Susumu Tomotika, "On an Instability of a Cylindrical Thread of a Viscous Liquid Surrounded by another Viscous Liquid," *Proceedings of the Royal Society of London*, ser. A, **147** (1935): 322-337; Tomotika, "Breaking up of a Drop of Viscous Liquid Immersed in Another Viscous Fluid Which is Extending at a Uniform Rate," *Proceedings of the Royal Society of London*, ser. A, **153** (1935): 302-318.

(27) 岡小天「友近先生を想う」,『故友近晋先生追悼文集』, pp. 66-70 所収, p. 68.

(28) Susumu Tomotika, "The Laminar Boundary Layer on the Surface of a Sphere in Uniform Stream," 1870 (R. & M. 1678) (July, 1935). National Archives には同報告（DSIR 23/5121）が欠落している．

(29) Paul Hanle, *Bringing Aerodynamics to America* (Cambridge, Mass.: MIT Press, 1982).

(30) 友近,「煙都通信」, 前掲, p. 135；友近,「わが国における流体力学の発達」, 前掲, p. 144.

(31) Taylor, "Memorial Note," op. cit., p. 86.

(32) 友近,「煙都通信」, 前掲, p. 135.

(33) Minutes of Fluid Motion Panel, 10 September 1935, DSIR 22/49, NA.

(34) Arthur Fage, "Experiments on a Sphere at Critical Reynolds Number," R. & M. 1766 (1936).

(35) Susumu Tomotika and Isao Imai, "On the Transition of Laminar to Turbulent Boundary Layer in the Boundary Layer of a Sphere," *Report of the Aeronautical Research Institute*, no. 167 (1938): 387-423, on p. 388. 論文本文は英語であるが，引用箇所は日本語の要約部分からである．

(36) 日本航空学術史, 前掲書, pp. 67-78, 78-89.

(37) Itiro Tani, "Ueber die gegenseitige Beeinflussung mehrerer Tragflächen," graduation thesis, Aeronautics Department, Tokyo Imperial University, 1930. 東京大学航空学科図書室所蔵.

(38) 日本航空学術史，前掲書，p. 68. Itirô Tani, "A Simple Method of Calculating the Induced Velocity of a Monoplane Wing," *Report of the Aeronautical Research Institute*, no. 111 (1934); Tani, "A Simple Method of Calculating the Aerodynamic Characteristics of a Monoplane Wing," *Report of the Aeronautical Research Institute*, no. 197 (1949).

(39) 谷一郎「turbulence」,『応用物理』**2** (1933): 31-37, 62-66, 106-109, 147-150. 同雑誌の総合報告のページに寄せられた解説記事である．この記事で谷は laminar flow に「整流」, turbulent flow に「擾流」という語を当てている．その訳語について，「適当な訳語が見当たらないので仮にこう書くことにした．いい言葉があったらそれを当て嵌めて読んで下さい」と注釈している．

(40) 谷一郎「初会の印象」,『故友近晋先生追悼文集』, pp. 91-92.

(41)『日本航空学会誌』の初代編集長は，学会の最初の会合において次のように述べている．学会誌は隔月刊でその総ページ数は約 50 ページ，そのうちの 30 ページがノート，ニュース，書評のセクションに充てられる．「モットーは航空工学の各側面のすべての重要な論文をカバーすることであります.」『日本航空学会誌』**1** (1934), p. 343. 書評セクションでカバーされている海外の学術誌の総数は 56 にのぼった．国内で出版された日本語の論文は書誌情報のみ掲載し，内容説明は省かれた．書評委員には谷の他に数名の航空研究所所員が含まれている．

(42) 谷の文献渉猟については，橋本毅彦「読書する技術者：戦前航空工学の洋雑誌と文献渉猟」,『科哲』12 号 (2010): 2-7 参照.

(43) 今井功「谷一郎先生を偲ぶ」,『日本物理学会誌』**46** (1991), p. 235.

(44)「翼」を担当したのは 1931 年に東京帝国大学の航空学科を卒業した岡本哲史,「風洞，水槽実験」を担当したのは 1932 年に東京帝国大学の船舶工学科を卒業した村上勇次郎である．岡本の航空学科卒業論文のテーマは翼理論である．

(45)『日本航空学会誌』**2** (1935): 355-356, 1204, 1206-1208. H. L. Dryden, "Computation of the Two-dimensional Flow in a Laminar Boundary Layer," NACA Technical Report, no. 497 (1934); Theodore von Kármán, "Some Aspects of the Turbulence," Guggenheim Aerodynamics Laboratory, California Institute of Technology, Publication, no. 42 (1934); W. Tollmien, " Ein allgemaine Kriterium der Instabilität laminarer Geschwindigkeitsverteilungen," *Göttinger Nachrichten, Math. Phys. Kl. Fcchgr.* **1**, no. 5 (1935): 79-114; L. Howarth, "On the Calculation of Steady Flow in the Boundary Layer near the Surface of a Cylinder in a Stream," R. & M. 1632 (June 1934); B. Schubauer, "Air Flow in a Separating Laminar Boundary Layer," NACA Technical Report, no. 527 (1935).

(46) *Journal of Aeronautical Society of Nippon*, **2** (1935), p. 356.

(47) 谷一郎「境界層の層流剝離と遷移との関係に就いて」,『日本航空学会誌』**6** (1939): 122-134, p. 122.

(48) 同論文，p. 131.

(49) 同論文，p. 131.

(50) 同論文，p. 131.

(51) 同論文，p. 132.

(52) 谷一郎「境界層の剝離に誘われる遷移に就いて」,『日本航空学会誌』**7** (1940): 229-

233, p. 229.

(53) 谷一郎「研究の回顧」, *Bulletin of the Institute of the Space and Aeronautical Science, University of Tokyo*, **14** (1968): 163-178, on p. 168.

(54) 同論文, p. 168.

(55) 谷一郎, 東洋レーヨン科学技術賞受賞記念祝賀会スピーチ草稿, 1966年4月4日, 谷家所蔵.

(56) 日本航空学術史, 前掲書, p. 78.

(57) B. M. Jones, "The Measurement of Profile Drag by the Pitot-traverse Method," 2202 (R. & M. 1688) (January 1936), DSIR 23/5453, NA; Jones, "The Latest about Skin Friction," *Aeroplane*, **51** (1936): 805-807; Jones, "Profile Drag," *Journal of the Royal Aeronautical Society*, **41** (1937): 339-368.

(58) 糸川英夫「表面摩擦について」,『日本航空学会誌』**4** (1937): 491-492.『王立航空協会誌』に掲載された講演記録は, 同じく糸川によって同誌の10月号に紹介された (p. 1072). 糸川は内容紹介は省き,「寧ろ巻末の質疑応答に見るべきものがある」と寸評を記している.

(59) ジョーンズの講演では, 彼の飛行試験がテイラーの乱流理論に触発されたことは言及されていない.

(60) 野田親則「谷一郎先生の追憶」, 谷一郎先生追悼文集編集委員会編『一期一会　谷一郎先生追悼文集』(以下,『一期一会』) 谷一郎先生を偲ぶ会世話人会, (1991), pp. 145-147所収, p. 146.

(61) 同上. 野田親則「吸取翼 (Absaugeflugel) に就いて」, 東京帝国大学航空学科卒業論文, 1939年.

(62) 野田親則「剝離を伴ふ層流境界層の遷移に就て」,『航空研究所彙報』178号 (1939): 194-205.

(63) 野田,「谷一郎先生の追憶」, 前掲, p. 147.

(64) NACA, "Notes on the Proceedings of the 1939 Meeting of the Aircraft Industry with the National Advisory Committee for Aeronautics," *Journal of Aeronautical Science*, **6** (1939): 299-301, on p. 300. 同論文は1939年5月号に出版されたもので, 層流翼を有する飛行艇については述べていないが, 層流翼とは異なる新型装置を装備した飛行艇については言及する記事を含んでいる. 谷は野田に別の航空専門誌の別の記事をみせたか, あるいは谷はこの記事をみせたが野田が記憶違いをしたのか, どちらの可能性も残されており, 現時点で筆者はどちらかを確定することができない. 同記事の存在を教えてくれた米国航空宇宙博物館のトム・クラウチ博士に感謝申し上げる.

(65) "Notes on the Proceedings of the 1939 Meeting," p. 300.

(66) 谷一郎・野田親則「最低圧力位置の後にある対称翼型の計算」,『航空研究所彙報』**190** (1940): 207-215.

(67) 守屋が開発した計算法は, 次の論文に解説されている. 守屋富次郎「任意の翼型の特性を求める一つの方法」,『日本航空学会誌』**5** (1938): 7-17.

(68) 濱良助「層流境界層の遷移に就て」東京帝国大学航空学科卒業論文, 1939年12月.

(69) 谷一郎・濱良助「1.5m風洞に於ける圧力球の実験」,『航空研究所彙報』188号 (1940): 100-103; 谷一郎・濱良助・三石智・入山富雄・上田政文「1.5m風洞に於ける平板の実験」,『航空研究所彙報』189号 (1940): 189-193.

(70)『研3, A-26, ガスタービン』, pp. 1-121; J. A. Dilworth, "Japanese Experimental High Speed Airplane Ki-78," Air Technical Intelligence Group, Report no. 135 (1945), Imperial War Museum, Duxford, England; 水沢光「アジア太平洋戦争期における旧日本

陸軍の航空研究戦略の転換――応用研究の推進から基礎研究の奨励へ」東京工業大学博士論文（2004），pp. 21-22.

(71) 日本航空学術史編集委員会編『東大航空研究所長距離試作長距離機――航研機』（丸善，1999）；富塚清『航研機――世界記録樹立への軌跡』（三樹書房，1996）；Takehiko Hashimoto, "The Contest over the Standard: The Project of the Transpacific Flight and Aeronautical Research in Interwar Japan," ***Historia Scientiarum***, **11** (2002): 226-244；橋本毅彦「航研機」，日本産業技術史学会編『日本産業技術史事典』（思文閣，2007），pp. 248-249.

(72) 谷一郎・三石智「高速機用翼型の設計に関する二三の寄与」，『航空研究所報告』**190** (1940): 414.

(73) 山下八郎・阿阪三郎・森岡光次・大植正夫「翼型 LB24 の風洞実験」，『川崎航空研究録』**2**（1941），pp. 193-211.

(74) 海軍航空技術廠における飛行試験については，Itirô Tani, "On the Design of Aerofoils in which the Transition of the Boundary Layer Is Delayed," *Report of the Aeronautical Research Institute*, no. 250 (1943), p. 19 に言及されている.

(75) Itirô Tani, Ryôsuke Hama, and Satosi Mituisi, "On the Permissible Roughness of the Laminar Boundary Layer," *Report of the Aeronautical Research Institute*, no. 199 (1940).

(76) 山下他，「翼型 LB24 の風洞実験」，前掲論文，p. 211.

(77) 谷一郎「層流翼型について」，『航空知識』**8**，9号（1942）: 4-7.

(78) 谷一郎・竹田建二・三石智「乱れの減衰に関する予備実験」，『航空研究所彙報』，213号（1942）: 135-141.

(79) 玉木章夫「干渉計による乱流測定の試み」，『航空研究所彙報』222号（1943）: 17-24.

(80)「層流風洞設計図　測定場所プレキシガラス壁板」，航空研究所風洞設計資料，帯番号1，通番号6，東京大学先端科学技術研究センター所蔵．同資料は2011年秋に所在が確認された史料である.

(81) 谷一郎・野田親則「最低圧力位置の後にある対称翼型の計算，補遺」，『航空研究所彙報』139号（1940）: 348-351.

(82) 碇義郎『最後の戦闘機紫電改』（白銀書房，1994）；菊原静男「局地戦闘機「紫電」と「紫電改」」，航空情報別冊編集部編『日本傑作機開発ドキュメント設計者の証言』（酣燈社，1994），上巻，pp. 344-365.

(83)「戦時研究」制度については，以下の文献を参照．沢井実「戦時期日本の研究開発体制」，『大阪経済学』**54**（2004）: 398-400；防衛庁防衛研修所戦史室『戦史叢書　陸軍航空兵器の開発・生産・補給』（朝雲新聞社，1975），pp. 428-429；同『戦史叢書　海軍軍戦備（2）開戦以後』（朝雲新聞社，1975），pp. 345-346.

(84)「昭和18，9年度実施予定重要案件」，第19回定例部長会議記録（昭和18年6月8日）配付資料，資料番号132，井上匡四郎文書.

(85) 研究動員会議「戦時研究基本計画」（昭和18年12月27日），資料番号130，井上匡四郎文書.

(86) 谷らの戦時研究の報告書は，日本大学所蔵の谷一郎文書にペン書きと青焼きの2つのバージョンが残されている．谷一郎「戦時研究　境界層に関する研究（課題番号1-4）　実施報告詳報」1948年4月14日提出．そのうち青焼きのバージョンは，谷がプロジェクト終了時に前川に報告を送付した際の書簡とともに，戦後前川からその旨記した私信とともに返送されたものである.

(87) 谷一郎「戦時研究実施計画」,「戦時研究計画第一次資料」(昭和18年12月提出),資料番号130, 井上匡四郎文書.
(88) 谷,「戦時研究　境界層に関する研究」, 前掲, p. 1.
(89) 千田香苗「境界層の研究」, 日本航空学術史, 前掲書, pp. 76-77.
(90) 千田香苗「圧力勾配が存在するときの乱流境界層の一近似解法」, 日本航空学術史, 前掲書, p. 80.
(91) 水沢,「アジア太平洋戦争期における旧日本陸軍の航空研究戦略の転換」, 前掲, p. 40. ただし水沢は1943年ほどまでの推移を追っており, 戦時研究などの戦争末期の状況については同博士論文では扱っていない.
(92)「層流翼型に就いて」,『航空知識』**8**, No. 9 (1942), p. 6.
(93) 日本航空学術史, 前掲書, p. 78.
(94) 井上栄一「谷一郎先生についての思い出」,『一期一会』, 前掲書, pp. 38-40所収, p. 39.
(95)「ノースアメリカンP51の翼型に就いて」(昭和19年4月25日),『調報』第7号, 陸軍航空本部調査課, 谷一郎文書, 日本大学.
(96) 同報告, p. 9 (報告にページ数は振られていない).
(97) Itirô Tani, "The Development of Laminar Airfoils in Japan," a lecture delivered at the Institute of the Aeronautical Sciences, 13 April 1953, 谷一郎文書, 日本大学, p. 5.
(98) 谷の職歴については,『一期一会』, 前掲書, p. 295参照.
(99) Itirô Tani, "Airfoil Sections and Allied Problems," a paper presented to S. W. Brown, Commander USN, together with ARI Rep. 198, 199, 250, 251, 322, on 31 October 1945. 谷一郎文書, 日本大学.
(100) 日本航空学術史, 前掲書, pp. 67-68, 78-79.
(101) Itirô Tani, "Laminar Flow Airfoils in Japan," a paper prepared at the suggestion of Miss Charlotte Knight, 1 June 1949. 谷一郎文書, 日本大学.
(102) Itirô Tani, "The Development of Laminar Airfoils in Japan," a lecture delivered at the Institute of the Aeronautical Sciences, 13 April 1953. 谷一郎文書, 日本大学.
(103) 谷一郎, 東洋レーヨン科学技術賞受賞記念祝賀会スピーチ原稿 (無題), 1966年4月4日. 谷家所蔵.
(104) 谷,「研究の回顧」, 前掲.
(105) 前掲, p. 168.
(106) カルマン,『大空への挑戦』, 前掲書, p. 156.
(107) テオドール・フォン・カルマン (谷一郎訳)『飛行の理論』(岩波書店, 1956). 引用文の翻訳は一部変更した. 文中カルマンが引用している文献はそれぞれ, Eastman N. Jacobs, "Preliminary Report on Laminar-Flow Airfoils and New Methods Adopted for Airfoil and Boundary-Layer Investigations," *N. A. C. A. Advance Confidential Report*, June 1939, declassified as N. A. C. A. Wartime Report L-345; George W. Lewis, "Some Modern Methods of Research in the Problem of Flight," *Journal of the Royal Aeronautical Society*, **43** (1939): 771-798; Itirô Tani and Satoshi Mituisi, "Contributions to the Design of Aerofoils Suitable for High Speeds," *Report of the Aeronautical Research Institute* no. 198 (1940) である.
(108) 谷,「研究の回顧」, 前掲, p. 168.
(109) 前掲, p. 169.

終章

(1) Itiro Tani, "Aerodynamic Research in Japan," a lecture delivered at Cornell University, 8 April 1952, 日本大学，谷一郎文書所蔵．文書には4月8日（火曜日）と記され，年と場所が記されていない．谷は1952年4月から翌年8月までアメリカに滞在したことから，最初の1年間をコーネル大学で滞在し，次の半年をカリフォルニア工科大学で過ごした．日付と曜日の対応から，それが1952年であり，コーネル滞在中であったときのことと推測される．谷の戦後のアメリカ滞在の行程については，谷一郎「対米所感」，『学術月報』**6**，8号（1953）：546-548参照．

(2) クーン，前掲書．「前パラダイム」状態における複数理論の共存については，同書第2章「通常科学への道」において18世紀の電気学を事例に説かれている．

(3) 科学研究活動を構成主義的に分析した歴史研究は数多い．それらを概括した著作として，Jan Golinski, *Making Natural Knowledge: Constructivism and the History of Science* (Cambridge: Cambridge University Press, 1998) がある．コリンズの「実験者の後退」については，ハリー・コリンズ，トレヴァー・ピンチ（福岡伸一訳）『七つの科学事件簿――科学論争の顚末』（化学同人，1997）参照．

(4) ヒューズ，前掲書，第4章参照．

(5) 谷一郎，東洋レーヨン科学技術賞受賞の祝賀会のスピーチ草稿，前掲，p. 1．3ページのペン書きの原稿で，タイトルは与えられていない．